すべてがわかる

世界遺産大事典〈上〉

第2版

世界遺産検定1級公式テキスト

That since wars begin in the minds of men, it is in the minds of men that the defences of peace must be constructed, That ignorance of each other's ways and lives has been a common cause, throughout the history of mankind, of that suspicion and mistrust between the peoples of the world through which their differences have all too often broken into war;

本書の使い方

本書は、2021年8月現在の全世界遺産1,154件及び日本の暫定リスト記載の遺産5件を、上巻と下巻に分けて掲載しています。登録基準や世界遺産の基礎知識など、世界遺産という視点を重視した解説になっており、また、遺産は地域とテーマごとにまとめられていますので、特徴の共通点から世界中の遺産の横のつながりを知ることができます。遺産掲載ページの検索には、地図に記載のページ数か、総索引をご使用ください。

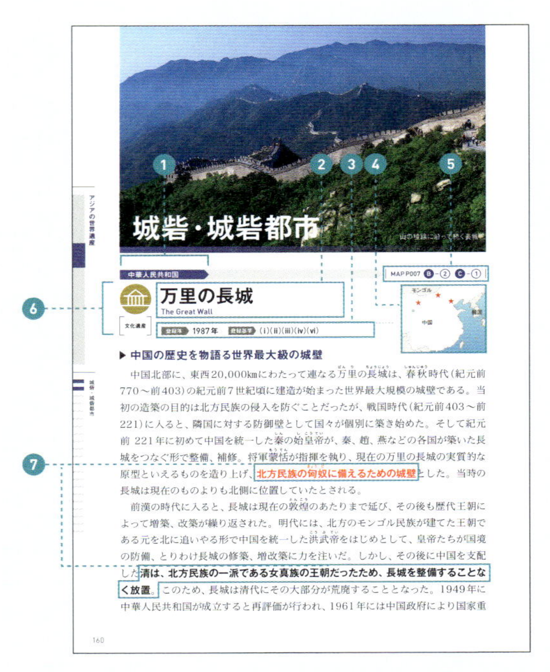

アジアの世界遺産

城砦・城砦都市

城砦・城砦都市

山の稜線に沿って続く長城

中華人民共和国

MAP P007 B-② C-①

万里の長城

The Great Wall

文化遺産

登録年 1987年 登録基準 (i)(ii)(iii)(iv)(vi)

▶ 中国の歴史を物語る世界最大級の城壁

中国北部に、東西20,000kmにわたって連なる万里の長城は、春秋時代(紀元前770～前403)の紀元前7世紀頃に建造が始まった世界最大規模の城壁である。当初の造築の目的は北方民族の侵入を防ぐことだったが、戦国時代(紀元前403～前221)に入ると、隣国に対する防御壁として国々が個別に築き始めた。そして紀元前 221年に初めて中国を統一した秦の始皇帝が、秦、趙、燕などの各国が築いた長城をつなぐ形で整備、補修。将軍蒙恬が指揮を執り、現在の万里の長城の実質的な原型といえるものを造り上げ、北方民族の匈奴に備えるための城壁とした。当時の長城は現在のものよりも北側に位置していたとされる。

前漢の時代に入ると、長城は現在の敦煌のあたりまで延び、その後も歴代王朝によって増築、改築が繰り返された。明代には、北方のモンゴル民族が建てた王朝である元を北に追いやる形で中国を統一した洪武帝をはじめとして、皇帝たちが国境の防備、とりわけ長城の修築、増改築に力を注いだ。しかし、その後に中国を支配した**清は、北方民族の一派である女真族の王朝だったため、長城を整備することなく放置**。このため、長城は清代にその大部分が荒廃することとなった。1949年に中華人民共和国が成立すると再評価が行われ、1961年には中国政府により国家重

160

① 保有国名

遺産の保有国を示しています。

② 遺産名

英語の遺産名はユネスコ登録名称、日本語の遺産名は英語名をもとに訳出したものです。

③ 基本情報

登録基準、登録年、範囲拡大の年など、遺産に関する基本情報です。

④ 地図

遺産のある場所を表します。

⑤ 巻頭地図

巻頭地図のページと遺産の地図上の位置を示したものです。

⑥ 遺産の種類

文化、自然、複合遺産の種別、危機遺産登録などの情報を表します。

文化遺産

自然遺産

複合遺産

危機遺産

負の遺産

⑦ 重要なワード

最重要ワードを赤字、重要ワードを太字にしています。原則的に掲載が1ページを超える遺産は赤字と太字が2つずつ、1ページの遺産は赤字が2つと太字が1つ、1/2ページの遺産は赤字と太字が1つずつ、1/3ページの遺産は赤字が1つとなっています。

遺産名変更一覧や追加情報、変更一覧などは、世界遺産検定ホームページの「公式教材」をご覧下さい。 https://www.sekaken.jp

世界遺産を学ぶ意義

世界遺産条約が採択されてから50年弱、日本が世界遺産条約を批准してからも30年近くが過ぎようとしています。「世界遺産」という言葉は、すでに珍しいものではなく、私たちの日常の生活の中に確かな位置を占めているように感じます。むしろ、増えすぎではないかとの批判も聞こえてくるほどです。

ユネスコ憲章の前文には「相互の風習と生活を知らないことは、人類の歴史を通じて世界中の人々の間に疑惑と不信を引き起こした共通の原因であり、この疑惑と不信のために、世界中の人々の差異があまりにも多くの戦争を引き起こした」と書かれています。これは、「諸国間、諸民族間の交流を進め、文化の多様性を理解・尊重しあうことが、世界の平和につながる」という理念につながります。

ユネスコ憲章の理念を共有する世界遺産はまさにこのためにあります。世界中に存在する世界遺産を学び、知り、考える。世界遺産を通して、世界中のさまざまな文化や風習、民族、宗教、歴史などを知り、違いを認めあうことがユネスコの目指す世界の実現につながります。そのためには、世界遺産を確実に次の世代へと受け継いでいく必要があります。

一方で、世界遺産は過剰な観光開発や都市開発による遺産価値の低下や地域住民の生活の質の低下、地球規模の環境変化による遺産環境の変質など、様々な危機に直面しています。また世界遺産条約の運用面での課題もあります。そうした世界遺産を守り、世界遺産活動を持続可能なものとして続けてゆく上でも、私たち一人ひとりが世界遺産を理解し協力していくことが重要です。世界遺産を学び、世界遺産から世界の多様性を学ぶ。それがグローバル社会を生きる私たちの責任だと信じています。

NPO法人 世界遺産アカデミー
世界遺産検定事務局

CONTENTS

アフリカの世界遺産 Africa

オセアニアの世界遺産 Oceania

東・東南アジア ［East, Southeast Asia］

●文化遺産 ●自然遺産 ●複合遺産
■■■複数の国にまたがる遺産
○□遠隔地等に存在する遺産

オセアニア ［Oceania］

●文化遺産 ●自然遺産 ●複合遺産
■■■複数の国にまたがる遺産 ○□遠隔地等に存在する遺産

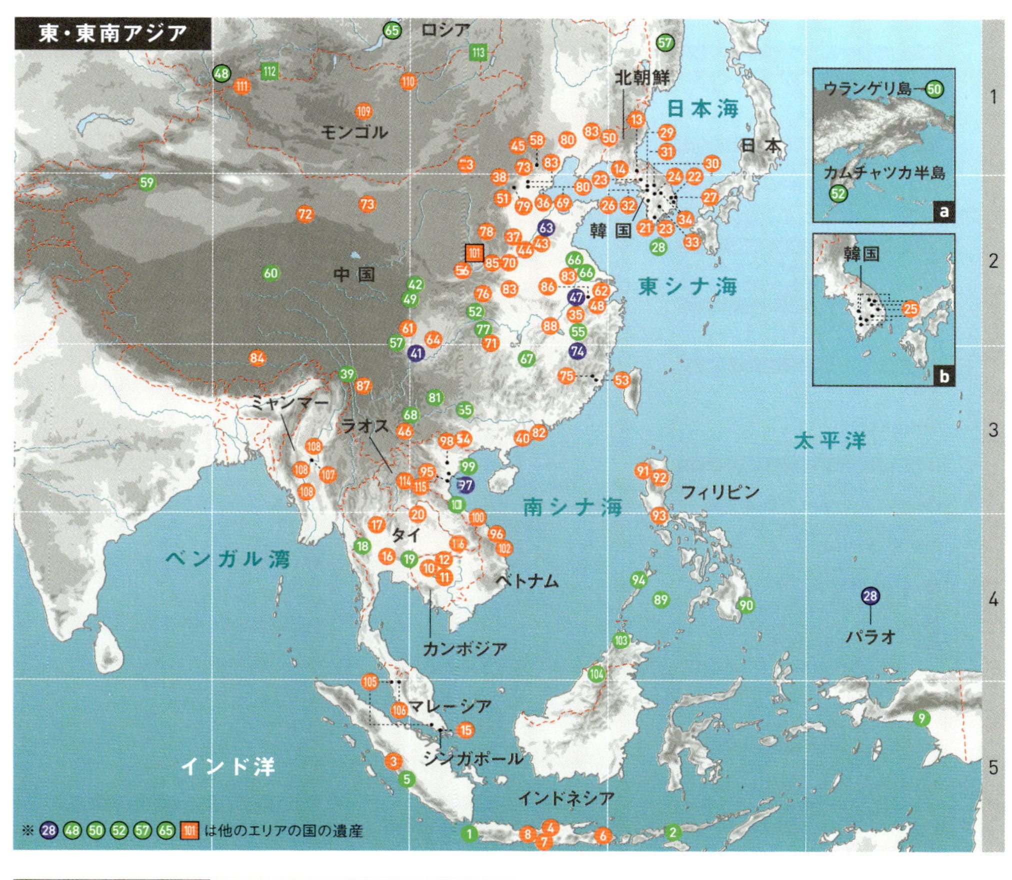
東・東南アジア
ロシア
モンゴル
北朝鮮
日本海
日本
中国
韓国
東シナ海
ウランゲリ島
カムチャツカ半島
a
韓国
b
ミャンマー
ラオス
太平洋
南シナ海
フィリピン
タイ
ベンガル湾
ベトナム
カンボジア
パラオ
マレーシア
シンガポール
インド洋
インドネシア
※ 28 48 50 52 57 65 101 は他のエリアの国の遺産

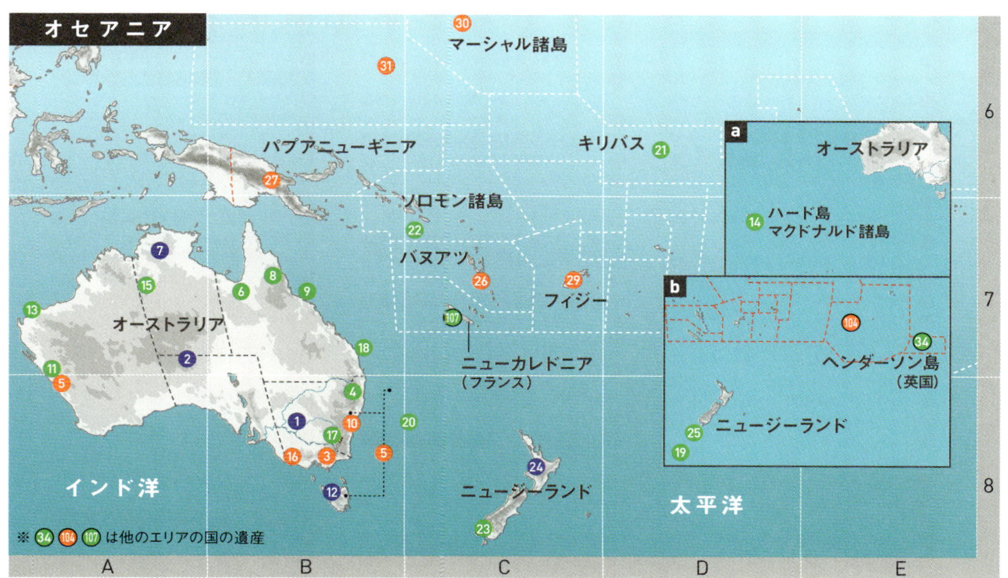
オセアニア
マーシャル諸島
パプアニューギニア
キリバス
ソロモン諸島
バヌアツ
フィジー
オーストラリア
ニューカレドニア
（フランス）
インド洋
ニュージーランド
太平洋
a
オーストラリア
ハード島
マクドナルド諸島
b
ヘンダーソン島
（英国）
ニュージーランド
※ 34 104 107 は他のエリアの国の遺産
A B C D E
1 2 3 4 5 6 7 8

西・南アジア ［ West, Southern Asia ］

● 文化遺産 ● 自然遺産 ● 複合遺産
■■■ 複数の国にまたがる遺産 ○□ 遠隔地等に存在する遺産

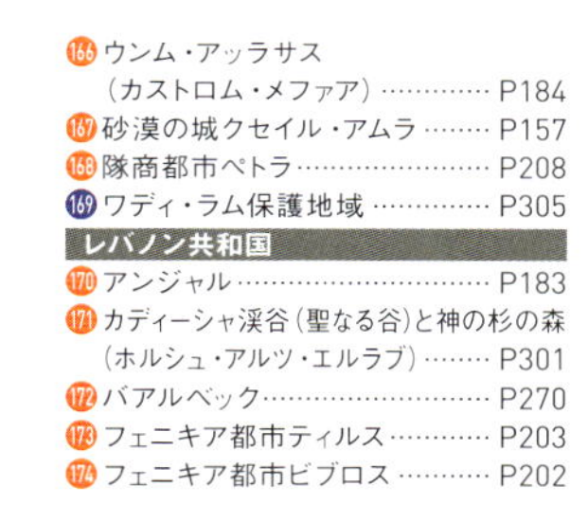

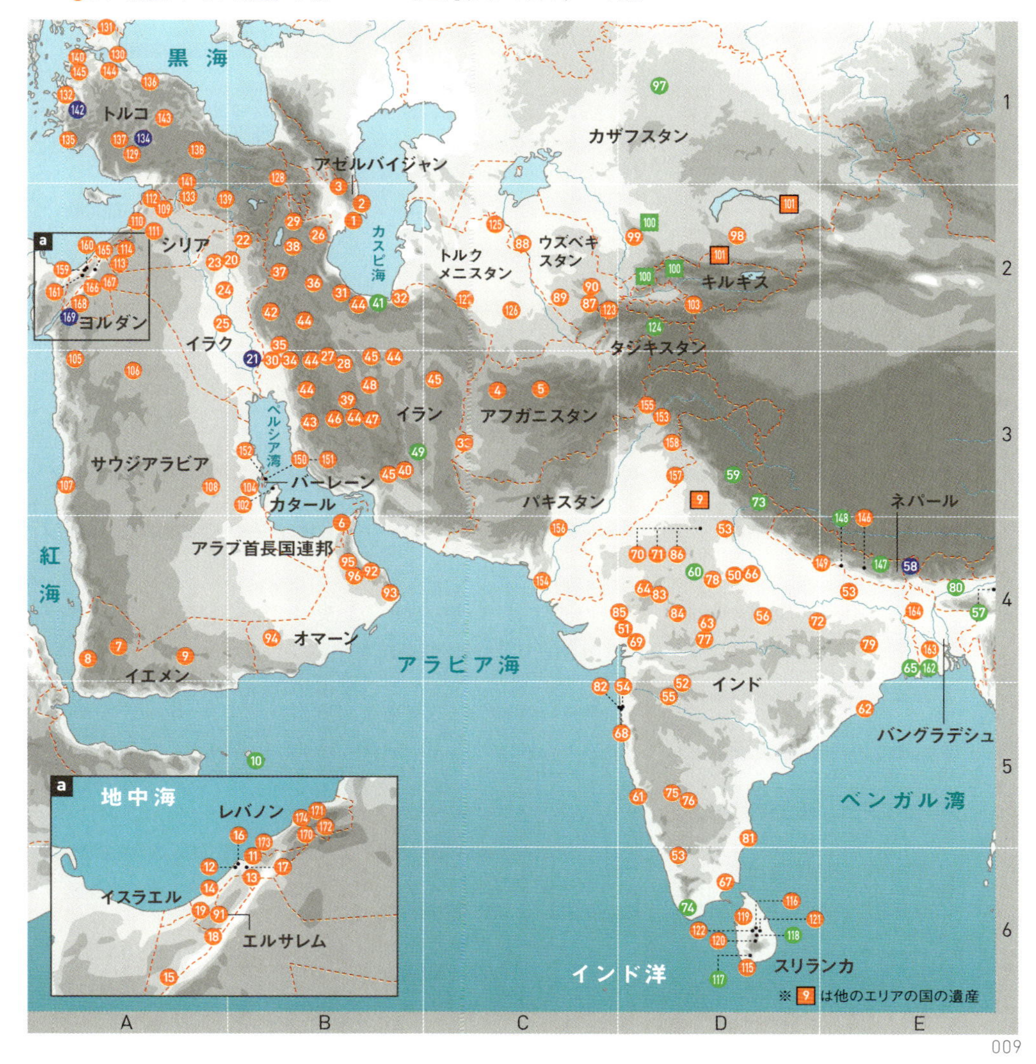

アフリカ ［Africa］

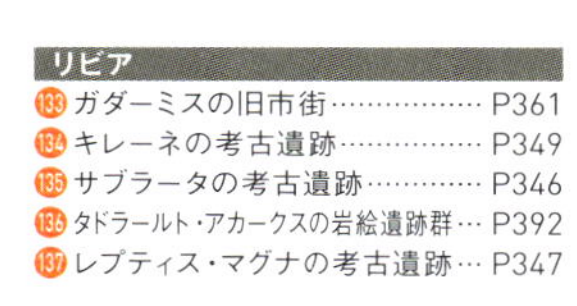

モザンビーク共和国

123 モザンビーク島……P378

モロッコ王国

124 ヴォルビリスの考古遺跡……P352
125 エッサウィーラ(旧名モガドール)の旧市街……P363
126 テトゥアンの旧市街(旧名ティタウィン)……P363
127 フェズの旧市街……P365
128 マサガン(アル・ジャジーダ)のポルトガル都市……P374
129 マラケシュの旧市街……P364
130 ミクナースの旧市街……P363
131 要塞村アイット・ベン・ハドゥ……P368
132 ラバト：近代の首都と歴史都市の側面を併せもつ都市……P367

リビア

133 ガダーミスの旧市街……P361
134 キレーネの考古遺跡……P349
135 サブラータの考古遺跡……P346
136 タドラールト・アカークスの岩絵遺跡群……P392
137 レプティス・マグナの考古遺跡……P347

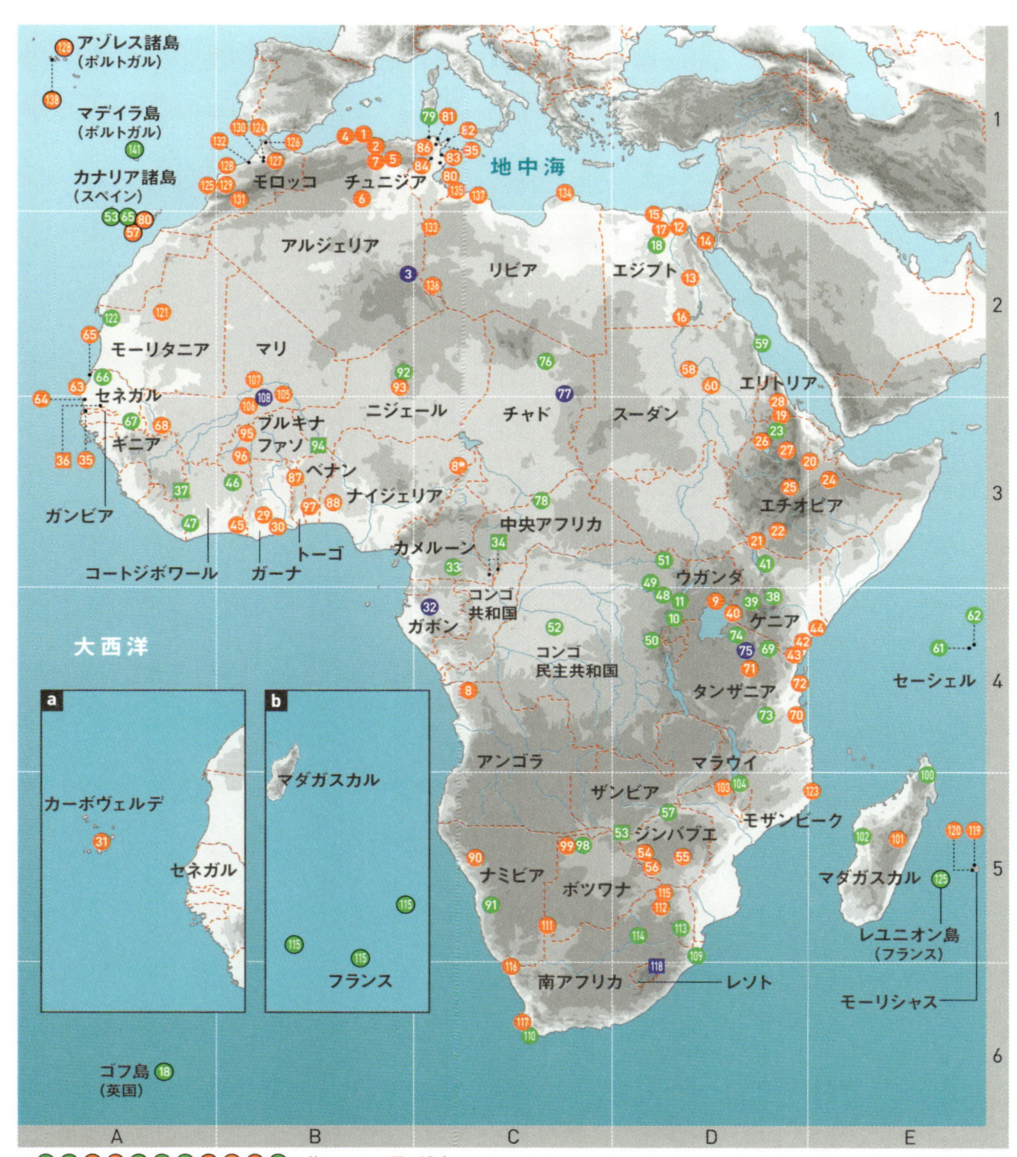

※ 18 53 57 80 65 115 125 123 128 138 141 は他のエリアの国の遺産

日本 ［Japan］

● 文化遺産　● 自然遺産　● 複合遺産
■■■ 複数の国にまたがる遺産　○□ 遠隔地等に存在する遺産

※『ル・コルビュジエの建築作品：近代建築運動への顕著な貢献』の構成資産のひとつ。下巻P.016に掲載。

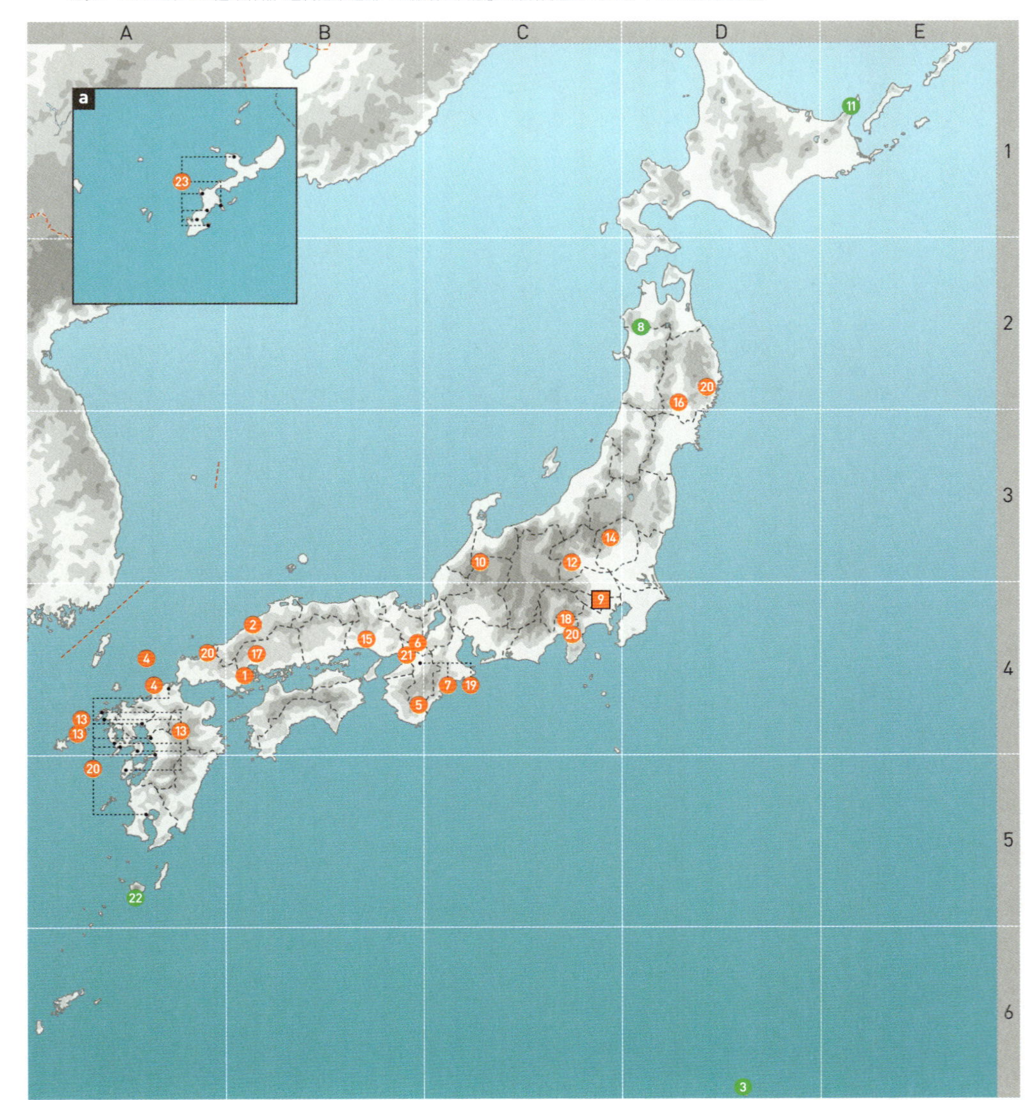

About World Heritage

[世界遺産の基礎知識]

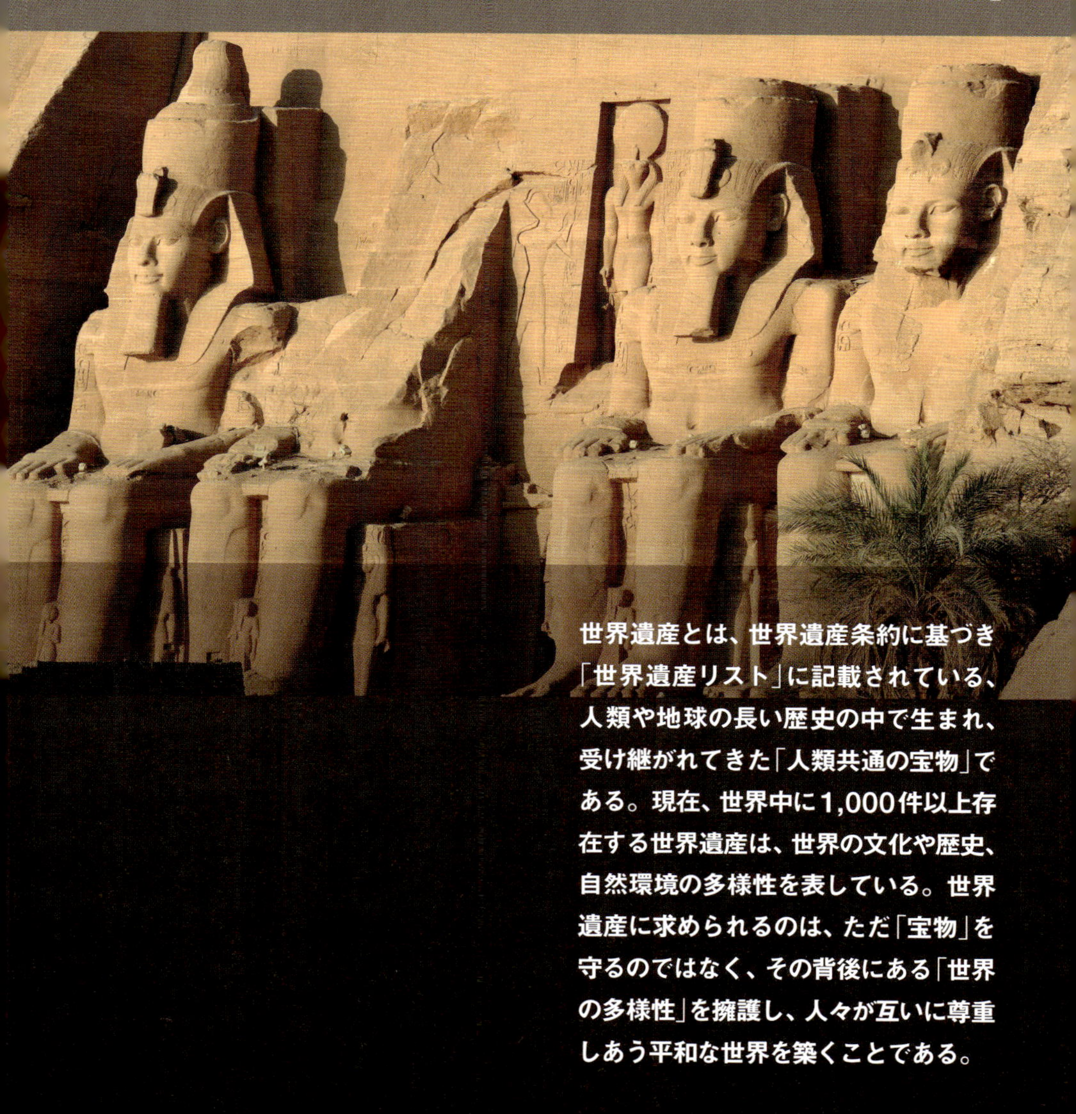

世界遺産とは、世界遺産条約に基づき「世界遺産リスト」に記載されている、人類や地球の長い歴史の中で生まれ、受け継がれてきた「人類共通の宝物」である。現在、世界中に1,000件以上存在する世界遺産は、世界の文化や歴史、自然環境の多様性を表している。世界遺産に求められるのは、ただ「宝物」を守るのではなく、その背後にある「世界の多様性」を擁護し、人々が互いに尊重しあう平和な世界を築くことである。

世界遺産の基礎知識

1. はじめに

「世界遺産とは、**地球の品位**を守るもの」。これは京都大学名誉教授だった桑原武夫氏が、1980年にインドネシアの「ボロブドゥール寺院」の修復完成式典について語った際の言葉である。

地球の長い歴史の中、46億年かけて豊かな自然環境が生まれ、数百万年かけて人類はその自然環境と共に様々な文化や文明を作り上げてきた。世界遺産はそうした「地球の記憶」ともいうべき自然環境や文化財を、私たちが受け継ぎ、確実に次の世代へと残してゆく営みである。一時の開発や紛争などで失うことも、放棄して風化させることもあってはならない。

世界遺産を守ることは、自分の属する文化について理解を深めるだけでなく、世界中の多様な文化を知り、互いに尊重しあうことにつながる。また地球の生成過程や固有の生態系の価値を知ることは、地球環境保護の意識を高める。世界遺産は、ただ「人類共通の宝物」を守るものではなく、地球の多様性を理解し、守り伝えるための知的営為なのである。

ボロブドゥールの円形壇上の仏像

2. 世界遺産条約

▶ 2.1 世界遺産とは

世界遺産とは、ユネスコ総会で採択された世界遺産条約に基づき「**世界遺産リスト**」に記載されている、「**顕著な普遍的価値***」を有する自然や生態系保存地域、記念建造物、遺跡である。

1978年に最初の世界遺産12件が世界遺産リストに記載されて以来、毎年数十件ずつ登録数が増えており、2021年8月現在で1,154件（文化遺産897件、自然遺産218件、複合遺産39件）が登録されている。

● 1978年、最初に世界遺産リストに登録された遺産

アーヘンの大聖堂（ドイツ連邦共和国）	メサ・ヴェルデ国立公園（アメリカ合衆国）
クラクフの歴史地区（ポーランド共和国）	イエローストーン国立公園（アメリカ合衆国）
ヴィエリチカとボフニャの王立岩塩坑（ポーランド共和国）	ランス・オー・メドー国立歴史公園（カナダ）
シミエン国立公園（エチオピア連邦民主共和国）	ナハニ国立公園（カナダ）
ラリベラの岩の聖堂群（エチオピア連邦民主共和国）	ガラパゴス諸島（エクアドル共和国）
ゴレ島（セネガル共和国）	キトの市街（エクアドル共和国）

▶ 2.2 世界遺産条約（世界の文化遺産及び自然遺産の保護に関する条約）

世界遺産条約は、**萩原徹**日本政府代表が議長を務めた1972年の第17回ユネスコ総会にて採択された国際条約である。世界遺産基金への支払いを義務とするかどうかで意見が分かれ、賛成75ヵ国（棄権17、反対1）で可決された。翌1973年、アメリカ合衆国が最初に世界遺産条約を批准し、締約国数が20ヵ国に達した1975年12月17日に発効した。世界遺産条約の加盟国数は、2021年8月現在、194の国と地域に及ぶ。

日本は独自の文化財保護体制があったこと、国内法の整備や分担金の支払方法などが決まらなかったことなどから参加が遅れ、世界遺産条約の受諾書をユネスコ事務局長に寄託したのは、ユネスコ総会での採択から20年を経た1992年6月30日のことであった。同年9月30日に、日本について世界遺産条約が発効している。

顕著な普遍的価値：上巻p.024参照。

▶ 2.3 世界遺産条約の目的

世界遺産条約は8章に分けられる全38条からなる。特別な価値を持つ文化財や自然が、**従来とは異なる新たな破壊の脅威に直面**しているだけでなく、各国の保護が資金不足などから困難な状況にあることを踏まえ、国際的な保護の体制を整える必要性が出てきたことが、採択の背景にある。また、そうした文化財や自然を失うことは、世界中の人々にとって大きな損失であるとしている。そのため、世界遺産リストに登録された文化遺産や自然遺産を、人類共通の遺産として破壊や損傷から保護・保全し、将来の世代に伝えてゆくための国際的な協力体制の確立を目的としている。

文化遺産や自然遺産の定義、世界遺産リストと**危機遺産リスト***の作成、**世界遺産委員会***や**世界遺産基金***の設立、遺産保護のための国内機関の設置や立法・行政措置の行使、国際的援助などが定められている。

重要なのはまず、**文化遺産と自然遺産を1つの条約で保護**しようとしている点。文化遺産の保護と自然遺産の保護は、これまでそれぞれ別の枠組みで保護・保全が進められてきたが、世界遺産条約では文化遺産と自然遺産を、互いに影響しあう切り離すことのできない人類共通の財産として位置づけ、両方を対象としている。

次に、**世界遺産の保護・保全の第一義的な義務・責任は締約国にある**ことを明記している点。第4条には、締約国は自国の領域内にある文化遺産や自然遺産を世界遺産リストに記載すると同時に、自国が有する全ての能力を用いて遺産を保護・保全し、次の世代へ伝えてゆかなければならないと書かれている。つまり、人類共有の財産である世界遺産は、それぞれの保有国の文化や文明、自然環境に属しており、その世界遺産を守り伝えるために各締約国には、遺産保護のために必要な法的、科学的、技術的、行政的、財政的措置をとることが求められている。同時に、**国際社会全体の義務として、遺産の保護・保全に協力すべきである**とも書かれている。これは、世界遺産

スイスの『ザンクト・ガレンの修道院』の図書館

危機遺産リスト:上巻p.026及び下巻p.451参照。 **世界遺産委員会**:上巻p.018参照。 **世界遺産基金**:上巻p.020参照。

がある特定の文化や文明、自然環境に属することを世界の国々が尊重しつつ、人類全体の財産として保護・保全に協力してゆくことを示している。

さらに、**教育・広報活動の重要性**が明記されている点も重要である。人々が遺産の価値や重要性を知ることが、遺産の保護・保全の上で最も重要である。加えて、遺産を脅かす危機への対策をするための科学的・技術的な研究を進めることも求められている。また、**世界遺産に社会生活の中で機能・役割を与えるべき**という記述もあり、世界遺産を遠い過去の遺物ではなく、今まさに自分たちの社会の中で生きている遺産として守り、学び伝えてゆくことが求められている。

●世界遺産条約の概要

1章　文化遺産及び自然遺産の定義（第1～3条） 「文化遺産」と「自然遺産」の定義。その定義に基づき遺産を認定し、区域の策定を行うのは締約国の役割である。
2章　文化遺産及び自然遺産の国内的及び国際的保護（第4～7条） 自国内の文化遺産や自然遺産を認定・保護するのは、各締約国に課された第一の義務である。他国内の遺産保護活動に対する国際的援助・協力も求められる。
3章　世界の文化遺産及び自然遺産の保護のための政府間委員会（第8～14条） 21の締約国からなる世界遺産委員会の設置。「世界遺産リスト」と「危機遺産リスト」の作成。
4章　世界の文化遺産及び自然遺産の保護のための基金（第15～18条） ユネスコの信託基金である世界遺産基金の設立。資金は世界遺産委員会の決定によってのみ用いられる。締約国は2年に1回定期的に世界遺産基金に分担金を支払うことを約束する。
5章　国際的援助の条件及び態様（第19～26条） 締約国は自国領域内の遺産のために国際的援助を要請することができる。世界遺産委員会は研究や技術の提供、専門家の養成、資金の貸与や供与などの援助をすることができる。
6章　教育事業計画（第27、28条） 教育や広報事業計画などあらゆる手段を用いて、自国民が世界遺産を評価し尊重できるように努める。国際的援助を受けた際には、対象となった遺産の重要性や国際的援助の役割を周知させる。
7章　報告（第29条） 締約国は、ユネスコ総会が決定する期間に行った活動報告を世界遺産委員会に通知する。世界遺産委員会はそれをユネスコ総会に提出する。
8章　最終条項（第30～38条） 世界遺産条約への加入、廃棄、改正についての規定。

▶ 2.4 世界遺産条約履行のための作業指針

世界遺産条約の適切な履行を促すために、「**世界遺産条約履行のための作業指針**」(以下、「作業指針」)が1977年の第1回世界遺産委員会で採択された。この作業指針は、世界遺産委員会での審議をもとに**4年の周期で改定**される他、常に更新されている。

作業指針では、世界遺産リスト作成の根幹である「顕著な普遍的価値」の定義や**登録基準***、**真正性***や**完全性***の定義などの概念的な指針だけでなく、世界遺産リストへの申請・登録の手順やスケジュールといった実務的な指針、世界遺産基金に基づく国際援助や保全状況の報告などの手続き、世界遺産委員会諮問機関や関連機関、関連条約といった世界遺産条約履行上の関連事項、世界遺産エンブレムの使用規定まで、細かく示されている。

▶ 2.5 世界遺産条約締約国会議

世界遺産条約締約国会議は、世界遺産条約を採択した全締約国による会議。2年ごとに開催されるユネスコ総会会期中に開催される。第1回世界遺産条約締約国会議は、1976年11月のナイロビでのユネスコ総会会期中に開催された。

世界遺産条約締約国会議では、世界遺産基金への分担金の決定や世界遺産委員会委員国の選定のほかに、世界遺産委員会から世界遺産条約締約国会議とユネスコ総会に対して提出された活動報告書を受理する。

▶ 2.6 世界遺産委員会(顕著な普遍的価値を有する文化遺産及び自然遺産の保護のための政府間委員会)

世界遺産委員会は、1976年の世界遺産条約締約国会議において設立された。当初は締約国の中から選ばれた15ヵ国で構成されていたが、世界遺産条約締約国が40ヵ国に達したため、1977年の第1回世界遺産委員会からは**21ヵ国**に増枠された。**通常1年に1度***開催される会議

アンコール・トム(アンコールの遺跡群)

登録基準:上巻p.027参照。 **真正性**:上巻p.031参照。 **完全性**:上巻p.032参照。 **通常1年に1度**:作業指針では、「年1度以上の頻度で開催する」とされている。

には、**ICCROM***と**ICOMOS***、**IUCN***、の代表各１人が顧問の資格で参加するほか、締約国の要請により同様の目的を有する政府間機関やNGOの代表も顧問の資格で出席することができる。

世界遺産委員会は、議長国１ヵ国、副議長国５ヵ国、書記国１ヵ国の７ヵ国で構成される任期１年の**ビューロー会議***を設置する。ビューロー会議は世界遺産委員会の進行や作業日程の決定を行い、世界遺産委員会の最終日に、次回の世界遺産委員会のビューロー会議構成国が決定される。

世界遺産委員会の委員国の任期は６年であるが、公平な代表性を確保し、各締約国に均等に機会が与えられるようにするため、自発的に４年で任期を終えることと、再選を自粛することが望ましいとされている。また、世界遺産リストに登録遺産を持たない国は、世界遺産条約締約国会議に先立つ世界遺産委員会の決議に基づいて、一定の議席を割り当てられることもできる。委員国の選出には**地域間の公平性も考慮**されており、「西欧・北米（グループⅠ）」から２ヵ国、「東欧（グループⅡ）」から２ヵ国、「ラテンアメリカ・カリブ海（グループⅢ）」から２ヵ国、「アジア・太平洋（グループⅣ）」から３ヵ国、「アフリカ（グループVa）」から４ヵ国、「アラブ（グループVb）」から２ヵ国が最低でも選ばれることが定められている。

世界遺産委員会では、世界遺産リストへ登録推薦された遺産に対し「**登録**」「**情報照会**」「**登録延期**」「**不登録**」の４段階で決議を行う。

登　　録：顕著な普遍的価値があるとして**世界遺産リストへの記載を認める決議**。
情報照会：**世界遺産委員会が追加情報を求める決議**で、その場合は、次回の世界遺産委員会に推薦書を再提出し、審査を受けることができる。３年以内に再提出が行われない場合は、それ以降は新たな登録推薦とみなされる。
登録延期：**より綿密に評価・調査を行う必要があるか、推薦書の本質的な改定が必要とされる決議**で、推薦書の再提出から１年半の審議に付される。
不 登 録：世界遺産委員会が推薦遺産を**世界遺産リストへ記載するのにふさわしくない**と判断した決議で、例外的な場合を除き再推薦は認められていない。例外的な場合とは、新たな科学的情報が得られた場合や、別の登録基準によって推薦書を作成しなおした場合を指す。

2021年８月現在、世界遺産リスト記載数の上限は定められていないが、世界遺産リストの信頼性確保のために、１締約国からの推薦上限を１回の世界遺産委員会につき１件とし、１回の世界遺産委員会での審議数は35件までとされている。

ICCROM：上巻p.021参照。　**ICOMOS**：上巻p.022参照。　**IUCN**：上巻p.022参照。　**ビューロー会議**：「世界遺産ビューロー」とも訳される。「ビューロー」とは「事務局」という意味。

●世界遺産委員会での主な審議内容

①世界遺産リストへの登録推薦書が提出された遺産の審議
②危機遺産リストへの遺産登録や解除の決定
③世界遺産リスト登録遺産の保全状況のモニタリング及び報告書を通した調査
④世界遺産基金の使途の決定
⑤作業指針の改定及び採択
⑥2年ごとの世界遺産条約締約国会議とユネスコ総会への活動報告書提出
⑦国際的援助の要請の審査　など

▶ 2.7 世界遺産委員会事務局（世界遺産センター）

世界遺産センターは、世界遺産委員会を補佐する世界遺産委員会事務局の役割を担うため、1992年に設立された。パリのユネスコ本部内に常設されており、ユネスコ事務局長は、世界遺産センター局長を世界遺産委員会の秘書に任命している。

世界遺産センターの役割で重要なものは、**世界遺産リストへの登録推薦書を受理**し、事務局登録して専門調査を依頼すること、世界遺産条約締約国会議と世界遺産委員会の開催・運営を行うこと、締約国会議と世界遺産委員会での決議の履行や実施状況の報告、グローバル・ストラテジー*を含む諸活動の調整、定期報告の取りまとめ、国際援助の調整、世界遺産の保全管理のための予算外資金の確保など。また世界遺産及び世界遺産条約の広報活動も主な活動の1つで、世界遺産条約に関する公式HPも開設している。

▶ 2.8 世界遺産基金（顕著な普遍的価値を有する世界の文化遺産及び自然遺産の保護のための基金）

世界遺産基金は、ユネスコの財政規則に基づき1976年に設立された**信託基金**。世界遺産条約締約国のユネスコ分担金の1％を超えない額（実際には1％を適用）の拠出金と任意の拠出金のほか、締約国以外の国や政府間機関、個人からの拠出金や贈与・遺贈を財源としている。**締約国は2年に1度、拠出金を支払わなければならず**、この拠出金の支払いが延滞している締約国は、世界遺産委員会の委員国に選出される資格がないのと同時に、緊急援助以外の国際的援助も受けることができない。

世界遺産基金は、**世界遺産委員会が決定する目的にのみ使用**することができ、多くの場合は途上国の登録推薦書作成や保護管理計画書の作成、専門家の調査、自然災害や紛争からの復興などに充てられている。世界遺産委員会や締約国は、この世界遺産基金の拠出に際し、いかなる政治的な条件もつけることはできない。現在、世界遺産基金は資金が大きく不足*しており、「緊急援助」よりも「準備援助」に優先的に予算が振りわけられるなど、課題は多い。

グローバル・ストラテジー：上巻p.034参照。　**資金が大きく不足**：2011年にパレスチナがユネスコ加盟国になったことなどを受け、最大の分担金拠出国であったアメリカ合衆国が2018年末にユネスコを脱退し、分担金の拠出を停止している。

●世界遺産基金　運用の基準

①緊急援助	大規模な災害や事故、紛争などで被害を受けた遺産の復興費用
②準備援助	事前調査への準備援助
③保全・管理援助	専門家や技術者の派遣や機材の購入費用 遺産の保護・保全に従事する管理者や専門家の育成費用 遺産の価値や理念の教育・広報費用、国際協力促進費用

3. 世界遺産委員会諮問機関とユネスコ

▶ 3.1　世界遺産委員会諮問機関

世界遺産委員会の諮問機関は、ICCROMとICOMOS、IUCNである。諮問機関の主な役割は、それぞれの**専門分野について世界遺産条約履行に関する助言を行う**こと、世界遺産委員会文書及び会議議題の作成、世界遺産委員会決議の履行に関して世界遺産センターを補佐すること、世界遺産基金の効果的な活用の強化、世界遺産の保全状況の監視、国際的援助の要請の審査などである。

推薦された遺産に対する事前の専門調査では「登録」「情報照会」「登録延期」「不登録」の4段階の勧告を行う。

▶ 3.2　ICCROM(International Centre for the Study of the Preservation and Restoration of Cultural Property)

ICCROM(文化財の保存及び修復の研究のための国際センター)は、本部をイタリア共和国のローマに置く政府間機関で、ローマセンターとも呼ばれる。1959年にユネスコによって設立され、不動産や動産の文化遺産の保全強化を目的とした研究や記録の作成・助言、技術支援、技術者や専門家の研修や養成、普及・広報活動などを目的としている。

文化遺産に関する研修・養成において主導的な協力機関になることが求められており、文化遺産の保全状況の監視や国際的援助要請の審査なども行う。

トレヴィの泉(ローマの歴史地区)

▶ 3.3 ICOMOS (International Council on Monuments and Sites)

ICOMOS(国際記念物遺跡会議)は、本部をフランス共和国のパリに置く非政府機関(NGO)で、**ヴェネツィア憲章***の原則を基に、1965年に設立された。建築遺産や考古学的遺産の保全のための理論や方法論、科学技術の応用を推進することを目的としている。

世界遺産センターからの依頼を受けて、世界遺産リストへ登録推薦された文化遺産(複合遺産の文化遺産の価値を含む)の専門的調査や審査を行い、世界遺産委員会に審査報告を行う。ほかにも、文化遺産の保全状況の監視や国際的援助要請の審査なども行う。

ノートル・ダム大聖堂(パリのセーヌ河岸)

また、UNESCO加盟国内で活動するため、各国に国内委員会が組織されており、各国の専門家がICOMOSの国際的な活動に参加する際の窓口にもなっている。

▶ 3.4 IUCN (International Union for Conservation of Nature)

IUCN(国際自然保護連合)は、本部をスイス連邦のグランに置く世界的組織で、ユネスコやフランス政府、スイス自然保護連盟などの呼びかけにより、国家や政府機関、NGO、科学者などをメンバーとして、1948年に設立された。自然の完全性や多様性を保全し、平等で生態学的に

スイスのサルドナ上層地殻変動地帯

ヴェネツィア憲章:上巻p.040参照

持続可能な自然資源の利用を担保するために、世界中の科学者を支援することを目的としている。

世界遺産センターからの依頼を受けて、世界遺産リストへ登録推薦された自然遺産（複合遺産の自然遺産の価値を含む）の専門的調査や審査を行い、世界遺産委員会に審査報告を行う。また、**文化的景観の価値で推薦された文化遺産の自然の価値や保全管理などについてICOMOSへ助言を行う**。ほかにも、自然遺産の保全状況の監視や国際的援助要請の審査なども行う。

▶ 3.5 ユネスコ (United Nations Educational, Scientific and Cultural Organization)

ユネスコ（国際連合教育科学文化機関）は、フランス共和国のパリに本部を置く国際連合の専門機関で、フランス共和国や英国、アメリカ合衆国を中心として**1945年に創設**＊された。国際連合が行う活動を前に進め、教育や科学、文化を通じて諸国民の連帯を促進し、人種や性、言語、宗教の差別なく正義や人権、基本的自由が尊重される**世界の平和と福祉に貢献**することを目的としている。

「戦争は人の心の中に生まれるものだから、人の心の中にこそ、平和のとりでを築かなければならない。相互の風習と生活を知らないことは、人類の歴史を通じて世界中の人々の間に疑惑と不信を引き起こした共通の原因であり、この疑惑と不信のために、世界中の人々の差異があまりにも多くの戦争を引き起こした。」（ユネスコ憲章前文・部分）

1945年11月、第二次世界大戦で深く傷ついた国々がロンドンに集まり、「諸国間、諸民族間の交流を進め、文化の多様性を理解・尊重しあうことが、世界の平和につながる」と説いたこのユネスコ憲章前文の言葉に、その活動理念がよく表れている。

総会と**執行委員会**、**事務局**がある。総会は通常２年に１度開催され、UNESCOが行う活動の方針や政策の決定、執行委員会が提出した計画の決議、執行委員会の選挙などを行う。58ヵ国の政府代表からなる執行委員会は２年に４回以上開催され、国際連合への助言やUNESCOの新加盟国の承認などを行う。事務局は、総会や執行委員会への提案書の作成やUNESCOの事業計画案や予算見積書、定期報告書の準備などを行う。松浦晃一郎氏は、日本人初のユネスコ事務局長として第８代の２期（1999～2005、2005～2009）を務め、無形文化遺産条約の成立などに尽力した。

1945年に創設：20ヵ国の加盟国で実際に発足したのは、1946年11月4日。

4. 世界遺産の定義

▶ 4.1 顕著な普遍的価値（Outstanding Universal Value）

「顕著な普遍的価値」とは、国家や文化、民族、宗教、性別などという枠組みを越え、**人類全体にとって現在だけでなく将来世代にも共通した重要性を持つ**ような、傑出した文化的な意義や自然的な価値を意味する。世界遺産はこの「顕著な普遍的価値」を持つ遺産である。英語の頭文字をとってOUVとも呼ばれる。顕著な普遍的価値には、真正性や完全性、法的な保護やバッファー・ゾーンの設定を含む保全管理、登録基準との適合などが含まれる。

世界遺産登録の際に、顕著な普遍的価値の言明が必要であるが、1978～2006年までに登録された遺産はそれがなされていなかったため、既に登録済みの遺産も、遡って言明*する必要性が2010年の世界遺産委員会で決定した。

▶ 4.2 文化遺産

人類の歴史が生み出した記念物や建造物群、文化的景観などで、登録基準(i)～(vi)のいずれか1つ以上を認められている遺産。

世界遺産条約1章第1条には、次のように定義されている。

記 念 物：建築物、記念的意義を有する彫刻及び絵画、考古学的な性質の物件及び構造物、金石文、洞窟住居ならびにこれらの物件の組み合わせで、歴史上、芸術上または学術上、顕著な普遍的価値を有するもの。

建造物群：独立または連続した建造物の群であって、その建築様式、均質性または景観内の位置のために、歴史上、芸術上または学術上、顕著な普遍的価値を有するもの。

サン・ピエトロ大聖堂（ヴァティカン市国）

遡って言明：日本の遺産は、2014年までにすべての遺産について言明され承認されている。

遺跡：人工の所産（自然と人間の共同作品を含む）及び考古学的遺跡を含む区域であって、歴史上、芸術上、民族学上または人類学上、顕著な普遍的価値を有するもの。

▶ 4.3 自然遺産

地球の生成や動植物の進化を示す、地形や景観、生態系などで、登録基準（vii）～（x）のいずれか1つ以上を認められている遺産。

世界遺産条約1章第2条には、3つ定義されている。

- 無生物または生物の生成物・生成物群からなる特徴のある自然の地域であって、美観もしくは自然科学の観点から、顕著な普遍的価値を有するもの。
- 地質学的または地形学的形成物、及び脅威にさらされている動物または植物の種の生息地・自生地として区域が明確に定められている地域であって、自然科学もしくは保存の観点から、顕著な普遍的価値を有するもの。
- 自然の風景地及び区域が明確に定められている自然の地域であって、自然科学、保存もしくは美観の観点から、顕著な普遍的価値を有するもの。

イエローストーン国立公園

▶ 4.4 複合遺産

文化遺産と自然遺産、**両方の価値を兼ね備えている**もので、登録基準（i）～（vi）のいずれか1つ以上及び登録基準（vii）～（x）のいずれか1つ以上を認められている遺産。

世界遺産条約には複合遺産についての定義はなく、作業指針の中で次のように定義されている。

- 世界遺産条約の第1条、第2条に規定されている文化遺産及び自然遺産の定義（の一部）の両方を満たす場合は、「複合遺産」とみなす。

メテオラの修道院群

▶ 4.5 危機遺産

危機遺産*とは、「**危機にさらされている世界遺産リスト**(危機遺産リスト)」に登録されている遺産を指す。世界遺産リストに登録されている遺産が、重大かつ明確な危険にさらされており、その脅威が人間の関与により改善可能であること、保全のためには大規模な作業が必要であること、などに加え、**世界遺産条約に基づく援助がその遺産に対し要請されている場合**、世界遺産委員会はその遺産を危機遺産リストに記載することができる。危機遺産リストへの登録基準*には「**確定された危機**」と「**潜在的な危機**」があり、作業指針の中で定められている。

危機遺産リストに記載された場合、遺産の保有国は世界遺産委員会の協力の下、保全計画の作成と実行が求められる。その際には、世界遺産基金の活用や、世界遺産センターや各国の政府、民間機関などからの**財政的・技術的援助**を受けることができる。世界遺産委員会では、危機遺産リストに記載された遺産の保全状況について**リアクティヴ・モニタリング**を行い、毎年審議する。

また、顕著な普遍的価値があることが明らかな暫定リスト記載の遺産で、危機に直面している遺産を、通常の登録手順を取らず緊急的に登録することがある。「**緊急的登録推薦**」と呼ばれるもので、世界遺産登録と同時に危機遺産に登録される。

世界遺産の顕著な普遍的価値が損なわれたと判断された場合は、**世界遺産リストから抹消される**こともある。オマーン国の「アラビアオリックスの保護地区」は、オマーン政府が天然資源採取のために保護地区を90%削減する政策をとったことにより、危機遺産リストに記載されることなく、2007年に世界遺産リストから抹消された。また、ドイツ連邦共和国の「ドレスデン・エルベ渓谷」は、住民投票で生活の利便性を向上するためにエルベ川に近代的な橋を建設することが決定したため、推薦時に示された保全管理が不十分で景観破壊が起こる懸念から危機遺産リストに記載された。その後、橋の建設が開始されたため、2009年に世界遺産リストから抹消された。さらに、英国の「リヴァプール海商都市」が再開発による景観悪化のため、2021年に世界遺産リストから抹消された。

▶ 4.6 負の遺産

「**負の遺産***」とは、近現代の戦争や紛争、人種差別など、人類が犯した過ちを記憶にとどめ教訓とする遺産とされるが、**世界遺産条約では定義されていない**。そのため、どの遺産を「負の遺産」と考えるのかは諸説ある。一般的には、奴隷貿易の証拠である『ゴレ島』や、ホロコーストの非人道性を伝える「アウシュヴィッツ・ビルケナウ」などが該当すると考えられる。

危機遺産：下巻p.451参照。　**危機遺産リストへの登録基準**：下巻p.451参照。　**負の遺産**：下巻p.450参照。

5. 顕著な普遍的価値の評価基準

▶ 5.1 登録基準

顕著な普遍的価値の評価基準として、作業指針の中で10項目からなる登録基準が定められている。顕著な普遍的価値が認められるためには、この登録基準の中から1つ以上が認められなければならない。

登録基準はかつて、文化遺産の登録基準(i)～(vi)と、自然遺産の登録基準(i)～(iv)に分かれていたが、2005年の第6回世界遺産委員会特別会合にて作業指針が改定され、**文化遺産・自然遺産共通の登録基準(i)～(x)**にまとめられた。2007年の第31回世界遺産委員会で審議される遺産から、この10項目の登録基準が適用されている。共通の登録基準ではあるが、その内容により、登録基準(i)～(vi)が文化遺産に、登録基準(vii)～(x)が自然遺産に適用されている。

●登録基準

(i)	人類の**創造的資質を示す傑作**。
(ii)	建築や技術、記念碑、都市計画、景観設計の発展において、ある期間または世界の文化圏内での重要な**価値観の交流**を示すもの。
(iii)	現存する、あるいは消滅した**文化的伝統**または**文明の存在**に関する独特な証拠を伝えるもの。
(iv)	人類の歴史上において代表的な段階を示す、**建築様式、建築技術**または**科学技術の総合体**、もしくは**景観**の顕著な見本。
(v)	ある文化（または複数の文化）を代表する**伝統的集落**や**土地・海上利用**の顕著な見本。または、取り返しのつかない変化の影響により危機にさらされている、**人類と環境との交流**を示す顕著な見本。
(vi)	顕著な普遍的価値を持つ出来事もしくは生きた伝統、または**思想、信仰、芸術的・文学的所産**と、直接または実質的関連のあるもの。（この基準は、**他の基準とあわせて**用いられることが望ましい。）
(vii)	ひときわ優れた**自然美**や美的重要性を持つ、類まれな自然現象や地域。
(viii)	生命の進化の記録や地形形成における重要な地質学的過程、または地形学的・自然地理学的特徴を含む、**地球の歴史の主要段階**を示す顕著な見本。
(ix)	陸上や淡水域、沿岸、海洋の生態系、また動植物群集の進化、発展において重要な、現在進行中の**生態学的・生物学的過程**を代表する顕著な見本。
(x)	**絶滅の恐れ**のある、学術上・保全上顕著な普遍的価値を持つ野生種の生息域を含む、**生物多様性の保全**のために最も重要かつ代表的な自然生息域。

▶ 5.2 登録基準の概要

●登録基準(i)

人類の創造的資質や人間の才能を示す遺産で、世界的に有名な文化遺産の多くがこの基準を満たしている。2021年8月現在、登録基準(i)のみで登録されているのは、インドの『タージ・マハル』とオーストラリア連邦の『シドニーのオペラハウス』、カンボジア王国の『プレア・ビヒア寺院』のみである。

●登録基準(ii)

文化の価値観の相互交流を示す遺産で、交易路や大きな文化・文明の接する位置に存在する遺産に認められることが多い。かつては、西欧文明を中心とする文化伝播の価値を重視していたが、現在は異文化及び同一文化圏内の文化相互交流を重視している。日本の文化遺産では認められることが多い。

イスタンブルのアヤ・ソフィア

●登録基準(iii)

文化的伝統や文明の存在に関する証拠を示す遺産で、古代文明に関する遺産などで多く認められる。また、現在その文化・文明が存続しているものも、途絶えてしまっているものも含まれ、途絶えてしまっている文化・文明の遺産には、**人類の化石遺跡**なども含まれる。

ストーンヘンジの巨石遺跡

●登録基準（iv）

建築様式や建築技術、科学技術の発展段階を示す遺産で、建築が特徴の遺産の多くがこの基準を満たしている。しかし「代表的な段階」という点も重視され、オーストラリア連邦の『シドニーのオペラハウス』は、ヨーン・ウッツォンのデザインが世界の建築史上の「代表的な段階」から外れた傑作であるため、この登録基準は認められていない。また、日本国の『平泉－仏国土（浄土）を表す建築・庭園及び考古学的遺跡群－』でも、浄土庭園や建築は日本独自のものであり世界の「代表的な段階」を示していないとして、この登録基準は認められなかった。

ブラジリアの国立美術館

●登録基準（v）

独自の伝統的集落や、人類と環境の交流を示す遺産で、その存続が危ぶまれている集落や景観も多く含まれている。また土地や海上利用の代表例として、農業景観や文化的景観が特徴の遺産もこの基準を満たしている。

●登録基準（vi）

人類の歴史上の出来事や伝統、宗教、芸術などと強く結びつく遺産であるが、この登録基準の適用にあたっては「他の基準とあわせて用いられることが望ましい」という記述が、1996年の『広島平和記念碑（原爆ドーム）』の審議以降、書き加えられている。登録基準（vi）のみで登録されている遺産は、他の登録基準が認められにくい「負の遺産」と考えられるものが多い。

ウルル、カタ・ジュタ国立公園

●登録基準（vii）

自然美や景観美、独特な自然現象を示す遺産で、世界的に有名な自然遺産の多くがこの登録基準を満たしている。

●登録基準（ⅷ）

地球の歴史の主要段階を示す遺産で、地層や地形だけでなく、**恐竜や古代生物の化石遺跡**も地球の歴史を示すものとして、この登録基準が認められる。プレートが地上に露出した「ボニナイト」が見られる『小笠原諸島』では、この基準も含んで推薦されたが認められず、2021年8月現在、日本でこの登録基準が認められている遺産はない。

ネーロイフィヨルド

●登録基準（ix）

動植物の進化や発展の過程、独自の生態系を示す遺産で、ここには現在進行中の生態学、生物学の代表例も含まれている。日本の自然遺産5件中4件でこの登録基準が認められている。

ガラパゴス諸島のウミイグアナ

●登録基準（x）

絶滅危惧種の生息域でもある、生物多様性を示す遺産で、自然環境の変化や開発などの影響を受けやすいため、危機遺産リストに記載されている自然遺産の多くで、この登録基準が認められている。

ドナウ・デルタ

6. 世界遺産に関係する概念

▶ 6.1 真正性（authenticity）

真正性とは文化遺産に求められる概念で、建造物や景観などが、形状や意匠、素材、用途、機能などが**それぞれの文化的背景の独自性や伝統を継承**していることが求められる。真正性は、歴史的建造物の保存と修復に関する1964年のヴェネツィア憲章の考え方を反映している。

真正性はかつて、遺産が建造された当時の状態がそのまま維持・保存されていることが重視されていた。これは、遺産が時代を経ても大きく変化しにくい石の文化である西欧などの思想に基づいており、日本やアフリカなどの木や土の文化には必ずしも対応していなかった。1993年の『法隆寺地域の仏教建造物群』の世界遺産登録の際に、木造建造物などの保存について国際社会の理解を深める必要性を感じた日本は、1994年に奈良市にて「真正性に関する奈良会議」を開催し、日本主導による「**奈良文書**」が採択された。

奈良文書では、**遺産の保存は地理や気候、環境などの自然条件と、文化・歴史的背景などとの関係の中ですべきである**とされた。つまり、日本の遺産であれば、日本の気候風土や文化・歴史の中で営まれてきた保存技術や修復方法でのみ真正性を担保できる。その文化ごとの真正性が保証される限りは、**遺産の解体修復や再建** * なども可能である。この奈良文書により真正性の考え方は柔軟になり、遺産の真正性は形状・意匠や材料・材質、工法、環境（セッティング）などを各文化に即して解釈・検討されるようになった。

薬師寺（古都奈良の文化財）

遺産の解体修復や再建：都市全体を再建・復旧したポーランド共和国の『ワルシャワの歴史地区』は、真正性の解釈に波紋を残し、都市全体を再建・復旧した遺産を登録するのはワルシャワ市以外に認めないと決められた。

▶ 6.2 完全性（integrity）

完全性とは全ての世界遺産に求められる概念で、**世界遺産の顕著な普遍的価値を構成するために必要な要素が全て含まれ**、また**長期的な保護のための法律などの体制も整えられている**ことが求められる。完全性を証明する条件として、具体的には次の3点が作業指針に記されている。

- 顕著な普遍的価値が発揮されるのに必要な要素が全て含まれているか。
- 遺産の重要性を示す特徴を不足なく代表するために、適切な大きさが確保されているか。
- 開発あるいは管理放棄による負の影響を受けていないか。

文化遺産では、遺産の劣化の進行がコントロールされていること、歴史的な街並や文化的景観のような**生きた遺産の特徴や機能が維持されていること**、景観に悪影響を与える恐れのある開発などが行われていないことなどが求められる。また、推薦書で顕著な普遍的価値を示すとされる時代と実際の資産の年代が一致していることや、**価値を証明する資産がしっかりと構成資産に含まれていること**なども必要である。一方で自然遺産は、生物学的な過程や地形上の特徴が比較的無傷であることが求められ、世界遺産登録範囲内での人間の活動は生態学的に持続可能なものである必要がある。加えて自然遺産では、登録基準ごとに完全性の条件が細かく定義

ユングフラウ-アレッチュのスイス・アルプス

されており、滝を中心とした景観の場合は隣接集水域や下流域を含むことや、渡りの習性を持つ生物種を含む地域では渡りのルートの保護も求められることなどが作業指針に書かれている。

▶ 6.3 文化的景観（Cultural Landscapes）

文化的景観は、1992年の第16回世界遺産委員会で採択された概念で、世界遺産条約1章第1条の「遺跡」の定義の中の、「自然と人間の共同作品」に相当するものである。**人間社会が自然環境による制約の中で、社会的、経済的、文化的に影響を受けながら進化してきたこと**を示す遺産に認められる。文化的景観には、自然の景観と人工の景観の両方が含まれ、文化遺産に分類されるものの、文化遺産と自然遺産の境界に位置する遺産といえる。

文化的景観は、大きく次の3つのカテゴリーに分類される。

●文化的景観の3つのカテゴリー

意匠された景観	庭園や公園、宗教的空間など、人間によって意図的に設計され創造された景観。
有機的に進化する景観	社会や経済、政治、宗教などの要求によって生まれ、自然環境に対応して形成された景観。農林水産業などの産業とも関連している。すでに発展過程が終了している「残存する景観」と、現在も伝統的な社会のなかで進化する「継続する景観」に分けられる。
関連する景観	自然の要素がその地の民族に大きな影響を与え、宗教的、芸術的、文学的な要素と強く関連する景観。

これにより、従来の西欧的な文化遺産の考え方よりも柔軟に文化遺産を捉えることが可能になり、世界各地の文化や伝統の多様性の保護につながっている。1993年、ニュージーランドの『トンガリロ国立公園*』において、世界ではじめて文化的景観の価値が認められた。また、文化的景観の価値で登録される遺産には、「人類と環境との交流を示す顕著な見本」として登録基準(v)が認められるものも多い。

トンガリロ国立公園：1990年に自然遺産として登録されていたが、マオリの聖地として自然との文化的なつながりが評価され、1993年に文化遺産の価値を含んだ複合遺産となった。

トンガリロ国立公園

▶ 6.4 グローバル・ストラテジー

「世界遺産リストにおける不均衡の是正及び代表性、信用性の確保のためのグローバル・ストラテジー」(以下、「**グローバル・ストラテジー**」)は、1994年の第18回世界遺産委員会にて採択された。

世界遺産リストはかつて、登録されている文化遺産の内容が、西欧の中世から19世紀にかけての宮殿や城塞、キリスト教関連の教会や修道院などに偏っており、また世界遺産条約を締結していながら世界遺産を1件も持たない国があるなど、地域的な不均衡もあったため、世界遺産リストが正しく世界の文化・文明を代表していないのではないか、という批判が出ていた。それを受けて、**世界遺産リストの不均衡を是正して、世界遺産条約への信頼性を取り戻す**ために、ユネスコは選考基準や方法を見直し、グローバル・ストラテジーを推進している。世界遺産リストにおける「地域的」「時代的」「内容的」な不均衡の是正を目標としており、具体的には次の4点が挙げられる。

地理的拡大：

世界遺産を持たない国や地域からの登録を強化し、地理的な不均衡をなくす。国際的な協力体制の下で暫定リストや登録推薦書の作成に力を入れることや、世界遺産委員会での優先審議など。

産業関係、鉱山関係、鉄道関係の強化：

産業関連遺産は文化財とみなされず、現在も稼働中で体系的な保護・保全が行われていないことが多かったが、人類の営為の証拠であるとして、積極的に保護するよう求めている。

先史時代の遺跡群の強化：

先史時代の遺跡は、遺産価値を示す科学的証拠や法的な保全体制が不十分であるなどの理由から登録数が少なかった。しかし、人類の歴史の最初期の貴重な証拠として、登録強化を求めている。

20世紀以降の文化遺産：

現代の建築物は、時代の検証を経ておらず、文化財を保護する各国の法体制から外れていることも多い。現代の文化遺産でも顕著な普遍的価値が認められるものは、積極的に保護するよう求めている。

グローバル・ストラテジーは当初、文化遺産を想定していたが、自然遺産や複合遺産も対象となっている。また、既に世界遺産リストに複数の登録遺産を持つ国には、登録推薦の間隔を自発的にあけることや、登録の少ない分野の遺産を推薦すること、世界遺産を持たない国の登録推薦と連携することなどが求められている。

メキシコ国立自治大学（UNAM）

▶ 6.5 シリアル・ノミネーション・サイト（Serial Nomination Site）

シリアル・ノミネーション・サイト（連続性のある遺産）は、文化や歴史的背景、自然環境などが共通する資産を、全体として顕著な普遍的価値を有するものとして登録した遺産である。作業指針の中では「同一の歴史・文化群に属するもの」「地理区分を特徴づける同種の資産であるもの」「同じ地質学的、地形学的、または同じ生物地理区分もしくは同種の生態系に属するもの」と定義されており、最近では構成資産をつなぐストーリーも重視される。シリアル・ノミネーション・サイトは、**必ずしも個々の構成資産が顕著な普遍的価値を持っている必要はなく、全体として顕著な普遍的価値を持っていればよい**。また、最初に登録される遺産が顕著な普遍的価値を持っていれば、構成資産を追加するために複数年にわたる審議を前提とした推薦書を提出することができる。

日本国の『明治日本の産業革命遺産 製鉄・製鋼、造船、石炭産業』のように1つの国内に全ての構成資産が含まれる場合もあれば、国境を越えてトランスバウンダリー・サイトとなる場合もある。

2016年の第40回世界遺産委員会で登録された**『ル・コルビュジエの建築作品：近代建築運動への顕著な貢献***』のように、シリアル・ノミネーション・サイトがトランスコンチネンタル・サイト（大陸を越える遺産）である場合もある。大陸を越える場合、法制度や保全体制の各国の差異が大きく、遺産全体としての管理・監督が難しいという側面もある。

三菱長崎造船所旧木型場（明治日本の産業革命遺産 製鉄・製鋼、造船、石炭産業）

▶ 6.6 トランスバウンダリー・サイト（Trans-boundary Site）

自然は本来、国家の概念とは関係なく存在するものである。**トランスバウンダリー・サイト**（国境を越える遺産）は当初、そうした人為的な国境線にとらわれない

ル・コルビュジエの建築作品：近代建築運動への顕著な貢献：フランス共和国やアルゼンチン共和国など7ヵ国17資産で構成される。

自然遺産の登録推薦の際に提案されたもので、多国間の協力の下で遺産を保護・保全することを目指していた。これは自然遺産の場合、自然環境を明確に分断することが不可能なため、保護すべき自然環境に隣接する地域が異なる国に属する場合には、その国とも協力しながら保護する必要があるためである。しかし文化遺産の場合でも、『ベルギーとフランスの鐘楼群』のように、かつて1つの民族・文化圏であった地域が、近代的な国家の成立の際に国境で分断されてしまうことがあり、そうした遺産の保護にもこの概念が用いられ、共同で保護が行われる。

作業指針の中では、**できる限り関係締約国が共同で登録推薦書を作成し、共同管理委員会・機関などを設立して遺産全体の管理・監督すること**が強く推奨されている。また、現在1つの締約国内にある遺産が、拡大登録によってトランスバウンダリー・サイトになる場合もある。

一方で、国境を接する遺産であっても別々の遺産として登録されているアルゼンチン共和国とブラジル連邦共和国の『イグアス国立公園』や、スペインの「サンティアゴ・デ・コンポステーラの巡礼路」とフランス共和国の『フランスのサンティアゴ・デ・コンポステーラの巡礼路』などは、トランスバウンダリー・サイトとはみなされない。

ベルギー、ゲントの鐘楼(ベルギーとフランスの鐘楼群)

▶ 6.7 人間と生物圏計画 (Man and the Biosphere program)

「人間と生物圏計画」(以下、「**MAB計画**」)は、社会生活や商工業活動などの人間の営みと自然環境の相互関係を理解し、環境資源の持続可能な利用と環境保全を促進することを目的に、ユネスコが1971年に立ち上げた研究計画。人類と環境の接点に注目し、そこで起こりつつある問題の解決を目指しており、生物多様性と経済活動を機能的に結びつけるための、科学的な研究やモニタリング、人材育成などが行われている。

MAB計画では、生物多様性を保全するための地域として「**生物圏保存地域**（Biosphere Reserve）」を定めている。日本からは、『紀伊山地の霊場と参詣道』の構成資産である大峯山を含む「大台ケ原・大峯山・大杉谷」と「屋久島・口永良部島」など10件*が登録されている。

生物圏保存地域では、生物多様性を「**核心地域**（コア・エリア）」「緩衝地帯（**バッファー・ゾーン**）」「移行地帯（トランジション・エリア）」の三段階の区域に分けて重層的に保護している。「核心地域」とは、生物多様性を保全する区域そのもので、その核心地域の周囲に生物多様性の保全を妨げる活動を制限する「バッファー・ゾーン」、さらにその周囲に保全を基調とした持続可能な社会経済開発ができる「トランジション・エリア」が設定されている。

世界遺産条約は、生物圏保存地域から**「核心地域*」と「バッファー・ゾーン」の概念を援用**している。当初は、バッファー・ゾーンの概念は採用されておらず作業指針にも言及がなかったが、2005年にはバッファー・ゾーンに関する作業指針が改定され、**バッファー・ゾーンの設定が自然遺産と文化遺産双方において厳格に求められる**ようになった。バッファー・ゾーン自体は世界遺産登録の範囲に含まれないが、世界遺産リストへの記載後にバッファー・ゾーンを変更する際には、世界遺産委員会の承認を得る必要がある。また、バッファー・ゾーンを設定しない場合は、その理由を登録推薦書に明記しなければならない。

一方で、トランジション・エリアの概念は採用しておらず、バッファー・ゾーンのすぐ外での森林伐採や都市開発などが大きな課題となっている。

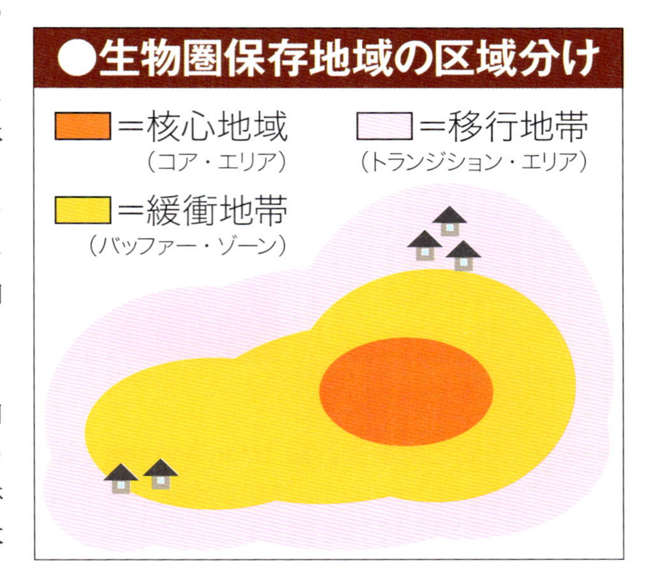

10件：ほかに「志賀高原」「白山」「綾」「只見（ただみ）」「南アルプス」「祖母・傾・大崩（おおくえ）」「みなかみ」「甲武信」が登録されている（2020年3月現在）。　**核心地域**：世界遺産条約では、「資産（プロパティ）」と呼ぶ。

▶ 6.8 世界遺産条約履行のための戦略的目標「5つのC」

世界遺産条約採択30周年にあたる2002年に、ハンガリーのブダペストで「**世界遺産に関するブダペスト宣言**」が採択され、国際協力の下で世界遺産の顕著な普遍的価値を守り、世界遺産が持続可能な社会の発展に貢献するために、戦略目標「4つのC」が示された。その後、2007年にニュージーランドで行われた第31回世界遺産委員会で「5番目のC *」が加えられ、「**5つのC**」が世界遺産条約履行の戦略目標となった。毎年の世界遺産委員会において、世界遺産センターは1年間の活動を「5つのC」の分類に当てはめて報告している。

5つのCとは、世界遺産リストの信頼性を高める「**Credibility**（信頼性）」、遺産を適切に保護・保全する「Conservation（保存）」、世界遺産に関わる人材を育成する「Capacity-building（能力開発）」、世界遺産の価値や理念を広める「Communication（情報伝達）」、世界遺産の保護に欠かせない「**Community**（共同体）」のこと。

ブダペストの国会議事堂

7. 世界遺産条約と関係する憲章・条約など

▶ 7.1 アテネ憲章（歴史的記念建造物の修復のためのアテネ憲章）

アテネ憲章とは、1931年にギリシャ共和国のアテネで開催された第1回「歴史的記念建造物に関する建築家・技術者国際会議」にて採択された憲章で、**記念物や建造物、遺跡などの保存・修復に関する基本的な考え方を初めて明確に示した**もの。修復の際にはいかなる時代の様式も無視せずに過去の歴史的・芸術的作品を尊重すること、記念物や建造物をその存在意義の継続を維持しながら使用すること、歴史的建造物を親権的な保護下に置くこと、保存の助言を行う機関を設立すること、記念物や建造物を尊重する教育の重要性などが謳われている。

このアテネ憲章は、文化遺産を尊重し保護・修復するという点で世界遺産条約と深くつながっている反面、**修復の際に近代的な技術と材料の使用を認める点**が、大きく異なっている。

5番目のC：「Community（共同体）」が加えられた。

真正性に基づき修復される姫路城（平成の大修理）

▶ 7.2 ヴェネツィア憲章（記念建造物及び遺跡の保全と修復のための国際憲章）

ヴェネツィア憲章は、1964年にイタリア共和国のヴェネツィアで開催された第2回「歴史的記念建造物に関する建築家・技術者国際会議」にて採択された**記念物や建造物、遺跡などの保存・修復に関する憲章**。記念物や建造物、遺跡などを芸術作品かつ歴史的証拠として保護することや、**修復の際には建設当時の工法、素材を尊重すること**、推測による修復の禁止、修復の際には歴史的に誤解を与えぬよう修復箇所を明らかにすることなどが謳われている。特に、修復に際して不可避な付加工事があった場合は、それが後から補ったものであることを示さなければならない。

基本的には1931年のアテネ憲章の「文化遺産を尊重し保護・修復する」という理念を継承しつつも、修復方法の考え方において決定的に異なっている。ヴェネツィア憲章では、修復にあたって科学的かつ考古学・歴史学的な検証が必要で、オリジナルの材料や色彩、建築環境などを可能な限り保存することが求められる。これが世界遺産条約における「真正性」の概念となり、その真正性を検証する機関としてヴェネツィア憲章採択の翌年にICOMOSが設立された。

また、**伝統的な技術が明らかに不適切である場合のみ、近代的な技術を用いることができる**。日本国の『姫路城』では、礎石が天守の重量を支えきれないため、昭和の大修理の際に鉄筋コンクリート製の基礎構造物に置き換えられた。

▶ 7.3 ハーグ条約（武力紛争の際の文化財の保護に関する条約）

ハーグ条約は、1954年にオランダ王国のハーグにおいてユネスコが採択した条約で、1956年に発効した。**国際紛争や内戦、民族紛争などから文化財を守るための基本方針**を定めている。1954年の第一議定書と1999年の第二議定書で、武力紛争時だけでなく、平時においても文化遺産や美術館、図書館を保護することを義務付けている。

▶ 7.4 文化財の不法な輸入、輸出及び所有権譲渡の禁止並びに防止の手段に関する条約

1970年の第16回ユネスコ総会で採択された条約で、1972年に発効した。保護管理体制の不備などにより**盗難された文化財の密貿易などを禁止**する条約である。加盟国には、文化財の認定や目録の作成、文化財の保護のための機関の設置、不法に輸出された文化財の復旧を保証する加盟国間の協定の締結、摘発のための国際協力、善意の購入者への補償、教育活動などが求められる。文化財の密貿易は、今なお文化遺産を保護する上で最も懸念される課題の1つであり続けている。

▶ 7.5 人間環境宣言（ストックホルム宣言）

人間環境宣言は、1972年にスウェーデン王国のストックホルムで開催された「**国際連合人間環境会議**」にて採択された宣言で、国際社会が初めて**開発問題と環境保全**について取り組み、その原則についてまとめたもの。自然環境の保護・保全が、人類の福祉や経済発展にとって重要であると謳っている。

この国際連合人間環境会議において、文化遺産と自然環境を保護・保全する条約作りが進められ、同年のユネスコ総会にて世界遺産条約としてまとめられた。

▶ 7.6 公的又は私的の工事によって危機にさらされる文化財の保存に関する勧告

ヌビアの遺跡群の救済活動を受け、1968年の第15回ユネスコ総会で採択された勧告。世界の諸文化の個性をつくり上げている文化財が、国民の精神の一部となることによって自己の尊厳を自覚できるように、文化財をその歴史的・芸術的な重要性に応じて可能な限り、**社会的・経済的な発展による変化との調和を図りながら保護**し、公開することなどを各国の義務として求めている。

▶ 7.7 歴史的都市景観の保護に関する宣言

2005年10月の世界遺産条約締約国会議で出された宣言。2005年5月、ウィーン中央駅界隈の都市開発と世界遺産の保全をめぐりオーストリア政府やウィーン市、世界遺産委員会事務局、ICOMOSなどが参加した国際会議が開かれ「世界遺産と現代建築に関するウィーン覚書(**ウィーン・メモランダム**)」が採択された。それを受けて「歴史的都市景観の保護に関する宣言」が採択された。

開発で現代建築を建てる際には、経済成長の促進のための開発に対応する一方で、街の風景や景観を尊重することが一番の課題であるとし、政策決定者や都市計画者、文化財保護担当者、建築家などは文化や歴史に十分配慮しながら都市遺産の保護のために協力すること、生活環境や利便性を確保することで住民の生活の質や生産効率を向上させることなどが示され、世界遺産に関しては特に**歴史的都市景観の概念を推薦書等の保護計画に含むこと**が推奨されている。また、**世界遺産の顕著な普遍的価値の保護は、どんな保護方針や運営方針よりも中心に据えられるべきである**ことをより深く再認識することが必要であるとしている。

ウィーンの歴史地区

▶ 7.8 特に水鳥の生息地として国際的に重要な湿地に関する条約（ラムサール条約）

1971年2月にイランのラムサールで開催された国際会議で採択された条約。**水鳥の生息地を保全するため**に湿地の生態系と生物多様性を保護し、調査、保全のための措置を取ることや、湿地を持続可能な範囲で適正に利用するために計画を立てて実行することなどが定められている。

▶ 7.9 世界遺産におけるボン宣言

2015年の世界遺産委員会にて採択された宣言。内戦や自然災害など世界遺産への脅威が増している現状を踏まえ、**IS（イスラム国）や武装集団による遺産の破壊を非難**するとともに、国際社会の協力を呼びかけたもの。イラクやシリア、イエメンなどでの武力衝突による遺産破壊や、ネパールでの地震災害などを念頭においている。武装集団には遺産破壊の停止を求め、世界遺産条約締約国には財政・技術的援助や文化財の不法取引の停止などを求めている。

▶ 7.10 世界遺産条約履行に関する戦略的行動計画（2012-2022）

2011年の世界遺産条約締約国会議で採択された行動計画。「①世界遺産の顕著な普遍的価値の維持」「②世界遺産リストの信頼性の向上」「③環境・社会・経済的な要求を考慮した世界遺産の保護・保全」「④世界遺産のブランド力の向上」「⑤世界遺産委員会の行動力強化」「⑥世界遺産条約の決議の公開と実行」などが、締約国が共有する目標として定められた。

8. 世界遺産リスト記載までの流れ

推薦書を世界遺産センターに提出してから、登録が決定するまで**1年半ほどの期間**を要する。

世界遺産条約の締約国は、世界遺産センターの協力を受けながら暫定リストを作成する。暫定リストは、ユネスコの公用語である英語かフランス語で作成され、記載する遺産の名称や位置、遺産の簡単な説明、顕著な普遍的価値の根拠などが書かれる。世界遺産センターは、暫定リストを受理したら、関係機関に伝達し、世界遺産センターの公式サイトに公開する。暫定リストに載っていない遺産を、世界遺産登録のために推薦することはできない。締約国はその暫定リストの中から登録への要件が整った遺産の推薦書を作成し、**2月1日***までに世界遺産センターへ提出する。その際、前年の9月30日までに推薦書の草案を世界遺産センターへ提出し、コメ

2月1日：世界遺産センターへ提出する書類の多くは2月1日が締切りだが、既に登録された遺産の状況報告書だけは前倒しして12月1日を締切りとすることが2014年に決まった。

ントなどを求めることができる。日本の遺産の場合は、9月頃に世界遺産条約関係省庁連絡会議で推薦される遺産が決定され、推薦書が提出直前の1月に閣議了解される。

推薦書には、推薦する資産の範囲（境界線）を明確に示した「**資産の範囲**」や、資産の特徴や歴史的な背景などを説明する「**資産の内容**」、資産が持つ顕著な普遍的価値の根拠とそれに当てはまる登録基準を示す「**登録の価値証明**」、資産の現在の保全状況や価値に影響を与える諸条件（脅威など）を説明する「**保全状況及び資産へ影響を与える諸条件**」、保護のための法的措置や規制措置、計画的措置、制度的措置のほか管理計画などを示す「**保全管理**」、資産の保全状況を測定するための指標などを示す「**モニタリング**」などが書かれている必要がある。これらの内容に不備がある場合は、世界遺産センターで受理されない。

推薦書が世界遺産センターにて「完全」と判断された遺産については、世界遺産センターから諮問機関へ推薦書が送られ、ICOMOSとIUCNが専門調査を行う。複合遺産の場合はICOMOSとIUCNがそれぞれの分野の審査を行い、文化的景観が認められる遺産については、ICOMOSが適宜IUCNから助言を受けて協議しながら審議を行う。

ICOMOSとIUCNは夏頃に現地調査と審査を行い、遺産の保有国に対して質問や追加情報の提出を求める時は、翌年の1月31日までに保有国に通知する。その後、世界遺産委員会の**6週間前**までに、審査結果と提言を評価報告書にまとめ、世界遺産委員会の決議と同じ4段階の「勧告」として世界遺産センターに提出する。

近年、推薦書を提出した保有国や世界遺産委員会委員国と、諮問機関の評価が対立することがあり、2008年の世界遺産委員会で「**アップストリーム・プロセス**」と呼ばれる概念が示され、2015年の世界遺産委員会で採用が決定した。これは世界遺産委員会で話し合われる前にすべき手順などを改善するためのもので、推薦書が提出されて世界遺産委員会で審議されるまでの間に、推薦国からの求めに応じて諮問機関などが助言や相談、分析などの支援を行う仕組み。また各国が推薦書を提出する前に諮問機関が書面で事前調査と審査を行う「**プレリミナリー・アセスメント**（事前評価）」も検討さ

グラン・プラスの「ベルギー・フラワー・マーケット」（ブリュッセルのグラン・プラス）

れている。

世界遺産委員会では評価報告書をふまえながら審議し、基本的には合意形成という形で世界遺産リストへの登録の可否を決定する。委員国の意見がまとまらず投票による決議の動議が出された場合は、直ちに審議が止められ、委員国による投票の2/3以上の同意で可決される。またアメリカ合衆国のユネスコ脱退などの影響もあり、世界遺産関連の財政状況が悪化していることを受け、財源不足を補う「**自発的な財政貢献**」が提案された。これによって2022年の世界遺産委員会での審議を目指して推薦される遺産から、推薦書を提出する国が審査に係る費用を自発的に支払う仕組みが決定した。

●世界遺産登録の流れ

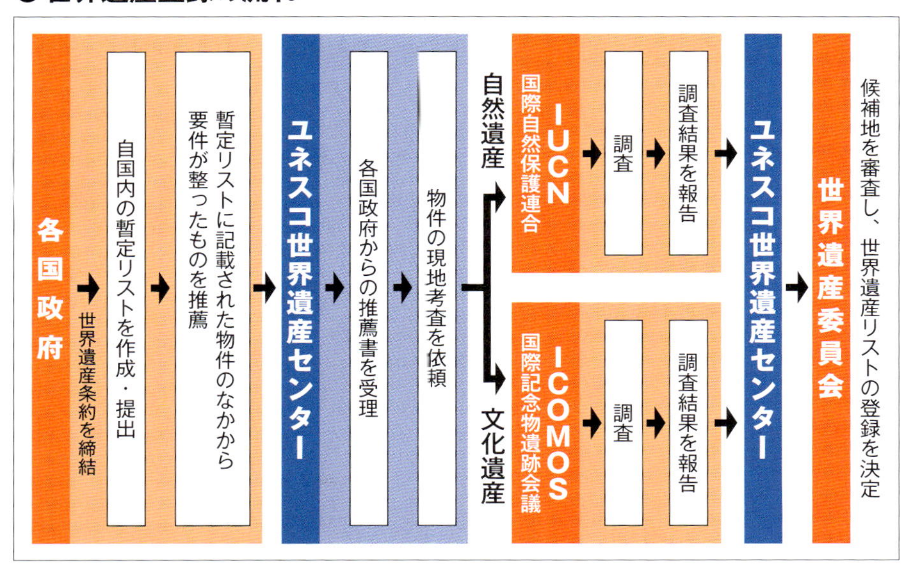

9. 世界遺産と観光

文化や文明の対話において世界遺産を資源とする観光は、相互理解を深める有効な機会である。また観光収入の遺産保護活動への活用やインフラの整備を含む地域社会への分配は、積極的に取り組むべきである。一方で、オーバーツーリズムなど過剰な観光客数による遺産の破壊や環境汚染、地域住民の日常生活への支障など多くの課題があり、遺産そのものの価値が観光化によって変質してしまうこともある。

1980年にIUCNが発表した「世界保全戦略」の中で示された「持続可能な開発

(Sustainable Development)」にむけた行動計画として、1992年にリオ・デ・ジャネイロで開催された国連環境開発会議で「**アジェンダ21**」が採択された。そこで持続可能な開発を達成するために積極的に貢献できる経済分野の1つとして、観光が位置づけられた。世界遺産委員会では、「**世界遺産と持続可能な観光計画**」が策定され、世界遺産を持続可能な観光資源として活用するための指針が示された。

10. 世界遺産条約の今後

世界遺産条約は、多くの国が加盟しており、最も成功した国際条約ともいわれている一方で、世界遺産リストの不均衡や、増えすぎたともいわれる登録遺産数により、「世界遺産」という冠の信頼性が揺らいでいるとの指摘もある。

地震や洪水などの自然災害や、地球温暖化による環境破壊、21世紀になっても無くなることのない紛争や内戦による遺産破壊、経済開発や都市開発による脅威、過度の観光化による遺産劣化、そして遺産価値への無理解からくる人為的な遺産破壊など、世界遺産は様々な危機に直面している。世界遺産リストから抹消される遺産も今後増えてくるかもしれない。

こうした状況だからこそ、世界遺産条約の存在意義は増している。世界遺産とは、世界中の人々の注目を集める冠である。世界遺産を世界中の人々の注目を集める中、保護・保全し次世代へ伝えてゆくことは、世界中の様々な文化や自然の価値を人々に再認識させ、世界遺産だけでなく身近な小さな文化の痕跡や自然を大切にする意識を芽生えさせる。つまり、世界遺産を守ることは、自分の属する文化や自然を守り、価値を高めることにつながる。

世界遺産条約の概念は、グローバル・ストラテジーの強化や、「点」で保護してきた遺産を周辺の景観も含んだ**「面」で保護**する施策、世界遺産周辺での開発計画などの影響をバッファー・ゾーンを越える一帯を含めて評価する「**遺産影響評価**(Heritage Impact Assessment)」など、常に変化してきている。世界遺産とともに生きていくことが普通になってきている今、私たちも、世界遺産を見て旅するだけでなく、世界遺産を「学ぶ」という段階に来ている。そうすることが、世界遺産を通して世界の多様性を守る上で最も重要なことなのである。

教王護国寺(古都京都の文化財)

Japan

[　日本の世界遺産　]

日本の世界遺産の特徴は、大きく分けて2つある。1つは木造建造物で、文化遺産20件（2021年8月現在）のうち17件が、木造建造物を含んでいる。もう1つは、森と海を中心とする複合生態系で、自然遺産5件（2021年8月現在）はどれも森と海と深く関係している。そして、文化と自然の特徴双方と関係しているのが、日本固有の信仰形態である自然崇拝を基本とする神道と、大陸との文化交流を示す神仏習合である。

平泉—仏国土（浄土）を表す建築・庭園及び考古学的遺跡群—

岩手

文化遺産

Hiraizumi – Temples, Gardens and Archaeological Sites Representing the Buddhist Pure Land

MAP P012 D-②

登録年 2011年　登録基準 (ii)(vi)

登録基準の具体的内容

●登録基準（ii）：

6世紀に中国、朝鮮半島を経由して伝来した仏教は、日本古来の自然崇拝と融合しながら独自の発展を遂げた。平泉は、12世紀末の**末法思想***の広がりとともに興隆した**浄土思想**における仏国土（浄土）を、空間的に表現することを目指し築かれた。仏教とともに大陸から伝来した伽藍建築に関する理念や意匠、技術、作庭思想が、日本古来の水辺の祭祀場における水景の理念、意匠、技術と融合しながら独自に発展し、広がっていった過程を証明している。

●登録基準（vi）：

平泉の造成において重要な意味を持っていた浄土思想は、12世紀における日本人の死生観の形成に重要な役割を果たし、世界でも類を見ない仏国土（浄土）を空間的に表現した建築や庭園群などの理念や意匠などに直接的に反映された。現在も宗教儀礼や民俗芸能といった無形の芸術や芸能のなかに確実に継承されている。

遺産価値総論

8世紀～12世紀の日本で広く普及していた浄土思想は、「死後に仏国土（浄土）に

末法思想：釈迦の説いた正しい教えが、時代とともに正しく伝えられなくなり、最後には教えが全く守られない時代が来る、という仏教の考え方。

行くことで成仏できる」という考え方で、日本人の死生観の形成にも多大な影響を及ぼした。浄土思想の宇宙観の中で、人間が死後にたどり着く場所と考えられていた浄土を、自然の地形と、寺院や庭園設計など日本独自の空間造形を活かしながら現世に再現することを目指した、**藤原清衡**をはじめとする奥州藤原氏3代によって生み出された景観である。

金鶏山を含む5つの資産で構成される。中尊寺、毛越寺、観自在王院、無量光院の4つの寺院は、それ自体が仏国土を表現した庭園を備えていた。平泉中央部の西側に位置する金鶏山は、仏国土(浄土)の方角を象徴する意味を持つ聖地とされ、山頂部には経堂などが置かれていた。

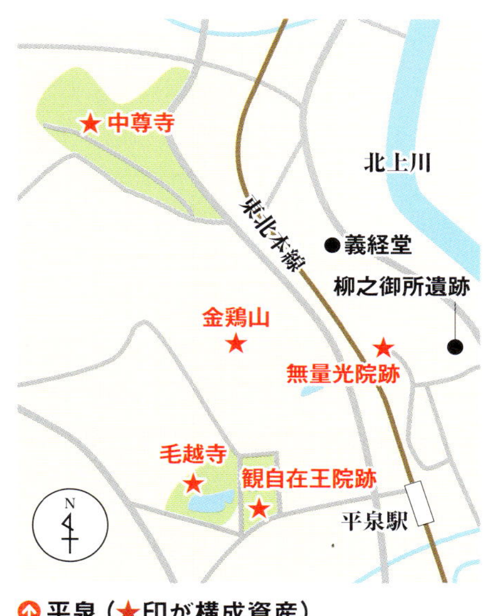

平泉(★印が構成資産)

これらの資産は、12～13世紀の平泉が、軍事ではなく文化交流に力を注ぐ奥州藤原氏による平和政治のなかで、京都に比肩する最先端都市として著しい発展を見せていたことを物語るとともに、藤原清衡らが抱いた死後に成仏したいという強い願望を今に伝える。

歴史

11世紀末、本州最北端の陸奥、及び出羽国を統治していた豪族の藤原清衡は、平泉の地を政治・行政の拠点と定め、新たな都市の建設に着手した。この当時、平泉を含む日本の北方地域と京都を中心とする中央政権との間では、奥州の主要な産出品であった金などによる交易が盛んに行われていた。その財力を背景に、清衡は「浄土思想」の宇宙観に基づく「現世の仏国土(浄土)」の実現を目指した。

1105年、平泉へと都を移した清衡は中尊寺を造営。1124年にはその境内に金色堂を建立し、阿弥陀如来の仏国土を表現する景観を作り上げた。1128年に清衡が死去すると、その志は2代基衡へと引き継がれ、**慈覚大師円仁**によって開かれた古寺の毛越寺が再興された。基衡は毛越寺を中心とする区画の計画的な整備を進めた。基衡の死後には、その妻によって毛越寺の東に隣接する観自在王院も建立された。3代秀衡の時代には、北上川に近い平泉館と呼ばれた藤原氏の居館の西に、阿弥陀如来の極楽浄土を表現する寺院である無量光院が造営された。この完成により、政務と生活の場である居館と極楽浄土を表現する寺院が東西に並び立つ景観が完成し、奥州の地にこの世の浄土を築くという清衡の理念は実現した。

1187年、鎌倉幕府を開いた源頼朝の弟である源義経が、兄の追討を逃れ秀衡のもとに身を寄せたが、1189年、4代泰衡は、頼朝の力を恐れ、義経を襲撃し自害へ追い込んだ。しかし同年、平泉は頼朝の軍勢に侵攻され、奥州藤原氏は滅亡した。平泉の寺院群は鎌倉幕府の保護下に置かれたが、1226年には毛越寺(円隆寺)が火災で焼失。1337年には中尊寺でも火災が発生し、金色堂と一部の経蔵を除く多くの建造物が焼失した。室町時代になると平泉の寺院群は、参詣の霊場として一般の庶民からの信仰も集めるようになり、再び繁栄期を迎えた。中尊寺の参道である月見坂が整備された江戸時代以降は、俳人の松尾芭蕉をはじめ、多くの文人墨客がこの地を訪れた。

藤原清衡(上)・基衡(右)・秀衡(左)

TOPICS
構成資産の概要

▶中尊寺

藤原清衡が平泉を造営する際に建立した寺院。1126年の建立に関わる『**供養願文**』には、奥州の戦で亡くなった人の霊を敵味方の区別なく浄土へと導くとともに、辺境とされた奥州の地に現世の仏国土(浄土)を築こうとした清衡の強い願いが示されている。

▶金色堂

1124年に清衡が中尊寺境内の北西側に建立した阿弥陀堂。阿弥陀如来の仏国土(浄土)を表す**方三間***の仏堂建築は、同形式の阿弥陀堂建築の中では国内最古のもの。中尊寺では唯一現存する創建当時の建造物で、堂内の内陣には藤原3代の遺体と、4代泰衡の首級を納めた3つの須弥壇がある。

方三間:伝統的な日本建築の1つで、正方形(方)の一辺に柱が4本あり、柱の間が3つある(三間)ということ。寸法の「間」とは異なる。

▶毛越寺

2代基衡が造営した寺院。度重なる災禍で現在はほとんどの建造物が失われたが、かつては40にも及ぶ堂宇と500に上る禅坊が存在したとされる。堂宇の南側には大きな園池が広がり、北東側に設けられた遣水(やりみず)は平安時代の遺構としては日本で唯一かつ最大のもの。堂宇と周囲の景観とともに、おもに薬師如来の仏国土(浄土)を表す浄土庭園が造成されている。

▶観自在王院跡

2代基衡の妻によって建立された寺院。毛越寺の東に隣接して広がる境内にあった伽藍は1573年に焼失。大小の阿弥陀堂が林立していた庭園は、園池を中心とする浄土庭園で、背後の金鶏山と一体となった景観によって阿弥陀如来の極楽浄土を表現していた。

▶無量光院跡

3代秀衡が12世紀後半に建立した寺院の跡。金鶏山の東に位置し、その東には居館の遺跡である柳之御所遺跡がある。阿弥陀堂は、宇治の平等院阿弥陀堂(鳳凰堂)をモデルとし、平等院からさらに発展した仏堂・庭園の伽藍配置を持つ寺院であった。東側から西側の仏堂を望むと、年に2回、4月と8月に仏堂背後の金鶏山山頂に夕日が落ち、建物全体が後光によって光り輝くように見える。これは、**無量光院が現世における西方極楽浄土の観想を目的として造られた**ためである。

再現図

▶金鶏山

平泉中心部の西に位置する標高98.6mの小丘。平泉中心部から目視できる位置にあるため、古くから方位を示す目印とされ、居館などを築く際にその位置関係が重視された。山頂には経塚が築かれ、各寺院の浄土庭園によって、仏国土(浄土)を空間的に表現する際に重要な役割を担っていた。

日光の社寺

栃木

文化遺産

Shrines and Temples of Nikko

MAP P012 C-3

登録年 1999年　登録基準 (i)(iv)(vi)

登録基準の具体的内容

●登録基準(i)：

日光の二社一寺に残るそれぞれの建造物は、天才的な芸術家の手による作品であり、高い芸術性を持つ。

●登録基準(iv)：

東照宮(とうしょうぐう)、輪王寺(りんのうじ)大猷院(たいゆういん)は、日本の権現造り様式を完成させた建造物であり、その後の霊廟建築や神社建築の規範となった。日光の建造物や装飾には、全体で統一的表現を生み出すための配置や彩色効果が取り入れられ、優れた建築景観をつくり上げている。とくに東照宮の建造物群は、日本古来の建築様式の形態を知る上でも重要な見本である。**神格化された自然環境を背景に、その前面の傾斜面に社殿を位置する配置**は、日本の神社における代表的な景観構成のあり方を示している。

●登録基準(vi)：

日光は、徳川家康の霊廟である東照宮がある、江戸時代を代表する史跡の1つ。この地域の建造物群は神道や仏教の特質を表し、周囲の自然環境と一体となって作り上げられる景観は、日本の宗教空間を受け継ぐ独自の神道思想と密接に関連する顕著な例である。

遺産の概要

修験道の高僧である**勝道上人**（しょうどうしょうにん）が日光山を開山した8世紀末以降、約1,200年にわたる歴史のなかで発展してきた日本有数の霊場である。世界遺産には、「東照宮」「二荒山神社」（ふたらさんじんじゃ）「輪王寺」の二社一寺に属する建造物103棟が登録されている。

古くから山岳信仰の聖地となっていた自然景観が広がるこの地域には、神道や仏教、そして江戸幕府の開祖である徳川家康の墓所など、様々な宗教や信仰形態が複合した多くの建造物が現存する。神道と仏教が融合した「神仏習合」の思想をはじめ、山岳信仰と仏教が結びついて生み出された修験道や、**亡くなった偉人を神として祀る「人物神」**など、日本特有の様々な信仰形態の歴史を物語るとともに、それらが混在した宗教的霊地として発展してきた日光の歴史を知る上で重要である。

日光の社寺

歴史

日光山の周辺は、古くからの山岳信仰の聖地であり、仏教徒などによる修行の場とされてきた。782年に男体山（なんたいさん）に登頂した勝道上人が、その2年後に寺院を建立し日光山を開山した。以後、日光山周辺は、日本古来の神道と仏教思想が融合した「山岳信仰」の聖地として発展し、その伝統は二荒山神社や輪王寺へと継承された。12世紀には堂社の創建が盛んに行われ、霊山としての整備が進んでいった。鎌倉時代には、日光は関東の鎮護となった源頼朝をはじめとする歴代将軍からの崇敬を集め、その保護のもとで宗教活動はさらに活発化した。室町時代に**日光修験＊**も最盛期を迎えるが、戦国時代に入ると、各地の大名間の勢力争いの波がこの地にも押し寄せ、その混乱のなか日光山を中心とした信仰は次第に衰退。1590年に豊臣秀吉によって大部分の領地が没収されると、山中の建造物は著しく荒廃した。

江戸時代に入ると、初代将軍徳川家康の側近であった僧の天海が、日光山の再興に着手し、建造物の修繕などを積極的に行った。1616年に徳川家康が病没すると、

日光修験：日光山で行われてきた修験道のこと。

その遺体は日光に葬られ、翌年にはその霊廟である「東照社*」が造営された。3代将軍の徳川家光のもと、幕府の政情が安定期を迎えた1634年には、「**寛永の大造替**」と呼ばれる大改修が実施され、現在のような権現造りを主体とする東照宮の姿が完成した。江戸時代には、東照宮を含む山中の社寺は一体のものと考えられており、二荒山神社や輪王寺でも古い寺社の再建や再興、新建造物の造営などが行われていた。明治に入ると、政府によって布告された「神仏分離令」によって、日光山周辺の社寺は「二社一寺」に分離され、いくつかの建造物が移設された。

神厩舎の三猿

TOPICS
構成資産の概要

▶東照宮

1616年に創建された徳川家康の霊廟。総敷地面積は4万9,000㎡。本殿と拝殿の間を石の間で結ぶ東照宮本社に見られる様式は、「権現造*」の完成形とされる。構成資産には国宝8棟のほか、重要文化財34棟が含まれている。

▶二荒山神社

「二荒山大神」とも総称される大己貴命、田心姫命、味耜高彦根命を祭神とする。日光における山岳信仰が隆盛期を迎えた中世以降、その中心地として整備され、東照宮の造営に伴い1619年から本殿をはじめとする諸社殿が造営された。このうちの23棟が重要文化財に指定されている。

東照社：1645年に朝廷から宮号が授与され、東照宮と改称した。
権現造：徳川家康の諡号が「東照大権現」であったことに由来する。詳しくは、上巻p.147参照。

▶輪王寺

766年に勝道上人が創建した「四本龍寺」を起源とする寺院。三仏堂にまつられる千手観音、阿弥陀如来、馬頭観音は、「仏や菩薩が神に姿を変えて現れる」とする神仏習合の基本理念(**本地垂迹説**(ほんじすいじゃくせつ))では、それぞれ二荒山大神(大己貴命、田心姫命、味耜高彦根命)と同一の存在と考えられている。慈眼堂(じげんどう)は、1643年に没した天海をまつる霊所である。

TOPICS
具体的な遺産価値

▶権現造

横長の拝殿と本殿の間を石の間でつなぎ一棟の建物とするもの。東照宮本社では、山の斜面を活かし、一番奥に位置する本殿の床を拝殿より高くする造りになっている。一方、輪王寺大猷院では石の間を「相の間」と称し、拝殿と相の間の高さは同じである。

▶陽明門

1636年に建造された東照宮を代表する建造物。高さ11.1m、横幅7mの建物全体が装飾彫刻や文様で埋め尽くされている。このうち、1本だけ彫刻の模様が逆になっている「逆柱」には、「建物は完成と同時に崩壊がはじまる」という伝承に基づき、わざと未完にすることで災いを避けるという意味が込められていた。1654年に創建当時の「檜皮葺」から改められた「銅瓦葺」の屋根など、当時としては先進的な防火技術が施されている。

▶八棟造

「寛永の大造替」の以前から残る数少ない建造物の1つである二荒山神社の本社本殿には、神社建築様式の1つ「八棟造」が取り入れられている。京都の「北野天満宮」などで見られる様式で、入母屋造りの屋根や破風、向拝*などが複雑に入り組んだ構造、本殿と拝殿の間を石の間でつなぐ配置などは、後の権現造の原型となった。

向拝:仏堂や社殿の屋根の、前方に張り出した中央の部分。階段の上に設けられることが多い。

富岡製糸場と絹産業遺産群

群馬

文化遺産

Tomioka Silk Mill and Related Sites

MAP P012 C-③

登録年 2014年　登録基準 (ii)(iv)

登録基準の具体的内容

●登録基準(ii)：

富岡製糸場は、産業としての養蚕技術がフランスから明治維新後の早い時期の日本に、完全な形で移転されていたことを示す遺産である。長年にわたる養蚕の伝統を背景に行われたこの技術移転は、養蚕の伝統そのものを抜本的に刷新した。富岡はその技術改良の拠点となり、20世紀初頭の世界の生糸市場における日本の役割を証明するモデルとなった。これは、世界的に共有された養蚕法が、早い時期に確立されていたことを証明している。

●登録基準(iv)：

富岡製糸場と絹産業遺産群は、生糸の大量生産のための一貫した全行程の優れた見本である。設計段階から工場を大規模なものにしたことと、西洋の最良の技術を計画的に採用したことは、日本と東アジアに新たな産業の方法論が伝播するのに最もふさわしい時期だったことを示している。19 世紀後半の大きな建築物群は、**木骨レンガ造**など和洋折衷という日本特有の産業建築様式の出現を示す卓越した事例である。

遺産価値総論

『富岡製糸場と絹産業遺産群』は、貿易を通じた世界経済の一体化が進んだ19世紀後半から20世紀にかけて起こった世界的な技術交流と技術革新の歴史を物語る産業遺産である。19世紀後半、江戸時代の鎖国政策のため近代化が大幅に遅れていた日本では、明治維新を契機に近代国家の仲間入りをすることが喫緊の課題となっていた。明治政府は、江戸時代末期から海外にも広く輸出されていた生糸を軸に貿易の拡大を目指すとともに、従来の伝統的養蚕技術に代わる海外の器械製糸技術の導入を模索していた。

柱の少ない製糸場内部

こうした状況のなか、1872年にフランスから招聘した技術者**ポール・ブリュナ**の指導のもと初の官営器械製糸場である富岡製糸場が完成。フランスから富岡へと伝えられた器械製糸技術とその手法は、日本各地に広められるとともに、伝統技術との融合のなかで独自の改良も加えられていった。その成果は生糸の品質向上と大量生産を実現するとともに、日本の絹産業の近代化を大きく牽引した。

今も創建時の姿を残す富岡製糸場は、西欧の技術と日本の技術が融合した和洋折衷の建造物群である。製糸場の繭倉庫や繰糸場は、日本古来の木造の柱に西欧伝来のレンガを組み合わせた木骨レンガ造と呼ばれる構造でつくられており、柱の少ない広い工場空間を確保するため三角形を基本とした**トラス構造**の屋根組みも見られる。世界遺産にはこの製糸場のほか、絹産業の発展のなかで大きな役割を果たした「田島弥平旧宅（たじまやへい）」「高山社跡（たかやましゃ）」「荒船風穴（あらふね）」の合計4資産が登録されている。

歴史

紀元前の中国で生まれた絹とその生産技術は、その後日本にも伝えられ、各地で伝統的な養蚕・製糸技術が育まれてきた。江戸時代末期になると、日本の生糸は海外にも輸出されていたが、鎖国のため近代技術の導入が遅れたことに加え、伝統的な製糸技術だけでは輸出にともなう急速な需要拡大に対応できな

短辺と長辺を組み合わせる「フランス積み」のレンガ組み

かったことから、生糸の品質は著しく低下し、輸入国からの評判も下がっていた。

明治維新後、西洋列強と対等な立場を目指す明治政府は、**「富国強兵・殖産興業」に重点を置き、主要輸出品の１つに生糸を定めた。** さらなる貿易拡大を実現するためには、生糸の品質向上と大量生産を可能にする新たな技術の導入が不可欠と考えた明治政府は、当時、製糸業を基幹産業の1つとしていたフランスから技術移転を図った。招聘されたポール・ブリュナは、まず原料となる繭が入手しやすい地域の調査に取り組み、伝統的に養蚕が盛んで土地も広く、さらに製糸業に欠かせない水も豊富に確保できる富岡を製糸場建設の予定地に定めた。この資材となる窓ガラスや蝶番（ちょうつがい）はフランスから輸入され、石や木材などは群馬県内で調達された。壁などに使用されるレンガはブリュナ自身の指導のもと、日本の瓦職人によって製造された。建設工事は1871年に起工し、その翌年の1872年、日本初の官営工場である富岡製糸場が完成し、操業を開始した。

水を溜めておく国内最古の鉄水槽

明治政府は富岡製糸場の建設と並行して、全国各地で労働力となる工女の募集を行った。当時は外国人指導者のもとで働くことに抵抗を感じる日本人も多く、募集活動は難航したが、各府県に人数を割り当て、士族の子女を中心に多くの人材が集められた。富岡製糸場の操業とともに生糸生産に取り組んだ工女の多くは、のちに器械製糸の指導者となり、**習得した技術を日本各地に広めていった。**

富岡製糸場の周辺地域では、良質な繭を大量に確保するための「繭の改良運動」が展開されており、養蚕農家(蚕種製造)の田島家や、養蚕教育研究機関の高山社、蚕種貯蔵の荒船風穴などによって、試験飼育や蚕種製造、飼育指導、蚕種貯蔵といった優良品種の開発や普及に向けた取り組みが推進された。

1893年、富岡製糸場は三井家に払い下げられ、官営工場としての歴史は幕を閉じた。その後も、製糸場は別の民間の事業者へと引き継がれたが、化学繊維などの普及による生糸価格の下落などのため、1987年に操業を停止した。

富岡製糸場の女工館

TOPICS

構成資産の概要

▶富岡製糸場

1872年に明治政府が設立した官営の器械製糸場。和と洋の建築技術の融合が見られる繭倉庫や繰糸場などが、ほぼ建設当時のままの姿で残る。官営から民営に変わったのちも一貫して操業され、製糸技術開発の最先端として国内養蚕・製糸業を世界一の水準に引き上げた。

▶田島弥平旧宅

通風を重視した蚕の飼育法「**清涼育**（せいりょういく）」を確立した養蚕農家の田島弥平によって、1863年に建造された主屋兼蚕室。瓦葺きの総2階建て。換気のための「越し屋根」を備えた構造は、のちに近代養蚕農家の原型となった。国史跡に指定。

▶高山社跡

通風と温度管理を調和させた「**清温育**（せいおんいく）」という蚕の飼育法を確立した高山長五郎の生家。養蚕教育機関である高山社の設立後は、養蚕法の研究・改良や組合員への指導が行われた。指導のなかで育まれた技術は、国内はもちろん海外にも伝えられ、「清温育」は日本の標準養蚕法となった。

▶荒船風穴

1905年に建造された、岩の隙間から吹き出す冷風を利用した国内最大規模の蚕種（蚕の卵）の貯蔵施設。冷蔵技術を活かし、当時は年1回（春蚕中心）だった養蚕を複数回可能にし、繭の大幅な増産に大きく貢献した。現在も当時と変わらぬ冷風環境が維持されている設備は、国史跡に指定されている。

ル・コルビュジエの建築作品：近代建築運動への顕著な貢献

アルゼンチン共和国／インド／スイス連邦／ドイツ連邦共和国／日本／フランス共和国／ベルギー王国

文化遺産

The Architectural Work of Le Corbusier, an Outstanding Contribution to the Modern Movement

MAP P012 C-④

登録年 2016年　登録基準 (i)(ii)(vi)

登録基準の具体的内容

●登録基準(i)：

ル・コルビュジエの建築作品は、人類の創造的才能を示す傑作であり、建築及び社会における20世紀の根源的な諸課題に対して際立った答えを与えている。

●登録基準(ii)：

ル・コルビュジエの建築作品は、近代建築運動の誕生と発展に関連して、半世紀以上にわたる地球規模での人的価値の交流という、前例のない事象を示している。彼は他に例を見ない先駆的なやり方で、過去と決別した新しい建築的言語を開発することで、建築に革命を起こした。ル・コルビュジエの建築作品が4大陸において与えた地球規模の影響は、建築史上例のないものである。

●登録基準(vi)：

ル・コルビュジエの作品は、「近代建築運動」という顕著な普遍的価値を有する思想と直接的かつ物質的に関連している。彼の作品は、建築的言語を刷新し、建築技術の近代化を促した。また彼の作品は、近代人の社会的・人間的欲求への答えでもある。

遺産の概要

パリを拠点に活躍した建築家ル・コルビュジエの建築作品を1つの世界遺産として登録している。フランスやスイス、アルゼンチン、インド、ドイツ、ベルギー、日本の7ヵ国に点在する17の資産で構成されており、日本からは東京の上野にある「国立西洋美術館」が含まれている。構成資産は、20世紀を代表する建築家であるル・コルビュジエの近代建築の概念が、全世界規模に広がり実践されたことを証明している。「ル・コルビュジエの建築作品」のように、共通の特徴や背景を持つ構成資産を1つの世界遺産として登録する「シリアル・ノミネーション・サイト」が国境をまたいで存在している場合、「トランス・バウンダリー・サイト」と呼ばれる。「ル・コルビュジエの建築作品」は、日本で初めての「トランス・バウンダリー・サイト」である。また、構成資産が複数の大陸にまたがる「トランス・コンチネンタル・サイト」としては、世界初の登録になる。

ル・コルビュジエは合理的、機能的で明晰なデザイン原理を追求し、20世紀の建築や都市計画に多大な影響を与えた。彼は「**近代建築の五原則**」や「モデュロール」、「ドミノ・システム」など、現在の近代建築の基礎となる重要な概念を次々と打ち出し、過去の伝統的な建築からの決別を図った。特に「**①ピロティ、②水平連続窓、③屋上庭園、④自由な平面、⑤自由なファサード**」からなる「近代建築の五原則」は世界的に大きな影響を与えた。この「近代建築の五原則」の完成形ともいえるのが、1928年に設計された「**サヴォア邸**」である。

五原則の1つ「ピロティ」とは、フランス語で「杭」を意味する言葉。「サヴォア邸」のように建物の1階部分の柱で建物を支えることで、空中に浮いたような軽やかな印象を与える。**西洋建築では従来、壁によって建物を支えてきたがル・コルビュジエは発想を転換し、柱によって床面を支える建築構造を推進**した。これによって壁の面積を減らすことができ、デザインの自由が高まり、水平連続窓や自由な平面などが可能となった。ピロティは「国立西洋美術館」でも見ることができる。

フランスのサヴォワ邸

「国立西洋美術館」には「**無限成長美術館**」という概念も用いられている。美術館を訪れた客が、中心から渦巻状に移動しながら展示室を鑑賞するだけでなく、将来的に展示作品が増えれば螺旋状に展示室を外側に増設して広げてゆくことが考えられていた。また、美術館としては珍しく、自然光を取り込むための窓や照明ギャラリー（現在は蛍光灯が入れられている）が作られた。1996年には、巨大地震に対応するための免震工事が行われた。工事に際しては、国立西洋美術館の建物自体の文化財的価値が高いため、建物本体には手を加えず、地下の基礎部分に免震装置が取り付けられた。免震工事は屋外の彫刻品1つ1つにも施されている。

歴史

ル・コルビュジエは1887年にスイスのラ・ショー・ド・フォン*で生まれた。父親の家業である時計製造の仕事を継ぐため、美術学校で彫刻や彫金を学んだ。在学中に建築を学ぶことを勧められ、建築家としての人生の一歩を踏み出した。1917年に活動の拠点をフランスのパリに移し、数々の建築作品を造り上げ、世界中に名を馳せた。ル・コルビュジエのアトリエには世界中から建築を志す多くの者が訪れた。日本からは前川國男、坂倉準三、吉阪隆正の3人が、「日本の3大弟子」として、日本の近代建築に大きな功績を残した。

「国立西洋美術館」は実業家であった松方幸次郎が20世紀初頭にヨーロッパで買い付けた美術作品群、「松方コレクション」を展示するために1959年に建てられた。ル・コルビュジエが基本設計を行い、前川國男と坂倉準三、吉阪隆正の3人の弟子が実施設計を担当した。設計を依頼されたル・コルビュジエは、1955年に8日間、日本に滞在し建設予定地などを視察し、その後、パリに戻り設計図を書き上げた。しかし、その設計図には建築に必要な数値が全く書かれていなかったため、前川國男と坂倉準三、吉阪隆正らが図面をもとにして、建築のための実施設計を行った。

開館当時（1959年）の国立西洋美術館

ラ・ショー・ド・フォン：スイスの世界遺産『ラ・ショー・ド・フォン/ル・ロクル、時計製造都市の都市計画』として登録されている。下巻p.144参照。

TOPICS
構成資産の概要

設計決定年	
1923年	**ラ・ロッシュ・ジャンヌレ邸（フランス）**
1923年	**レマン湖畔の小さな家（スイス）**
1924年	**ペサックの集合住宅（フランス）**
1926年	**ギエット邸（ベルギー）**
1927年	**ヴァイセンホフ・ジードルングの住宅（ドイツ）**
1928年	**サヴォア邸と庭師小屋（フランス）** ピロティや自由な平面、屋上庭園といった近代建築の五原則をすべて満たす、この時代のル・コルビュジエの代表作。
1930年	**イムーブル・クラルテ（スイス）**
1931年	**ポルト・モリトーの集合住宅（フランス）**
1945年	**マルセイユのユニテ・ダビタシオン（フランス）** ル・コルビュジエの都市理論「輝く都市」を具現化した8階建ての集合住宅。第二次世界大戦後、悪化したヨーロッパの住宅事情に対応して開発された。規格化された23種類の住居ユニットをブロックのように組み合わせた337戸からなり約1,600人が居住することができる。

設計決定年	
1946年	**サン・ディエの工場（フランス）**
1949年	**クルチェット邸（アルゼンチン）**
1950年	**ロンシャンの礼拝堂（フランス）** 合理性を求めた建築五原則から離れ、デザインと空間の自由を追求した後期ル・コルビュジエの代表作。彫刻的な造形はル・コルビュジエの他の作品に似ておらず20世紀の宗教建築に革命を引き起こした。 
1951年	**カップ・マルタンの休暇小屋（フランス）**
1952年	**チャンディガールのキャピトル・コンプレックス（インド）**
1953年	**ラ・トゥーレットの修道院（フランス）**
1953年～1965年	**フィルミニの文化の家（フランス）**
1955年	**国立西洋美術館（日本）**

ル・コルビュジエの建築作品：近代建築運動への顕著な貢献（★が構成資産）

富士山ー信仰の対象と芸術の源泉

静岡・山梨

文化遺産

Fujisan, sacred place and source of artistic inspiration

MAP P012 C-④

登録年 2013年　登録基準 (iii)(vi)

登録基準の具体的内容

●登録基準(iii)：

富士山の周辺地域では、古くから富士山を「神仏の居処」とする山岳信仰に基づき、火山との共生とともに山麓の湧水などにも感謝するという独自の伝統が育まれてきた。その伝統は、時代を越えて富士登山や巡礼の形式などのなかに受け継がれた。富士山とその信仰から生み出された多様な文化資産は、今なお生きる山岳信仰や文化的伝統を伝える、類のない例である。

●登録基準(vi)：

富士山は、日本の最高峰であるとともに、円錐形をなす独立成層火山(せいそうかざん)としての荘厳な姿から、日本固有の詩歌や文学作品にも描かれるなど、古くから様々な芸術活動の母体となってきた。19世紀には浮世絵に描かれた富士山の姿が近現代の西洋美術のモチーフとなり、西洋の数多くの芸術作品に影響を及ぼすとともに、**日本や日本文化を象徴する記号**として広く海外にも定着した。

遺産価値総論

日本の最高峰である富士山(3,776m)の南側の山麓は、駿河湾の海岸にまで及んでおり、海から山頂まで傾斜面が連なる成層火山としては、世界有数の高さを誇る。世界遺産には、富士山域を中心に、25の構成資産が登録された。

富士山では、山頂や山域、山麓での修行や巡礼を通じて、神仏の霊力を獲得し、「**擬死再生**」を成しとげようとする独自の文化的伝統が育まれてきた。この信仰と伝統は、現在の富士登山の形式などにも継承されている。活発な火山活動によって噴火を繰り返す富士山に対する畏敬の念は、日本古来の神道思想と結びつき、火山を含む自然との共生を重視する独自の伝統も育んだ。その思想は、美しい山容を誇る富士山を敬愛し、山麓の湧き水などにも感謝する伝統や思想へと進化を遂げた。

四季折々に変わる富士山の景観は、多くの文学者や芸術家の創作活動においても重要なモチーフとされてきた。19世紀の**葛飾北斎**や歌川広重などによる浮世絵は、海外にも大きな影響を及ぼした。こうした近代以前の信仰活動や山岳景観に基づく芸術活動を通じて、富士山は「名山」として世界的な地位を確立している。

歴史

歴史的に噴火を繰り返してきた富士山は、古くから恐ろしくも神秘的な山として、「遥拝*」の対象とされてきた。現存する浅間神社のうちのいくつかの社は、8世紀以前に遥拝の場所に建立されたと伝えられている。

富士山の火山活動が活発化した8世紀末、繰り返す噴火を鎮めるため、富士山の火口に鎮座する神を「浅間大神」としてまつり、富士山そのものを神聖視するという独自の信仰が生まれた。806年に天皇の命で富士山本宮浅間大社の前身とされる神社が南麓に建立され、865年には、現在の河口浅間神社の前身と考えられる神社が北麓にも建立された。

火山活動が休止期に入った11世紀後半、富士山周辺では日本の山岳信仰と、中国から伝来した密教や道教が融合して誕生した修験道の修行が盛んに行われるようになり、各地に修行者の拠点が築かれた。この頃にはご神体である富士山に登りながら祈りをささげる「**登拝**」も行われるようになり、富士山山域には多くの修行者や

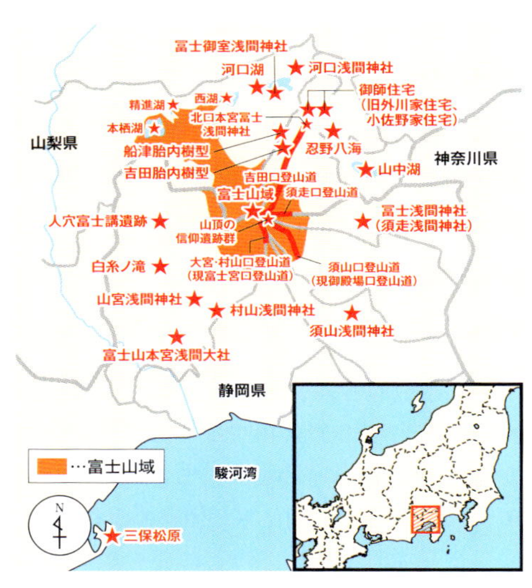

富士山—信仰の対象と芸術の源泉

遥拝：ご神体から離れた場所からその方角に向かい参拝する参拝方法で、富士山の場合は、山麓から山頂を仰ぎ見て参拝する。

巡礼者が訪れるようになった。登拝の起点となる登山口には、新たな神社が建立され、これらはのちに須山浅間神社や富士浅間神社へと発展を遂げた。

16世紀末から17世紀にかけて、修験道の行者であった**長谷川角行**は、富士山山麓の人穴に籠もり、様々な苦行や富士五湖や白糸ノ滝での「水垢離」などの修行を行った。こうした激しい修行を通じて宗教的覚醒を得たとされる角行は、不老長寿や無病息災を求める人々の思いに応え、のちに「**富士講**」と呼ばれる富士山岳信仰の基盤となる組織を創始した。18世紀後半以降になると富士講は一般の人々の間でも流行し、本道とされた吉田口登山道の起点には、登拝前の参詣の場である北口本宮冨士浅間神社の境内が整備された。また登山口では「御師」と呼ばれる人々が富士講信者の宿泊や食事の手配、巡礼路案内などを行うようになり、宿泊所などとしても使用された御師住宅が立ち並ぶ集落も形成された。

北口本宮冨士浅間神社の参道

保存上の課題など

2013年の世界遺産委員会では、「文化的景観の手法を反映した全体構想(ヴィジョン)」、「来訪者に対する対策」、「登山道の保全計画」、「情報提供戦略」、「危機管理戦略」などの作成が求められ、保全計画書を提出すると共に2016年と2019年に保全状況報告を行った。

TOPICS
構成資産の概要

▶人穴富士講遺跡

長谷川角行が苦行を行い、入滅したとされる風穴「人穴」を中心とする遺跡群。周辺には富士講信者が造立した約230基の碑塔群が残る。13世紀にはすでに「浅間大神の御在所」とされており、『吾妻鏡』には鎌倉幕府2代将軍源頼家の命で洞内を探検した武士の霊的体験に関する記述もある。

▶富士山本宮浅間大社

806年に富士山の噴火を鎮めるよう平城（へいぜい）天皇が坂上田村麻呂（さかのうえのたむらまろ）に命じ、浅間大神（**木花之佐久夜毘売命**（このはなのさくやひめのみこと））を祀る神社として創建。国内各地に存在する浅間神社の総本宮で、現在も東日本を中心に広く信仰されている。社伝では806年に、富士山により近い遥拝所の山宮浅間神社（やまみやせんげんじんじゃ）から分祀したとされ、古くから富士山南麓における中心的な神社であった。富士山山頂は、徳川幕府に認められ奥宮として飛び地の境内地になっている。二重の楼閣構造の本殿は、浅間造（せんげんづくり）と呼ばれる。

▶山宮浅間神社

富士山本宮浅間大社の前身とされる神社。境内には本殿がなく、富士山を仰ぎ見る方向に軸を合わせた位置に祭壇や石列の区画からなる遥拝所がある。独特の境内の地割は、富士山に対する「遥拝」を主軸としていた、古来の祭祀の形式を示している。

▶北口本宮冨士浅間神社

富士山の遥拝所に祀られていた浅間大神を起源とし、1480年に「富士山」の鳥居が建立され、16世紀中頃に社殿が整えられた。一間社入母屋造りで檜皮葺の本殿に唐破風付向拝をつけた形式。社殿の背後に登山門があり、この神社を起点として富士山頂まで吉田口登山道が続いている。江戸時代まで、吉田の御師が宮司や禰宜（ねぎ）を務めていた。

▶吉田口登山道

北麓の北口本宮冨士浅間神社から富士山頂の東部にいたる登山道。二合目は、12世紀後半の紀年銘を持つ神像が奉納されていた場所とされ、遅くとも13世紀から14世紀には修験道の拠点が形成されていた。18世紀以降は「富士講」における登山本道とされた。

▶御師住宅

巡礼者の宿泊や食事の手配、巡礼路の案内を行った御師の住宅。北口本宮冨士浅間神社の門前にこうした御師住宅が立ち並ぶ集落が形成された。小佐野家住宅と旧外川家住宅の2つの御師住宅が登録された。

白川郷・五箇山の合掌造り集落

岐阜・富山

文化遺産

Historic Villages of Shirakawa-go and Gokayama

MAP P012 C-③

登録年 1995年　登録基準 (iv)(v)

登録基準の具体的内容

●登録基準(iv)：

合掌造り家屋は、雪の重みと風の強さに耐えるために**釘などの金属物は一切使用しない**など、環境や風土に合わせて生み出されたもの。日本の農村に見られる民家のなかでも、独特の特徴を持つ重要な様式の建築物群として高い価値がある。

●登録基準(v)：

合掌造り集落は、山間部で暮らす人々の文化を代表する伝統的集落であり、この地域の生産体制、**大家族制度**といった特性や、伝統に見合った土地利用の顕著な見本である。また、大集落(白川郷(しらかわごう))、中集落(相倉(あいのくら))、小集落(菅沼(すがぬま))といった、タイプの異なる集落形態は、それぞれの共通性と独自性を示している。

遺産の概要

岐阜県と富山県に点在する3つの集落。白川郷(岐阜県白川村の荻町)と五箇山(ごかやま)(富山県南砺市の相倉と菅沼)は、約20㎞離れているが、南北に走る庄川と呼ばれる川によって結ばれ、1つの文化圏を形成していた。これら3集落には、合掌造りと呼ばれるこの地域独自の家屋が残されており、そのうち白川郷の荻町の59棟、五箇山の相倉の20棟、同じく五箇山の菅沼の9棟が世界遺産に登録された。

この地域は、標高2,702mの白山を中心とした山岳地帯にあたり、冬は一面が雪に閉ざされる日本でも有数の豪雪地帯としても知られ、3つの集落では、1950年代までほかの地域との交流が大幅に制限されていた。また、庄川流域の狭い段丘面に築かれた集落であるため、稲作に適した平坦な土地が少なく、農業はわずかな畑作などに限られていた。それに代わる産業として盛んに行われていたのが、養蚕や和紙漉き、火薬の原料となる塩硝(えんしょう)などの生産である。いくつかの集落では耕地の分散を避けるため、かつては10～30人の一族が同じ家屋に暮らす大家族制度が守られており、その労働力を活かせる家内制手工業は主要な財源となっていた。こうした隔絶された環境と地域特有の社会環境や経済事情が、合掌造りというほかの地方では見られない建築様式をはじめ、独自の生活文化を生み出す土壌になった。

1933年から36年まで日本に滞在し、日本の建築についての多くの著作を著しているドイツの建築家**ブルーノ・タウト***は、合掌造り家屋に関して、「これらの家屋は、その構造が合理的であり、論理的であるという点においては、日本全国でまったく独特の存在である」と語っている。

五箇山の今掌造り家屋

歴史

石川県と岐阜県にまたがる白山は、8世紀頃から「白山信仰」と呼ばれる山岳信仰の霊峰とされていた。その白山を中心とする山岳地帯に位置する白川郷と五箇山は、同じく8世紀頃から修験道の修行場として開拓され、その後も長く天台宗の影響下に置かれていた。現在の集落の多くは、12世紀半ばから17世紀前後にかけて、次第に形成されたものと考えられている。

13世紀半ばには、白川郷を中心に**浄土真宗**が広まり、集落ごとにその寺院や布教のための道場が設けられていった。浄土真宗の思想はその後も長く浸透し、隔絶された環境に暮らす隣人同士の強い結束を育むとともに、相互扶助組織である「**結**(ゆい)」など、この地域独自の社会制度を生み出す土壌となった。江戸時代になると白川郷は

ブルーノ・タウト：ブルーノ・タウトの設計した『ベルリンのモダニズム公共住宅』(下巻p.267)も世界遺産に登録されている。

高山藩に組み入れられたが、17世紀末に江戸幕府の直轄領となり、そのまま明治維新を迎えた。一方、五箇山は、江戸時代を通じて加賀藩の所領とされていた。

合掌造り家屋が築かれるようになった正確な時期については、現存する家屋が少ない上、それぞれの建築年代を記した文献などの資料もほとんど発見されていないため不明である。しかし、地域の伝承や最も古い家屋に見られる建築様式などから、17世紀後半にその原型が完成し、養蚕が盛んに行われるようになった18〜19世紀に、現在のような大規模家屋に発展したと考えられている。

TOPICS
構成資産の概要

▶荻町集落（白川郷）

庄川右岸の集落。登録された保存状態が良い59棟のうち、31棟が江戸時代に建設されたもの。この地域の合掌造り家屋には平入り*が多いほか、「屋根に煙抜きがない」、「土間部に床が張られている」などの特徴が見られる。

▶相倉集落（五箇山）

3集落のうち、最も北寄りに位置する。登録された20棟の合掌造り家屋のほとんどは江戸時代から明治時代にかけて建造されたものだが、少数ながら昭和初期に建造されたものも含まれる。平地が少ない河岸段丘に位置するため、石垣によって敷地を平坦に造成するなどの工夫が見られる。

▶菅沼集落（五箇山）

富山県と岐阜県の県境に位置する集落で、9棟の合掌造り集落が登録された。平入りが主流である白川郷に対し、菅沼の合掌造り家屋では、妻入り*が多く見られる。

合掌造りの特徴

①屋根

合掌造り家屋の特徴である45〜60度の急傾斜の屋根は、豪雪地帯であるとともに、月の平均雨量が180mmに達するこの地域の気候条件に合わせて生み出されたもので、雪降ろしの負担軽減や水はけを良くする効果を持つ。各家屋の屋根の傾斜

平入り：屋根がある側に入口を持つ家屋。　**妻入り**：三角形の切妻側に入口を置き、そこに庇をつけて母屋風の外観を持つ家屋。

には建築年代の古いものほど緩く、新しいものほど急になる傾向が見られる。また、秋から冬にかけて、平均風速20mの風が吹く荻町では、家屋の妻側を南北に向けて、風を受け流すよう工夫されている。

②広い床面積

一般家屋に比べ、床面積が広い。塩硝は、床下の穴に雑草と蚕糞、土を混ぜあわせたものを入れ、3～4年間、土壌分解させてつくっていたため、広い床面積が不可欠であった。また、伝統的に大家族制が守られていたため、広い居住スペースを必要としていた。

床面積の広い構造

③ウスバリ構造

小屋組*と、軸組*を分離する、合掌造り家屋の構造的な特徴。**ウスバリ**とは、小屋組の底辺(床)を構成する部分で、これにより小屋組と軸組は構造的、空間的に分離されていた。さらに、おもに養蚕などに使用された小屋組部分は、下部の「アマ」と上部の「ソラアマ」に分けられる。

村による共通点と相違点

●共通点

結：白川郷と五箇山では、浄土真宗への信仰心を基に隣人同士の結束力が強く、また厳しい自然環境のもとでは家族だけでの生活は成り立ちにくいため、相互扶助組織である「結」による協力体制が発展した。

●相違点

煙抜き：五箇山の屋根には煙抜きがあるが、白川郷の屋根には煙抜きがない。煙抜きがないと一年中囲炉裏の火を絶やさない室内には煙が充満してしまうが、煙で燻されて部材が腐りにくくなるため、屋根が長持ちするという利点がある。

入口：白川郷では平入りが一般的だが、五箇山(特に菅沼)では妻入りが多い。

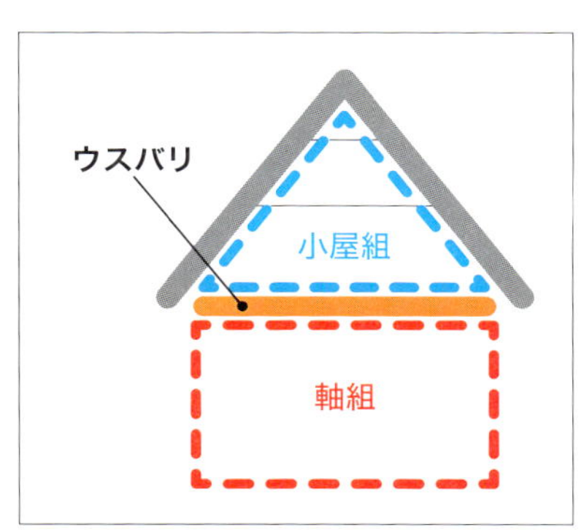

ウスバリ構造

小屋組：屋根を支える骨格構造で、勾配のある屋根を形成する三角形の部分。　**軸組**：屋根や2階部分の重みを支える基礎部分。

古都京都の文化財

京都・滋賀

文化遺産

Historic Monuments of Ancient Kyoto (Kyoto, Uji and Otsu Cities)

MAP P012 

登録年 1994年　登録基準（ii）（iv）

登録基準の具体的内容

●登録基準（ii）：

8世紀末から19世紀中期まで日本の首都が置かれた京都は、政治、経済の中心地であるとともに、各時代の文化を牽引してきた。12世紀までの神社や寺院に多く見られる「**和様**」や、16世紀末から17世紀初頭に用いられた装飾の多い「**桃山様式**」などの日本を代表する建築様式の多くは、京都で洗練され日本各地に伝えられた。「浄土庭園」や「枯山水」などの庭園様式も同様である。16世紀以降、京都の都市構造は日本各地の都市建設におけるモデルとされ、「小京都」と呼ばれる都市が多く築かれた。日本の建築や造園、都市計画などの発展に大きな影響を与えている。

●登録基準（iv）：

登録された17の構成資産は、日本における各時代の建築様式や庭園様式の代表例であり、その発展の歴史を伝える重要な史料である。それぞれの建築や庭園、周囲の自然環境が融合した景観は、日本独自の精神性や文化を示している。

遺産価値総論

京都は平安京として築かれて以来、1,000年以上にわたり日本の都として栄えた。

東、北、西を豊かな緑の山で囲まれた盆地にあり、都市の中心部は内乱や火災などでたびたび焼失したが、周囲の山には各時代の資産が残されてきた。また、16世紀末以降の資産は中心部においても残されており、長い歴史の中で焼失や再建が繰り返されながらも、創建当初に近い姿で保存されている点も評価された。17件の構成資産には、多くの国宝や重要文化財、特別名勝・史跡が含まれ、日本の木造建築、宗教建築、日本庭園の歴史と発展過程、日本の伝統美を示している。

古都京都の文化財

歴史

古代中国の唐の都城を規範に、桓武天皇が平安京を794年に築いて以降、約400年にわたり貴族文化の中心地として国風（こくふう）文化が花開いた。平安京造営当初を伝える資産としては、国家鎮護の宗教施設である「賀茂別雷神社（かもわけいかづちじんじゃ）」や「賀茂御祖神社（かもみおやじんじゃ）」、平安京の鬼門に位置し後に国家鎮護の道場として繁栄した「延暦寺（えんりゃくじ）」などがある。**平安時代前期から後期にかけては、東西の２つの官寺以外は平安京内での寺院建立が禁じられたため、市中が都市的な機能の場となった一方、周囲の山中に寺院が築かれた他、貴族の別荘なども建てられた**。平安時代末期になると、貴族政治が衰退し武士が台頭したことなどにより社会が混乱した上に末法思想なども重なって、阿弥陀仏の救いによって極楽浄土への導きを願うようになった。その時代を伝えるのが、浄土思想が文化的に完成した「平等院（びょうどういん）」や、その鎮守社の「宇治上神社（うじかみじんじゃ）」である。

平等院

1185年の内乱を経て、鎌倉に政権が誕生した後も、京都には朝廷貴族の権威が維持されており、公家文化や武家文化、仏教文化が影響し合っていた。その時代を代表するのが、鎌倉時代の住宅的な建築様式を伝える「高山寺(こうざんじ)」である。1338年に室町幕府が成立し京都に政権の中心が戻ると、足利義満の山荘(後の「鹿苑寺(ろくおんじ)」)に象徴される、武家の権威を示しつつ憧れの公家文化を取り入れ、そこに禅宗を通した中国文化を融合させた**北山文化**が栄えた。15世紀中ごろには、その融合をさらに深化・洗練させた足利義政の山荘(後の「慈照寺(じしょうじ)」)に象徴される**東山文化**が栄えた。

1467年から10年にわたる**応仁の乱によって、京都は都市としての形を失うほどの被害を受け**古代からの多くの資産が焼失したが、時の権力者や、経済力を高めていた町衆(まちしゅう)と呼ばれる有力市民らの手で再建・保護されてきた。応仁の乱以降続いた戦乱の世を経て、織田信長に続く豊臣秀吉の天下統一、徳川家康による江戸幕府の誕生により政治が安定し、都市では商工業が栄えて武将や豪商を中心とする桃山文化と呼ばれる豪壮華麗な文化が花開いた。この時代を象徴するのが、秀吉自ら設計を行った「醍醐寺(だいごじ)」の三宝院(さんぼういん)の殿堂や庭園、豪華な書院建築の「本願寺(ほんがんじ)」、二の丸御殿の残る「二条城(にじょうじょう)*」である。江戸時代には「清水寺(きよみずでら)」や「仁和寺(にんなじ)」などが伝統的な建築様式を用いて再建された。明治維新以降は、1897年の古社寺保存法や、1929年の国宝保存法などで保護され、1950年以降は文化財保護法で保護されている。

清水寺

二条城:二条城と本願寺は、桃山時代終了直後に再建されているが、桃山様式をよく伝えている。

TOPICS
構成資産の概要

遺産名	概要	資産から見られる時代
賀茂別雷神社（通称：上賀茂神社）	7世紀末創建。賀茂別雷命*を祭神とする。本殿と権殿*は国宝。背後の**神山**も含む。	平安時代
賀茂御祖神社（通称：下鴨神社）	8世紀中ごろ賀茂別雷神社から分立。流造本殿の代表例。**糺の森**も含む。	平安時代
教王護国寺（通称：東寺）	796年造営の羅城門の東西に建立された官寺の1つ。五重塔は創建当時の形式を受け継ぐ。	平安時代
清水寺	778年に僧の延鎮が創建した私寺が起源。**懸造**の本堂は坂上田村麻呂が建立。	平安時代、江戸時代
延暦寺	天台宗を開いた最澄が788年に建立。日本の仏教各派を開いた多くの高僧が学んだ。	平安時代
醍醐寺	874年から山上伽藍が、904年から平地伽藍が整備。15世紀の戦乱で焼失したが再建された。	平安時代、桃山時代
仁和寺	888年に宇多天皇により完成した勅願寺。明治維新まで皇子、皇孫が門跡を務めた。	平安時代、江戸時代
平等院	貴族の別荘を、1052年に藤原頼通が寺院へと改修。1053年に阿弥陀堂（鳳凰堂）が建立された。	平安時代
宇治上神社	平等院鳳凰堂完成後に、鎮守社として整備された。**現存する最古の神社本殿建築**とされる。	平安時代
高山寺	774年に創建された寺院が1206年に明恵上人によって整備され、高山寺と改称。**石水院**のみが現存。	鎌倉時代
西芳寺	1339年に夢窓疎石が禅宗寺院として復興。庭園は日本庭園史上重要な位置を占める。	室町時代
天龍寺	嵐山を背景として1255年に造営された離宮を1339年に禅寺に改築。三門、仏殿、法堂、方丈が一直線上に並ぶ。	室町時代
鹿苑寺（通称：金閣寺）	足利義満の死後、夢窓疎石が禅寺として開山。鹿苑寺庭園の舎利殿（金閣）は1955年に再建された。	室町時代
慈照寺（通称：銀閣寺）	足利義政の死後、禅寺となった。慈照寺庭園は1615年の改築で盛り砂の銀沙灘と向月台が加えられた。	室町時代
龍安寺	1450年に細川勝元が貴族の別邸を禅寺として開山。枯山水の方丈庭園は世界的に有名。	室町時代
本願寺	大坂*にあった浄土真宗本願寺派の本山が、1591年に京都に移された。唐門や**飛雲閣**などが残る。	桃山時代
二条城	1603年に徳川幕府が京都御所の守護と将軍上洛時の宿泊所として造営。二の丸庭園は池泉回遊式。	桃山時代

賀茂別雷命：玉依比売の子で、京都全域の守り神。　**権殿**：本殿の造営や修復の際などに、ご神体を遷す御殿。　**大坂**：大阪の当時の表記。

古都奈良の文化財

奈良

文化遺産

Historic Monuments of Ancient Nara

MAP P012 B-④

登録年 1998年　登録基準 (ii)(iii)(iv)(vi)

登録基準の具体的内容

●登録基準(ii)：

8世紀に中国大陸や朝鮮半島から伝えられ、日本で独自に発展した仏教建造物群は、当時の日本の木造建築技術が高度な文化的、芸術的水準を有していたことを物語るとともに、日本と中国、朝鮮との間における密接な文化的交流の歴史を示している。中国や韓国では、同年代の木造建築の大部分が失われていることからも、これら建造物群の世界史的な価値は極めて高い。

●登録基準(iii)：

日本における代表的な古代都城を構成する資産群である。710年から784年までの約74年間という限られた期間の都であった「**平城宮跡**（へいじょうきゅうせき）*」は、失われた考古学的遺跡としての価値も高い。中世以降、平城京の中心から離れた場所で新たな街(現在の奈良市)が発展したため、平城宮跡では廃都された当時のままの地下遺構が良好な状態で残されている。遺構と、地中から発掘された木簡などの遺物は、当時の文化や慣習を伝える貴重な史料である。

●登録基準(iv)：

各寺院、神社からは、宗教の影響力の下で**律令制**が日本全国に定着していき、寺

平城宮跡：平城京の中央北端に位置していた宮城跡。北端の平城宮を中心として右京と左京に分かれており、他の都城としては例のない外京を、左京の東側に張り出す形で持っていた。上巻p.077地図参照。

院や神社の力が社会的、政治的に大きくなっていった様子が伝わる。これらの建造物群は、奈良時代の日本の寺院建築様式をよく留めており貴重である。

●登録基準（vi）：

世界遺産に登録された建造物群は、神道や仏教などの日本の宗教的空間の顕著な特徴を示している。構成資産の1つである「春日大社（かすがたいしゃ）」の背後に広がる「春日山原始林（かすがやまげんしりん）」は、自然の山や森を神格化しようとした日本独特の神道思想を示すものである。この地域では、現在も神道や仏教をはじめとする宗教儀式や行事が盛んに行われており、宗教文化を継承している点でも重要である。

遺産の概要

現在の奈良と平城京の範囲

この地に日本の首都「平城京（へいじょうきょう）」が置かれていた時代の面影を今に伝える。世界遺産には、中国の唐の首都であった長安などをモデルに造営された都にあった寺院などのほか、春日山原始林を含む計8件が登録されている。

奈良時代は、唐から学んだ律令制のもと、日本の国家としての仕組みが形成された時代であった。その中心地となった平城京では、一貫した**仏教興隆政策**のもとで、数多くの寺院が建造・移築された。こうした寺院や平城宮跡などの歴史的建造物や遺構は、中央集権が確立された時代の政治状況や、およそ10万人が暮らしていたとされる当時の街並の様子を今に伝えており、この時代に日本が文化的、芸術的に高い水準に達していたことがわかる。

歴史

708年、元明（げんめい）天皇は新たな日本にふさわしい首都を築くべく、東、北、西の三方を山々に囲まれた盆地に平城京を造営した。都の北中央に政治や儀式などを執り行う「平城宮」が建造され、遷都が行われた710年以降、74年間にわたり文字通り日本の政治、経済、そして文化の中心地としての役割を果たした。

平城京への遷都後、まず718年に元興寺と薬師寺が、旧都である飛鳥藤原地方から移築され、720年頃には興福寺の造営工事も始まった。745年には、国家鎮護のため東大寺の建造が発願された。その造営は、当時の国力を総動員する大事業として行われ、751年には金堂(大仏殿)が完成し、さらにその翌年には大規模な「大仏開眼法要」が盛大に執り行われた。伽藍全体の建造は奈良時代末まで続き、巨大な建造物群が完成した。745年には唐から鑑真が来日し、759年には唐招提寺の建立が始まった。春日大社の創建は768年とされるが、756年の『**東大寺山堺四至図***』では、春日山西麓の場所が「神地」とされていることから、それ以前に神社が完成していた可能性も指摘されている。

東大寺の金堂(大仏殿)

平安京に都が移った後も、平城京の寺院の一部は朝廷の保護下に置かれ、唐招提寺の五重塔の建造や新たな造営工事が継続して行われた。しかし、平安時代末の1180年、奈良は内乱に巻き込まれ、東大寺と興福寺では、伽藍の大部分が焼失するなど、壊滅的な被害を受けた。室町時代に入ると奈良の寺社の多くは衰退した。

明治維新後の近代化のなかで生じた、国内の文化財を軽視する風潮は、奈良の寺院群にも及んだが、その後、「古社寺保存法」や「国宝保存法」、「史跡名勝天然記念物保存法」などが制定され保護されるようになった。

保存上の課題など

2011年の世界遺産委員会において、「平城京遷都1300年祭」に関連して再建された仮設物の撤去や、大和北道路の建設による平城宮跡への影響、平城宮跡に復元を予定している建造物の真正性の問題などが指摘され、2015年1月までに包括的保全計画書が提出された。また、春日山原始林のバッファー・ゾーンに含まれる若草山においてモノレールの建設が計画され、ICOMOSなどから計画変更などが求められた。

東大寺山堺四至図:正倉院に保管されていた、東大寺の寺域を示した絵図。

TOPICS
構成資産の概要

▶元興寺

6世紀に蘇我馬子が建立した「飛鳥寺」が起源。8世紀に平城京に移築された。奈良時代後期には「南都(平城京)七大寺」の1つとして繁栄。元興寺極楽坊の本堂の瓦には、飛鳥時代の瓦も残る。

▶興福寺

平城京への遷都にともない、山階(現・京都市山科区)から飛鳥を経て移築された669年創建の寺院を起源とする。710年、**藤原不比等**によって移築された後は、藤原氏の氏寺とされ、その権勢のもとで大いに繁栄した。

▶薬師寺

680年に天武天皇の発願によって建立された寺院。718年、藤原京から平城京に移築された。金堂前面の東西に**白鳳文化**の代表例とされる三重塔が立つ「薬師寺伽藍配置」で知られるが、度重なる火災や台風の被害により、現存する創建時の建物は東塔のみである。

▶春日大社

藤原氏の氏神をまつる神社で、藤原氏や朝廷の崇敬を受けて繁栄した。平安時代後期には興福寺と一体化されたが、明治の「神仏分離令」によって再び分けられた。本殿は春日造*で、春日神*と称される四柱が4棟に分かれて祀られている。

▶春日山原始林

春日大社の社殿周辺から御蓋山(三笠山)、春日山にかけては聖域とされ、841年に狩猟と伐採が禁止されて以降、神山として守られてきた。山中の水源には、枯渇しないように水神、雷神がまつられ、都の守護神とされていた。

▶平城宮跡

1955年から発掘調査が始まり、建物の配置や変遷、役所名などの律令組織、行政や生活の実態などが明らかになっている。

▶唐招提寺

戒律を学ぶ寺として鑑真が創建。金堂は、奈良時代の金堂建築として唯一残るもの。

▶東大寺

奈良時代末に伽藍全体がほぼ完成。南大門、法華堂、鐘楼、金堂(大仏殿)、銅造盧舎那仏坐像(大仏)、開山堂、転害門、本坊経庫、正倉院正倉が国宝。

春日造:上巻p.147。　**春日神**:藤原氏の氏神で、武甕槌命、経津主命、天児屋根命、比売神の四柱の総称。

法隆寺地域の仏教建造物群

奈良

文化遺産

Buddhist Monuments in the Horyu-ji Area

MAP P012 B-④

登録年 1993年　登録基準 (i)(ii)(iv)(vi)

登録基準の具体的内容

●登録基準(ⅰ)：

法隆寺(ほうりゅうじ)と法起寺(ほうきじ)に残る木造建築物群は、全体の設計やデザイン性の高さに加え、エンタシスを持つ太い柱や、雲形(くもがた)の肘木(ひじき)や斗(ます)などの細部の装飾も優れており芸術的価値を有している。

●登録基準(ⅱ)：

法隆寺地域の仏教建造物は、日本における仏教建造物の最古の例として1,300年間の伝統のなかで、それぞれの時代の寺院の発展に影響を及ぼしてきた。日本文化を理解する上でも重要な遺産である。

●登録基準(ⅳ)：

7世紀から8世紀初頭にかけて築かれた建造物には、石窟寺院や絵画的資料からうかがえる6世紀以前の中国建築と共通する様式上の特色が見られる。また、8世紀に築かれた建造物は、唐の様式の影響がうかがえる。これらは当時の中国と日本、東アジアにおける密接な建築上の文化交流を伝える。1つの地域に集中して7世紀から19世紀までの各時代における優れた木造建造物が保存されている例は他に類がない。

●登録基準（vi）：

仏教がインドから中国朝鮮を経由して日本に伝来したのは6世紀半ば。聖徳太子は当時仏教の普及にきわめて熱心であり、太子ゆかりの法隆寺は日本の仏教の最も古い時代の建造物を多数保存しており、宗教史の観点からも高い価値がある。

遺産価値総論

法隆寺に属する47棟と法起寺の三重塔1棟の計48棟で構成されている。法隆寺西院の金堂、五重塔、中門、回廊、法起寺三重塔など、8世紀以前に建造された11棟の建物は、**現存する世界最古の木造建造物**である。

6世紀半ばの欽明天皇の時代に仏教が日本に伝来すると、続く7世紀、推古天皇の摂政であった聖徳太子は、自らも仏典を著すなど、日本における仏教の普及に熱心に取り組んだ。聖徳太子ゆかりの寺院を含むこの地域の建造物は、日本における最初の仏教寺院群であるとともに、その後1,300年間にわたる日本の仏教建築の発展に多大な影響を及ぼし続けてきた。

中央が膨らんだエンタシスの柱

7世紀から8世紀にかけて建造されたものには、北魏や唐といった各時代の中国で発展した建築様式が見られ、当時の中国大陸と日本の間で行われた技術や文化交流の様子を物語る。さらに西院や五重塔などの一部の建物の柱には、「エンタシス*」の技法が取り入れられている。

歴史

法隆寺地域における最初の仏教寺院は、607年に推古天皇とその摂政を務めた聖徳太子によって築かれた若草伽藍（斑鳩寺）である。670年に焼失したが、その遺構は現在も法隆寺境内の地下部分に残る。現在の法隆寺西院の直接の起源となったのは、7世紀後半から8世紀初頭に若草伽藍から場所を移して再建された寺院と考えられている。この西院とともに、現在の法隆寺の中枢部を構成している法隆寺東

エンタシス：柱の中央部分を膨らませた形状。ギリシャのパルテノン神殿などで用いられている。

院が築かれたのは8世紀前半。聖徳太子没後の739年に、その住居だった斑鳩宮跡に聖徳太子の霊をまつるために建設された伽藍(上宮王院)が起源とされる。当初、法隆寺の僧侶たちは、講堂の周辺に設けた僧坊などで共同生活をしていたが、11世紀頃になると高僧を中心とした小集団が独自に宗教活動を行うようになり、一帯にはそれぞれの拠点となる小寺院(子院)が建設された。

法起寺は、聖徳太子死後の7世紀に、その子息である山背大兄王が、聖徳太子の宮であった岡本宮跡に建立した寺を起源とする。16世紀末の戦乱でほぼ焼失したため、往時の姿を残すのは高さ24mの三重塔のみ。

法隆寺をはじめとするこの地域の寺院は、古くは「鎮護国家の寺」として、天皇家によって手厚く保護された。12世紀頃になると、一般の人々の間でも「**聖徳太子信仰**」が広まったことで、法隆寺を多くの信者が訪れた。法隆寺地域の寺院は常に各時代の権力者のもとで保護されてきたが、明治維新を迎えると神道を重んじ仏教を排斥する思想のもとで次第に荒廃した。しかし文化財保護の重要性から、明治政府によって1897年に「古社寺保存法」が制定されると、再び国家の保護下に置かれ、保存の道が開かれた。

法隆寺中門金剛力士(吽形)

保存上の課題など

世界遺産登録における真正性では当初、石の文化のように建造当時のものがそのまま残っていることが重視されており、木や土の文化においてはその建造物の真正性が認められにくかった。日本政府は法隆寺関連の木造建造物群を世界遺産登録するにあたって、木の文化における保存・修復の歴史を説明し、それが「真正性における奈良会議」の開催につながった。「奈良文書」の採択には、『法隆寺地域の仏教建造物群』で行われてきた木造文化の修復の歴史が大きく影響を与えている。

▶法隆寺西院伽藍

東に金堂、西に五重塔が並ぶ西院伽藍の配置は「**法隆寺式伽藍配置***」と呼ばれる。711年頃に西院伽藍の金堂が再建され、その後伽藍全体が再建された。西院の構造や意匠、金堂内部の**釈迦三尊像**のアルカイク・スマイル（古式の微笑み）などに、北魏時代（6世紀）の中国文化の影響が伺える。

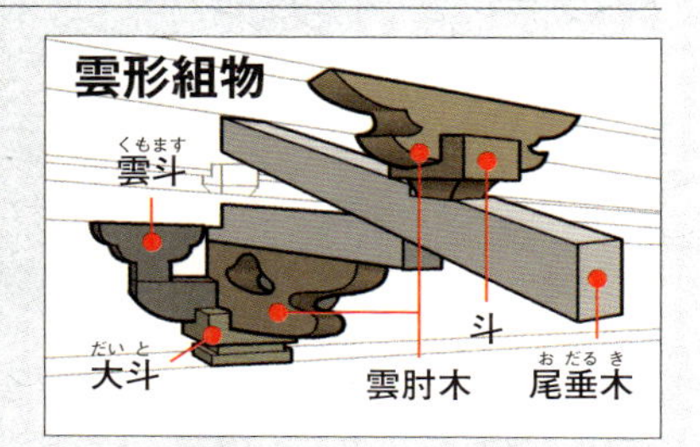

金堂や五重塔には、「**雲型組物***」が用いられている。こうした装飾性は、古代中国の建築とも共通する。また、法隆寺中門は、通路となる門の中央部に柱を置く「**四間門**（しけんもん）」である。中門の左右には阿形と吽形の2体の金剛力士像が置かれている。もとはともに塑像であったが、吽形の像は後に頭部と右腕を除き木像に補修された。五重塔は上にいくほど屋根が小さく塔身も細くなっており、デザインに対する評価も高い。

▶法隆寺東院伽藍

8世紀前半に建設した伽藍。周囲に回廊がめぐる「夢殿」を本堂とする。これは現存する最古の八角円堂で、屋根には「八注造（はっちゅう）*」と呼ばれる宝形造りの変化形である様式が用いられている。その緩やかな勾配は、天平時代の建築様式の特徴を今に伝えている。夢殿の本尊は**救世観音菩薩立像**（くせかんのんぼさつりゅうぞう）で、聖徳太子と等身と伝えられる。救世観音立像は明治時代まで白い布に覆われた秘仏であったが、明治政府の命を受けたアメリカの東洋美術史家アーネスト・フェノロサと美学研究家の岡倉天心が開示を要求し、姿が明らかになった。

▶法起寺

法隆寺の北東約1.5kmに位置し、現在は法隆寺を総本山とする聖徳宗の寺院となっている。境内に唯一現存する創建当時の建造物である三重塔は高さ約24m。三重塔としては日本最古かつ最大規模のものとして知られる。法隆寺の五重塔と比べ、法起寺の三重塔の方が完成は早いが、着工年は法隆寺の五重塔の方が古く、世界最古の木造の塔は法隆寺の五重塔とされている。

法隆寺式伽藍配置：法隆寺式伽藍配置を含む寺院の主要建造物の配置は上巻p.144-145を参照。　**雲型組物**：曲線を描く雲型の肘木や斗などの部材を組み合わせて、屋根の軒を支える構造。　**八注造**：日本の家屋の屋根の形は上巻p.147を参照。

紀伊山地の霊場と参詣道

和歌山・奈良・三重

文化遺産

Sacred Sites and Pilgrimage Routes in the Kii Mountain Range

MAP P012 B-④

登録年 2004年/2016年範囲拡大　登録基準 (ii)(iii)(iv)(vi)

登録基準の具体的内容

●登録基準(ii)：

空海によって創建された「高野山(こうやさん)」には、多くの仏教建築が残されているほか、「吉野(よしの)・大峯(おおみね)」と「熊野三山(くまのさんざん)」には、日本古来の自然崇拝と仏教が融合して形成された「**神仏習合**」の宗教観に基づいて築かれた仏教寺院建築群と独特の様式を持つ神社建築群が残る。これらは周囲の山岳景観とともに、霊場における顕著な文化的景観を形成し、日本各地へと伝えられて、それぞれの地域における霊場形成のモデルとなった。紀伊山地の景観は、東アジアにおける宗教文化の交流と発展の結果生まれた、他に類を見ない顕著な例である。

●登録基準(iii)：

各社寺の境内や参詣道には、今は失われた木造及び石造の建造物や宗教儀礼に関する豊富な考古学的文化財が残されている。これら多くの遺跡では、今なお参詣者による宗教儀礼が行われているなど、宗教文化の重要な継承の場となっている。

●登録基準(iv)：

紀伊山地に残る多くの仏教建築や「熊野三山」などの神社建築は、木造宗教建築の代表例であり、歴史上、芸術上の建築的価値は極めて高い。また、近世以降、徳川幕府の諸大名によって高野山奥院に築かれた多数の石塔婆は、その規模や様式の多様性の点で重要であるとともに、日本独自の石造廟様式の変遷を示す顕著な例である。

●登録基準（vi）：

建造物や遺跡は、神道と仏教、そしてその融合の過程で生み出された「修験道」など、日本独自の信仰形態の特質を表す顕著な例であり、また、山岳地帯に残る修行場や神聖性の高い自然物は、信仰に関する独自の文化的景観を形成している。

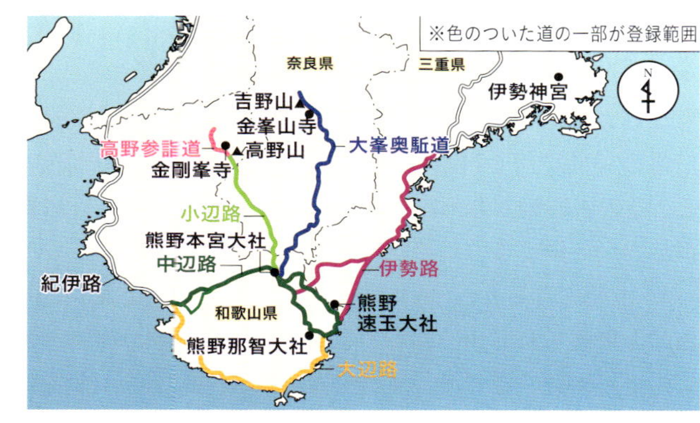

参詣道

遺産の概要

紀伊山地に点在する「吉野・大峯」、「熊野三山」、「高野山」の３つの霊場と、それぞれを結ぶ参詣道によって構成される。標高1,000～2,000ｍ級の山脈が連なる紀伊山地は、年間の降雨量が3,000㎜を超える多雨地帯である。豊かな雨が育む緑深い森林景観は、古くから「神の宿る場所」として崇められ、山や森、川、滝などを神格化する日本古来の自然信仰を育む土壌となっていた。

中国大陸から仏教や道教が伝えられると、紀伊山地は「神仏習合」をはじめ、「浄土教」、「**修験道**」など、様々な信仰における聖地とされた。そのため紀伊山地には、起源も内容も異なる３つの霊場と、そこに至る「参詣道」が整備され、都をはじめ、日本各地から多くの参詣者がこの地を訪れるようになった。

自然環境を中心に数多くの信仰形態が育まれ、今なお共存しているため、**日本ではじめて文化的景観が認められた**。

那智大滝

歴史

7世紀後半、仏教が国家を鎮護する宗教になると、古くから自然信仰の神域とされていた紀伊山地では、山岳修行が盛んに行われるようになった。816年、空海が高野山に「金剛峯寺（こんごうぶじ）」を創建し、紀伊山地は真言密教の修行場として定着した。9世紀から10世紀にかけて、「神仏習合」の思想が広まると、紀伊山地はその聖地としても注目され、「熊野三山」などを中心に建造物の建立が進んだ。中国から伝えられた道教の神仙思想と日本の山岳信仰が融合し、独自の宗教である「修験道」が成立すると、その中心地となった吉野・大峯には、厳しい修行によって超自然的な能力を習得したいと願う多くの修験者が集まるようになった。

11世紀になると、「浄土教」の流行にともない、紀伊山地には、仏教諸尊の浄土があると考えられるようになり、死後の成仏を願う皇族や貴族、有力武士によって多くの寺社が建立された。こうして紀伊山地には、上皇をはじめとする多くの皇族や有力貴族が参拝に訪れ、次第に各霊場や参詣道が整備されていった。14世紀の南北朝時代には、**吉野山に南朝の拠点が置かれたため、北朝から侵攻され多くの社寺が被害を受けた**。紀伊山地への信仰は江戸時代を通じて保たれたが、明治維新後の1868年に「神仏分離令」、そして1872年に「修験道廃止令」が制定されると、仏教関連施設は破棄されるか、名称を変更して神社の付属施設にされるなどの厳しい状況に直面した。1897年に「古社寺保存法」が成立し、多くの文化財や宗教文化が守られた。

吉野水分神社

保存上の課題など

台風や大雨などの自然災害のほか、参詣道沿いのバッファー・ゾーンの範囲外に位置する住宅の建て替えや開発による景観の悪化などが指摘されている。バッファー・ゾーンの外から影響を与える景観問題は、『セビーリャの大聖堂、アルカサル、インディアス古文書館*』や『ロンドン塔*』などでも問題となっている。

セビーリャの大聖堂、アルカサル、インディアス古文書館：スペインの世界遺産。下巻p.132参照。　**ロンドン塔**：英国の世界遺産。下巻p.052参照。

TOPICS 構成資産の概要

▶吉野・大峯

水を支配し、金などの鉱物資源を産出する山として崇められた金峯山を中心とする「吉野」と、その南に連なる修験道の修行の場である「大峯*」で構成される紀伊山地最北部の霊場。
吉野山のふもとに立つ金峯山寺、山上ヶ岳の頂上に立つ大峰山寺の起源となる寺院は、役行者によって7世紀に開かれたとされる。役行者が修行中に桜の木に蔵王権現を彫り込んだとされており、吉野山は平安時代中期より桜の名所として知られている。ほかにも分水嶺信仰の吉野水分神社や、後醍醐天皇の行在所であった吉水神社など。

▶熊野三山

紀伊山地の南東に、20～40㎞を隔てて点在する「熊野本宮大社」、「熊野速玉大社」、「熊野那智大社」の総称。10世紀、神仏習合の広まりとともに、互いの主祭神を合祀し、「熊野三所権現」として信仰を集めた。ほかにも熊野那智大社と一体となった寺院として信仰された青岸渡寺や、熊野三山の祭神である熊野夫須美大神の本地仏である千手観音を本尊とする補陀洛山寺、那智大滝、那智原始林など。

▶高野山

金剛峯寺を中心とする「**真言密教**」の霊場。建造物群は、標高800mの山上にある約3㎢の平地に立っており、「**八葉の峰**」とも呼ばれる。本堂と多宝塔を組み合わせた金剛峯寺の伽藍配置は、全国の真言宗寺院のモデルとなった。また、高野山はかつて女人禁制であったため、参拝する女性はふもとの慈尊院を詣でた。ほかにも高野山一帯の地主神を祀る丹生都比売神社など。

▶参詣道

「大峯奥駈道」、「熊野参詣道」、「高野参詣道」の3つの参詣道。霊場の発展にともない増加した参詣者の入山のために整備された。参詣では、口にするものや行為を制限し、心身を清浄に保つことが求められたため、参詣道は下界から神域へと近づく際の修行の場でもあった。

大峯：この一帯は「大台ケ原・大峯山」として生物圏保存地域に指定されているが、これは修験道が霊場としたために、木々の伐採が禁止され自然林の植生が良好に保存されているため。

百舌鳥・古市古墳群

大阪

文化遺産

Mozu-Furuichi Kofun Group: Mounded Tombs of Ancient Japan

MAP P012 B - ④

登録年 2019年　登録基準 (iii)(iv)

登録基準の具体的内容

●登録基準（iii）：

『百舌鳥（もず）・古市（ふるいち）古墳群』は、墳墓の規模と形によって当時の政治・社会構造を表現しており、古墳時代の文化を物語っている。

古墳時代においては、社会階層の違いを示す高度に体系化された葬送文化が存在し、古墳の建設が社会秩序を表現していた。この地は日本列島の各地で築かれた古墳群が形作る階層構造の頂点にあり、最も充実した典型的な階層構造は他の古墳群の見本となった。

●登録基準（iv）：

日本列島独自の墳墓形式である古墳の顕著な事例であり、集団や社会の力を誇示するモニュメントとして祖先の墓を築き社会階層を形成した、日本独自の歴史段階を示している。

この地に密集して築かれた古墳は、世界各地の墳墓に見られるような埋葬施設の上に盛土や積石をしただけの単純な墳墓ではなく、**葬送儀礼の舞台としてデザイン**されている。埴輪と葺石で装飾され、濠が張り巡らされ、幾何学的な段築を持つなど、他に類例のない独自の建築的到達点である。

前方後円墳の墳丘は図のように埴輪や葺石で装飾された

応神天皇陵古墳から出土した円筒埴輪

遺産の説明

『百舌鳥・古市古墳群』は、百舌鳥エリア（大阪府堺市）にある「**仁徳天皇陵古墳（大仙古墳）**」や、古市エリア（大阪府藤井寺市、羽曳野市）にある「**応神天皇陵古墳（誉田御廟山古墳）**」などの、45件49基の大小様々な古墳で構成されている。仁徳天皇陵古墳のような大きな古墳には、**陪冢**と呼ばれる小型の古墳が付属していることがあり、構成資産としてはそれらを合わせて1件と数えているため、構成資産数と古墳数が異なる。

関西地方を中心に日本各地に古墳があるが、「百舌鳥古墳群」と「古市古墳群」の2ヵ所の古墳群は、仁徳天皇陵古墳（大仙古墳）という日本最大の古墳があることに加え、「前方後円墳」「帆立貝形墳」「円墳」「方墳」という**日本列島の各地に見られる古墳の標準的な形式4つを含んでいる**点が特徴。また大きさは20～500mのものまで存在し、著しい規模の差が見られる。こうした古墳群から、日本の古墳時代の個人の権力の大きさや社会的な権力の構成などを証明できると考えられている。

歴史

日本列島では3世紀中頃に最初の前方後円墳が現れ、それ以後、様々な形と大きさを持つ古墳が各地に多く築かれた。3世紀中頃から6世紀後半に各地で築かれた古墳は16万基以上にのぼり、東北南部から九州南部にかけての約1,200kmの範囲に広がっている。この時代のことを古墳時代と呼ぶ。

古墳築造の中心となったのが、日本列島の中央に位置する現在の奈良県と大阪府だった。ここに最も巨大で新しい様式を備えた前方後円墳が築かれた。これは日本列島の広範囲に広がる有力者の政治連合「ヤマト王権」が現れ、列島中央部の勢力がその中心の位置を占めたことを示すものと理解されている。

ヤマト王権はその強大な権力構造を、東アジアとの海上交易が行われる時代に、東アジアの国々に対して示す意味があった。『百舌鳥・古市古墳群』は海上交易の窓口であった大阪湾を望む台地の上にあり、**大阪湾を行き来する船からは、港に対して長辺を向ける巨大古墳がよく見えた**と考えられている。

しかし、東アジアとの交易や文化交流の中で仏教が日本に伝わってくると、巨大古墳が作られなくなり、天皇の陵墓を守る役割は寺院に移っていった。

百舌鳥エリアには、4世紀後半から5世紀後半にかけて、100基を超える古墳が作られたが、その後の都市開発などで壊され、仁徳天皇陵古墳や孫太夫山（まごだゆうやま）古墳、いたすけ古墳など44基のみが残る。構成資産に含まれるのは、その内23基。一方で古市エリアには4世紀後半から6世紀前半にかけて130基を超える古墳が作られた。現在は応神天皇陵古墳や津堂城山（つどうしろやま）古墳、白鳥陵古墳など45基が残る。構成資産に含まれるのは、その内26基である。

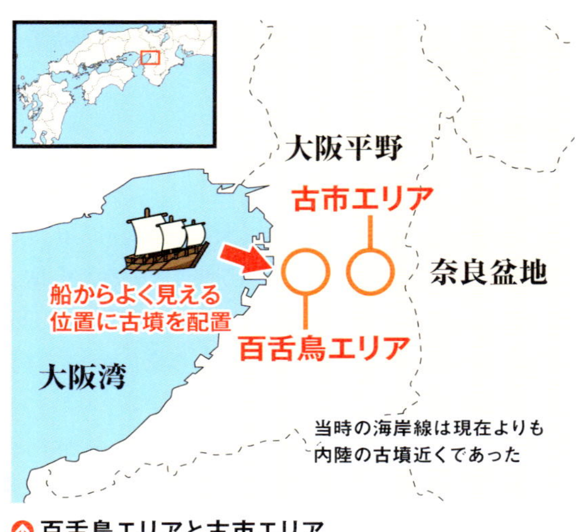

↑ 百舌鳥エリアと古市エリア

名称や公開などの課題

宮内庁が管理する歴代天皇や皇后、皇族の陵墓が含まれており、構成資産名や公開について課題も指摘されている。

「仁徳天皇陵古墳」は、「陵」と「古墳」*が1つになっており、「仁徳天皇陵」であることを譲らなかった宮内庁と、被葬者が特定できていないとする考古学者などとの間の折衷案となっている。世界遺産として「仁徳天皇陵」という名前が出たことで、この古墳に仁徳天皇が埋葬されていると学術的にも特定されているとの誤解を与えかねないとする懸念が、考古学の専門家などから出されている。

また、宮内庁が管理する陵墓は、研究者や一般に対しても公開されていない。今後、考古学的な研究内容と、治定（じじょう）*との間の見解の違いをどのように埋めてゆくのかも求められている。構成資産の全てが非公開ではなく、古市エリアの藤井寺市にある津堂城山古墳や鍋塚古墳、古室山（こむろやま）古墳、大鳥塚（おおとりづか）古墳などは墳丘に登ることができる。

「陵」と「古墳」：天皇や豪族などの埋葬者が明らかな陵墓を「陵」、そうでない古い墳墓を「古墳」と呼ぶ。　**治定**：古墳に埋葬されている人物を特定すること。

TOPICS
構成資産の概要

百舌鳥エリア

▶仁徳天皇陵古墳(大仙古墳)

日本最大の前方後円墳。長さ840m(濠を含めた長さで、墳丘のみの長さは486m)で墳丘の周囲を三重の濠が取り囲んでいる。世界三大墳墓の1つに数えられる。大阪湾からの眺めを意識した場所に造られている。

▶孫太夫山古墳

仁徳天皇陵古墳の前方部南側に位置する帆立貝形墳。仁徳天皇陵古墳の陪冢と考えられている。長さは65m、後円部の高さは7.7m。

▶履中天皇陵古墳(ミサンザイ古墳)

日本第3位の巨大前方後円墳。長さ365m、後円部の高さは27.6m。墳丘からは円筒埴輪、形象埴輪が見つかっている。大阪湾からの眺めを意識した場所に造られている。

▶いたすけ古墳

長さ146m、後円部の高さは11.4mの前方後円墳。幅が広く、長さの短い前方部の形状が特徴。1950年代に宅地開発による破壊の危機にさらされたが、市民を中心とした保存運動によって破壊をまぬがれた。

▶ニサンザイ古墳

長さは約300m、前方部の高さは25.9mの日本有数の巨大古墳。墳丘に造られた平坦面から隙間なく並べられた円筒埴輪が見つかっている。

古市エリア

▶応神天皇陵古墳(誉田御廟山古墳)

日本第2位の大きさの前方後円墳。長さ425m、後円部の高さは36m。墳丘の体積は国内第1位である。墳丘や濠からは円筒埴輪や形象埴輪が見つかっている。2万本以上の円筒埴輪が並べられていたと推定されている。

▶津堂城山古墳

4世紀後半に築造された前方後円墳。長さ210m、後円部の高さは16.9m。古墳群の中では最初期に築かれたものと考えられており、水鳥形埴輪など珍しい埋葬品も見つかっている。

▶仲哀(ちゅうあい)天皇陵古墳

長さ245m、後円部の高さ19.5mの前方後円墳。室町時代に城として使われたため、墳丘の上面は一部の形が変えられている。周囲には幅の広い濠が巡り、堤の上にも円筒埴輪が並べられていた。

姫路城

兵庫

文化遺産

Himeji-jo

登録年 1993年　登録基準 (i)(iv)

MAP P012 B-4

登録基準の具体的内容

●登録基準（ｉ）：

大天守をはじめとする建造物群のデザインには、木造構造の外側を土壁で覆い、その上に白漆喰を施した簡素な素材の外観に、**複雑な構造の配置や屋根の重ね方**を組み合わせる独自の工夫が見られる。「白鷺城」の別称が示すように、その美しさは日本の木造建築のなかでも最高水準に達し、世界的にも類のない傑作である。

●登録基準（iv）：

日本の城郭建築が最盛期を迎えた17世紀初頭に築かれた姫路城は、天守群を中心に櫓（やぐら）や門、土塀などの建造物のほか、石垣、濠なども良好な状態で保存されており、防御にも創意を凝らした日本独自の城郭構成を表す代表的な建造物である。

遺産価値総論

姫路城は、17世紀初頭の日本式城塞建築のなかでも、最大の規模と完成度の高さを誇る建造物である。城内には、大名らが自らの権威を示すため、競うように大規模城郭を築いた戦国時代ならではの様式や意匠などが見られる82の建造物が現存し、このうちの8棟が国宝、残る74棟が重要文化財に指定されている。

外観の美しさだけではなく、建物の配置や、**螺旋状に巡らされた曲輪***、3重の水濠など、全体的な縄張*にも難攻不落の砦としての高度な機能性と設計思想が示されている。敵兵の侵入を防ぐための狭い通路や頑丈な門櫓、櫓や壁に備えられた石や熱湯を敵に注ぐための石落、矢や鉄砲を撃ちかけるための狭間(さま)など、随所に防衛のための工夫が凝らされている。

姫路城の主な遺構

これらの建造物は、一度も大きな戦火に見舞われることなく保存されていることに加えて、17世紀から20世紀にかけて行われた修復作業も、創建当時の技術や意匠を引き継いで実施されている。世界的にも珍しい木造城郭建築のなかでも、最も保存状態が良いとされる。

歴史

16世紀末、羽柴(豊臣)秀吉は中国地方を治める毛利家攻略の拠点として、古くから西日本における交通の要衝であった現在の兵庫県姫路市に新たな城を築くことを決めた。当時、姫丘(日女道丘(ひめじおか))と呼ばれていたこの地域にあった城郭に、秀吉は

塀に設けられた狭間

曲輪:城中の建造物のための区画。　**縄張**:城の設計や構成、仕組みのこと。

1580年に手を加え、3層の天守閣を含む近代城郭とした。1600年の関ヶ原の戦いの後、城主となった徳川家康の娘婿である**池田輝政**は、1601年から1609年にかけて姫路城の大改修を実施。姫路城のシンボルである外観5層の大天守をはじめとする天守群や、2重の濠(内濠・外濠)で囲み内郭と外郭を区分する曲輪構成などは、この池田輝政の時代に整備されたもの。1617年に城主となった**本多忠政**は、長男の忠刻とその妻である千姫の居住の場となる西の丸の整備に着手。周辺には城下町も整備され、姫路城は城主を変えながらも、江戸時代を通じて藩制の中心地としての役割を果たした。

石垣の上に設けられた石落

江戸幕府が幕を下ろすと、明治政府は姫路城を軍用地として接収し、新たに陸軍師団司令部施設や兵舎などが置かれた。天守群など内郭の建造物群は保存されたが、修復はされず城内は著しく荒廃した。一時は売却や取り壊しの危機もあったが、1919年の「史蹟名勝天然記念物保存法」によって保存の道が示され、1931年に国宝に指定された。

1934年、豪雨で西の丸の櫓や石垣に大きな被害が生じたことを受け、政府は姫路城の修理計画を立案。工事は太平洋戦争の激化にともない一時中断したが、戦後再開され、二の丸の建造物などが修復された。1956年からは、「**昭和の大修理**」と呼ばれる、大天守の解体修理を含む大規模な補修工事が行われ、天守群は往時に近い姿を取り戻した。工事の過程で、創建の際に記された多くの銘文が発見され、天守の築造過程が明らかとなった。2009年からは、5年半に及ぶ天守群の保全修理(平成の大修理)が行われ、漆喰の塗り替えや瓦の全面葺き直しなどが行われた。

堅固な「ぬの門」

保存上の課題など

世界遺産の修復の際には真正性が求められ、ヴェネツィア憲章によって「伝統的な素材や工法を用いること」とされているが、伝統的な技術が不適切である場合には、近代的な構築技術を用いることが許される。姫路城は、築城当初より礎石が天守の重みを支えきれず傾いており、その姿は「東に傾く姫路の城は、花のお江戸が恋しいか」と謡われるほどであった。そのため、「昭和の大修理」の際には礎石が取り除かれ、**鉄筋コンクリート製の基礎構造物に取り替え**られた。

TOPICS
構成資産の概要

▶天守群

天守群は、内郭北東部の最も高い位置に築かれている。唐破風*や千鳥破風を持つ屋根を5層に重ねた望楼型天守である大天守と、3層の屋根を持つ東小天守、乾小天守、西小天守の4つの建造物を四隅に配置し、それぞれの間を廊下状の櫓(渡櫓)でつないでいる。

▶西の丸

本多忠政が築いた居住のための曲輪。御殿は現存しないが、化粧櫓*、長局が残る。長局には丸、三角、四角形など幾何学形状の鉄砲狭間や弓狭間が見られるほか、石落や蓋による開閉が可能な隠し狭間なども設けられていた。

▶備前丸

天守群の南に位置する曲輪跡で、かつては城主の居館である本丸御殿が存在した。これらの建造物は1882年に発生した火災で焼失したため、現在は空き地になっている。

▶通路

城内の通路は、天守群に向かって次第に高くなるよう区画されており、城の防御を高める効果をもたらしていた。それぞれの区画の境には土塀が築かれ、要衝に門櫓などを置くことで、多数の敵兵の侵入を阻む構造になっていた。

破風:屋根を合わせた妻側の造形。屋根が三角のものを千鳥破風、曲線のものを唐破風、入母屋屋根につけるものを入母屋破風と呼ぶ。上巻p.146-147参照。　**化粧櫓**:千姫が男山の天満宮を遥拝する際に化粧を直した場所。

石見銀山遺跡とその文化的景観

島根

文化遺産

Iwami Ginzan Silver Mine and its Cultural Landscape

MAP P012 B-④

登録年 2007年／2010年範囲変更　登録基準 (ii)(iii)(v)

登録基準の具体的内容

●登録基準(ii)：

16～17 世紀初頭の大航海時代、石見銀山における銀の生産は、アジア及びヨーロッパの貿易国と日本との間における重要な商業的・文化的交流を生み出した。

●登録基準(iii)：

日本の金属採掘と生産における技術的発展は、小規模な「労働集約型経営」に基づく優れた運営形態の進化をもたらし、採掘から精錬までの一連の技術全体を包括するに至った。江戸時代の鎖国政策は、ヨーロッパの産業革命で発展した新たな技術の導入を遅らせた一方、銀鉱石の枯渇と連動するように19 世紀後半には伝統的技術に基づくこの地域の鉱山活動は停止され、結果的に多くの考古学的遺跡が良好な状態で保存されることとなった。

●登録基準(v)：

鉱山の遺跡、街道、港など、採掘から精錬、搬出までの鉱山経営全体に関わる豊富な遺構の大部分は、現在では山林の景観に覆われている。その結果、文化的景観の「残存する景観」は、銀生産に関わった人々が長く生活してきた集落などの「継続する景観」の地域を含んでおり、歴史的土地利用のあり方を示している。

遺産価値総論

「銀鉱山跡と鉱山街」、「街道」、「港と港街」の3つの分野にわたる14の構成資産からなる。「銀鉱山跡と鉱山街」は、16世紀から20世紀にかけて、銀鉱石の採掘から精錬までを行っていた銀山柵内(ぎんざんさくのうち)や清水谷精錬所跡などの鉱山跡、600もの小規模な手掘りの坑道「**間歩**(まぶ)」などを中心に、銀の生産やこれに関連する仕事に携わっていた人々が暮らした鉱山街や、これらを軍事的に守備していた周囲の石見城跡などの山城跡で構成されている。「街道」は、銀鉱山と港との間に整備され、銀鉱石や銀の搬出をはじめ、様々な物資の輸送を担っていた石見銀山街道など2本の運搬路。「港と港街」は、銀鉱石や銀の積み出しのほか、銀山運営や居住区で生活に必要な物資を搬入していた鞆ヶ浦(ともがうら)港と沖泊(おきのどまり)港の2つの港とその関連施設、そして港での仕事に関わる人々が暮らした温泉津(ゆのつ)などの温泉街である。銀鉱山が稼働していた当時、銀の生産から搬出までの全過程を担っていたこうした施設の遺構や街並は、鉱山開発における社会の構造や基盤といった、かつてこの地域で隆盛を誇った銀産業の全体像を示す重要な証拠となっている。

間歩

これら遺構の周囲には、19世紀まで銀生産や住民たちの生活で使用された**薪炭(しんたん)材の供給源であった森林**をはじめ、豊かな自然環境も残されている。鉱山の運営、そして人々の暮らしの様子を物語る景観が、広い範囲かつ良好な状態で保存されており、文化的景観が認められた。

歴史

石見銀山は1526年に発見された後、当時、日本最大の貿易港であった博多の豪商である**神屋寿禎**(かみやじゅてい)によって開発が進められた。16世紀前半の石見地方は、博多を拠点に中国、

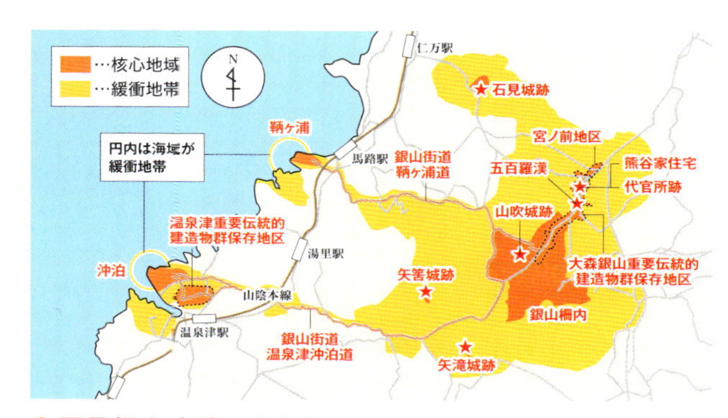

石見銀山遺跡の登録範囲

龍源寺間歩

朝鮮との貿易も盛んに行っていた戦国大名の大内氏の支配下にあり、神屋寿禎もその保護のもと、中国との貿易に深く関わっていた。産出した銀鉱石を、鉱山の西およそ6kmに位置する鞆ヶ浦港から船で博多に送っていたため、鞆ヶ浦には多く人が移り住み、次第に集落が広がった。1533年に神屋寿禎は博多から技術者を招聘（しょうへい）し、朝鮮から伝来した「**灰吹法**（はいふきほう）*」という新たな技術を用いて銀精錬を行って石見での銀生産量は飛躍的に増大。1540年代には高い技術を有する職人集団なども形成され、石見は日本における銀精錬技術の最先端の地となった。1550年代、大内氏が内紛によって滅亡すると、銀山周辺では近隣地域の有力大名による争奪戦が勃発し、銀山の防衛を担う矢筈城（やはずじょう）や石見城では激しい攻防戦が繰り広げられた。1562年に争いを制した安芸地方の毛利氏は、銀山と港の間に、銀の搬出や鉱山に必要な物資の運搬を担う街道を新たに整備した。

1600年の関ヶ原の戦いの後、石見地方は徳川幕府の支配下に置かれ、奉行としてこの地にも派遣された**大久保長安**（ながやす）*のもとで鉱山経営が行われた。銀山経営の新たな拠点となる**大森地区**の整備などを進め、銀山経営の一部を「山師」と呼ばれる民間の業者に委ねるなど、様々な改革を行った。銀の産出量はさらに増加の一途をたどり、1620～1640年代の最盛期には、年間約40tもの銀が生産された。この時期には15世紀から続いていた対外貿易もさらに活発化し、中国や朝鮮などの東アジアや、遠くヨーロッパの国々にも石見産の銀が流通していた。その後、銀の産出量は減少の一途をたどり、明治維新後の1869年、石見銀山は明治政府によって個人業者へと払い下げられた後、1923年に休山した。

大森代官所跡

保存上の課題など

ICOMOSは世界遺産登録に際し、登録基準（v）に関する更なる調査と、証拠となる文書の提出を求めた。また、観光客受け入れに関する問題の整理と、歴史的建造物の保護政策の明文化、未発掘の遺跡や木に覆われてしまっている遺跡に対する考

灰吹法：鉱石を一度鉛に溶かしてから銀を取り出す精錬法。　**大久保長安**：徳川家康から全国の金銀鉱山の管理を任されていた。石見銀山最大の「大久保間歩」は長安が馬に乗ったまま入ったとの伝説が残る。不正蓄財をしたとして、死後に一族は粛清された。

古学的戦略の確立、そして水質汚染の調査と新しい自動車道の施工などの対策を勧めていた。これを受けて、街道を史跡に追加する、大森地区の景観を重要伝統的建造物群保存地区に追加するなど、保全体制を整えた結果、2010年の世界遺産委員会で石見銀山遺跡の登録範囲が軽微に拡大された。

TOPICS
構成資産の概要

▶銀山柵内

銀鉱石の採掘から選鉱・製錬・精錬まで、銀生産の一連の工程が行われた銀鉱山跡。16世紀から20世紀までの間に築かれた龍源寺間歩、清水谷精錬所跡、石銀(いしがね)遺跡、清水寺、唐人屋敷跡など、往時の暮らしの様子を物語る様々な遺構が良好な状態で残る。

▶大森・銀山

鉱山に隣接する谷間に発展した鉱山街。現在は南北約2.8kmの範囲に、伝統的な木造建築が立ち並ぶ集落が展開している。南側の要害山に近い「銀山地区」と北側の代官所跡に近い「大森地区」の2つの地区に分かれ、大森地区の北東側には、江戸幕府の役人が常駐した「代官所跡」がある。

▶鞆ヶ浦

16世紀前半に、博多に向けて銀鉱石や銀を積み出した幅 34m、奥行き約140m の入り江に築かれた港。湾の開口部には波除けとなる2つの小島があり、そのうちの1つには、最初に石見銀山を開発した神屋寿禎が建立した、弁天をまつる神社が立つ。

▶沖泊・温泉津

沖泊は狭隘(きょうあい)な入り江を利用して築かれた港で、16 世紀後半にかけて、精錬した銀の積み出しや石見銀山への物資の補給を担った。温泉津は、沖泊に隣接する温泉街と港。16世紀に日本海側における最大の港として賑わった街並には、木造建築なども残る。

▶石見銀山街道温泉津・沖泊道

温泉津や沖泊が、石見銀山の外港として機能していた16世紀の後半、銀の搬出と物資の搬入のために整備された街道。途中にある西田集落を中継地として、鉱山と温泉津や沖泊を結ぶ全長約12kmの道である。現在は石段や側溝のほか、街道の整備の際に石材が切り出された石切場の跡が残る。

広島平和記念碑（原爆ドーム）

負の遺産 ＞ 広島

文化遺産

Hiroshima Peace Memorial (Genbaku Dome)

登録年 1996年　登録基準（vi）

MAP P012 B-④

登録基準の具体的内容

●登録基準（vi）：

人類史上初めて使用された核兵器の惨禍を如実に伝えるものであり、時代を越えて**核兵器の究極的廃絶と世界の恒久平和**の大切さを訴え続ける人類共通の平和記念碑である。『広島平和記念碑（原爆ドーム）』のように、核兵器による被爆後の惨状をそのままの形で伝えている建造物はほかに存在しない。

登録基準（vi）には「この基準は、ほかの基準とあわせて用いられることが望ましい」という但し書きがついているが、それは『広島平和記念碑（原爆ドーム）』を審議した世界遺産委員会の場で加えられたものである。

遺産価値総論

『広島平和記念碑（原爆ドーム）』は、1945年8月6日8時15分に広島に投下された原子爆弾の被害を当時の姿のまま今に伝える建造物である。被爆前の広島県産業奨励館は、一部に鉄筋を用いた地上3階建てのレンガ造り。中央には、ドームのある5階建ての階段室を備えていた。残された遺構や戦前に撮影された写真などの資料からは、「**ネオ・バロック**」の影響が確認できる楕円形のドームや湾曲した壁面、また、19世紀に起こった芸術運動であるウィーン分離派の「**ゼツェッション様式**」による柱頭や正方形の窓枠、幾何学模様を配置した装飾など、様々な建築様式が融合した往時の姿がうかがえる。当時としては珍しいモダンなデザインは、創建当初から広島市民の注目を集め、物産展をはじめ、様々な催し物が開かれる憩いの場としても愛された。

原爆投下では爆心地の北西約150mの至近距離で被爆し、爆風と熱線によって全壊・全焼した。建物の屋根や床はすべて破壊され、壁は建物の大部分において1階の上端以上が全て倒壊した。しかし、衝撃波をほぼ真上から受けたため建物の中心部分は倒壊を免れ、外壁と鉄骨の骨組みで、5階建ての円蓋を持つ建物であったことを今に伝えている。建物の南側に設けられていた洋式庭園の噴水も、破壊された遺構として残っている。

ICOMOSの報告書には「歴史的価値や、建造物としての価値は認められないが、**世界平和を目指す活動の記念碑として、世界でもほかに例を見ない建造物である**」との記述があり、**登録基準（vi）のみで登録**された。「負の遺産」と考えられる遺産は、登録基準（vi）のみで登録されることが多い。

歴史

1910年、広島県会は地域産業のさらなる振興を目指して「広島県物産陳列館」の建設を決定、設計にはチェコ出身の建築家**ヤン・レツル**が抜擢された。1915年に完成した建物は、その後「広島県産業奨励館」と改称された。1945年8月6日、アメリカ軍のB29爆撃機「エノラ・ゲイ」が広島市上空に侵入し、原子爆弾「リトル・ボーイ」を投下した。原子爆弾は、広島県産業奨励館から南東約150m、上空約580mの地点で炸裂し、広島の街は一瞬にして壊滅した。第二次世界大戦後、爆心地近くに残された旧広島県産業奨励館の廃墟は、屋根部分の円蓋鉄骨の形から、いつしか「原爆ドーム」と呼ばれるようになった。

広島県産業奨励館

この遺構については、広

島市民の間でも長年「不幸の記憶」として解体すべきか、「平和の象徴」として保存すべきかについての議論が繰り返されていた。当初、広島市は風化や経年劣化による崩壊の危険性を考え、取り壊しも検討していたが、保存を願う市民運動の高まりを受け、1966年の広島市議会で原爆ドームの永久保存を決議した。同年には、保全のための募金運動が行われ、翌1967年には最初の保存工事が実施された。こうした保存工事は1989年と2002年にも実施されている。1992年、広島市長が世界遺産リストに記載すべく、ユネスコへの推薦を国に求めたが、「文化財ではない」という理由で却下されてしまう。それに対し、市民は1993年に「原爆ドームの世界遺産化をすすめる会」を発足させ、積極的な働きかけを行った。こうした市民運動は国会を動かし、1995年には文化財保護法の史跡指定基準が改正された。多くの国民の思いが結実し、1996年、世界遺産登録を果たした。

原爆ドーム周辺に広がる「平和記念公園」は、被爆から5年後の1950年に建設が始まり、1964年に完成した。公園建設中の1955年には、広島平和記念資料館も完成している。この館内には、被爆の惨状を物語る遺品などの資料が展示され、今日も訪れる多くの人々に、原子爆弾による被害を伝えている。

広島市では、原爆投下の翌年である1946年8月に最初の「平和復興祭」が開催された。この式典は後に「平和記念式典」へと引き継がれ、1952年からは平和記念公園内にある「原爆死没者慰霊碑」の前で行われている。

広島の中心部にある原爆ドーム

保存上の課題

『広島平和記念碑（原爆ドーム）』の保存にはいくつかの課題がある。1つは、破壊された当時の状態にいかに保つかという点。むきだしの鉄骨や壁のひびなどを、風雨や地震から守る工夫が求められている。2つめは、広島市の中心部に立つ『広島平和記念碑（原爆ドーム）』の景観をいかに守るかという点。バッファー・ゾーン（緩衝地帯）での高層マンション建設や再開発計画などが問題となっている。

世界遺産登録時の状況

1996年の第20回世界遺産委員会で登録の可否が審議された際、世界遺産委員会委員国であったアメリカ合衆国と中華人民共和国は、世界遺産リストへの記載の決議に反対はしないものの、審議後に下記の声明をだした。

●アメリカ合衆国の声明（大意）

我々は、今回の原爆ドームの世界遺産への推薦に関し、歴史的な視点が欠如していることを懸念する。我々が、第二次世界大戦を終結させるために、核兵器を使用する状況を迎えることになるまでに起きた様々な事件を知ることが、広島で起きた悲劇を理解する上で重要になる。1945年を迎えるまでの歴史的な流れの精査が必要である。我々は、戦争に関する物件の登録審議が本会議の範疇（はんちゅう）から外れていることを確信しており、委員会に対し、戦争関連物件の世界遺産登録に関する妥当性の審議に取り掛かることを強く要望する。

●中華人民共和国の声明（大意）

第二次世界大戦中、アジア各国、及びその国民たちは侵略や虐殺などのつらい歴史を経験してきた。しかし、現在においても、その事実を否定し続ける人が、少数であるが存在する。このような状況のなか、稀有な例といえるかもしれないが、広島平和記念碑の世界遺産登録が、前述のような少数の人たちによって悪用されないとも限らない。当然、このようなことは、国際平和の維持に良い効果をあげるものではない。

厳島神社

広島

文化遺産

Itsukushima Shinto Shrine

MAP P012 B-④

登録年 1996年　登録基準 (i)(ii)(iv)(vi)

登録基準の具体的内容

●登録基準(i)：

12世紀に**平清盛**によって造営された社殿は、平安時代の**寝殿造りの様式**が取り入れられており、海上にせり出した建造物が背後の山と一体となり作り出す優れた建築景観は、造営に携わった平清盛の卓越した発想を示している。

●登録基準(ii)：

自然を崇拝し、山などをご神体として祀る社殿の造りは、日本の社殿建築の発展を示している。日本人の美意識の基準となった山や海などの自然環境と建造物が融合して織りなす独自の景観は、日本人の精神文化を理解する上で重要である。

●登録基準(iv)：

13世紀に建造された本社幣殿(へいでん)、拝殿、祓殿(はらいでん)、摂社客(まろうど)神社の本殿、幣殿、拝殿、祓殿は、それぞれが創建当時の様式を残す、現存する数少ない鎌倉時代の建造物である。それらは、最初に社殿が整備された平安時代の面影を残し、度重なる再建を経ても平安時代から鎌倉時代にかけての様式を現在まで継承している。海上に築かれた社殿群は、自然崇拝から発展した、周囲の景観と一体をなす古い形態の社殿群の姿を今に伝える重要な見本である。

●登録基準（vi）：

日本の風土の中で育まれてきた神道の施設であるとともに、その神道が大陸から伝来した仏教と混合、分離してきた歴史を物語る遺産である。日本における宗教的空間の特質を理解する上で重要である。

遺産価値総論

『厳島神社』は、古くから聖域とされていた**弥山**（みせん）（瀰山）の深い緑を背景に、海上に突き出す鮮やかな朱塗りの社殿が広がる、他に類のない独特の景観を持つ建造物群である。この景観は、当初は海を隔てたはるか対岸から拝む対象とされていた島に、次第に社殿が築かれるようになり、それらが背後にそびえる弥山の山容とともに受容されていく過程で次第に形成されていった。

現存する建造物は、**原始的な社殿を現在のような姿に発展させた平清盛の卓抜した構想力と美的センスを示す**とともに、日本人の信仰心や精神文化の発展の過程を知る上でも、重要な史料とされる。これらの社殿は、北向きに立てられた本社の社殿群と、西向きに立つ摂社客神社の社殿群が、海の上をわたる廻廊で結ばれた構造を持っている。こうした建造物の配置や、各社殿における細部の様式、ゆるやかな曲線を持つ「檜皮葺」の屋根などには、平安時代以降、貴族などの支配者階級の住宅様式として広がった「寝殿造り」の影響が見られる。寝殿造りは神社建築には用いられてこなかったが、平清盛が厳島神社において神社建築に取り入れた。

島内には厳島神社のほか、背後の丘陵地帯を中心に中世以降に創建された仏教建築も残されており、日本における神仏習合の思想のなかで、島内の宗教施設がどのような変遷を遂げてきたかを物語っている。こうした建造物群と自然景観が生み出す厳島の景観は、日本で独自に発展を遂げた宗教的空間の特性を知る、貴重な手がかりである。

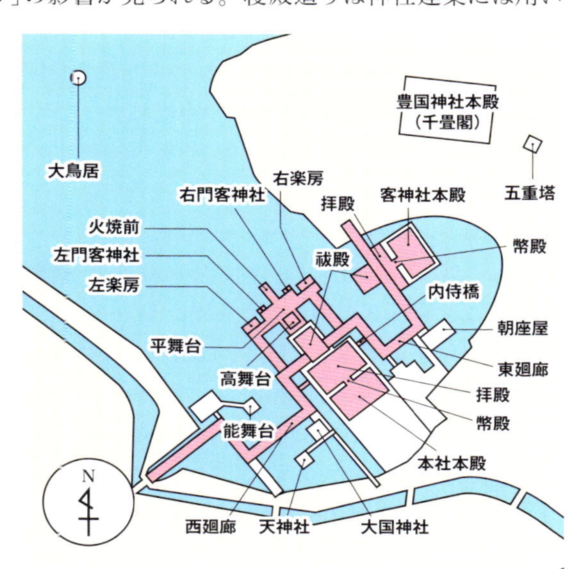

↑厳島神社

歴史

瀬戸内海に浮かぶ厳島は、標高 530 mの弥山が海上に映えるその姿から、古くから「神の島」として信仰を集めてきた。島自体がご神体とされていたため、当初は海を挟んだ対岸や海上から遥拝する対象とされたが、いつしか島の水際に社殿が築かれるようになった。社伝によると、最初の神社の創建は593年とされる。平安時代末期、保元・平治の乱などを経て権力を掌握した平清盛は、宋との貿易に力を入れ、その航路となる瀬戸内海の整備を積極的に推進した。それに伴い、かねてより信仰を寄せていた厳島を「海上の守り神」とし、社殿の整備に取り組んだ。このとき造営された社殿は、1207年の火災でほとんどが焼失したが、1241年に再興され、現在の社殿の起源となった。室町時代後期頃には島内に市が開かれ、次第に市街地も発達していった。また、中世以降には平安時代初期に空海が開いた弥山山頂部の寺院などが一般庶民の信仰を集めるようになったことで、島を訪れる参拝者も次第に増加した。

客神社

海上にせり出す社殿は、高波や台風によって何度も被害を受けたが、その度に時の権力者や地域の有力者の支援のもと再建され、往時の姿を留め続けてきた。厳島のシンボルである海上の大鳥居*も、しばしば倒壊と再建を繰り返した記録が残されており、1547年の再建の際に控柱を持つ両部鳥居の形式となった。島内では、1407年創建の五重塔、1523年創建の多宝塔、そして桃山時代に豊臣秀吉によって建造された豊国神社本殿(千畳閣*)などの新たな建造物も加わり、現在のような神社と寺院、そして周辺の自然環境が一体となった景観が完成した。

大鳥居

大鳥居:現在の大鳥居は、1850年の台風で破損した後、1875年に再建されたもの。 **千畳閣**:857畳の大広間を持つことから「千畳閣」と呼ばれる。

TOPICS
構成資産の概要

▶厳島神社・本社

舞楽

本社の本殿、幣殿、拝殿、祓殿、高舞台、平舞台といった主要な建造物が、海上の大鳥居との**一直線の軸上に並ぶよう配されて**いる。最も海側に縦長の祓殿、その背後に接するように横長の拝殿、その奥の陸側に本殿が連なり、さらに拝殿と本殿の間には幣殿が巡らされている。祭神として市杵島姫命（いちきしまひめのみこと）、田心姫命（たごりひめのみこと）、湍津姫命（たきつひめのみこと）の**宗像三女神**（むなかたさんじょしん）を祀っている。1546年に設けられた平舞台中央の高舞台では、1,000年以上代々の神職によって守り伝えられてきた舞楽が行われる。

▶摂社客神社

本社と東廻廊で結ばれた社殿群で、本社の北東に位置する。建物の形式や配置は本社とほぼ同じだが、規模は一回り小さい。建造物は全て1223年の火災で焼失し、現存するのは1241年に再建されたもの。

▶能舞台

本社と西廻廊で結ばれる能舞台は、江戸時代の1680年に改築されたもの。日本で唯一海に浮かぶ能舞台。海上にあるため、一般的な能舞台では共鳴のために床下に置かれている甕（かめ）が無く、床板を支える根太（ねだ）を三角形に配置して床板を張り出させることで、大きく響くように工夫されている。

▶豊国神社本殿、五重塔、多宝塔

豊国神社本殿は、豊臣秀吉が僧の恵瓊（えけい）に建立を命じた寺院を起源とする。五重塔は、和様建築の様式の一部に、禅宗様を取り入れた折衷様式が特徴。多宝塔は、外観に和様、内装の装飾などに大仏様と禅宗様の建築様式が見られる。

▶弥山原始林

古くから神域とされた自然林で、貴重な植生を残す山中は1929年に天然記念物に、1957年には特別保護区となった。山頂付近には、弘法大師（空海）が厳島で修行した際に護摩の火として灯し、以来1,200年にわたり燃え続けていると伝えられる「**消えずの霊火**」が残る。

『神宿る島』宗像・沖ノ島と関連遺産群

福岡

文化遺産

Sacred Island of Okinoshima and Associated Sites in the Munakata Region

MAP P012 

登録年 2017年　登録基準 (ii)(iii)

登録基準の具体的内容

●登録基準(ii):

日本の古代国家は沖ノ島の神を東アジアにおける対外交流の航路の守り神としたため、当時の先進技術で作られた奉献品を用いて古代祭祀が行われた。沖ノ島には、4世紀後半から9世紀末の約500年間の**古代祭祀の変遷**を伝える考古遺跡が、ほぼ手つかずの状態で残っている。この古代祭祀の変遷は、中央集権国家形成期の東アジアで、日本が行った活発な対外交流の実態を反映し、当時の東アジアでの価値観の交流を明らかにしている。

●登録基準(iii):

沖ノ島は1,500年以上にわたって信仰の対象となってきた。沖ノ島を「神宿る島」として崇め、入島を制限する禁忌は人々の間で現在でも守られている。また、沖ノ島と大島、九州本土の宗像大社三宮では、**宗像三女神の信仰**が生まれ現在に伝えられている。この遺産は「神宿る島」を崇拝する文化的伝統が、古代から今日にいたるまで発展し継承されてきたことを示す貴重な証拠である。

遺産の概要

九州北部の福岡県宗像市と福津市にある『「神宿る島」宗像・沖ノ島と関連遺産群』は、「沖ノ島」と「宗像大社」「古墳群」の３つの要素で構成される８資産からなる。この３つの要素が一体となって、宗像・沖ノ島の信仰の歴史を証明している。

中心となる「沖ノ島」は、九州本土から約60kmの玄界灘の海上に位置し、日本列島から朝鮮半島や中国大陸へと向かう航海上の目印となる島であった。そのため島自体が自然崇拝の信仰を集め、４世紀頃から約500年もの間、海の航海の安全を祈る場所として国家的な祭祀が行われてきた。４世紀頃というのは、ヤマト王権と朝鮮半島の百済の結びつきが強まった時期である。沖ノ島には、そうした交易の証拠と祭祀の跡が残されている。

4～5世紀の岩上祭祀跡

巨岩の上で祭祀を行う「岩上祭祀」から、庇状になった岩の陰で行う「**岩陰祭祀**」へ、そこから「半岩陰・半露天祭祀」を経て、平らな場所で祭祀を行う「露天祭祀」へと、祭祀の形態が変化していったことがよくわかる証拠が残されている。それぞれの場所で「銅鏡」や「金製指輪」、「カットグラス破片」、「雛形五弦琴」、「富寿神宝」など、**約８万点もの各時代の貴重な奉献品が発見され、その全てが国宝に指定されている**。沖ノ島が、人の訪れにくい海上の島であることや、島自体をご神体とする信仰の中で上陸が禁忌とされてきたことなどにより、奉献品が「祭祀の証拠」として残されたと考えられる。

5世紀頃の純金製指輪

「宗像大社」は、自然崇拝から始まった沖ノ島の信仰が、「宗像三女神」という人格を持った神に対する信仰へと発展し、その両者が共存しながら「宗像・沖ノ島」の信仰を形作ったことを証明している。また、**「露天祭祀」から「社殿を持つ祭祀」へ**と発展したことも示している。８世紀はじめの『古事記』や『日本書紀』には、「おきつみや」「なかつみや」「へつみや」の名前が記されており、古くより信仰が行われてきた証拠となっている。

歴史

３世紀頃、日本の中央に強大な政治連合であるヤマト王権が登場した。４世紀後半になると、ヤマト王権は朝鮮半島の百済と友好関係を結び、朝鮮半島に対して直接的に関与するようになった。ヤマト王権は、対外交流によって中国大陸や朝鮮半島の古代王朝から鉄資源や当時の優れた技術や文化、知識を入手し、その勢力を強大化させていった。

ヤマト王権が対外交流を行うためには、**日本列島と朝鮮半島との間の海を越える航海術を持つ宗像氏**の協力が不可欠であった。宗像氏は航海の道標となる沖ノ島を信仰しており、宗像氏の協力を得たヤマト王権は、宗像氏が信仰する沖ノ島で祭祀を行うようになった。こうして「国家的祭祀」として始まった沖ノ島の祭祀では、質・量ともに傑出した奉献品が納められた。宗像氏もまたヤマト王権の対外交流に協力することでその勢力を拡大させていった。

６世紀末、中国大陸を隋が統一すると、日本から遣隋使が派遣され、その後の唐には630年に初めての遣唐使が送られた。その後も、９世紀に至るまで、文化や法制度などを手に入れるため遣唐使や朝鮮半島の新羅への使者の派遣は続き、沖ノ島のみならず大島や本土でも、数多くの奉献品を用いて祭祀が行われた。

沖ノ島にある宗像大社沖津宮

保全上の問題

ICOMOSの事前勧告では、沖ノ島と小屋島、御門柱、天狗岩の４資産にのみ「登録」勧告が出されたが、世界遺産委員会では日本の主張した三社一体の信仰が評価され、８資産全体での登録となった。一方で、登録基準はICOMOSの事前勧告の通り（ii）（iii）のみ認められ、（vi）は認められなかった。伝統の担い手の高齢化も進む中、沖ノ島の信仰をどのように「生きた伝統」として将来に伝えていくかは今後の重要な課題である。

また世界遺産委員会では、緩衝地帯などでの開発の影響評価や、上陸が禁忌とされる沖ノ島への不法上陸対策、遺産の管理体系の明確化などが求められた。

TOPICS

構成資産の概要

▶宗像大社沖津宮

「沖ノ島」とそれに付随する岩礁「小屋島」と「御門柱」、「天狗岩」からなる信仰の場。3つの岩礁は物理的に沖ノ島から離れていることから個別の構成資産として区別されているが、価値の観点からは実質的に不可分であり、沖津宮という1つの神社を構成している。沖津宮は宗像大社三宮の1つであり、宗像三女神の一柱である田心姫命（たごりひめのかみ）が祀られている。

▶宗像大社沖津宮遙拝所

沖ノ島から約48km離れた大島にある信仰の場。禁忌によって通常は渡ることのできない沖ノ島を遠くから拝むために、宗像大社の一部として設けられた。晴れて空気の澄みきった日には、ここから沖ノ島を望むことができる

▶宗像大社中津宮

中津宮は宗像大社を構成する三宮の1つであり、宗像三女神のうち湍津姫命（たぎつひめのかみ）が祀られている。宗像大社沖津宮遙拝所と同様に大島にある。現在の中津宮本殿は、17世紀前半の再建とされている。

▶宗像大社辺津宮

辺津宮は宗像大社を構成する三宮の1つであり、宗像三女神のうち市杵島姫命（いちきしまひめのかみ）がまつられ信仰されている。現在の宗像大社の神事の中心となっている。辺津宮社殿は遅くとも12世紀には存在していたことが記録により分かっている。現在の辺津宮本殿は1578年に再建されたものであり、拝殿は1590年に再建されたものである。

▶新原（しんばる）・奴山（ぬやま）古墳群

新原・奴山古墳群は、沖ノ島祭祀をとり行い、沖ノ島を信仰する伝統を継承した宗像氏の墳墓群。本土から沖ノ島へと続く海を望む台地上に、5世紀から6世紀という比較的長期にわたって41基の大小様々な墳墓が一体的に築かれている。

長崎と天草地方の潜伏キリシタン関連遺産

長崎・熊本

文化遺産

Hidden Christian Sites in the Nagasaki Region

登録年 2018年　登録基準 (iii)

MAP P012 A-④⑤

登録基準の具体的内容

●登録基準（iii）：

この遺産は、長崎と天草地方で潜伏キリシタン＊達が、禁教期に密かに信仰を続ける中で育んだ独自の宗教的伝統の存在を証明している。

長崎と天草地方の潜伏キリシタン達は、江戸時代から明治期にかけて約250年にわたり続いた禁教期に、密かに固有の信仰を伝えることで独自の宗教的伝統を育んだ。この宗教的伝統は、明治期に入って禁教が解かれる終焉に向けて、徐々に変容していった。12の構成資産はこの変容の過程を表している。

遺産の説明

『長崎と天草地方の潜伏キリシタン関連遺産』は、2県8市に点在する10の「集落」とそれぞれ1つの「城跡」と「聖堂」という、12の構成資産からなる。構成資産が示す宗教的伝統の歴史的な過程は、大きく4つの時代に分けられている。

「1.始まり」は、1549年にフランシスコ・ザビエルが鹿児島に上陸し日本にキリスト教を伝えてから、1550年に平戸で布教を行い人々の間にキリスト教の教えが浸透していく一方、豊臣秀吉や徳川幕府によってキリスト教信仰が禁止され、キリシタ

潜伏キリシタン 禁教期にキリスト教由来の信仰を守り続けた人々のこと。

ン達が禁教の下でも密かに信仰を続けることを決意する時代。「**島原・天草一揆**」の主戦場である「原城跡」がこの時代を証明している。この一揆が江戸幕府に大きな衝撃を与え、その後の**海禁体制（鎖国）**が確立されるとともに、潜伏キリシタンの歴史が始まった。

野崎島の旧野首教会

「2.形成」は、潜伏キリシタン達が神道の信者や仏教徒などを装いながら、密かにキリスト教信仰を続ける方法を作り上げていった時代。「平戸の聖地と集落」や「天草の﨑津集落」などの構成資産がこの時代を証明している。

「3.維持、拡大」は、潜伏キリシタンの信仰を続けるために、外海（そとめ）地域からより信仰を隠すことができる五島列島の島々に移住していった時代。「頭ヶ島（かしらがしま）の集落」や「野崎島の集落跡」がこの時代を証明している。五島への移住は藩の開拓移民政策と深く関係しており、共同体を維持したい潜伏キリシタン達と未開地に移民を進めたい五島藩と大村藩（外海のある地域）の共通の思惑から、**移民のキリスト教信仰が黙認されていた側面もあった**。

最後の「4.変容、終わり」は、約200年ぶりにキリスト教の信仰を公に告白し世界中を驚かせた「信徒発見」から教会堂が築かれてゆく時代である。この時代を証明するのが、この世界遺産のシンボルともいえる国宝の「**大浦天主堂**」。1865年に浦上地区の潜伏キリシタン達が大浦天主堂を訪れ信仰を告白した「**信徒発見**」は、奇跡としてローマ教皇にも伝えられた。その後1873年にキリスト教が解禁されると潜伏キリシタン達は、カトリックに復帰する者や仏教や神道を信仰する者、禁教期の信仰を続ける者（かくれキリシタン）などへと分かれていった。

大浦天主堂

『長崎と天草地方の潜伏キリシタン関連遺産』は、日本の遺産としては初めて、諮問機関である**ICOMOSとアドバイザー契約**を結び推薦書の作成を行った。推薦書作成時にICOMOSからアドバイスをもらい、推薦書の不備や価値証明が不十分であるなどの問題をなくすことを目指す新たな試みであった。

歴史

日本の西端に位置する長崎は16世紀後半、海外との交流の窓口であったため、多くの宣教師が定住し、人々は長期にわたり直接、宣教師から指導を受けることができた。そのため、長崎と天草地方の民衆の間には、他の地域に比べてキリシタンの信仰が深く定着した。

17世紀、江戸幕府によって禁教政策がとられ、宣教師の国外追放や教会堂の破壊が行われた。

1644年に最後の宣教師が殉教し、日本国内から宣教師がいなくなると、日本のキリシタン達は自分たちで信仰を続けていかなければならなくなった。長崎と天草地方ではこうした背景の下、2世紀以上に及ぶ長い禁教期に独自の信仰形態が生まれた。

「島原・天草一揆」の主戦場となった「原城跡」

保全上の課題など

構成資産として登録された集落の多くでは、**高齢化と人口減少**が続いており、遺産を保護する担い手が不足するのではないかと懸念されている。実際に「野崎島の集落跡」がある野崎島のように、すでに無人化している場所もある。また、観光化によって、静かな祈りの環境が乱されるのではないかとの指摘もある。

TOPICS
構成資産の概要

1. 始まり(17世紀初頭～中頃)

▶ **原城跡**　禁教初期に島原半島南部と天草地方のキリシタンが起こした「島原・天草一揆」の主戦場となった城跡。考古学的な発掘調査では、多数の人骨とキリシタンの信心具が出土した。

2. 形成（17世紀中頃～19世紀初頭）

▶**平戸の聖地と集落「春日集落と安満岳（やすまんだけ）」「中江ノ島（なかえのしま）」**　キリスト教伝来以前から山岳信仰の場であった安満岳や、キリシタン殉教地の中江ノ島を聖地として独自の進行を続けた集落。

▶**天草の﨑津集落**　生活、生業に根差したアワビ貝など身近なものをキリシタンの信心具として代用し、漁村特有の信仰を続けた集落。大黒天や恵比寿神（えびすしん）をキリスト教の唯一神デウスとして崇拝した。

▶**外海の出津（しつ）集落**　聖画像をひそかに拝むことによって自らの信仰を隠し、教理書や教会暦をよりどころとして信仰を続けた集落。この地域の信者が五島列島など離島部へ移住していった。

▶**外海の大野集落**　表向きは仏教徒や集落内の神社の氏子（うじこ）となって神道を装いながら、信仰対象の神社を祈りの場として信仰を続けた集落。

3. 維持、拡大（18世紀末～19世紀中頃）

▶**黒島の集落**　平戸藩の耕作移住の推奨に応じて、牧場跡の再開発地となっていた場所に移住し、仏教寺院で密かに信仰を続けた集落。

▶**野崎島の集落跡**　神道の聖地であり、沖ノ神嶋神社の神官と氏子の居住地の他は未開拓地となっていた野崎島に移住し、神道への信仰を装いながら信仰を続けた集落。

▶**頭ヶ島の集落**　病人の療養地として使われていた島へ、仏教の開拓指導者に従って移住することで信仰を続けた集落。

▶**久賀島（ひさかじま）の集落**　五島藩の開拓移民政策に従い、未開拓地に移住して信仰を続けた集落。

▶**奈留島（なるじま）の江上（えがみ）集落（江上天主堂とその周辺）**　既存の集落から離れた海に近い狭い谷間に移住し、地勢に適応しながら信仰を続けた集落。

4. 変容、終わり（19世紀後半）

▶**大浦天主堂**　日本の開国により来日した宣教師が1864年に建てた教会堂。建設には天草出身の日本人棟梁が関わった。1953年に洋風建築として初めて国宝に指定された。

明治日本の産業革命遺産 製鉄・製鋼、造船、石炭産業

福岡・長崎・佐賀・鹿児島・熊本・山口・岩手・静岡

文化遺産

Sites of Japan's Meiji Industrial Revolution: Iron and Steel, Shipbuilding and Coal Mining

登録年 2015年　登録基準 (ii)(iv)

MAP P012 A-④ A-⑤ C-④ D-②

登録基準の具体的内容

●登録基準(ii)：

近世末から近代初頭、おもに九州や山口を舞台とする日本の近代化は、ヨーロッパの先進諸国からの積極的な技術導入のもと進められた。日本の近代化における重要な産物の1つとなった「石炭」は、ヨーロッパ諸国の船舶用燃料として上海や香港などにも輸出され、東アジア海域における海運網を支えた。東アジア及びヨーロッパの先進諸国と日本との間における文物や文明の交流を示す。

●登録基準(iv)：

日本は19世紀半ばから始まった近代化に向けた取り組みを通じて、西洋以外の地域ではじめての飛躍的な経済的発展を、わずか**約50年間という短い期間で達成**した。こうした歴史上の重要な段階を物語る建築物を、1つの集合体として捉えることのできる顕著な例である。

遺産の概要

明治以降の日本の近代化のなかで重要な役割を果たした九州地方を中心に点在する産業遺産群。日本の近代化を支えた「造船」「製鉄・製鋼」「石炭産業」などの施設や遺構などが含まれる。江戸末期から明治時代の約半世紀という短い期間で国家の価値観を変えて近代化し、すでに産業革命を成し遂げた西欧の技術を学ぶことで急速な産業化を果たした歴史的価値を証明している。世界でも例のない近代化のプロセスを知る上でも重要な遺産とされている。

23件の構成資産は、九州5県(福岡県、長崎県、佐賀県、鹿児島県、熊本県)、山口県、岩手県、静岡県の全国8県11市に点在しており、**シリアル・ノミネーション***として登録されている。**稼働中の資産を含む**ため、文化財保護法だけでなく、港湾法や景観法などを組み合わせて保護計画が立てられており、文化庁ではなく**内閣官房が推薦**した。

歴史

江戸時代末期の1850年代から明治時代が始まる1860年代。日本は諸外国の脅威に対する国防の必要性に迫られていた。鹿児島では薩摩藩主の島津斉彬(なりあきら)が富国強兵・殖産興業の政策として、製鉄や鉄製大砲の鋳造、ガラス製造、活版印刷などを行う集成館を造り、山口では、**吉田松陰**が私塾(松下村塾)を主宰し、後の日本の近代産業化を担う多くの人材を育て上げた。

明治初期の1870年代から1880年代。明治政府が1868年に誕生すると、西洋の技術者を日本に招き、積極的に西洋の知識や技術を取り入れ、専門知識や技術を実際の産業に活かしながら近代化の基礎が築かれた。開国により外国の蒸気船の燃料として石炭の需要が高まると、佐賀藩が**トーマス・グラバー**とともに開発した高島炭坑で、日本初の蒸気機関を用いた採掘が始まった。

明治時代の1890年代から1910年まで。西洋の専門知識や技術を日本の実情や文化、伝統に合わせて発展させ、日本独自の産業化が花開いた。長崎では高島炭坑の技術を受け継いだ端島炭坑が本格的に操業を開始し、高品質の石炭を産出した。福岡では、国家の威信をかけた大プロジェクトとして官営八幡製鐵所(やはたせいてつじょ)が操業し、日本の産業近代化を支えた。三池炭鉱では炭鉱と三池港を結ぶ鉄道が敷かれ、炭鉱から港までが一体となった炭鉱産業システムが完成した。三池港や八幡製鐵所など、現在も稼働している資産も含まれる。

三池炭鉱(万田坑)

シリアル・ノミネーション:歴史・文化的背景などが共通する複数の資産を、1つの「顕著な普遍的価値」を示す遺産として登録する方法。詳しくは上巻p.036参照。

保存上の課題など

この遺産は、現在稼働中の資産を含むため、老朽化による建て替えの問題や保護の責任、予算など、課題は多い。また、端島炭坑跡のように廃墟となっている遺産を、どのように保護してゆくとよいのか、最終的な解決策は未だ検討中である。

TOPICS
構成資産の概要

▶端島炭坑：長崎県長崎市

長崎港の南西約18kmに浮かぶ島。炭坑の開発とともに従業員も増加し、狭い島に多くの人が住むために島内には高層鉄筋アパートが次々に建設された。その独特の景観から「軍艦島」とも呼ばれた島には、最盛期には5千人を超す人が生活していた。

▶三菱長崎造船所・旧木型場：長崎県長崎市

1857年に創業された三菱長崎造船所の木型場。1898年に鋳物の木製模型を製作する作業場として建設されたもので、長崎造船所に現存する最古の建造物。屋根を支える「小屋組」のトラスを備えた2階建て煉瓦造り。

▶旧グラバー住宅：長崎県長崎市

1859年にスコットランドから来日し、長崎に貿易取引を行う「グラバー商会」を設立したトーマス・ブレーク・グラバーの住宅。英国コロニアル様式と日本の伝統的な建築技術が融合している。

▶三菱長崎造船所ジャイアント・カンチレバークレーン：長崎県長崎市

1909年に日本で初めて建設された電動クレーン。当時最新式だったイギリスのアップルビー社製。1961年には当初の「飽の浦岸壁」から「水の浦岸壁」に移設され、現在は機械工場で製造した蒸気タービンを船積みする際などに使用されている。

▶韮山反射炉：静岡県伊豆の国市

19世紀のアヘン戦争などを受け、欧米列強に対抗するための海防用の鉄製大砲を鋳造する目的で、韮山の代官であった江川太郎左衛門英龍（ひでたつ）によって建造された反射炉。実際に稼働していた反射炉としては、国内で唯一現存するもの。

▶関吉の疎水溝：鹿児島県鹿児島市

集成館の高炉や鑽開台（砲身に穴を開ける装置）などの動力源であった水車動力用の水を供給するために築かれた全長7kmの疎水（水路）。水源の関吉には当時の取水口跡が残るほか、疎水溝の一部は現在も灌漑用水として利用されている。

▶橋野鉄鉱山：岩手県釜石市

日本鉱業界の第一人者の盛岡藩士大島高任によって建造された洋式高炉と、鉄鉱石を産出していた鉄鉱山の跡。1858年には、日本初の連続出銑に成功した。

▶高島炭坑：長崎県長崎市

1868年に、佐賀藩とスコットランド出身の商人トーマス・グラバーによって開発された海洋炭坑。1869年には、イギリス人技師モーリスがこの地に招聘され、日本初の蒸気機関による竪坑である「北渓井坑」が開坑した。1881年からは三菱の所有となった。

▶三池炭鉱（万田坑）：熊本県荒尾市

1902年に操業開始した熊本県荒尾市の坑口。三池炭鉱宮原坑とともに明治から昭和にかけて三池炭鉱の主力を担った。第二竪坑跡と鋼鉄製の櫓、レンガ造りの巻揚機室、ポンプ室(旧扇風機室）など、明治時代に築かれた石炭採掘に関する様々な施設が良好な状態で残る。

▶三池炭鉱（宮原坑）：福岡県大牟田市

国内外の石炭需要を支えた三池炭鉱の明治から昭和初期にかけての主力坑。1930年、政府によって坑内における囚人労働を禁止する通達が出されたことで、翌年三池集治監（当時は三池刑務所）の閉庁が決定し、1930年3月をもって閉坑。

▶官営八幡製鐵所旧本事務所：福岡県北九州市

官営八幡製鐵所修繕工場の初代本事務所として、創業の2年前の1899年に竣工した赤レンガの建造物。中央にドームを備える左右対称形の建造物の内部には、長官室や技官室のほか、海外から招聘した外国人顧問技師室などもあった。

琉球王国のグスク及び関連遺産群

沖縄

文化遺産

Gusuku Sites and Related Properties of the Kingdom of Ryukyu

MAP P012 a

登録年 2000年　登録基準 (ii)(iii)(vi)

登録基準の具体的内容

●登録基準(ii)：

グスク跡などの登録物件は、日本、中国、さらには東南アジア諸国との政治的、経済的、文化的な交流の過程で成立した独立王国のなかで築かれたものであり、独自の発展を遂げた琉球地方の特殊性を示している。

●登録基準(iii)：

グスク跡は、農村を基盤に成長した豪族(**按司**(あじ))が、防衛のために築いた城塞跡であり、今は失われた琉球社会の象徴的な考古学的遺跡である。これらは歴史的にも農村集落の中核をなしており、先祖への崇拝と祈願を通じて、住民同士の連帯を深める心のよりどころとして、今も重要な役割を果たしている。

●登録基準(vi)：

現在残る遺構や建造物は、琉球地方における独特の信仰形態の特質を表している。グスク跡は農村集落の聖域としての機能を備えているものも多く、学術的に重要なだけではなく、現在も祭祀が行われるなど地域住民にとっての精神的なよりどころとなっている。国家の祭祀拠点であった「斎場御嶽(せいふぁうたき)」は、海の彼方に「ニライカナイ」と呼ばれる神の国があるとする琉球独自の自然崇拝的な信仰と密接に関連している。第二次世界大戦で大きな被害を受けた沖縄が復興する際にも、沖縄県民にとっての精神的なよりどころとしての役割も果たした。

遺産の概要

おもに12～16世紀にかけて沖縄地方で数多く建造された「グスク」と呼ばれる城塞建築を中心とする遺構。日本や中国、東南アジアなど、多くの国々との交易圏にあたる沖縄地方では、中継貿易による豊かな経済的発展を背景に、15世紀に独立国である琉球王国が成立し、中国や日本など周辺国からの影響を受けながらも、技術・芸術的に優れた文化が独自の発展を遂げていった。琉球王国成立に前後して築かれた数多くのグスク跡の石積みに用いられた独特の石の加工技術などからも、ほかの地域とは異なる発展を遂げた、琉球独自の文化や技術を見ることができる。

グスクとは、もともとは野面積み*の石垣を備えた自衛的農村集落を意味する言葉だったが、按司が群雄割拠した12世紀頃にその居城としてのグスクが成立し、やがて現在に遺構が残る、切石積みの堅牢な石垣を備えた大規模グスクへと発展した。これらグスクは、農村における防衛的な城塞であるだけではなく、集落に暮らす人々の自然崇拝や先祖崇拝における聖域となっていたものも多く、琉球独自の信仰形態や宗教文化を知る上でも貴重である。グスクの遺構には「**拝所**（うがんじゅ）」と呼ばれる宗教的聖地を備えたものもあり、今なお多くの沖縄の人々の心のよりどころとなっている。

歴史

沖縄地方では、10世紀頃から自衛的な農村集落が成立した。こうした集落を基盤に台頭したのが、按司と呼ばれる豪族である。12世紀になると有力按司が各地に台頭し、沖縄地方は群雄割拠の時代であるグスク時代を迎えた。現在遺構が残るグスクの多くは、これら有力按司が居住と防衛のために建造したものである。

15世紀になると、有力按司のなかから複数の按司を束ねる「王」が登場し、沖縄地方には「北山（ほくざん）」「中山（ちゅうざん）」「南山（なんざん）」と呼ばれる3つの小王国*が成立した。三国は、おもに中国との交易を背景に勢力を伸ばし、各地のグスクもより強固で、大規模なも

斎場御嶽

野面積み：自然の石をそのまま積み上げる積み方。　**3つの小王国**：この時代は「三山時代」と呼ばれる。

のへと発展をとげた。三国による対立状態が続くなか、中山が1429年に統一を果たし、琉球王国が誕生した。1458年に勝連城を拠点とする按司の**阿麻和利**（あまわり）の乱が勃発したが、これを鎮圧したことで中央集権国家としての体制が整った。1477年に第二尚氏第三国王尚真（しょうしん）のもと行われた城下の整備や、王族の女性を神職とする神女組織の創設などをはじめとする祭政一致の改革が行われた。

1945年、沖縄にアメリカ軍が上陸し、各地で繰り広げられた激しい戦闘のなか、首里城などのグスクをはじめとする多くの文化財が破壊された。

TOPICS
構成資産の概要

▶首里城跡

三山時代の中山王の居城。琉球王国成立後、政治、経済、文化の中心地となった。正殿、北殿、奉神門などの建造物を囲む総延長1,080mの重厚な城壁の石積みには「**布積み***」「相方積み*」が混在する。地上部分の建造物群は、沖縄戦で焼失し再建された。

▶今帰仁城跡

三山時代は北山王の居城。琉球王国の成立後は、王府から派遣された「北山監守」の居城として使用されていた。東面を川、西面を谷、さらに南面を急斜面の丘に囲まれた要害の地に立地しており、周囲には自然石をそのまま積み上げる「野面積み」の城壁が曲線を描くように巡らされている。

▶座喜味城跡

沖縄本島中部の読谷村の西海岸に残るグスク跡。15世紀に有力按司の**護佐丸**（ごさまる）によって造営された。現在、グスク跡には城壁や、沖縄最古とされるアーチ型の城門などが良好な状態で保存されている。また、政情安定を願う守護神がまつられていた拝所は、現在も地域住民からの信仰を集めている。

布積み:各段の高さを水平にそろえて積み、横目地が一直線になる積み方。 **相方積み**:石材を加工し、自然にかみ合うようにした積み方。亀甲積みとも。

▶勝連城跡

沖縄で現存する最古のグスク跡。15世紀半ばには、阿麻和利の居城であった。勝連城では自然の丘に高低差の異なる曲輪が配され、南側に良港を備えていた。城内にはコバノツカサ神などを祀る拝所があり、L字状に石が置かれたトゥヌムトゥと呼ばれる祭祀場所がある。

▶中城城跡

標高約170mの高台に残るグスク跡。かつては護佐丸の居城で、阿麻和利の居城であった勝連城とは中城湾を挟む対岸の地に立っている。6つの曲輪で構成される。

▶玉陵

1501年に第二尚氏王統第3代王、尚真によって築かれた陵墓。沖縄地方の伝統的な墓所形態の1つである**破風墓***。墓堂には東室、中室、西室が連なり、王族の遺体はまず中室に安置され、数年を経た後に王、王妃、王子は東室、そのほかの王族は西室に納められた。

▶園比屋武御嶽石門

首里城にある森で、かつては王族の聖域であった園比屋武御嶽に通じる石門。1519年、尚真王の時代に造られたもの。木造建築の様式に則った石造建築という特色を持つ。園比屋武御嶽であった森は、第二次世界大戦の沖縄戦の際に焼失したが、残された石門には今も多くの人が参拝に訪れる。

▶識名園

1799年に造営された王家の別邸。沖縄戦で破壊された後、1975年から1996年にかけて実施された修復により、往時の姿を取り戻した。全体の意匠や構成は琉球独自のもの。

▶斎場御嶽

琉球王国における祭祀をつかさどった「神女」の最高位である「聞得大君」による「御新下り」の儀式などが行われていた聖地。かつては中央集権的な王権を信仰面、精神面から支える国家祭祀の場として重要な役割を果たしていた。御嶽内には「三庫理」「大庫理」「寄満」などの拝所がある。

破風墓：人家をかたどった石造りの墓堂。

知床

北海道

自然遺産

Shiretoko

登録年 2005年　登録基準 (ix)(x)

MAP P012 E-①

登録基準の具体的内容

●登録基準(ix)：

季節海氷による活発な生物活動が見られる知床は、海と陸と川の相互作用のある生態系の顕著な見本である。

●登録基準(x)：

オホーツク海に突き出すように延びた半島で、中央部に知床連山がそびえる知床では、東西で気温、降雨量に大きな違いが見られる。その多彩な自然環境は、生物多様性の保全にとって、最も重要な生育・生息域を内包している。

遺産価値総論

知床は、オホーツク海の南端に面する北海道北東端に位置する、長さ約70km、基部の幅約25kmの細長い半島である。この近海は地球上で最も低い緯度で海水が結氷する「**季節海氷域**（きせつかいひょういき）」に位置しており、季節海氷（流氷）は、周辺の海域に豊かな海洋生物を育む大きな要因となっている。また、暖流の宗谷海流と寒流の**東樺太海流**の境界線に位置することも、知床の近海に多種多様な魚類や海藻類が生育する大きな理由となっている。そこから引き起こされる海、陸、川に及ぶ独特の食物連鎖は、地球上のほかの地域では見られない、極めて稀な例とされている。

一方、陸上には中央部に連なる知床連山をはじめ、湖沼や湿原、河川、硫気孔原、森林など、変化に富む自然景観が広がり、様々な植生や、シマフクロウ、オジロワシなどの希少生物を含む、豊かな動物相を育む土壌となっている。

知床連山

遺産の概要

①知床の歴史的背景

知床半島に人が住み始めたのは、およそ1万年前頃と考えられている。約1,200年前に大陸方面からオホーツク海沿岸を南下した海洋狩猟民族が知床に到達し、さらに800年前から北海道全域で生活していた別の民族との吸収同化が進んだ。そのなかで生まれたのがアイヌ民族と考えられている。アイヌ民族はシマフクロウやシャチ、ヒグマを神として崇敬する独自の信仰のもと、自然と共生した狩猟採集文化を育んでいたため、130年前まで手つかずの自然が保たれていた。

明治時代、北海道各地で開拓が進んだが、知床半島はその厳しい自然環境のため影響をほとんど受けなかった。その後、知床の内陸部でも本格的な開拓が始まり、1914年、1935年、1949年の3度にわたり入植が試みられたが、いずれも失敗し、1966年までに全ての開拓者が撤退している。1964年、「自然公園法」に基づき国立公園に指定された。1977年には自治体によって開拓跡地を森林に復元することを目的とする「しれとこ100平方メートル運動」がスタートし、**日本における最初の「ナショナル・トラスト運動」**として大きく発展した。

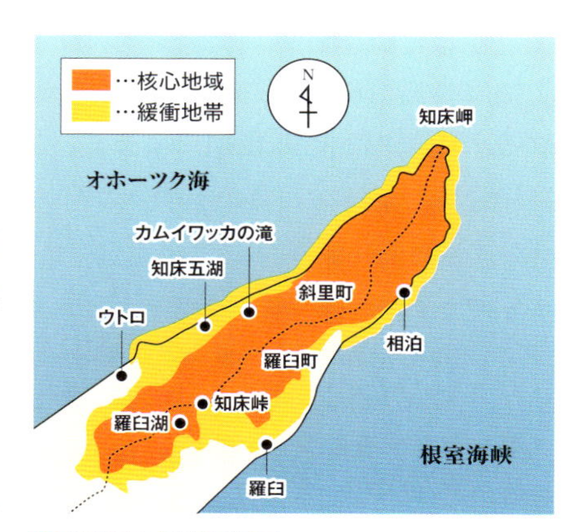

知床の登録範囲

②季節海氷域

知床半島と北東の千島列島によって太平洋から隔絶されているオホーツク海に

は、ユーラシア大陸から流れ込む淡水のため、海面付近に塩分濃度の薄い層(厚さは50m程度)がつくられる。また、オホーツク海では周囲を囲むように連なる陸地によって、外海との海流の交換が大幅に制限されているため、こうした塩分濃度の異なる海水の層が保たれやすい。この海水の塩分濃度の差によって、濃度の低い表層の海水のみ冷却されることが、日本の海域のなかでも唯一の季節海氷域となっている大きな要因と考えられている。

③知床の地形と気候

北米プレートに太平洋プレートが潜り込むことで生じた隆起と火山活動によって形成された知床半島の中央部には、最高峰の羅臼(らうす)岳(1,660m)をはじめ、1,500m級の山々が連なる知床連山が東西を分断するように走っている。そのため、オホーツク海に面する西側のウトロ側と根室海峡に面する東側の羅臼側では、地形や気温、降雨量などの点で大きな差異が見られる。

ウトロ側の海岸線では、100万年前から堆積した火山噴出物が波浪と海水によって侵食された「海食崖」と呼ばれる断崖が続いているが、羅臼側は比較的なだらかな海岸が広がる。また、ウトロ側では、知床連山から吹き下ろす風によって生じるフェーン現象と、オホーツク海唯一の暖流である宗谷海流の影響から気温が高く、降雨量は少ないが、羅臼側では夏場は太平洋から吹き込む湿った南東風が知床連山にぶつかることで雨が多く(年間降水量1,660mm)、海霧が発生するために気温が低い。ウトロ側では観光業が、羅臼側では漁業が主要産業となっている。

具体的な遺産価値

①豊かな食物連鎖

知床半島沿岸では、海氷の変化とダイナミックな食物連鎖によって、ほかの地域にはない海から陸へと連なる生態系が見られる。

近海では秋以降に海水の表面が冷却されることで海流の対流が発達する。冬になると海氷下で生じる低温の濃塩水(**ブライン**)の降下により活発化した対流によって、海中の下層や海底付近に蓄積されている栄養塩

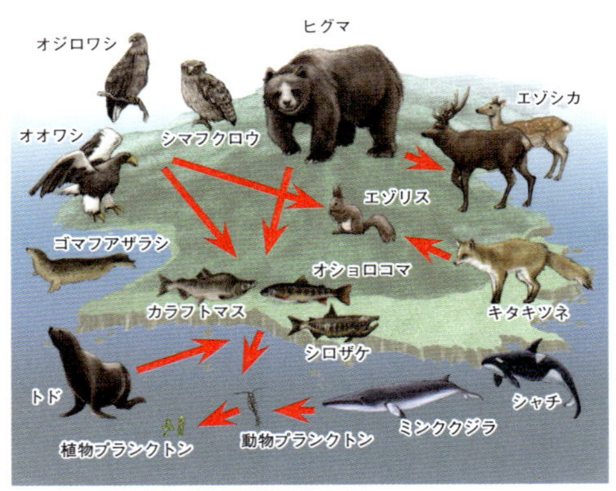

知床の食物連鎖(環境省資料より作成)

が海水面付近まで押し上げられる。そのため、海氷の氷解が始まる早春頃になるとアイス・アルジーをはじめとする植物プランクトンが大増殖し、それを餌とするオキアミや小さなエビなどの動物プランクトンが増殖する。さらにそれらを餌とする小魚や貝類が繁殖し、近海にはそれら小動物を捕食するサケやマスなど大型回遊魚やアザラシなどの海生哺乳類、さらにはオオワシ、オジロワシなどが集まる。さらに産卵のため河川を遡上するサケやマスが、森林に生息するキタキツネやヒグマ、シマフクロウの餌となる。

このように、季節海氷がもたらす栄養分の循環によって生じる**植物プランクトン大量発生に端を発する食物連鎖**は、海洋生態系と陸上生態系が相互に関係し合い、海、森、川の連続する生態系を生み出している。

②針広混交林と植物の垂直分布

知床半島の低標高地では、ミズナラやシナノキなどからなる冷温帯性落葉広葉樹林、トドマツ、エゾマツからなる亜寒帯性常緑針葉樹林、さらにこれらが混成した針広混交林がモザイク状に分布している。海岸線から山頂にかけては、標高に応じて温帯性から寒帯性までの様々な植生が見られる「植物の垂直分布」が特徴。海岸線には、ハマナスやイワベンケイなどの温帯植物が群生し、標高が上がるとミズナラなどの冷温帯性、トドマツなどの亜寒帯性、そして針広混交林などが広がる。さらに高標高の地域では、ダケカンバなどの亜高山帯が続き、森林限界である標高1,100mを超えると、ハイマツの低木林帯も見られる。

③多様な動物

知床近海は、季節海氷域にも関わらず、多彩な魚類、海藻類が生育している。魚類では、オヒョウやオオカミウオのような北方系に混じって、マンボウやハリセンボンなどの南方系も見られる。知床半島では海水・淡水合わせて約255種の魚類が確認されているが、淡水魚の7割は川から海に回遊する回遊魚。そのほか陸生哺乳類35種、トド、ミンククジラなどの海生哺乳類28種、天然記念物のシマフクロウ、オジロワシなどの鳥類264種の生息が確認されている。天然記念物のオオワシの貴重な越冬地でもある。

オオワシ

白神山地

青森・秋田

自然遺産

Shirakami-Sanchi

MAP P012 D-②

登録年 1993年　登録基準 (ix)

登録基準の具体的内容

●登録基準(ix):

日本固有種である**ブナ**がほぼ純林をなし、原始性の高い状態で分布している、ほかに例を見ない地域。同じようにブナの純林が残っているのは、世界ではヨーロッパだけであるが、日本のブナ林はヨーロッパの5～6倍の植物相の多様性*を示している。ブナ林の生態的に進行中のプロセスを示す地として価値がある。

遺産価値総論

白神山地は、青森県南西部と秋田県北西部にまたがる標高100mから1,243mに及ぶ山岳地帯の総称である。総面積1,300km²のうち、世界遺産登録範囲は169.71km²である。そのうち、大部分を占めているのが、人の手がほとんど入っていない、原生的な姿をそのまま残したブナ林で

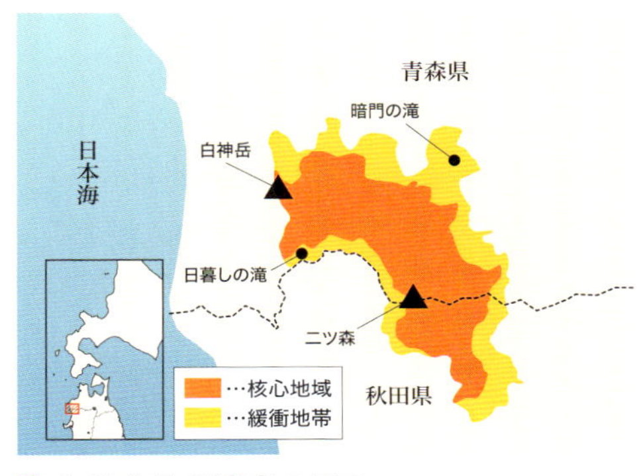

白神山地の遺産エリア

植物相の多様性:白神山地のブナ林では、500種以上の植物が確認されている。

ある。日本では照葉樹林と並ぶ代表的な**極相林***であるブナ林だが、多くの地域では用材や薪炭材としての伐採が進んだために、現在、その多くが人工林や二次林となっており、天然林はほとんど残されていない。しかし、白神山地では集落から遠く離れていたことや、地形が急峻だったなどの様々な条件が重なり、長い歴史を通じてほとんど伐採が行われることはなかった。また、世界遺産に登録された地域では、現在も歩道や林道などは一切整備されておらず、太古からの森林がほぼそのままの姿で維持されている。

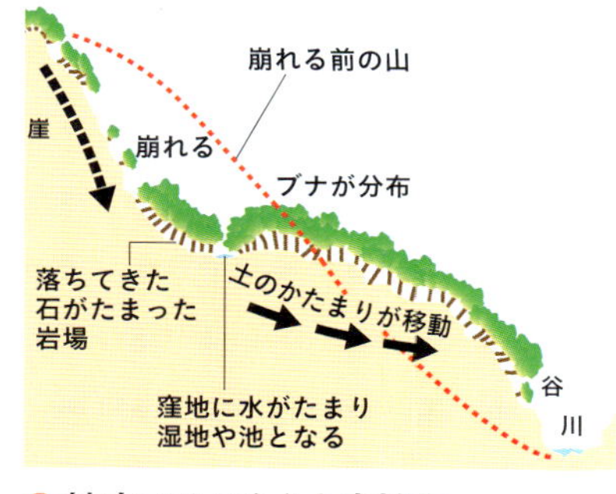

↑地すべりがもたらす植生

白神山地のブナ林は、多種多様な植物や生物が生息することから、「動植物のサンクチュアリ(聖域)」とも呼ばれる。

①白神山地の地層と地形

地質は主として第三紀層で一部に古生層や花こう岩が露出している。壮年期形を示す地形は、深い谷が密に入り組んでおり、30度以上の急傾斜地が半分以上を占めている。

現在の白神山地が広がる地域は、約258万年前(新生代第四紀更新世)まで一部が海中に沈み込んでいた。その後、年間1.3㎜という日本列島のなかでも**極めて速いペースでの土地の隆起**が始まり、それは今日まで続いている。隆起した地層の上層部は、海底だった時代に堆積した「堆積岩」で覆われているため、崩れやすいという特徴がある。さらに、この地域は日本でも有数の豪雪地帯にあたり、崩れやすい堆積層に大量の水分が染みこむことで、頻繁に地すべりが生じる。繰り返し起こるこうした地すべりは、数多くの川や谷を形成するとともに、最終的には山地の崩落を引き起こし、複雑な地形を形成した。

地すべり後にも生育し始めるブナ

極相林：植物群落としての成長が進み、全体としての植物の種類や構造が大きく変化しなくなった森林。

②ブナの原生林

現在の種としての日本のブナは、約100万年前に誕生したとされており、日本の東北地方では、更新世の温暖期に白神山地を含むブナが優先する林が見られたと推定されている。最終氷期前の4万5,000～3万3,000年前には、日本各地にブナが出現したが、最終氷期に入るとツガやマツが増加し、さらに最寒冷期の2万1,000年前から1万8,000年前頃には著しく減少した。しかし、この時期にも日本のブナはおもに日本の南部地域に退避していたことが確認されている。

最終氷期が終わった1万2,000年前頃には、氷期には朝鮮半島と陸続きとなっていたために止まっていた暖流が再び流入したことで、湿潤化した日本海側を中心に、ブナ林は急速に拡大した。白神山地はこの日本海側のブナ林の北限に位置しており、約8,000年前には現在の分布域を回復していた。

ニホンカモシカ

遺産の概要

①世界有数のブナ原生林

ブナ属の森林は、日本のほか、ヨーロッパ、北アメリカ、中国、コーカサス山脈、台湾などにも分布している。まとまったブナの純林は、日本のほかにはヨーロッパにも見られるが、これらの地域では長らく薪炭の採集や放牧が行われてきたため、その植生は極めて単純である。

日本のブナの分布地域は、最終氷期の最寒冷期でも氷河に覆われることがなかったことに加え、南部の地域に広く残されていたことから氷期後の回復も早く、約1万2,000年前から8,000年前には現在の分布域に達していたと考えられている。一方、ヨーロッパのブナ林は、最終氷期の氷河の発達にともない、大半の地域がツンドラ地帯となったことから、ブナは大幅に減少し、現在の分布域に達したのはおよそ2,000年前頃と考えられている。こうした歴史の違いからも、日本のブナ林には、ヨーロッパと比較して5～6倍の多様な植生が見られる。

②白神山地の植物相

白神山地のブナ林には、ブナのほかにも豊かな植物相が生育しており、現在、秋田側で412種、青森側で506種の植物種が確認されている。これらのなかには、**アオモリマンテマ**（固有種）をはじめ、ツガルミセバヤ（準固有種）、ミツモリミミナグサ（準固有種）などの希少な植物も含まれている。こうした希少種の多くは、かつてはアジア大陸から北海道、本州にかけて幅広く分布していたが、何らかの事情で白神山地を含む東北地方や北海道の一部にのみ残され、それぞれが独自の進化を遂げたと考えられている。準固有種のオガタチイチゴツナギは、現在も進化の途上にあるとされ、植物進化のプロセスを解明する上でも貴重な種である。

このほかにも、トガクシショウマ、シラネアオイなどの日本海側に分布する植物や、リシリシノブ、ハイマツなどの高山植物など、多彩な植生を見ることができる。過去の氷期に氷河に覆われなかったために種の保存や移動、発達が進んだ地帯である「**日華**（にっか）**植物区系＊**」に属する植物が大部分を占めており、世界的にも特徴的な植物群とされている。

③白神山地の動物相

白神山地のブナ原生林では、豊かな植生を背景に、大型哺乳類、鳥類、昆虫などが数多く生息している。中型哺乳類では、東北地方の哺乳類のうち多雪地帯では生息できないニホンジカやイノシシ以外は全て生息しているとされ、これまでに特別天然記念物であるニホンカモシカをはじめ、ニホンザル、ツキノワグマ、ホンドリス、トウホクウサギ、ヤマネ、オコジョ、モモンガなどの14種が確認されている。また、鳥類84種が確認されており、本州を中心に生息する天然記念物の**クマゲラ**や、同じく天然記念物で全国的に絶滅が危惧されているイヌワシなども含まれる。そのほかにも爬虫類7種、両生類9種、昆虫2,212種の生息が確認されている。

クマゲラ

日華植物区系：地球上の植物分布を37区分に分けたものの1つで、日本列島の大部分や、中国からヒマラヤにかけての地域などが含まれる。

小笠原諸島

東京

自然遺産

Ogasawara Islands

MAP P012 D-⑥

登録年 2011年　登録基準 (ix)

登録基準の具体的内容

●登録基準(ix)：

海洋島である小笠原諸島では、長期間隔絶した環境での進化や**適応放散***など、様々な進化様式における独特の種分化が進んだため、生物や植物は極めて高い固有種率を示している。また、化石種と現生種との比較から進化系列や種の多様性の歴史的変遷を追うことができる。

遺産価値総論

小笠原諸島は、日本列島からおよそ1,000km離れた海上に位置する、大陸と一度も陸続きになったことがない海洋島である。世界遺産には、聟島(むこじま)列島、父島列島、母島列島の3列島からなる小笠原群島を中心に、火山列島である北硫黄島(きたいおうじま)、南硫黄島(みなみいおうじま)、さらに小笠原群島の西に位置する孤立島である西之島(にしのしま)などを含む30余りの島々の陸域*と、父島属島の南島周辺の一部海域を含む総面積79.39㎢が登録されている。また、バッファー・ゾーンの代わりに、東京湾まで続く「**世界遺産管理エリア**(World Heritage Management Area)」を設定している。

世界遺産に登録された海洋島には、『ガラパゴス諸島』『ハワイ火山国立公園』など

適応放散：起源を同一にする生物群が、種々の異なる環境に適応し、生理的または形態的に分化すること。　**陸域**：父島・母島の集落近郊、硫黄島、沖ノ鳥島、南鳥島は登録範囲に含まれていない。

があるが、これらが海底のマグマの吹き出し口(ホットスポット)からの噴火によって誕生した「火山島」であるのに対し、小笠原諸島に含まれる小笠原群島は、地殻のプレートが沈み込むことで形成される「**海洋性島弧**」に分類されている。

小笠原諸島のそれぞれの島では、隔絶された環境のもとでの種分化や適応放散の結果生み出された独自の生態系が育まれている。そのため、とくに陸産貝類や維管束植物*は、日本本土や琉球諸島などのほかの地域と比較しても、例外的に高い固有種率を示している。小笠原諸島では、こうした種の分化が現在も進行しており、その過程を知ることができる点も貴重である。

歴史

小笠原諸島は、安土桃山時代の武士で、南洋探検を行った小笠原貞頼によって1593年に発見されたと伝えられている。1675年には江戸幕府が調査のために派遣した船が、父島と母島に「此島大日本之内也」という日本領であることを宣言する碑を設置して帰還した。その後も長らく無人のままだったが、1800年代になると欧米の捕鯨船が立ち寄るようになり、1830年には5人の白人と25人のハワイ人が初の入植者として移住を果たした。小笠原諸島の英語名「ボニン・アイランズ(Bonin-Islands)」は、日本語の「無人島」を語源にするとされる。1876年に小笠原諸島は国際的に日本の領土として認められた。

遺産の概要

①独自の進化を遂げた生態系

小笠原諸島のような大陸などの陸地と一度もつながったことのない海洋島に生息する陸生生物は、その先祖の種が海をわたり、低い確率の偶然によってそれぞれの地域に定着したものである。そのため、ある特定の種が全く分布せず、逆に限られた種の比率が高いなど、生物集団が極端に偏るという特徴が見られる。小笠原諸島の陸生生物は、移

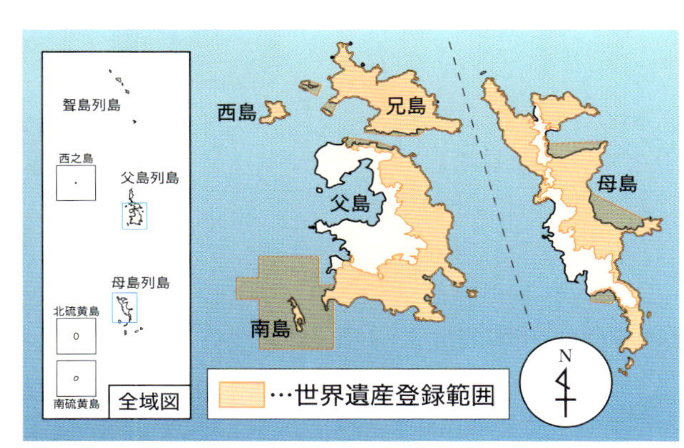

小笠原諸島の世界遺産登録範囲

維管束植物:植物全体に水などの養分を送る管である「維管束」を持つ植物。シダ植物以上に見られる。

動能力が高い鳥類をのぞくと、在来の爬虫類はオガサワラトカゲ、ミナミトリシマヤモリの2種のみで、両生類にいたっては皆無である。確認されている在来の哺乳類が、飛行能力を持つ**オガサワラオオコウモリ**1種のみであることにも、海洋島における生態系の特徴が見られる。

ヒロベソカタマイマイの化石

一方、固有種や固有亜種が極めて多く、自然分布する昆虫のうちの約25%、陸産貝類の94%が固有種である。特に固有属の**カタマイマイ属**は種数が多く、樹上性や地上性などの生活環境の違いによる同所的適応放散や、列島間における適応放散を観察することができる。

②小笠原の植生

小笠原諸島の植物相は、固有種が占める割合が高い。とくに維管束植物の固有種率は極めて高く、確認されている在来種441種のうち、161種が固有種である。一方、日本本土などでは広く見られるブナやカシ、シイなどはまったく存在していない。

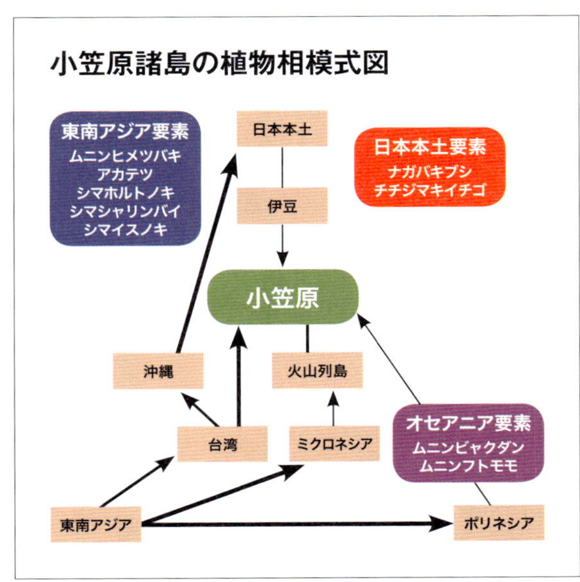

島の植物相は多くの地域に起源を持つ

③固有種と絶滅危惧種

小笠原諸島の近海では、ザトウクジラやマッコウクジラなどをはじめとするクジラ類23種*の生息が確認されており、全世界に分布する海生のクジラ種のおよそ3割に達する。さらにザトウクジラとマッコウクジラに関しては、近海での繁殖も確認されている。小笠原群島の沿岸海域には、周年で**ミナミハンドウイルカ**やハシナガイルカが出現するが、少なくともミナミハンドウイルカについては他海域との交流が限定されており、小笠原群島に定住していると考えられている。

ミナミハンドウイルカ

日本本土から約1,000㎞も離れた海上にある小笠原諸島は、飛行能力のある鳥類も容易に到達できない地域であるため、定着している種は極めて限られている。現在までに小笠原諸島で確認されている鳥類は195種に及ぶが、そのうちの14種が絶滅危惧種または準絶滅危惧種に指定されている。陸鳥では固有種1種(メグロ)、固有亜種7種(オガサワラノスリ、オガサワラヒヨドリほか)を含む8種が確認されている。

こうした固有種を守る小笠原諸島の管理計画は、「小笠原諸島世界自然遺産地域科学委員会」が中心となって策定された。基本方針として「①優れた自然環境の保全」、「②外来種による影響の排除・回避」、「③人の暮らしと自然の調和」、「④順応的な保全・管理計画の実施」などが挙げられる。外来種の問題では、ノヤギの一部*やノブタの根絶は達成されているが、グリーンアノールの駆除などの課題も多く、新たな外来種の侵入・拡散の防止が求められている。

グリーンアノール

クジラ類23種:23種のうちイワシクジラ、シロナガスクジラ、ナガスクジラ、セミクジラ、マッコウクジラは絶滅危惧種にも指定されている希少種。　**ノヤギの一部**:父島を除く南島、東島、聟島列島、西島、兄島、弟島などで根絶された。

屋久島

鹿児島

自然遺産

Yakushima

登録年 1993年 登録基準 (vii)(ix)

MAP P012 A-5

登録基準の具体的内容

●登録基準(vii):

樹齢数千年を超えるスギの大木が、梢部分を風などで欠いた傘型となっており、そうした独特な樹形のスギが林立している様子は、自然が生み出す類まれな景観である。

●登録基準(ix):

屋久島では、高温かつ湿潤な気候のもと、日本固有種のスギがほかの地域とは異なる形態で分布している。日本ではブナ、ナラなどの落葉広葉樹林が大部分を占めるなか、過去の寒冷期にこれら落葉広葉樹が南下しなかったために、屋久島には針葉樹林としてのスギが現存している(**遺存固有**)。また、亜熱帯から亜高山帯までの顕著な植生の垂直分布が見られるほか、種の分布が森林の発達や多雨による保温効果などにより拡散的に分布している点も評価された。

遺産価値総論

九州最南端から約60kmの海上に位置する『屋久島』は、九州最高峰である宮之浦岳(みやのうらだけ)(1,936m)をはじめとする1,800m級の高山と、その周囲を取り巻く1,000m級の山々が連なる山岳島である。総面積は、東京23区（621.98㎢）と比較しても一回り小さい504.88㎢ながら、海岸線から山岳地帯まで急激に標高が変わる島内では、亜熱帯から暖帯、さらには温帯までの様々な気候帯が広がっている。そのため、島内には亜熱帯植物から、北海道などに分布する亜寒帯植物までの様々な植物が垂直に分布しており、地球上でも珍しい森林景観を形成している。

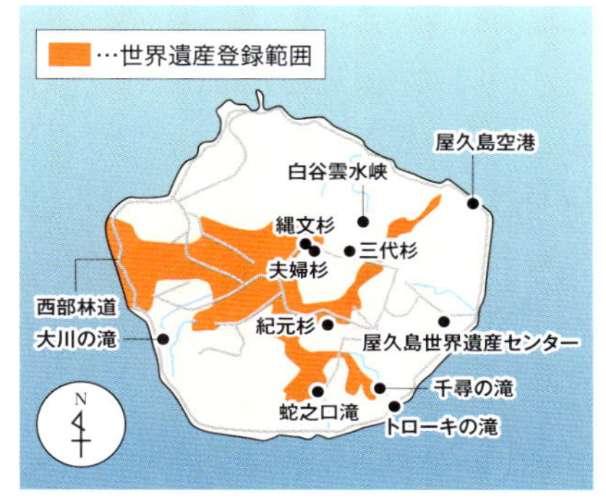

屋久島

豊富な植生のうち、とくに象徴的なのがスギである。なかでも樹齢1,000年を超えるものは「**屋久杉**」と呼ばれ、1,000年未満のものは「小杉」と呼ばれる。屋久杉は日本固有種のスギが、屋久島の特殊な環境と気候のもとで数千年にわたり生育をつづけたもので、大きいものになるとその直径は3～5mにも達する。屋久杉は島内の標高600mから1,800m地点付近まで幅広く分布しており、現在2,000本以上の生育が確認されている。日本の平均的なスギ原生林と比較してもはるかに広範囲にわたって老齢の巨木が分布する森林は、生態的にも形態的にも貴重である。

岩盤の大部分が花こう岩である屋久島は、九州山系が大隅半島の先端で地殻変動によって海中に陥没し、その後に山稜部が再び隆起して形成されたと考えられている。新生代第四紀更新世の氷期には、海水面が80～140m下降したことから九州と陸続きとなり、屋久島には九州に生息していたニホンザルやニホンジカなどの動物が渡った。しかし、間氷期を迎えて再び九州から切り離されると、取り残されたこれらの動物は孤立した島内の環境に適応し、「ヤクザル*」「ヤクシカ*」といった固有亜種へと変わっていった。また、間氷期には海水面の上昇のため、低地に生育していた種は海中に水没して絶滅したが、屋久島では高地に生育域を拡大することができたため、多くの植生が生き長らえ、固有種として保存された。

①屋久島の歴史的背景

屋久島に関する最初の記録は、西暦600年代に記された古文書である。その後、中世には海上交通の要衝とされ、中国や東アジア諸国との貿易において重要な役割を果たした。屋久島にそびえる山々に、古くから島人たちの間では霊山とされ、そこに自生する屋久杉は神木と

ヤクザル

ヤクザル：九州以北のホンドザルに比べ、体毛が長く暗灰色を帯びている。四肢が短い。　**ヤクシカ**：夏は山頂付近、冬は低地に下りて生息。日本のシカのなかでも最も小柄。

して信仰されていた。そのため屋久杉の伐採は行われていなかったとされる。

江戸時代、屋久島を領有していた薩摩藩は屋久杉を貴重な資源と考え、伐採を開始し、およそ200年間にわたり続けられた。明治維新後、屋久島の森林の大部分は国有林となり、1923年には「屋久島国有林経営の大綱」、いわゆる「**屋久島憲法**」が策定された。1924年には、屋久島のスギの原生林は天然記念物に指定されたが、人工造林などにともなう天然の屋久杉の伐採は続いた。しかし、1964年に島内のうち屋久杉が数多く残る地域が九州の霧島とともに国立公園に編入されると、屋久島の天然林に関する保護意識は大きく高まり、1980年代には一切の伐採が禁止された。また1980年には屋久島の天然林はMAB計画の生物圏保存地域に指定され、2005年には島の北東部がラムサール条約登録地となった。さらに2012年には霧島と切り離され「屋久島国立公園」として独立も果たした。

②屋久島の地形と気候

屋久島は地質的には琉球列島の北端に位置し、薩南諸島に属している。九州本島の骨格である九州山系が大隅半島の先端で地殻変動のために陥没し、その後もとの山稜部が隆起して屋久島や種子島になったと考えられている。

北緯30度に位置する屋久島は、亜熱帯性気候の北限であるとともに、厳寒のシベリア気団の影響を受ける地域の南端に位置している。年間降水量は約4,400㎜に達し、降水日数も多い。また平均気温も10℃を下回る期間はわずかで、高温湿潤である。特に、世界で最も水温の高い海流である「黒潮」の影響から「月に35日雨が降る*」と例

垂直分布（環境省HPより作成）

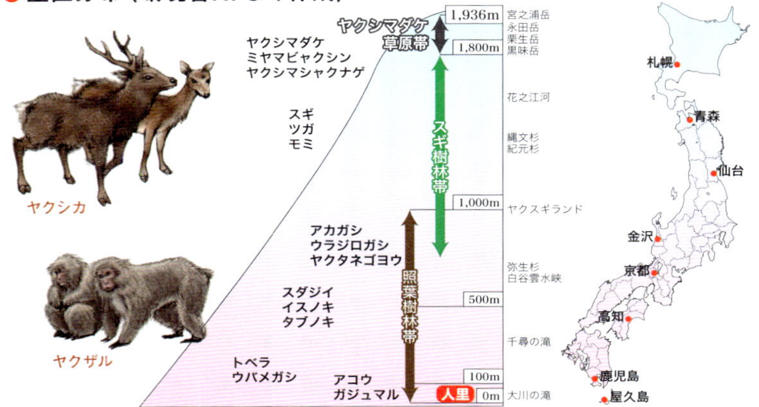

標高2,000mほどの屋久島の森に、日本列島南北約2,000㎞の自然が凝縮されている。

月に35日雨が降る：林芙美子の小説『浮雲』の中で、そう例えられている。

えられるほどの多雨地帯として知られ、大量の雨は花こう岩の岩盤に深い谷を刻み、多くの川や滝を生み出している。

具体的な遺産価値

①植物の垂直分布

限られた面積のなかで海岸地帯から標高1,000m以上の高山地帯まで標高が急激に変化する屋久島では、標高が上がるごとに植生が変化する「**植物の垂直分布**」が見られる。海岸から標高100m付近まではアコウ、ガジュマル、**メヒルギ***などの亜熱帯性植物が生育し、標高700〜800m付近まではシイ類、カシ類などを中心とした暖温帯常緑広葉樹林が広がる。さらに標高700〜1,200m付近までは暖温帯針葉樹林、標高1,200〜1,800m付近では冷温帯針葉樹林が見られ、山頂部にはヤクシマダケ、ヤクシマシャクナゲ*の低木林が広がっている。また、標高1,600m付近には、日本最南端の高層湿原が広がり、ミズゴケやコケスミレなどを見ることができる。一方、日本のほかの冷温地帯に広く群生するブナやミズナラは、屋久島では確認されていない。

②固有の動物

約1万5,000年前に九州本土から切り離された屋久島の森林には、多くの固有種や亜種を含む動物が生息する。これまでにヤクシカ、ヤクザル、ヤクシマジネズミ、ヤクシマヒメネズミの4種の固有亜種を含む16種の哺乳類、ヤクシマカケス、ヤクシマヤマガラの2種の固有亜種を含む167種の鳥類のほか、爬虫類15種、両生類8種、昆虫類約1,900種の生息が確認されている。

③屋久杉

屋久島のスギは、島の中央山岳地帯である「奥岳地域」を中心とする標高600〜1,800m付近にかけて多く分布している。屋久島では花こう岩の地盤のため土壌に養分が少なく、スギの生長のスピードが遅い。そのため年輪の幅が狭くなり、硬くなった幹には、ほかの地域のスギの6倍以上の樹脂が蓄えられている。こうした樹脂の防腐・防虫効果が、屋久島のスギの長寿の理由と考えられている。放置された木材が内部は腐朽せず、「土埋木」として利用されているのもそのためである。腐りにくい屋久杉では、倒木更新、**切り株更新***が起こりやすく、これによって屋久島独特の森林景観が生み出されている。

ヤクシカ

メヒルギ：マングローブを構成する植物の1つ。　**ヤクシマシャクナゲ**：屋久島に生育する31種の固有変種の1つ。淡い紅色の花をつける。　**切り株更新**：倒れた幹や切り株に新しい芽が吹き生長する現象。

日本の暫定リスト登録物件

武家の古都・鎌倉

神奈川県
1992年登録

鎌倉は、日本に初めて武家政権が誕生した12世紀末から約150年間にわたって政治の中心となった都市。武家政権は江戸幕府が崩壊した1868年まで存続し、生み出された精神や文化は、日本文化の形成に重要な役割を果たした。鎌倉には、中世の軍事政治都市としての顕著な特徴や、武家文化を伝える街並が残る。

彦根城

滋賀県
1992年登録

彦根城は、東国と西国の境を守る要衝の地に井伊氏の拠点として置かれた平山城である。この建設には、羽柴（豊臣）秀吉の長浜城、石田三成ゆかりの佐和山城など、複数の城を解体した資材が用いられている。城郭を構成する各建造物は、17世紀初頭の創建時のままに保たれており、天守など一部は国宝にも指定されている。

飛鳥・藤原の宮都とその関連資産群

奈良県
2007年登録

694年に建設され、平城京に移るまで日本の首都であった藤原宮跡や本格的壁画古墳である高松塚古墳、石舞台古墳などで構成される。中国大陸や朝鮮半島の影響が色濃く残る数々の文化財は、東アジア諸国と日本の交流の形跡を示す。構成資産には大和三山など、日本の歴史的風土を形成する文化的景観も含まれる。

北海道・北東北を中心とした縄文遺跡群
(2021年世界遺産登録)

北海道・青森県・
秋田県・岩手県
2009年登録

北海道・北東北を中心とした縄文遺跡群は、1道3県にまたがる縄文遺跡で構成されている。なかでも青森県青森市郊外にある三内丸山（さんないまるやま）遺跡は、竪穴式住居など多数の建築物の跡が見つかったことで知られている。長期間にわたり定住生活が営まれた遺跡は、この地域独自の生活文化の様子を今に伝えている。

金を中心とする佐渡鉱山の遺産群

新潟県
2010年登録

佐渡鉱山では400年以上もの間、金や銀の採掘が継続的に行われてきた。その間、金や銀を採掘する技術を国内、国外から取り入れ発展させてきたことにより、アジア地域のなかでも特筆すべき技術や経営手法を備えた鉱山都市としての価値を高めた。また、佐渡鉱山で採掘された金は、江戸幕府や明治政府の貴重な財源となり、金本位制においても国際的な影響力をもった。

平泉ー仏国土（浄土）を表す建築・庭園及び考古学的遺跡群ー

岩手県
2012年登録

2011年に世界遺産登録されたが、奥州藤原氏の居館であった「柳之御所遺跡」や中尊寺経蔵領として始まった荘園跡「骨寺村荘園遺跡」、清水寺を模した毘沙門堂の残る「達谷窟」の他、「白鳥舘遺跡」、「長者ヶ原廃寺跡」の5資産の追加登録を目指している。登録範囲の変更（拡大）の際は、再度暫定リストに記載し、そこから推薦する必要がある。

奄美大島、徳之島、沖縄島北部及び西表島（2021年世界遺産登録）

鹿児島県・沖縄県
2016年登録

奄美大島

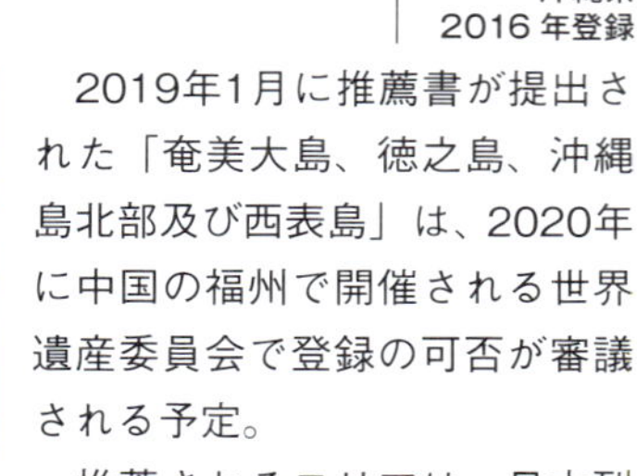

2019年1月に推薦書が提出された「奄美大島、徳之島、沖縄島北部及び西表島」は、2020年に中国の福州で開催される世界遺産委員会で登録の可否が審議される予定。

推薦されるエリアは、日本列島の九州の南端から台湾との間の海域に、約 1,200km にわたって弧状に点在する**琉球列島**に位置し、中琉球の奄美大島と徳之島、沖縄島、南琉球の西表島の4つの島の5つの構成要素*からなる。推薦地は、奄美群島国立公園、やんばる国立公園、西表石垣国立公園の特別保護地区、第1種特別地域又は奄美群島森林生態系保護地域、やんばる森林生態系保護地域、西表島森林生態系保護地域の保存地区として厳正に保護されている地域の一部。

ルリカケス

黒潮と亜熱帯性高気圧の影響を受けて、温暖・多湿な亜熱帯性気候であり、主に常緑広葉樹多雨林に覆われている。推薦地を含む4地域は、日本の国土面積の 0.5%に満たないにも関わらず、日本の動植物種数に対して極めて大きな割合を占める種が生息・生育している。特に日本の陸生脊椎動物の約57%がこの地域に生息し、その中に日本の固有種の脊椎動物44%も含まれている。

また、国際的な絶滅危惧種も多く、IUCNのレッドリストに記載された、**アマミノクロウサギ**は奄美大島と徳之島でしか見られず、1属1種で近縁種は存在しない。沖縄島北部のヤンバルクイナは、絶滅に陥りやすい島嶼の無飛翔性クイナ類の1種である。他にも、ヤマネコが生息する島では世界最小の西表島にだけ生息する特別天然記念物の**イリオモテヤマネコ**や、奄美大島近隣のみで確認されている固有種のルリカケス、沖縄島北部のスダジイの天然林に生息する固有種のオキナワトゲネズミなど固有種の数も非常に豊富である。

5つの構成要素：徳之島の推薦候補地は2つに分かれている。

日本の世界遺産総論

登録基準から見る日本の世界遺産

2021年8月現在、25件（文化遺産20件、自然遺産5件）登録されている日本の世界遺産を見てみると、日本の文化の特徴がよくあらわれている。

文化遺産では、20件のうち『広島平和記念碑（原爆ドーム）』等を除く17件は、木造建造物が含まれており、木造建造物が日本文化の特徴であることの証しである。また自然遺産では、5件全て、森林とそれに関係する生態系が遺産価値の中心をなしており、日本の自然環境の特徴は「森林」であることがわかる。

登録名／登録基準	(i)	(ii)	(iii)	(iv)	(v)	(vi)	(vii)	(viii)	(ix)	(x)
法隆寺地域の仏教建造物群	★	★		★		★				
姫路城	★			★						
古都京都の文化財		★		★						
白川郷・五箇山の合掌造り集落				★	★					
厳島神社	★	★		★		★				
広島平和記念碑（原爆ドーム）						★				
古都奈良の文化財		★	★	★		★				
日光の社寺	★			★		★				
琉球王国のグスク及び関連遺産群		★	★			★				
紀伊山地の霊場と参詣道		★	★	★		★				
石見銀山遺跡とその文化的景観		★	★		★					
平泉―仏国土（浄土）を表す建築・庭園及び考古学的遺跡群―		★				★				
富士山 - 信仰の対象と芸術の源泉			★			★				
富岡製糸場と絹産業遺産群		★		★						
明治日本の産業革命遺産 製鉄・製鋼、造船、石炭産業		★		★						
ル・コルビュジエの建築作品：近代建築運動への顕著な貢献	★	★				★				
「神宿る島」宗像・沖ノ島と関連遺産群		★	★							
長崎と天草地方の潜伏キリシタン関連遺産			★							
百舌鳥・古市古墳群			★	★						
屋久島							★		★	
白神山地									★	
知床									★	★
小笠原諸島									★	
	5	12	8	11	2	10	1	0	4	1

北海道・北東北を中心とした縄文遺跡群（iii）（v）
奄美大島・徳之島・沖縄島北部及び西表島（x）

（遺産は文化遺産と自然遺産、それぞれ登録年順）

Column
日本の建築と庭園

仏教建築様式

6世紀半ばに大陸から仏教が伝来すると、仏教建築の手法も日本に伝えられた。最初期の仏教建築は百済(朝鮮)からもたらされたが、7世紀以降、遣唐使の派遣が始まると唐の建築様式が導入された。そして、徐々に日本の風土や日本人感覚に合うように改良が繰り返され、平安時代に日本風のやわらかな美を特徴とする国風文化が花開くと、**和様**と呼ばれる建築様式に落ち着いていった。

鎌倉時代に入ると、**大仏様**や**禅宗様**といった新しい建築様式が導入される。13世紀以降は、和様と禅宗様が混ざり合った折衷様という建築様式も普及していった。

主な日本の仏教建築様式

和　様	大陸の様式が日本化したもの。低い天井、細い柱、簡素な装飾といった特徴がある。また間仕切りで区切られた狭い空間や彩色を施さない素木の柱も特徴で、柱同士が長押(なげし)*と呼ばれる横木でつながれている。
大仏様	鎌倉時代、東大寺金堂(大仏殿)の再建に際し、僧の重源が採用した様式。天竺様(てんじくよう)とも呼ばれ、中国南部の寺院に多く見られる。豪放な雰囲気を持つ様式で、当時の日本の仏教建築に大きな影響を与えたが、その後、急速に衰退していった。
禅宗様	鎌倉時代に宋から伝わった様式。禅宗の寺院で用いられたもので唐様(からよう)とも呼ばれる。大仏様と同じく柱同士の連結に貫(ぬき)*という構造材を使用する。花頭窓(かとうまど)などの細部の装飾も特徴で、和様との折衷様も生まれるなど広く浸透していった。

仏教寺院の伽藍配置

奈良時代、日本全国に普及していく仏教だが、この時代の寺院の特徴は伽藍配置にある。時代や宗派によって配置が異なり、日本人の仏教の捉え方の変遷が見える。

金堂は寺院の中心となる建物で、ご本尊を安置する。本堂もしくは、禅宗寺院では仏殿と呼ばれる。**講堂**では説法などの儀式が行われ、奈良時代まで大寺院では、金堂の後ろ(北側)に位置した。広い空間を持ち、禅宗寺院では法堂と呼ばれる。**五重塔**は、ストゥーパを起源とする仏塔で、三重塔や多宝塔、五輪塔、宝篋印(ほうきょういん)塔などもある。**南大門**は寺院の南に面する門。平安時代初期まで一般的に南を正面として建築

長押:縦木同士をつなぐ横木。縦木に穴を開けず、縦木に直接打ちつけるか、枕捌(まくらさばき)等の部材を用いて縦木同士をつなぐ。
貫:縦木同士をつなぐ横木。縦木に開けた穴を貫いて縦木同士をつなぐ。

したため、南大門は正面入口となった。**中門**は回廊や築地塀に設けられた門で、奈良時代までは、寺域の中核をなす金堂や仏塔が建つ一画を回廊や塀で囲むことが多かったため、中門を通らないと寺院の中心には至らなかった。**僧坊**とは僧侶の住まいとなる建物で、僧房ともいう。

古代の寺院の伽藍配置

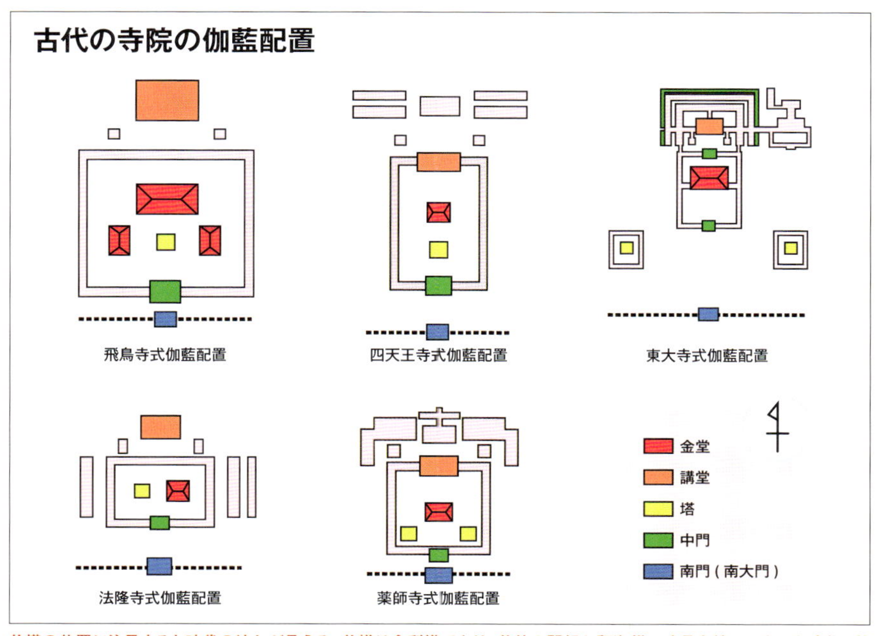

仏塔の位置に注目すると時代の流れが見える。仏塔は舎利塔であり、仏教の開祖お釈迦様の遺骨を納める大切な建物。基本的には寺院の中心に置かれるべきものだが、時代とともに中心から外れていく。徐々に金堂が中心をなし、薬師寺、東大寺に至っては仏塔が二塔あり、装飾的な意味合いも含まれてくる。

平安時代以降の伽藍配置

奈良時代の仏教が南都仏教とも呼ばれて絶大な権力を手中に収めた反省を踏まえ、平安時代には**密教**が中心となった。密教寺院は山中にあったため、整然とした伽藍配置ではなく、**地形にあった伽藍配置**を持つ。

鎌倉時代に興る禅宗は、建築様式に特徴がある。伽藍配置としては、建物が縦に長く並び、修行の場としての庭園を持つ。また、寺域内に**塔頭**（たっちゅう）という子院を有するのも特徴である。

平安時代末期以降、全国に広まる浄土教の寺院は、阿弥陀仏をまつる**阿弥陀堂**が中心をなすが、浄土真宗では、開祖親鸞（しんらん）をまつる**御影堂**（ごえいどう）が阿弥陀堂と並び立ち、御影堂が阿弥陀堂より大きくつくられることが多い。さらに浄土式庭園を重視した建て方にも特徴がある。

建築細部

「**基壇**」は、地面から一段高く築いた建物の基礎。土を積み上げた後、周囲を石で囲うものが多く、基壇の上に礎石を置き柱を立てるのが一般的。「**破風**」は、切妻造りや入母屋造りの屋根で、屋根の側面にできる三角形（合掌形）の部分。合掌部分がゆるやかな曲線を描く唐破風や本を伏せたような山形を描く千鳥破風などがある。「**連子窓**」は、四角の窓に縦に格子（連子子）を並べたもので、和様建築の特徴の１つ。「**花頭窓**（火灯窓）」は、窓の上枠を花や炎のような形に装飾したもので、禅宗様の特徴の１つ。

銀閣の花頭窓

神社建築様式

神社建築の成立には不明な点も多いが、様式の発展には大陸から伝わった仏教建築に影響を受けた部分が大きい。初期においては、仏教建築との差別化が図られ、奈良時代以降に**神仏習合思想**が広まると、神社建築と仏教建築は相互に影響を与え合った。

本殿はご神体を安置する社殿で、原則として１つの社殿に一柱のご神体を安置する。人が入ることを前提とせず、外からは見えないことが基本となる。**幣殿**は祭儀を行い、幣帛と呼ばれる神への捧げものを奉るための建物。拝殿と一体化している場合も多い。拝殿は祭祀、拝礼を行う建物。祭礼の際に神職が座る場所があり、人が立ち入れる場所だが、伊勢神宮や春日大社には拝殿がない。**舞殿**は、祭祀の際に、神楽を奉納するための建物で、平安時代以降に建てられるようになった。**権殿**は、社殿を修復する際にご神体などを一時的に遷すための建物である。

建築細部

「**千木**」は、社殿の破風の先につけられるX形に交差した部分で、装飾として棟上の両端に置かれるものは「置千木」とも呼ばれる。祭神が男神のときは千木の先端を地面に垂直に切る「外削ぎ」、女神のときは地面と水平に切る「内削ぎ」とすることが多い。「**堅魚木**」は、棟上に横並びに置かれる丸太状の装飾で、男神のときは奇数本、女神のときは偶数本のことが多い。

千木と堅魚木

本殿に見る神社建築と仏教建築の違い

神社本殿の屋根は、**切妻造**で、檜皮葺きか柿葺きだが、近代神社建築を代表する権現造は、仏教建築の影響か、**入母屋造**の要素が入っている。一方、仏教建築の金堂の屋根は**寄棟造**が基本で、宝形造や八注造など、寄せ集めたような屋根が特徴といえる。瓦葺きが基本で、入母屋造もある。

仏教の禅宗様の建物は床を張らず、壁は土壁が基本である。神社本殿では、**高床式の板張り**で、壁も土壁ではなく板張りとなる。

主な神社本殿の建築様式

流造	全国に広く普及している本殿の様式。平側（切妻屋根の頂点と平行になる側）に入口を持ち、入口側正面の屋根を前面に延ばし入口を覆う向拝としている。正面の横幅が三間の場合を三間社流造、一間の場合を一間社流造という。上賀茂神社、下鴨神社の本殿は三間社流造。宇治上神社の内殿は一間社流造である。数の上では一間社流造が圧倒的に多い。背面の屋根も延ばして向拝とする造りを両流造と呼び、厳島神社本殿に見られる様式である。なお、伊勢神宮に代表される神明造も平側に入口を持つ。
春日造	流造りに次いで普及している様式で、奈良を中心に近畿圏に多い。妻側（切妻屋根の頂点と垂直になる側）の中央に入口を持ち、妻側に向拝を設けている。春日大社に代表されるが、熊野三山の本殿などはその発展形に位置づけられる。出雲大社に代表される大社造も妻側に入口を持つが、入口は妻側中央ではなく、左右どちらかに寄っている。なお、神明造、大社造の柱は、古い形式の特徴である掘立柱となる。
権現造	本殿と拝殿を「相の間」と呼ばれる細長い部屋でつなぐ様式。相の間は幣殿の役割も果たす。日光東照宮本社に代表される様式で、近代神社建築を代表するもの。輪王寺大猷院も権現造だが、東照宮本社の相の間は石が敷かれており「石の間」とも呼ばれるのに対し、大猷院の相の間は板張りの上に畳を敷いている。屋根は切妻屋根ではなく、入母屋造の要素が取り入れられている。

神社本殿の建築様式

流造

春日造

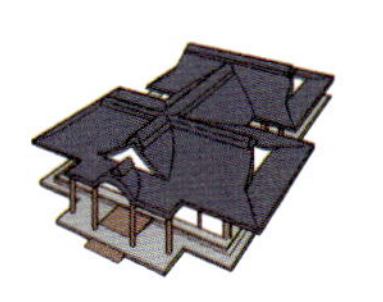
権現造

仏教寺院の屋根の形

寄棟造

宝形造

入母屋造

住宅建築様式

日本における支配階級の住宅建築様式は、支配者が貴族から武家に移行することで、**寝殿造から書院造へ**と大きく変化した。江戸時代に入り書院造が定着すると、公的な間と私的な間を明確に分けた。多様な室内装飾を発展させた**武家風書院造**と、茶の湯の発展により書院造に茶室建設を取り入れた**数寄屋造**に分かれ、近世以降の和風住宅に大きな影響を与えた。

主な住宅建築の建築様式

寝殿造	広大な敷地を築地塀が取り囲み、北半分に住居部分、南半分に庭園を配する。住居部分の中心に寝殿と呼ばれる正殿があり、東西(左右)対称形で対屋(たいのや)が置かれた。寝殿と各対屋は、廊下(渡殿(わたどの))でつながり、東西の対屋から庭園に延びた廊下の先には、釣殿(つりどの)と呼ばれる建物があった。庭園は、白砂敷きや池を中心とした。寝殿は、檜皮葺きや茅葺きまたは板葺きで入母屋造の屋根を持つ。素木を資材として、板張りの床に置き畳や円座を敷いた。
書院造	一般的に書院造とは、床の間などのある座敷を指すことがあるが、厳密にいえば武家住宅の建物全体の様式を指す。書院とは机のことで、明かりの必要性から、部屋から張り出した出窓のような部分に設けられた机を意味する。この部分が飾り棚として使われ、飾り棚を持つ部屋が「書院」となったとされる。全体としては、建物内部を引き戸のような建具で仕切り、室内に床、違い棚、付書院、明障子を設け、棚や付書院に文具、茶器などを一定の方式で飾る、座敷飾りがある部屋を持つ様式をいう。最古の例として、慈照寺(銀閣寺)東求堂の同仁斎がある。江戸時代に入ると、華麗な障壁画や欄干の飾り付けを持つ空間が出現する。その代表が、西本願寺書院対面所である。
数寄屋造	「数寄」とはもともと風流であること、後に茶室を数寄屋と呼ぶようになる。江戸時代に入ると茶室建築が、一般住宅に取り入れられるようになり、数寄屋造と呼ばれる様式になった。書院造を基本としているため、床や違い棚など、建築細部の特徴としては書院造と共通点が多い。数寄屋造は、しだいに格式を重んじていった書院造に対し、より簡素で自由な空間を目指した建築様式といえる。西本願寺の黒書院は数寄屋造の代表例とされる。

書院造

数寄屋造

寝殿造り

城郭建築

住居や集落を守る砦が発展し、城郭建築になった。

古くは砦としての機能が重視され、住居機能と分けて存在した。これが**山城**である。石見城跡などは山城跡となる。城郭建築のシンボルとして天守があり、戦略上の拠点であるとともに、権威の象徴となった。やがて城郭建築は住居としての機能も併せ持つようになり、立地も小高い丘の上となる。これが**平山城**で、姫路城は平山城の代表例といえる。江戸時代に入ると、城郭建築も砦としての機能は重視されず、住居としての機能が中心となる。立地場所も平地となり、**平城**となる。平城の代表例は二条城である。

二条城

庭園様式

日本庭園様式の原点は、「**作庭記**（さくていき）」に遡ることができる。作庭記の作者は不詳だが、平安時代後期の書とされ、庭園造りの基本的な技術について書かれている。そこには「生得の山水をおもはへて……」とあり、**日本の庭園は自然と共にある**ことを目指していた。人が隅々まで手を入れてつくり上げた直線的なヨーロッパの庭園と、自然を模倣する曲線的な日本の庭園とは異なり、庭園からも文化や価値観の違いが見える。

また、世界中の庭園建築において水の流れや池は不可欠の要素であるが、日本では水を用いた園池（えんち）や州浜（すはま）、遣水（やりみず）、滝などのほかに、枯山水では**水を使用せずに水を表現**しており、これも日本文化の独自性をよく表している。

主な日本の庭園様式

寝殿造の庭園	寝殿造建築の庭園。人々が宴を楽しむ場所であり、儀式なども執り行った場所とされる。池が設けられたものが多く池には中島が配され、中島へ渡る橋が架けられたものも多かった。平安時代の庭園様式であるが、貴族の日記や絵巻物などからうかがい知るのみで、現存するものはない。ただ厳島神社は、前面の海を園池に、背後の弥山を築山に見立てており、自然景観を庭園とした寝殿造庭園の変化形とする見方もある。 寝殿造庭園を日本庭園の原点とみることもできるが、『日本書紀』にも登場する斉明天皇の飛鳥京跡（奈良県明日香村）からも苑池（えんち）（園池）や水路といった遺構が発見されており、日本庭園の起源は平安時代以前に遡る可能性も高い。中国大陸や朝鮮半島からの影響を受けつつ、水辺を神聖な場所とする古代日本人の感性が日本庭園の原点ともいえる。
浄土式庭園	平安末期に浄土教が広まると、貴族たちは、自宅の寝殿造庭園に阿弥陀堂を配置し、浄土思想に傾倒していく。浄土式庭園を構成する要素には、池や中島が含まれ、寝殿造の要素と共通する部分が多く、その宗教的な変形ともいえる。 阿弥陀如来が創り上げた仏国土（浄土）は、西方にあると信じられていたため、阿弥陀堂は東を正面にして、見る人の西側に配されている。西側に立つ阿弥陀堂とその後ろの築山が、極楽浄土そのものを表現していた。平等院が代表例で、平泉の毛越寺や無量光院なども浄土式庭園であったとされる。
池泉回遊式庭園	池泉回遊式庭園は、回遊式庭園に含まれ、園路を巡りながら庭園を観賞することを目的とし、移動による風景の変化を楽しむものでもある。園路は曲線を描き、庭園に配された小山なども巡るため、視線が左右、上下に動き庭園観賞に奥行きを与える。庭園を構成する要素には、和漢の文学的な意味が込められていた。 池や泉が中心となった回遊式庭園を池泉回遊式庭園という。回遊式庭園そのものの歴史は古いが、江戸時代に大名たちが自らの広大な屋敷に池泉回遊式庭園を造ったことで、全国的に広まった。西芳寺や天龍寺、二条城の庭園や識名園が池泉回遊式庭園にあたる。
借景庭園	禅宗寺院では、修行も兼ね作庭に力を入れた。夢窓疎石に代表される名作庭家が、禅宗寺院から数多く輩出されている。借景庭園、枯山水ともに禅宗寺院に多く見られる庭園様式で、借景庭園は、庭園の外の景色を取り込んで、庭園の一部とする造園技法である。
枯山水	水を使用せず、石や砂を用いて山や川など自然環境を象徴的に表現する造園技法で、武家文化の栄えた室町時代に成立した。室内から観賞することを目的としている。 龍安寺の石庭が有名だが、天龍寺や西芳寺の庭園の一部にも枯山水が使われている。江戸時代に入ると、寺院以外にも、書院造や数寄屋造、茶室の庭園に枯山水が取り入れられるようになった。

Asia

[　アジアの世界遺産　]

アジアには古くから栄えた文明の遺跡が数多く残る。四大文明に含まれるメソポタミア文明、インダス文明、黄河文明に関連した貴重な史料となっている世界遺産も少なくない。また、中国では明王朝と清王朝の時代に築かれた数々の建造物が世界遺産に登録されている。一方、東南アジアやヒマラヤ山脈周辺には、長い期間をかけて形成された多彩な自然遺産が見られる。仏教やヒンドゥー教に関する寺院、遺跡が多いのもアジアの特徴である。

宮殿と庭園

北京の故宮にある太和殿

中華人民共和国

MAP P007 C-①②

北京と瀋陽の故宮

Imperial Palaces of the Ming and Qing Dynasties in Beijing and Shenyang

文化遺産

登録年 1987年／2004年範囲拡大　登録基準 (i)(ii)(iii)(iv)

▶ 調和美を極めた中国皇帝の居城

中国の首都、北京の中心部にある故宮と、中国東北部、遼寧省省都の瀋陽にある故宮は、ともに中国の皇帝が居城とした宮殿の遺構である。まず北京の故宮が世界遺産に登録され、17年の時を経て瀋陽の故宮も登録された。

故宮とは「昔の宮殿」という意味を持ち、かつては**紫禁城**と呼ばれていた。紫禁城とは、明・清王朝の宮城を指す言葉で、天子（皇帝）が住むとされる北極星とそれを取り巻く星群を「紫微垣」と呼んだことに由来する。禁城は一般人が立ち入ることを禁じるという意味である。

北京の故宮は、1406年に明の永楽帝が元の宮城跡に造営を開始し、1421年に都を南京から北京へ移した際に居城とした。明・清2王朝時代の約500年間、計24人の皇帝が住居とし、かつ政治の中枢となった。高さ約10mの城壁で囲われた東西約750m、南北約960m、総面積約72万㎡の広大な敷地には、明代には9,000人の女官、10万人の宦官が住んでいたという。

明の滅亡時に大破壊に遭っており、現在残っている建物は 17～18世紀に**女真族***の王朝である清朝によって再建されたものである。その再建にあたっては漢民族の明朝を受け継いだ正統な王朝であると示すため、漢民族古来の伝統が踏襲さ

女真族：中国東北地方東部から沿海州に居住していたツングース系民族。ヌルハチの子ホンタイジの時代に、「満州族」と自称するようになった。

れ、当時の最高級の彩色法や装飾などが用いられた。城壁の内部は、北面の神武門と南面の午門を中心軸として、主要な宮殿がほぼ左右対称に配されている。また、故宮中央の乾清門を境にして、南は皇帝が公務を行う外朝、北は居住に用いた内廷と、大きく2つの部分に分けられる。これは、中国古代から伝わる宮殿の建設形式「前朝後寝」にのっとったものである。

故宮の顔ともいえる外朝部分には、南から順に**太和殿**、中和殿、保和殿の3つの建物が並んでいる。これらは、「前三殿」とも称されている。なかでも別名「金鑾殿」と呼ばれる正殿の太和殿は、東西約64m、南北約37m、高さ約35m以上の現存する中国最大の木造建造物として有名。創建は1420年だが、幾度か火災に遭い、現存しているのは 1695年に再建されたものである。内部には、金箔張りの柱や玉座などがある。ここでは皇帝の即位や祭礼など重要な儀式のほか、後に保和殿で行われる科挙の最終試験、「殿試」なども実施されていた。また、太和殿での大典に関する準備や休息のための場所として、中和殿が利用された。三大殿のなかでも最も奥に位置した保和殿は、殿試のほか、皇帝の宴会なども行われた。北部分の内廷は、乾清宮、交泰殿、坤寧宮の「後三宮」のほか、多数の宮院で構成されている。

それぞれの宮殿は大理石の基礎の上に建造されている。屋根には皇帝のみが使うことを許された黄色の瑠璃瓦が葺かれており、赤く塗られた壁や柱とともに当時の豪奢な宮廷文化を今に伝えている。また、女真族の神事を行う祭壇も設けられており、女真族の伝統文化をうかがい知ることもできる。

女真族の民族色がさらによく表れているのが、2004年に世界遺産に追加された瀋陽の故宮である。瀋陽の故宮は清の前身である後金の**ヌルハチ**と後継者ホンタイジによって、1625年に着工され1636年に完成した。清が都を北京に移してからも、王族の離宮として使用されていた。敷地の面積は6万㎡ほどで、建物の数も約70と北京の故宮に比べて規模は小さいが、遊牧民族の住居パオを起源とする八角形の建物や、儀式用の柱など、女真族の文化や宗教などが反映された造りになっている。現在、北京の故宮は世界有数の規模を誇る故宮博物院として往事の建築物をそのまま利用しており、瀋陽の故宮も博物館として公開されている。

瀋陽の故宮

頤和園：北京の夏の離宮と皇帝庭園

Summer Palace, an Imperial Garden in Beijing

文化遺産

登録年 1998年　登録基準 (ⅰ)(ⅱ)(ⅲ)

▶西太后が莫大な予算を投じた優美な大庭園

北京市の中心部から北西約15kmに位置する頤和園は、敷地総面積約290万㎡を誇り、中国に現存する最大かつ最後に建造された皇室庭園である。12世紀半ば、金王朝時代に建造された小規模な離宮を前身とし、1750年に清の乾隆帝が広大な庭園へと整備して清漪園と名付けた。天下の美しい景色をすべて集め、あらゆるものを皇帝が所有すべきである、という中国の古くからの思想を具現化し、中国の名だたる庭園や名景、有名建築の精華を取り入れたものとなった。自然景観を模倣した庭園は、建物や楼閣、橋などと見事に調和し、中国のみならず日本や朝鮮半島の庭園に多大な影響を及ぼした。第二次アヘン戦争（アロー戦争）で北京に侵攻した英仏連合軍により庭園は破壊されてしまうが、その30年後の1886年、**西太后**が海軍の経費を流用して復元し、頤和園と改称した。

園内は行政、生活、遊覧の三区画に分かれる。敷地の大半を占めるのは遊覧区域で、景勝地として有名な杭州の西湖をまねた人造湖の**昆明湖**や、高さ約60mの人造山である**万寿山**がある。昆明湖には、雨ごいの儀式を行うための竜王廟が築かれた小島があり、十七孔橋で陸地と結ばれている。万寿山の周辺には、昆明湖畔の排雲門から、排雲殿、高さ約 40mの八角形の仏香閣、山頂にある仏教施設の智慧海まで、大規模な建築物がほぼ一直線に配置されている。「後山」と呼ばれる万寿山北側には、チベット仏教の寺院を模した四大部洲や、蘇州の街を再現し乾隆帝が宦官たちと「買い物ごっこ」を楽しんだという蘇州街がある。このほか、西太后と光緒帝の執務室となった仁寿殿、宴を催すための徳和園など、清朝の再興を夢見た西太后が、莫大な予算を投じて建築した華麗な建築物が残る。

昆明湖から望む仏香閣

大韓民国

MAP P007 D-②

中国
韓国

昌徳宮

Changdeokgung Palace Complex

文化遺産

登録年 1997年　登録基準 (ii)(iii)(iv)

▶ 東アジアにおける宮廷建築の代表作

ソウル市の北東にある昌徳宮は、1405年、朝鮮王朝の第3代太宗により、法宮（正宮）である**景福宮の離宮**として建設された。1592年の文禄の役の際、豊臣秀吉が派遣した遠征軍により景福宮や庭園などとともに焼失したが、昌徳宮が再建され、その後約270年にわたって法宮として使用された。

現存する韓国最古の木造二層式門といわれる正門の敦化門、重層入母屋造りの正殿仁政殿、国王が執務をしていた宣政殿など13棟の木造建築が現存している。宮殿の北に広がる**秘苑**と呼ばれる庭園は、周囲の自然環境を見事に取り入れている。

仁政殿

中華人民共和国

MAP P007 C-①

モンゴル
韓国
中国

承徳の避暑山荘と外八廟

Mountain Resort and its Outlying Temples, Chengde

文化遺産

登録年 1994年　登録基準 (ii)(iv)

▶ 中国各地の名勝を再現した皇帝の避暑地

北京の北東約250㎞、河北省の承徳にある避暑山荘は、歴代清朝皇帝の避暑地。康熙帝が1703年に着工、1792年に乾隆帝が完成させた。総面積564万㎡に及び、中国江南地方の水郷や北方地方の草原といった自然美と、様々な宮殿様式を組み合わせ、**中国全土の縮図ともいえる景観**を作りだした。

外八廟は、避暑山荘の東と北を取り囲むよう丘陵地帯につくられた寺廟群の総称。1713年に**溥仁寺**が建てられたあと、約66年の歳月をかけて完成した。初期に建てられた2つの寺院は漢族の伝統建築様式にのっとったものだが、以後のものはほとんどがチベットの建築様式に従っており、少数民族との融和を目指したことがうかがえる。

避暑山荘の小金山

中華人民共和国

MAP P007 C-②

蘇州の園林

Classical Gardens of Suzhou

文化遺産

登録年 1997年／2000年範囲拡大　登録基準 (i)(ii)(iii)(iv)(v)

▶「水の都」で文人たちが競った名園

江蘇省東部、長江下流のデルタ地帯の南に位置する蘇州は、いくつもの水路がある水の街で、北方への物流の拠点として発展した。蘇州にある園林は、主に16～18世紀に街の**官僚や豪商、文人が私的に築いた**古典庭園群で、8つの庭園が世界遺産に登録されている。自然景観を再現する中国庭園のなかでも、蘇州の庭園は豊かな水を利用した池を中心としているのが特徴。楼閣や回廊などで構成される庭園は、明朝様式として各地に広がった。唐の詩人、陸亀蒙の私邸で、約5万㎡と蘇州最大の規模を誇る**拙政園**と、巨岩「冠雲峰」など築山の見事さで知られる留園は、中国四大名園に数えられる。

拙政園

中華人民共和国

MAP P007 C-②

天壇：北京の皇帝祭壇

Temple of Heaven: an Imperial Sacrificial Altar in Beijing

文化遺産

登録年 1998年　登録基準 (i)(ii)(iii)

▶明・清の歴代皇帝が天と交信した聖地

北京市にある天壇は、1420年に明の**永楽帝**が造営した祭祀施設。北京への遷都を進めていた永楽帝は、紫禁城の造営とともに天地壇(後の天壇)を造った。敷地面積は約273万㎡と広大で、明・清の皇帝は毎年冬至にこの地を訪れ、五穀豊穣を祈願した。

敷地内には、**祈年殿**、皇穹宇、圜丘壇が南北一直線に並ぶ。祈年殿は現存する中国最大の祭壇で、皇帝が五穀豊穣を祈った場所。大理石の基壇上に、藍色の瓦をふいた3層の屋根を持つ円形のデザインは、東アジアの建築に大きな影響を与えたとされる。圜丘壇では皇帝がその年の出来事を天に報告した。

祈年殿

ヨルダン・ハシェミット王国

MAP P009 A-②

トルコ
シリア
イラン
イスラエル
イラク
ヨルダン
エジプト
リビア
サウジアラビア
スーダン

砂漠の城クセイル・アムラ

Quseir Amra

文化遺産

登録年 1985年　登録基準 (i)(iii)(iv)

▶ フレスコ画に彩られたカリフの隠れ家

　ヨルダンの首都アンマンの東方、シリア砂漠の西側に位置する。8世紀初頭、ウマイヤ朝*のカリフが、酒宴や入浴を楽しむために築いた離宮で、保存状態が非常によい。隊商宿を増改築した石造りの建物は、謁見の間と**ハマム**(浴場)に分かれる。謁見の間の床はモザイクタイルで覆われ、壁や天井は、踊り子や神話の場面、狩猟の様子などを描いたフレスコ画で彩られている。一方、温水・冷水浴室、サウナ、脱衣場が設けられた浴場も、同様に裸婦など、**イスラム社会では珍しい図柄のフレスコ画**に覆われている。

クセイル・アムラのフレスコ画

イラン・イスラム共和国

MAP P009 B-②

イラク
イラン
パキスタン
サウジアラビア

ゴレスタン宮殿

Golestan Palace

文化遺産

登録年 2013年　登録基準 (ii)(iii)(iv)

▶ ペルシア芸術と近代建築の融合

　テヘラン歴史地区の中心部にあるゴレスタン宮殿は、18世紀末に成立した**カジャール朝**時代の最高傑作とされる建造物群。**初期ペルシア工芸品と西洋建築技術の融合**の成功例とされる。1779年にテヘランを勢力下に置き首都としたカジャール朝の行政上の中心地で、水路と植物で構成された庭園を取り囲むように建つ宮殿群は、19世紀の高価な宝飾品も大きな特徴。18世紀の建築や科学技術の要素に、伝統的なペルシア由来の芸術品や工芸品を融合させるという新しい様式の代表例でもある。

太陽の建築

ウマイヤ朝：661年にムアーウィアによって建国される。8世紀初頭には中央アジア、インド西部、北アフリカ、イベリア半島という広大な領土を築く。

MAP P009 B-③

イスファハーンのイマーム広場

Meidan Emam, Esfahan

文化遺産

登録年 1979年　登録基準 (i)(v)(vi)

▶ アッバース1世が建造した「イランの真珠」

イラン中部の都市イスファハーンは、乾燥地帯であるイラン高原のほぼ中央に位置する。街を流れるザーヤンデ川の水と豊かな緑に恵まれたオアシス都市である。

イランにイスラム王朝であるサファヴィー朝が興ったのは16世紀。1598年にサファヴィー朝5代皇帝の**アッバース1世**はこの地を首都と定め、**コーランに記された楽園**を手本とする壮大な都市建設に着手。旧市街に隣接して新市街を建設し、その新旧をつなぐ地に広場を築いた。16世紀末から17世紀にかけて、イスファハーンは「イランの真珠」といわれるほどの美しい都市に発展していった。中心に位置する広場は「王の広場」と呼ばれていたが、1979年に起こったイラン革命以後、「シーア派の指導者」を意味する「イマーム」から、「イマーム広場」と改称された。南北510m、東西160mのこの巨大な広場は、2層構造の回廊に囲まれ、四辺に重要な建造物が配されている。広場はペルシア発祥の球技ポロの競技場として使われたほか、式典や公開処刑なども行われ、政治、社会、文化が密接に結びつく場であった。回廊の1階部分は、現在も商店が入る。広場を見下ろす**アリー・カプー宮殿**の2階にあるテラスは、皇帝が広場で行われるイベントを見物したり、広場の人々と面会するのに使われたとされる。

広場の回廊に組み込まれるように立つ**イマームのモスク**などには、彩色タイルによって彩られたアラベスク模様があしらわれ、イランのイスラム文化がアッバース1世の時代に絶頂を迎えたことを示す。旧市街との間にはバザール(常設市場)が発展し、イスファハーンには各地から数多くの商人や芸人などが集まった。また、絹を手に入れるために訪れるキリスト教徒を歓迎したため、イスファハーンの繁栄は遠くヨーロッパにまで知られることとなった。

ミナレットがそびえるイマームのモスク

広場周辺の主な建築物

イマームのモスク	広場南側。アッバース1世の命により、1630年に完成したモスク。高さ47mの巨大な青いドームに4基のミナレットを備え、イラン建築の最高傑作と評される。入口にあたるイーワーン上部には、鍾乳石(スタラクタイト)を模した「ムカルナス」と呼ばれる装飾が施されている。内部には、入口のイーワーンとは別の4つのイーワーンで囲まれた四角い中庭がある。この四方を囲まれた形式は「チャハル・イーワーン(4イーワーン)形式」と呼ばれるもの。またこの中庭は、モスクをメッカの方角に合わせるために、イマームの広場から約45度ずれている。
アリー・カプー宮殿	広場西側。15世紀のティムール朝の宮殿に、アッバース1世が2層の建物を付設したもので、イラン最古の高層建築。歴代王の好みが反映された内部は、鳥や人物の細密画で埋め尽くされており、迎賓館としての役割も担った。
シャイフ・ロトフォッラー・モスク	広場東側。黄色のタイルで飾られたドームが特徴的で、イラン人が「世界でもっとも美しいモスク」と自負する、アッバース1世の父の名を冠した王家専用のモスク。中庭やミナレットを持たない。イマームのモスクが「男性のモスク」と呼ばれるのに対し、こちらは「女性のモスク」と呼ばれる。
カイセリーヤ門	広場の北側に広がるバザールの入口。バザールはここから2kmほど北のマスジェデ・ジャーメ*まで続いている。

パキスタン・イスラム共和国

MAP P009 D-3

ラホール城とシャーラマール庭園

Fort and Shalamar Gardens in Lahore

文化遺産

登録年 1981年　登録基準 (i)(ii)(iii)

イラン
パキスタン
インド
サウジアラビア
アラビア海

▶ ムガル建築の変遷を伝える城塞

16世紀後半、ムガル帝国3代アクバル帝は、一時期パキスタン北東部のラホールに都を置き、古い砦を再建してラホール城を築いた。その後歴代の皇帝により増改築が繰り返された。城内には、白大理石をふんだんに用いた「真珠のモスク」や、40本の円柱を配した「**40本柱の間**」などがある。シャーラマール庭園は、シャー・ジャハーン帝が1642年にラホール郊外に造営した典型的な**ペルシア式泉水庭園**。庭園周辺の外壁の劣化や道路拡張による給水設備の破壊などのため、2000年から2012年まで危機遺産リストにも記載された。

ラホール城のアーラムギーリー門

マスジェデ・ジャーメ：上巻p.258参照。

城砦・城砦都市

山の稜線に沿って続く長城

中華人民共和国

MAP P007 B-② C-①

文化遺産

万里の長城
The Great Wall

登録年 1987年　登録基準 (i)(ii)(iii)(iv)(vi)

▶ 中国の歴史を物語る世界最大級の城壁

中国北部に、東西20,000kmにわたって連なる万里の長城は、春秋時代(紀元前770〜前403)の紀元前7世紀頃に建造が始まった世界最大規模の城壁である。当初の造築の目的は北方民族の侵入を防ぐことだったが、戦国時代(紀元前403〜前221)に入ると、隣国に対する防御壁として国々が個別に築き始めた。そして紀元前 221年に初めて中国を統一した秦の始皇帝が、秦、趙、燕などの各国が築いた長城をつなぐ形で整備、補修。将軍蒙恬が指揮を執り、現在の万里の長城の実質的な原型といえるものを造り上げ、**北方民族の匈奴に備えるための城壁**とした。当時の長城は現在のものよりも北側に位置していたとされる。

前漢の時代に入ると、長城は現在の敦煌のあたりまで延び、その後も歴代王朝によって増築、改築が繰り返された。明代には、北方のモンゴル民族が建てた王朝である元を北に追いやる形で中国を統一した洪武帝をはじめとして、皇帝たちが国境の防備、とりわけ長城の修築、増改築に力を注いだ。しかし、その後に中国を支配した**清は、北方民族の一派である女真族の王朝だったため、長城を整備することなく放置**。このため、長城は清代にその大部分が荒廃することとなった。1949年に中華人民共和国が成立すると再評価が行われ、1961年には中国政府により国家重点文物保護単位に指定され、保護されるようになった。

万里の長城は、東端の渤海湾沿いに位置する山海関から、西端の関城で天下第一雄関とも称された嘉峪関に至る。長城の建設は基本的に、山岳地帯では切り出した石を、平地では土や砂など、現地で入手できる資材が用いられていた。明代に入ると焼成レンガや石灰が大量に使われるようになり、長城はより堅固なものとなった。現在残されている長城の多くは、明代に築かれたものである。

高さ平均約8m、幅平均約4.5mの城壁は、その上を兵士や馬が移動できるようになっており、縁には銃眼の開いた女墻*が設けられている。また、要所要所に、防衛拠点である関城、見張り塔である敵台(望楼)、のろし台が築かれており、明代の建築技術の高さとともに、高度な軍事施設としての側面を今に伝えている。一方で、長城周辺では**長城を挟んで異民族同士の文化交流や交易などが行われていた**こともわかっている。

14世紀末に建造された山海関、その近くにある孟姜女*をまつる孟姜女廟、北京の北東約120kmに位置する司馬台長城、司馬台から徒歩で行ける金山嶺長城などが残るほか、北京の北約90kmにある慕田峪長城、北京の北西約70kmにある八達嶺長城などが有名。世界遺産には、保存状態の良い**「八達嶺長城エリア」「山海関エリア」「嘉峪関エリア」の3つのエリア**、合計21.5k㎡が登録されている。

万里の長城は複数の自治体をまたぐため、2006年には包括的な保全管理計画が策定され、絶えず更新を加えながら保護されている。

最も整備されている八達嶺長城

女墻:宮殿や城の上に作られる垣。姫垣とも呼ばれる。 **孟姜女**:万里の長城をつくる人夫だった夫を亡くし、その悲しみの涙で長城の一部を崩したという伝承上の人物。

MAP P007 D-②

水原の華城

Hwaseong Fortress

文化遺産

登録年 1997年　登録基準 (ii)(iii)

▶ 東西の軍事技術を融合した城郭都市

ソウルの南、京畿道水原(スウォン)市の華城(ファソン)は朝鮮王朝の第22代王正祖(チョンジョ)がつくらせ、1796年に完成した。正祖は非業の死を遂げた父の荘献世子(チャンホンセジャ)を水原郊外の華山に改葬するとともに、華城を築城。華城は実学を重視した正祖が理想都市として築いたもので、一時は華城への遷都も検討された。周囲約5.5kmを高さ約7mの石造りの城壁が囲み、城壁内には王の臨時の宿である**行宮(あんぐう)**なども造られた。ほかにも4つの城門、水門、見張り塔、楼閣、弓射塔、稜堡、のろし塔など48の建造物が当時の姿のまま残されている。また、北にある長安門、南にある**八達門**、東にある蒼龍門、西にある華西門の4つの城門のほかにも、隠し門がある。地形の有効利用という韓国建築の伝統を踏襲しつつ、使用資材の規格化など当時のヨーロッパ城郭建築の技術を導入した華城は軍事建築として高く評価された。

華城の一部は、第二次世界大戦における日本軍の占領と朝鮮戦争時に破壊された。しかし、『**華城城役儀軌**』という詳細な築城記録の原本が残されており、それに基づき41の建造物の復元・修復が行われたため、世界遺産委員会においてもその真正性が認められた。

華城の南にある八達門

MAP P007 D-②

南漢山城

Namhansanseong

文化遺産

登録年 2014年　登録基準 (ii)(iv)

▶ 朝鮮王朝の臨時首都として機能した山城

南漢山城はソウルの南東25kmの山岳地帯にあり、非常時に朝鮮王朝（1392－1910）の**臨時首都が置かれた要塞**である。ソウルの北に位置する北漢山城とあわせて、南北から首都を防御する要塞として機能した。最古のものは7世紀に築かれ、その後再建を繰り返し、17世紀初期に満州と清からの攻撃に備えて完成した。

日本と中国の築城技術を反映し、西洋式の火薬を使用した武器の導入にあわせて軍事防御技術が変化している。この要塞の建造は山城の築城の転換点にあたり、その後の要塞の建設に影響を与えた。4,000人が収容可能であり、行政と軍事における重要な拠点として韓国の主権の象徴となった。築城や防御に僧兵が関わった点も特徴である。

朝鮮戦争の際には、城壁や城内の建造物などが大きな被害を受けた。1970年代より修復・復元作業が進められ、現在は京畿道立公園として保護されている。

MAP P007 C-②

土司の遺跡群

Tusi Sites

文化遺産

登録年 2015年　登録基準 (ii)(iii)

▶ 地方統治制度の歴史を伝える遺跡群

中国南部の山岳地帯には、13世紀から20世紀初頭にかけて中央の歴代王朝が「**土司**（どし）」として任命した、地方の世襲制の首長による支配を今に伝える遺構が残る。

土司制度は、歴代王朝による地方統治制度として紀元前3世紀に始まった。これは歴代王朝による国家統一を目的としたものである一方、**地方の少数民族が独自の習慣や風俗、生活様式などを維持することを認めるもの**でもあった。特に元代以降は、中国近隣の少数諸民族の首長が土司として任命され、中央の王朝との間に君臣関係を築き外交や交易を行った。

湖南（こなん）省、湖北（こほく）省、貴州（きしゅう）省に残る老司城と唐崖土司城、海龍屯要塞の3つの遺産からなるこの遺跡群は、元と明の時代に中国で行われてきた土司制度による統治を伝える類まれな証拠として評価された。

MAP P009 D-④

レッド・フォート建造物群

Red Fort Complex

文化遺産

登録年 2007年　登録基準 (ii)(iii)(vi)

▶ アーグラ城を模範とした「赤い城」

デリーにあるレッド・フォートは、ムガル帝国*5代皇帝**シャー・ジャハーン**が、17世紀なか頃に首都をアーグラからデリーに移した際に建造した居城。隣接する、より古い城塞の**サリームガル**とともに登録されている。

レッド・フォート（赤い城）という名は、城壁が赤砂岩で築かれていることに由来。コーランに描かれた楽園を模した宮殿と庭園はイスラム建築を基本とする一方、水路で結ばれた別館にはペルシアやティムール朝、ヒンドゥー教などの影響が見られ、後のデリーの建築に大きな影響を及ぼした。

レッド・フォートのラホール門

MAP P009 D-③

ロータス城塞

Rohtas Fort

文化遺産

登録年 1997年　登録基準 (ii)(iv)

聖者の名前に由来するソヘル門

▶ 堅固な城壁を持つ難攻不落の要塞

カハーン川沿いにあるロータス城塞は、ムガル帝国2代皇帝フマユーンを一時的に駆逐してスール朝を開いた**シェール・シャー**が、1541年に建設した要塞。優れた初期イスラム軍事建築である。**世界最大級の岩塩鉱山**の上に築かれ、周囲の4kmに及ぶ城壁は、12の門や68もの稜堡（りょうほ）を備え、高い防御力を誇った。北からの遊牧民の侵入を防いだ城壁は、ほとんど壊されずに残っている。城壁の厚さは最大12m以上、高さは18mにも達する。また、トルコやインドの伝統的な建築や芸術も取り入れている。

ムガル帝国：1526～1540, 1555～1858　インド史上最大のイスラム国家。バーブルが創始し、一時スール朝に政権を奪われたが、16世紀後半に3代アクバルが再興し、17世紀にかけて繁栄した。

インド

MAP P009 D-④

アーグラ城

Agra Fort

文化遺産

登録年 1983年　登録基準 (iii)

中国
パキスタン
インド
ベンガル湾

▶ ムガル帝国の栄華を伝える赤い城

ニューデリーの南約200kmの位置にあるアーグラ城は、ムガル帝国を強大な国家に発展させた3代皇帝**アクバル**が、1565年から1573年にかけて首都アーグラに建設した城塞。赤砂岩の城壁に囲まれており、デリーの城と同じく「レッド・フォート（赤い城）」とも称される。アクバル帝時代は要塞機能に重点が置かれていたが、その後、5代皇帝シャー・ジャハーン、6代皇帝アウラングゼーブによる大幅な改築がなされ、広大な敷地内に市場、居住区といった都市機能も備える都城となった。

城内に現存する唯一のアクバル帝時代の建物がジャハーンギール宮殿。ペルシア建築とヒンドゥー教の建築様式が混在しており、**イスラム教徒とヒンドゥー教徒の融和**を図るため尽力したアクバル帝の政治的な意図を象徴しているとされる。

アーグラ城は二重の堀、二重の城壁で囲まれているが、その堅固な外部と対照的に内部は豪華。城内の建築物は、歴代の皇帝のなかで誰よりも建築に情熱を傾けたシャー・ジャハーン帝が、質素な赤砂岩を嫌い、多くのアクバル帝時代の建物を、大理石を使ってより美しく建て替えたためである。白大理石の列柱が立ち並ぶディーワーネアーム（公的謁見の間）やモティ・マスジド（真珠のモスク）などが、目を見張るような華やかさを誇り、インド・イスラム建築の絢爛たる魅力を伝えている。しかし彼は晩年息子に幽閉され、城内の**ムサンマン・ブルジュ（囚われの塔）**からタージ・マハルを眺めて過ごした。

アウラングゼーブ帝が1707年に没してからは、他国の占領や、内乱の舞台となるなどしたため多くの建物が破壊された。20世紀に入ってからは修復が進み、現在はかつての姿を取り戻しつつある。

赤砂岩の城壁で囲まれたアーグラ城

MAP P009 D-④

ラジャスタンの丘陵城塞群

Hill Forts of Rajasthan

文化遺産

登録年 2013年　登録基準 (ii)(iii)

▶ラージプート族諸国の権勢を伝える城塞群

インド北西部ラジャスタン州にある6つの威厳のある城塞が、シリアル・ノミネーション・サイトとして登録されている。チットルガルにある**チットルガル城塞**、ジャイプールにある**アンベール城塞**、クンバルガルのクンバルガル城塞、サワイ・マドプールにあるランタンボール城塞、ジャラワールにあるガーグロン城塞、ジャイサルメールにあるジャイサルメール城塞の6つの城塞。ラジャスタンとは、「**ラージプート族の地**」という意味である。

外周が最大で20kmもあるものを含む城塞の様々な建築は、8～18世紀にこの地で繁栄したラージプート諸国の権勢を伝えるものである。主要な市街地や宮殿、交易所の他、城塞以前にあった寺院などの建造物が城壁に囲まれており、そこで学問や音楽、芸術を支えた高度な宮廷文化が花開いた。いくつかの市街地は城壁内に現在も残り、そこには多くの寺院や宗教建造物群も含まれている。城塞は、丘陵やジャイサルメールの砂漠、ガーグロンの川、ランタンボールの深い森などの自然を防御にうまく取り入れている。また、広大な水利システムも特徴で、多くは現在も使

チットルガル城塞とヴィジャイ・スタンバ

われている。

ラジャスタン地方のヒンドゥー教の王朝であるメーワール王国が9世紀に首都としたチットルガルでは、1568年にムガル帝国のアクバル帝の前に陥落するまでチットルガル城塞を中心に文化、芸術が花開いた。メーワール王国は城塞陥落後も首都をウダイプルに遷して存続し、1818年にイギリスと軍事保護条約を結んでウダイプル藩王国となると、1947年にインドへ併合されるまで続いた。チットルガル城塞は、ラージプート諸国がムガル帝国の傘下に降った後もムガル帝国に激しい抵抗を続け、兵士のみならず女性や子供まで命を落としたメーワール王国の歴史を物語る城塞である。

チットルガル城塞には、悲劇の王妃パドミニのためのラーニー・パドミニ宮殿、壁面を多くの彫像やレリーフが飾るヒンドゥー教のミーラー・バイ寺院、15世紀にマルワール王国との戦いに勝利したことを記念して国王ラーナ・クンバが建てた9階建ての**ヴィジャイ・スタンバ**(勝利の塔)、異教徒でありながらその経済力のために重視されたジャイナ教徒のためのキルティ・スタンバ(名誉の塔)、ラーナ・クンバ宮殿、貯水池などが残る。

アンベールは、ラージプート族のアンベール王国の首都であった。1562年にアクバル帝が結婚を通した同盟をアンベール王国と結んだことを機に、ラージプート諸国はムガル帝国の傘下に降っていった。アンベール国王マン・スィン1世が砦を改築したアンベール城塞は、100年以上かけて改築が繰り返された。内部には豪華な装飾が施されており、ヒンドゥー教の神のガネーシャのモザイクが施されたガネーシャ門、壁や天井に数多くの鏡がはめ込まれた鏡の間などのほか、幾何学的な庭園などもあり、ムガル帝国がもたらしたイスラム教の影響を強く感じることができる。

ジャイプールのアンベール城塞

キルティ・スタンバ

危機遺産 シリア・アラブ共和国

MAP P009 A-②

文化遺産

クラック・デ・シュヴァリエとカラット・サラーフ・アッディーン

Crac des Chevaliers and Qal'at Salah El-Din

登録年 2006年／2013年危機遺産登録　登録基準 (ii)(iv)

▶ 十字軍時代を代表する2つの城塞

クラック・デ・シュヴァリエは、1142年から1271年にかけて**聖ヨハネ騎士団**が拡張し本拠地とした城塞。小高い丘の上に立ち築城技術の粋を究めた難攻不落の名城として名を馳せた。2013年にシリア内戦により被災した。

その北方に位置するカラット・サラーフ・アッディーンは、10世紀半ばにビザンツ帝国により紀元前から続く古い砦が補強された。1188年には**サラディン***が陥落させたことから「サラディンの要塞」という意味を持つ現在の名で呼ばれるようになった。ビザンツ帝国やフランク王国、アイユーブ朝の様式が混在した装飾が特徴である。

クラック・デ・シュヴァリエ

イラク共和国

MAP P009 B-②

文化遺産

エルビル城砦

Erbil Citadel

登録年 2014年　登録基準 (iv)

▶ アッシリアに遡る可能性を秘めた卵形円丘

エルビル城砦は、クルド人地域のエルビル行政区域にあり、「**卵形**」の丘の上に建つ。高い城壁と19世紀の正面入口からは、エルビルを防御してきた難攻不落の城砦の面影が偲ばれる。記録文書の記述や図象によると、独自の扇形をした城壁内の古代集落は、アッシリア*の政治・宗教上重要な中心地とされる**古代アルベラ**のものと考えられる。考古学調査や出土品からは、この円丘が古い集落の遺跡を覆い包んでいることも判明している。

小高い丘の上に立つエルビル城砦

サラディン：1138～1193　アイユーブ朝を興したイスラム世界の政治家。　**アッシリア**：前2千年紀に北メソポタミアで興った帝国。鉄製の武器、戦車などをもちいて、前7世紀前半に全オリエントを統一。

オマーン国

MAP P009 B-④

バフラの砦

Bahla Fort

文化遺産

登録年 1987年　登録基準 (iv)

エジプト
サウジアラビア
イラン
オマーン
スーダン
イエメン
エチオピア

▶ 砂漠に残る壮麗な要塞の廃墟

オマーン北部、アフダル山麓に位置するバフラの砦は、砂漠のオアシス都市に築かれた要塞。12世紀半ばから15世紀末にかけてこの地を支配した**バヌ・ネブハン族**により日干しレンガで建てられ、増改築を重ねた後、16世紀に完成。古くから海上貿易が活発だったオマーンでは、海陸双方からの敵の襲来に備え数々の要塞が造られており、このバフラの砦は、**国内でも最大規模**を誇る。周囲の城壁は全長約12kmに及び、上部には巡視路が張り巡らされたほか、円形や方形の132もの監視塔が設けられている。

バフラの砦

ベトナム社会主義共和国

MAP P007 C-③

胡朝の要塞

Citadel of the Ho Dynasty

文化遺産

登録年 2011年　登録基準 (ii)(iv)

▶ 王都の偉容を示す大規模な砦

1397年に建設された砦の遺跡で、ベトナムのタインホア省に築かれた。この地域は1400年から**胡朝**（こちょう）の首都となったが、明に侵攻されわずか7年で滅んだ。

風光明媚な立地は、**風水**の伝統的な原理に従ったものであり、14世紀後半に宋学(新儒学)がこの地を含むアジア各国に伝播したことを示す。中央集権型の王朝の首都にふさわしい偉容を誇ったが、現在は城門のみが残っている。

東門

アンコール・ワット

カンボジア王国

MAP P007 C－④

アンコールの遺跡群

Angkor

文化遺産

登録年 1992年　登録基準 (i)(ii)(iii)(iv)

▶ アンコール朝の栄華を伝える聖なる遺構

カンボジア北西部に広がる熱帯雨林に囲まれた『アンコールの遺跡群』は、9〜15世紀にかけてインドシナ半島の大半を支配下においたクメール人によるアンコール王朝の繁栄を伝える都市遺跡である。400㎢にわたる広大な地域に、600を超える石造りの遺跡が残る。802年頃にクメール人が興して以来、アンコール朝の歴代の王は即位のたびに都城と寺院を造営し、自らを神格化した。9世紀後半にこの地を王都として以後、何世紀にもわたり歴代の王の絶対的な権力が反映された高い芸術性に富む都城や寺院などが建造された。この地で花開いた**クメール美術**は東南アジア全域に多大な影響を及ぼした。

アンコール遺跡最大の寺院は、幅190mの外堀に囲まれた面積約2㎢のアンコール・ワット。クメール語で「アンコール」は「街」を、「ワット」は「寺院」を指す。12世紀前半、**スーリヤヴァルマン2世**が建設を開始し、30年をかけて建造された。寺院内部はヒンドゥー教の宇宙観を表しており、中央にある高さ約65mの尖塔と四方の塔計5基は、地球の中心に位置し神々が住むとされる5つの頂を持つ須弥山（しゅみせん）（メール山）を表している。大地の間には7つの海があり、その全体をヒマラヤ山脈が取り囲むという考えに基づき、須弥山の同心円状に6つの大地と海を表す堀、ヒマラヤ山脈を表す周壁がある。中心となる本殿の尖塔には、王とヴィシュヌ神が合体したヴィシュヌ・ラージャ神像が祀られていたという。本殿を囲む三重の回廊は、内側ほど高くなっている。最も外側の第1回廊は周囲約800mに及び、壁面全体がスーリヤヴァルマン2世の行進、天女アプサラスや女神デヴァター、インドの叙事詩やヒンドゥー神話などをモチーフにした精緻な浮き彫りで埋め尽くされている。

13世紀初頭に完成したアンコール・トムは、1177年に隣国チャンパーから受けた攻撃を教訓としたジャヤヴァルマン7世が築いた都城。アンコール・ワットに比べ防衛力が強化された。ジャヤヴァルマン7世が仏教を厚く信仰したため、仏教的要素が強い建造物が多い。中心となる仏教寺院**バイヨン**には54基の巨大な四面仏顔塔が並び、バイヨン様式と呼ばれる独自の美術様式を示している。

1186年にジャヤヴァルマン7世が母の菩提寺として建立したタ・プロームは、ガジュマルの木の根により侵食されている。ロリュオスにあるアンコール最古のヒンドゥー教寺院プリア・コーは、879年に建立された。ヒンドゥー教寺院**バンテアイ・スレイ**には、女神デヴァター像が祀られており、その美しさからフランスの作家アンドレ・マルローが盗み出そうとして逮捕されたというエピソードも残る。

バイヨン

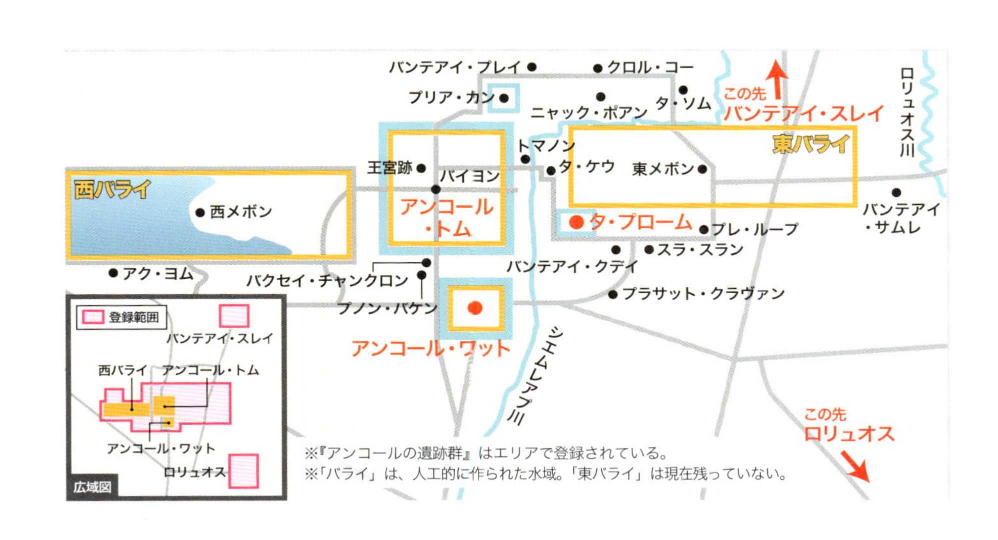

文化遺産

サンボー・プレイ・クックの寺院地区：古代イシャナプラの考古遺跡

Temple Zone of Sambor Prei Kuk, Archaeological Site of Ancient Ishanapura

登録年 2017年　登録基準 (ii)(iii)(vi)

▶ プレ・アンコール期を物語る「森の寺院」

サンボー・プレイ・クックはクメール語で「豊かな森の寺院」を意味し、プレ・アンコール期と称される6世紀終わり頃から7世紀初めにかけて栄えた、**真臘（チャンラ王国）**の首都イシャナプラであった。この地は、スタン・セン川やオー・クル・ケー川*、いくつもの水路や沼地、自然の土手など、「水」の強い影響が特徴の平野に位置する。都市の遺構は25㎢にわたって広がっており、その中に寺院が集中する地区や、一辺2kmの都城地区がある。真臘はここを拠点としながら、現在のタイやラオスの領内の一部を含む、広大な領土を支配していた。

この遺産の多くはレンガ造であり、**八角形の祠堂**も10ある。寺院地区はプラサート・サンボー寺院、プラサート・タオ寺院、プラサート・イェイ・ポアン寺院の3つの複合伽藍が代表的。それぞれの寺院は中心の祠堂の周りに複数の祠堂や構築物が取り囲む、幾何学的な伽藍配置を取っている。

特徴的な八角形の祠堂

この遺跡で見られる「空中宮殿（フライング・パレス）」や「怪魚マカラ」などに代表される装飾は、プレ・アンコール期の表現法として特徴的で、**サンボー・プレイ・クック様式**として知られる。サンボー・プレイ・クックはヒンドゥー教や仏教の宇宙観がカンボジアで具現化された最初の事例であり、この地で発展した美術と建築が後にアンコール時代に開花したクメール美術の礎を築いたといえる。

「空中宮殿」のレリーフ

スタン・セン川やオー・クル・ケー川：カンボジアでは、大きな川を「トンレ」、中くらいの川を「スタン」、小さな川を「オー」と区別しており、「中くらいのセン川」、「小さなクル・ケー川」という意味。

ベトナム社会主義共和国

MAP P007 C-③

ハノイにあるタン・ロン皇城遺跡の中心地

Central Sector of the Imperial Citadel of Thang Long - Hanoi

文化遺産

登録年 2010年　登録基準 (ii)(iii)(vi)

▶ 南北の異文化が融合した皇城

11世紀にベトナム李王朝により建設されたタン・ロン（昇龍の意。現ハノイ）の皇城は、大越国の中国からの独立を証言するものである。ハノイの**紅河デルタ**を埋め立てた干拓地にあり、7世紀に中国が建造した要塞遺跡の上に建設された。

この地は19世紀まで都が置かれ、政治の中心地であり続けた。皇城の建物と**ホアンディウ考古遺跡**には、紅河下流渓谷部における、北からの中国文化と南からのチャンパー王国文化が融合した独特の文化がよく表れている。

国旗掲揚塔

ベトナム社会主義共和国

MAP P007 C-④

フエの歴史的建造物群

Complex of Hué Monuments

文化遺産

登録年 1993年　登録基準 (iv)

▶ 中華風と西洋風が融合したグエン朝の都

フエには19世紀から20世紀に栄えたベトナム最後の王朝、**グエン朝**ゆかりの建造物が多く残る。フエの中心部よりやや南寄りに位置する王宮は、北京の紫禁城（故宮）の4分の3の縮尺で造られたといわれる。王宮内の建物は**ベトナム戦争**時の1968年にほとんど破壊されたが、皇帝が政務を執った太和殿や、王宮の正門は補修を加えられ、豪華な王宮建築の姿を今に伝える。フエの城壁外には中国式の中庭を持つミンマン帝陵、フランス統治時代に築かれたカイディン帝陵など多様な皇帝の陵墓が点在する。

王宮の午門

インド

MAP P009 D-④

文化遺産

チャンパネール-パーヴァガドゥ遺跡公園

Champaner-Pavagadh Archaeological Park

登録年 2004年　**登録基準** (iii)(iv)(v)(vi)

▶ ムガル帝国支配以前の都市の姿を伝える遺跡

インド西部のグジャラト州に位置し、8世紀頃ヒンドゥー教を信仰したラージプート族の王朝**チャウハン朝***の都として築かれた都市遺跡。遺跡はチャンパネール村とパーヴァガドゥ丘という2エリアで構成される。パーヴァガドゥ丘の頂上にある**カーリーカマタ寺院**は、ヒンドゥー教の重要な聖地として、多くの巡礼者が訪れる。ほかにも、先史時代の遺跡や初期ヒンドゥー文化に属する丘の上の要塞、8～14世紀の要塞や宮殿、住居群や水道設備、15世紀のグジャラト州都の遺跡など、幅広い時代の遺構が残る。

チャンパネールのナジナ・マスジド

インド

MAP P009 D-⑤

文化遺産

ハンピの都市遺跡

Group of Monuments at Hampi

登録年 1986年／2012年範囲変更　**登録基準** (i)(iii)(iv)

中国
パキスタン
インド
ベンガル湾

▶ 現代によみがえる勝利の都

インド南部にある『ハンピの都市遺跡』は、14～16世紀頃に南インド一帯を支配していた**ヴィジャヤナガル王国**の築いた都の遺跡である。「ヴィジャヤナガル」という言葉は「勝利の都」という意味。王国の最盛期である16世紀前半には、数多くの豪奢なヒンドゥー教寺院や宮殿が造営されたが、1565年にイスラム軍に敗れ、廃墟と化した。現在、**ヴィルーパークシャ寺院**やヴィッタラ寺院、ロータス・マハル、ラーマ・チャンドラ寺院、ハザーラ・ラーマ寺院、クリシュナ・バザール（市場）、象舎などが残る。

ハンピのヴィッタラ寺院にあるラタ（山車）

チャウハン朝：ヒンドゥー教徒のラージプート族が建国した王朝。16世紀半ば、ムガル帝国によって滅ぼされた。

インド

MAP P009 D-④

アーメダバードの歴史都市

Historic City of Ahmadabad

文化遺産

登録年 2017年　登録基準 (ii)(v)

▶ 多文化共生を示す歴史都市

グジャラト朝の首都であったアーメダバードは、城壁に囲われた都市で1411年にグジャラト王国のアフマド・シャー1世によって築かれた。街にはスルタン統治時代建造物が多く残る。バードラ砦や門や壁、数多くのモスクと墓、その後に建てられたヒンドゥー教とジャイナ教の寺院などの他、「**ポル**」と呼ばれる密集した伝統的な家屋や、門のある伝統的な街路がある。ヒンドゥー教やイスラム教、仏教、ジャイナ教、キリスト教、ゾロアスター教、ユダヤ教など**様々な宗教の施設が存在し、多文化共生の貴重な事例**となっている。

15世紀に築かれたアーメダバード最古の門

インド

MAP P009 D-④

中国
パキスタン
インド
ベンガル湾

ファテープル・シークリー

Fatehpur Sikri

文化遺産

登録年 1986年　登録基準 (ii)(iii)(iv)

▶ 中世イスラム文化を伝える遺跡都市

「勝利の都シークリー」との名を持つファテープル・シークリーは、ムガル帝国3代皇帝**アクバル**が築いた都市。深刻な水不足と暑さのため、1571年からわずか14年間しか使われず、新都ラホールに遷都された。都市は幾何学的な計画に基づき作られ、宮廷地区には国民が皇帝に謁見するための広い中庭を持つディーワーネ・ハースや、皇帝が納涼するためのパンチ・マハルなど、モスク地区にはイスラム建築とインドの建築様式を融合した寺院ジャーミ・マスジドや、その門の1つ**ブランド・ダルワーザ**(偉大なる門)などが残る。

宮廷地区にあるパンチ・マハル

スリランカ民主社会主義共和国

MAP P009 D-⑥

シーギリヤの古代都市

Ancient City of Sigiriya

文化遺産

登録年 1982年　登録基準 (ii)(iii)(iv)

▶ そびえる岩山に建設された天空の要塞都市

スリランカ中部のシーギリヤは、5世紀後半に**シンハラ王国**の王**カッサパ1世**が、南北約180m、東西約100m、高さ約200mの岩山に建設した要塞を中心とする古代都市遺跡。弟のモッガッラーナを追放し、王であった父のダートゥセナを殺して王に即位したカッサパ1世は、供養のため父親が計画したまま未完となっていたシーギリヤの城塞を完成させ移り住んだ。しかし、カッサパ1世は495年にモッガッラーナに敗れて自害。するとわずか11年でシーギリヤは放棄されてしまう。その後、寺院として人々の信仰を集めたが、やがて廃墟と化した。

「獅子の山」を意味するシーギリヤの岩山の頂には、宮殿や庭園、貯水池などを含む空中都市が造営され、北側には、高さ数十mの獅子をかたどった巨大な獅子の門が造られた。ふもとにあった市街地には、当時の造園技術が結集された「**水の庭園***」が造られた。これは、アジア最古の庭園の1つとされる。

岩山の西側の壁には、「**シーギリヤ・レディ***」と呼ばれる華やかな装身具で身を飾った「天女」たちを描いた壁画がある。これは、カッサパ1世の宮殿で暮らしていた女性たちをモデルにしたと考えられており、スリランカ美術を代表するテンペラ画である。インドの『アジャンターの石窟寺院群』の壁画同様に、隈(くま)取(ど)りして立体感を出した

足先だけが残る獅子の門

水の庭園：上下水道が整備され、噴水などが設けられた。　**シーギリヤ・レディ**：野菜や花、木などの植物の顔料で色を塗ったテンペラ画の技法で描かれている。

り、やや前屈みの姿勢で体の線を柔らかく描く方法が見られる。かつては500体ほどあったとされるが、大部分が風化し、現在残っているのは19世紀末に発見された21体のみ。壁画以外にも、岩肌には寺院として用いられていた頃に訪れた参拝客が残したカッサパ1世の盛衰を表現する685編もの「落書き」があり、スリランカ最古の文学作品ともいわれる貴重な記録となっている。

シーギリヤ・レディ

水の庭園から望むシーギリヤ・ロック

バングラデシュ人民共和国

MAP P009 E-④

文化遺産

バゲルハット：モスクを中心とした歴史都市

Historic Mosque City of Bagerhat

登録年 1985年　登録基準 (iv)

▶ ガンジス河口につくられたイスラム都市

バングラデシュ南部のバゲルハットは、15世紀前半に湿地帯であったこの地を開拓したトルコ系の武将**ハーン・ジャハーン・アリー**によって建設された多くのモスクが残る都市遺跡。かつては**ハリファターバッド**と呼ばれており、言い伝えによるとハーン・ジャハーン・アリーはこの地に360のモスク、360の聖廟、360の池をつくったという。現在は、シャット・グンバド・モスクをはじめハーン・ジャハーン様式と呼ばれる独特の様式を備えたモスクやダルガー（聖者廟）など約50の建築物が残されている。

60のドームを持つシャット・グンバド・モスク

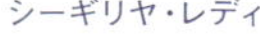

トルコ共和国

MAP P009 A-①

アフロディシアス

Aphrodisias

文化遺産

登録年 2017年　登録基準 (ii)(iii)(iv)(vi)

▶ 愛と美の女神アフロディーテに関わる遺跡

モルシナス渓谷上流にあり、アフロディシアスの考古遺跡と大理石採石場の2つで構成される。ギリシャ神話の愛と美の女神アフロディーテを祀った「**アフロディーテの神殿**」は紀元前3世紀のもので、都市はアフロディーテを信仰する人々の街として1世紀後に造られた。**アフロディーテ信仰を通してローマ帝国と緊密な関係**を結んでおり、元老院から税金の免除を受けた。また、アフロディシアスは大理石の採石と精巧な大理石の彫刻制作によって栄えた。街路には神殿や劇場、広場、2つの浴場施設などが残る。

愛と美の女神を祀った「アフロディーテの神殿」

トルコ共和国

MAP P009 A-①

ブルサとジュマルクズク:オスマン帝国発祥の地

Bursa and Cumalıkızık: the Birth of the Ottoman Empire

文化遺産

登録年 2014年　登録基準 (i)(ii)(iv)(vi)

▶ オスマン帝国初期の都

トルコ北西部の南マルマラ地方に位置するブルサの8つの遺跡群と、その近郊の村ジュマルクズクからなる遺跡群。14世紀初頭のオスマン帝国*による、**都市部と農村部からなる都市計画**を象徴するもので、都市の中心部で発展した新首都の社会・経済的組織の機能を今に伝えている。

ブルサはシルクロードの西の基点として繁栄し、オスマン帝国初期の1326年から1365年までは首都が置かれていた。モスクやマドラサ(宗教学校)、公共浴場、貧者向けの台所、スルタンの霊廟などからなる**キュリエ**と呼ばれる宗教施設が残る。近郊のジュマルクズクは都市部の経済を支えた農村の面影を残す村である。

ジュマルクズク

オスマン帝国:アナトリアからバルカン半島、地中海にも進出し、16世紀を頂点として一大帝国を築いた。

オマーン国

MAP P009 B-④

カルハットの古代都市

Ancient City of Qalhat

文化遺産

登録年 2018年　登録基準 (ii)(iii)

▶ 古代のアラビア半島における中心的な港

『カルハットの古代都市』はオマーンの東海岸に位置している。カルハットは11〜15世紀の**ホルムズ王国**の王子たちの治世に、アラビア半島の東海岸の中心的な港として繁栄した。都市は2重の壁で囲われており、外側の壁の外には古代の共同墓地があった。ホルムズ王国は馬や**ナツメヤシ**、香料、真珠などを貿易によって輸出して富を得た。この遺産には、アラビア半島東岸と東アフリカ、インド、中国、東南アジアとの間に、交易があった貴重な考古学的な証拠が見られる。

カルハットの古代都市に残る廃墟

イラン・イスラム共和国

MAP P009 B-③

ファールス地方にある ササン朝の考古学的景観

Sassanid Archaeological Landscape of Fars Region

文化遺産

登録年 2018年　登録基準 (ii)(iii)(v)

▶ ササン朝 初期の首都

イラン南部のファールス地方にある8つの考古遺跡で構成される。要塞化された建造物や宮殿、都市は、ササン朝*の初期から後期にかけて作られたもの。224年から651年までササン朝はこの地域まで広がっており、ササン朝の始祖**アルダシール1世**が築いた軍事拠点や最初の首都、後継者のシャープール1世が築いた街や建造物が残る。そこからは当時の人々が**自然地質学を最適に利用していた**ことがわかる。ササン朝からイスラム時代への移り変わりや、アケメネス朝やパルティアの文化的伝統、ローマ芸術の影響も伝えている。

アルダシール1世の宮殿跡

ササン朝：現在のシリアからインダス川西岸にいたるまで広大な地域を統合し、中央集権的な体制を確立した。国教はゾロアスター教。

イラン・イスラム共和国

MAP P009 B-②

イラク
イラン
パキスタン
サウジアラビア

ソルターニーイェ

Soltaniyeh

文化遺産

登録年 2005年　登録基準 (ii)(iii)(iv)

▶ イランのイスラム建築を代表する建築物群

首都テヘランから北西に約300km、ザンジャーン州のソルターニーイェは、**イル・ハン国**の首都として発展した都市である。イル・ハン国は13世紀にモンゴル帝国を創建したチンギス・ハンの孫フラグによって建国され、13世紀から15世紀にかけて栄えた。ソルターニーイェに残る数多くの霊廟などの遺跡が、世界遺産に登録されている。

イル・ハン国は1295年～1304年のガザン・ハンの治世に、イスラム教を国教化。その後、多くのイスラム建築が造られるようになったが、イル・ハン国の国勢が衰えるとともにソルターニーイェも衰退していった。

ソルターニーイェを代表する建造物は、イスラム様式の**オルジェイトゥ廟**である。これはソルターニーイェに遷都した第8代君主オルジェイトゥの霊廟として、1302年から1312年にかけて建設された。8基のミナレットを備え、青いタイルで覆われた高さ約50mの八角形のドームを持つ。このドームは屋根と天井が分かれた二重構造となっており、同様のドーム建築としては、イランで最初のものである。内部装飾の美しさは傑出したものと評価されており、さらに全体構造や空間構成、装飾技法などにおいて、イル・ハン国時代にイラン各地に建てられたペルシア建築を代表する建築物であるとされている。このオルジェイトゥ廟は後の多くの中央アジア・西アジアのイスラム建築に影響を与えたとされており、カザフスタンの**ホージャ・アフマド・ヤサヴィー廟***もその1つである。

二重構造のドームを持つオルジェイトゥ廟

ホージャ・アフマド・ヤサヴィー廟：上巻p.194参照。

危機遺産　イラク共和国　MAP P009 A-②

古代都市サーマッラー

Samarra Archaeological City

文化遺産

登録年 2007年／2007年危機遺産登録　登録基準 (ii)(iii)(iv)

▶「イラクの至宝」とされるミナレットを持つ都市遺跡

マルウィーヤ・ミナレット

バグダードの北西約130km、ティグリス川沿いにあるサーマッラーはシーア派の聖地であり、836～892年に**アッバース朝***の首都として繁栄した都市の遺跡が残る。アッバース朝の都市遺跡では唯一原形を残すものとされ、都市プラン（平面構成）、建築物、モザイクや彫刻などが残っている。

主な建築物は、当時世界最大だった大モスクと、これに付随する**マルウィーヤ**と呼ばれるらせん状ミナレット（尖塔）、イスラム世界最大規模のカリフの宮殿など。8割が未発掘とされているが、イラクの政情不安のため、世界遺産に登録されると同時に、危機遺産リストにも記載された。

トルクメニスタン　MAP P009 C-②

クフナ-ウルゲンチ

Kunya-Urgench

文化遺産

登録年 2005年　登録基準 (ii)(iii)

カザフスタン
トルクメニスタン
イラン　アフガニスタン
パキスタン
インド

▶ 中世イスラム文化を伝える遺跡都市

トルクメニスタン北部にある『クフナ-ウルゲンチ』は、アケメネス朝ペルシア時代から栄えた都市。10世紀末にはアム川下流域を中心にした**ホラズム朝**の首都となり、イスラム化した。クフナは「旧」という意味で、ウズベキスタンにある現在のウルゲンチへ、16世紀に都市機能が移った。旧市街には11～16世紀のモスクや隊商宿、要塞、**スルタン・テケシュ廟**などの霊廟、ミナレットなどが残る。いずれの建物にも卓越した建築技術が見られ、その影響はイランやアフガニスタン、後にはムガル帝国にまで及んだ。

スルタン・テケシュ廟とミナレット

アッバース朝：750～1258　アブー・アッバースが開いたイスラム王朝。首都はサーマッラー時代を除きバグダードに置かれた。

スリランカ民主社会主義共和国

MAP P009 D－⑥

ポロンナルワの古代都市

Ancient City of Polonnaruwa

文化遺産

登録年 1982年　登録基準 (i)(iii)(vi)

▶ スリランカ仏教芸術の傑作が集まる仏教都市

スリランカ中部にあるポロンナルワは、アヌラーダプラに次ぐシンハラ王国の2番目の都で、11～13世紀に栄えた。12世紀後半、**パラークラマ・バーフ1世**によって大改修され、最盛期を迎えた。パラークラマ・サムードラ*と呼ばれる人造湖が作られ、灌漑設備を充実させるとともに、1,000もの部屋がある7階建てのウェジャヤンタパーサーダ宮殿を王宮として建てた。また、数々の寺院が建立されて、**ガル・ヴィハーラ寺院**の全長約13mの涅槃仏や巨大な座像、立像が作られ、スリランカ仏教芸術の傑作とされている。

ワタダーゲと呼ばれる仏塔

アゼルバイジャン共和国

MAP P009 B－②

黒海
アゼルバイジャン
トルコ
イラン
サウジアラビア

シルヴァンシャー宮殿と乙女の塔のある城壁都市バクー

Walled City of Baku with the Shirvanshah's Palace and Maiden Tower

文化遺産

登録年 2000年　登録基準 (iv)

▶ 多様な文化の影響を受けたアゼルバイジャン建築の傑作

カスピ海に面するアブシェロン半島にあるバクーは、アゼルバイジャンの首都。古くから交通の要衝として発展し、9～10世紀頃から油田の採掘で繁栄した。ペルシア、オスマン帝国、ロシアなど多様な文化の影響を受けた歴史的建造物が残る。**城壁内（イチェリ・シェヘル）**にはモスクやゾロアスター教寺院などがあり、12世紀に建造された楕円形の見張り塔である乙女の塔と、**シルヴァン朝**により15世紀に建造されたシルヴァンシャー宮殿は、アゼルバイジャン建築の傑作とされている。2000年の地震の被害や都市開発の影響で、2003年に危機遺産リストに記載されたが、2009年に脱した。

乙女の塔

パラークラマ・サムードラ：パラークラマの海を意味する南北9kmの貯水池。

レバノン共和国

MAP P009 a

アンジャル

Anjar

文化遺産

登録年 1984年　登録基準 (iii)(iv)

▶ ウマイヤ朝の栄華を今に伝える貴重な都市遺跡

レバノン東部のアンジャルは、8世紀初頭に**ウマイヤ朝**のカリフである**アル・ワリード1世**が保養地として建設した都市で、レバノン唯一のウマイヤ朝の遺跡。この一帯に残されていたローマ帝国やビザンツ帝国の遺構を転用してつくられた。アンジャルの中心には王宮が設けられ、その周囲に公共浴場やモスク、従者の住居や多数の商店が置かれた。現在では、ビザンツ帝国時代の聖堂建築様式による2層アーチを持つ王宮の一部が復元されている。

復元された王宮の一部

パキスタン・イスラム共和国

MAP P009 c-④

タッタとマクリの歴史的建造物群

Historical Monuments at Makli, Thatta

文化遺産

登録年 1981年　登録基準 (iii)

▶ 3王朝の首都となったインダスの交易都市

パキスタン南部のタッタは、14〜18世紀にかけてインダス川の港湾都市として栄えた。**シンド地方**を支配したサンマー朝、アルグン朝、タルハーン朝の3王朝の首都が置かれた。18世紀半ばにはペルシアの攻撃を受け滅亡した。シンド地方の名は、インダス川の古名シンドゥに由来する。

1647年に作られたシャー・ジャハーン・モスクのほか、ムガル帝国5代皇帝**シャー・ジャハーン**の命により1658年に完成した、青を基調にした彩釉(さいゆう)タイルや彩釉レンガで覆われた美しいジャミー・マスジド(金曜モスク)が残る。近郊のマクリの丘はイスラム世界最大の墓地で、多くの墳墓が残されている。

シャー・ジャハーン・モスクの内部

ヨルダン・ハシェミット王国

MAP P009 A-②

ウンム・アッラサス（カストロム・メファア）

Um er-Rasas (Kastrom Mefa'a)

文化遺産

登録年 2004年　登録基準 (i)(iv)(vi)

トルコ
シリア
イラン
イスラエル
イラク
ヨルダン
リビア
エジプト
サウジアラビア
スーダン

▶ ローマからイスラム時代にかけての遺構を残す都市遺跡

ヨルダン中部、マダバ郡にあるウンム・アッラサスには、3世紀末のローマ時代からビザンツ帝国時代、9世紀のイスラム時代までの建物が残る。**ローマ軍の駐留地**として建設され、5世紀に入ると街に発展した。要塞など遺跡の大部分は、まだ発掘されていないが、保存状態の良いモザイク張りの床面がある聖堂の遺跡がいくつか確認されている。**聖ステファン聖堂**の床のモザイク画は、当時の街の様子を伝える貴重なもの。また、ビザンツ帝国時代に建てられた2基の四角柱の塔が残っており、禁欲僧が柱や塔の上でひとりきりで時間を費やす柱上修行に用いられた。

ローマ時代の遺構

サウジアラビア王国

MAP P009 A-③

ディライーヤのツライフ地区

At-Turaif District in ad-Dir'iyah

文化遺産

登録年 2010年　登録基準 (iv)(v)(vi)

イラン
エジプト
サウジアラビア
スーダン
イエメン

▶ かつてのサウジアラビア王家の本拠地

アラビア半島の中央部、サウジアラビアの首都リヤドの北西に位置するディライーヤは、サウジアラビアのルーツである**サウード家**発祥の地。18～19世紀初頭にかけて、政治的、宗教的分野での役割が大きくなった。ツライフ地区はサウード家の宮殿や行政機関が置かれ、権力の中心として栄えた。そして、ワッハーブ派によるイスラム教の改革運動における、勢力拡大の拠点となった。

数多くの宮殿跡やオアシスのほとりの都市地区は、アラビア半島中央部で見られる独特の建築様式である**ナジャディ様式**を今に伝えている。

都市の遺跡

中華人民共和国

MAP P007 C-①

元の上都遺跡

Site of Xanadu

文化遺産

登録年 2012年　登録基準 (ii)(iii)(iv)(vi)

▶ モンゴル族と漢民族の文明が融合した元の都

現在の内モンゴル自治区に位置する、モンゴル帝国(元)の**フビライ・ハン**が、1256年にモンゴル高原南部に設けた開平府を前身とし、中国の伝統的な**風水理論**に基づいて築かれた都。元は大都(現在の北京)を築くと、開平府は上都と改称され、2つの都を交互に使用した。上都は夏の離宮として用いられ、皇帝が避暑と政務を行った。上都はモンゴル族による遊牧文明と漢民族の農耕文明が融合した都市建設が特徴。モンゴル人はチベット仏教を深く信仰し、元の拡大とともに、アジアの東北部にも信仰が広まった。遺跡には寺院、王宮、墓、遊牧民の野営地や運河跡などが残る。

修復中の石積みが残る

北朝鮮(朝鮮民主主義人民共和国)

MAP P007 D-①

開城歴史遺跡地区

Historic Monuments and Sites in Kaesong

文化遺産

登録年 2013年　登録基準 (ii)(iii)

▶ 仏教や儒教、風水などの思想に基づき築かれた旧都

北朝鮮南部にある開城は、10世紀から14世紀まで栄えた**高麗王朝**の都が置かれた都市。市内にある12の歴史的建造物が、高麗王朝の歴史と文化を証明する遺産として登録された。王宮、王陵と関連建造物、城壁、門など、旧都の**風水的な配置**は、地域の歴史において重大な意味を持つ高麗王朝の政治的価値や文化的価値、哲学的価値、精神的価値などを体現している。他にも、天文台や気象台、役人を育てる学校を含む2つの教育機関、記念石碑などが含まれている。

王宮

左右対称のタージ・マハル

インド

MAP P009 D-4

タージ・マハル

Taj Mahal

文化遺産

登録年 1983年　登録基準 (i)

▶ インド・イスラム建築を代表する霊廟建築

インド北部アーグラにあるタージ・マハルは、17世紀、ムガル帝国5代皇帝**シャー・ジャハーン**により1632年から約20年もの歳月をかけて建設された総白大理石づくりの霊廟。

ムガル帝国の最盛期、シャー・ジャハーンは南インドを版図に組み込もうと、1630年にデカン高原に遠征する。このとき、愛妃ムムターズ・マハルを戦場に伴っていたが、遠征先で出産したムムターズ・マハルは産褥熱(さんじょくねつ)のため36歳の若さで死去。愛する王妃を失った皇帝シャー・ジャハーンの悲しみは深く、国民に2年間の喪に服すことを命じ、喪が明けるとヤムナー川のほとりでタージ・マハルの建設を開始した。建設にあたっては世界各地から職人が集められている。設計者については諸説あるが、デリー城の設計にも携わったペルシア人のウスタド・アフマド・ラホーリーという説が有力である。

総面積17万㎡に及ぶタージ・マハルの敷地は塀で囲まれ、霊廟本体、南門、庭園などで構成されている。南門をくぐると、ペルシア式の四分庭園(**チャハル・バーグ**)が広がり、その向こうに見える白亜の建物が霊廟である。霊廟の左右にはモスクと迎賓館が全く同じ構造で建てられ、敷地内は**完全な左右対称**となっている。

基壇の上に鎮座する霊廟は、ドームを冠する変形八角形の建物で、幅65m、高さ58mある。建物の前後左右4面に、イーワーンと呼ばれる開放式のホールがあり、ペルシア建築の影響も見られる。また、基壇の四隅には高さ約42mのミナレット*がそびえる。ムガル帝国の伝統的な建築様式を踏襲したタージ・マハルだが、建築にかかわった職人の中にはフランスの金細工師やイタリアの宝石工もいたため、ヨーロッパのバロック様式の影響も見られる。外壁は「コーラン」の章句を表すアラビア文字や象嵌で描かれたアラベスク紋様などで装飾されている。シャー・ジャハーンは、川の対岸に白いタージ・マハル廟と対をなす黒大理石の廟を自身のために造り、橋でつなぐという計画を抱いていたというが、その夢は叶わず、幽閉先の『アーグラ城』からタージ・マハルを眺めて晩年を過ごしたとされる。シャー・ジャハーンの死後、彼の棺はタージ・マハルの地下に眠る王妃の棺の隣に安置された。

1648年に完成した南門は、赤砂岩づくりの楼門で、細い柱と屋根で構成される**チャトリ**と呼ばれるインド・イスラム建築の装飾が特徴。霊廟の西側にたつモスクは、赤砂岩でつくられ、ドームには大理石が用いられている。霊廟の東側にたつ迎賓館は、同じ形をするモスクと対になる建物で、モスクと同様に入口が霊廟の方角を向いている。そのため礼拝者は、メッカとは逆方向の建物奥に向かって祈ることになり、イスラム教の教えに反するため、この建物は祈りの場として使われることはなく「迎賓館」と呼ばれている。

インド亜大陸において最も壮麗な建物といわれるタージ・マハルだが、近年の大気汚染、酸性雨が引き起こす大理石の劣化が危惧されており、対策が進められている。

イーワーンのアラベスク紋様

タージ・マハルの南門

ミナレット：イスラム教の礼拝堂モスクに付属して建てられる尖塔。

中華人民共和国

MAP P007 C-②

始皇帝陵と兵馬俑坑

Mausoleum of the First Qin Emperor

文化遺産

登録年 1987年　登録基準 (i)(iii)(iv)(vi)

▶ 中国初代皇帝の権力を示す壮大な地下帝国

中国中央部、陝西省西安の驪山北麓に残る始皇帝陵は、紀元前221年に中国初の統一国家を築いた**秦の始皇帝**の陵墓である。始皇帝が秦の国王に即位した紀元前246年から建設を開始し、40年かけて始皇帝の死から2年後の紀元前208年に完成した。内外二重の城壁に囲まれており、当初の規模は内城が東西 580m、南北1,355m、外城が東西940m、南北2,165mで、総面積は約56㎢ともいわれる。東、西、南各面に1基、北面に2基の門を備え、全体は東向きの配置であったとされ、敷地内には東西345m、南北350mの**截頭方錐型***の墳丘のほか、神殿や祭祀施設があったことが確認されている。

現在、文化財保護などの理由から陵の発掘は行われておらず、その全貌は謎のままであるが、地下には巨大な宮殿が存在するといわれている。また、司馬遷の書いた『史記』には、「天井には天文の絵を描き、床には水銀を流して川や海をつくった」といった詳細な描写がある。近年行われた調査によって、始皇帝陵の土中の水銀含有量が異常に高いことが判明した。

1974年には農民が井戸を掘削した際に、陵の東側 1.5kmの場所から**陪葬坑**である兵馬俑坑が見つかり、大量の兵馬俑と青銅製の武器が発掘された。兵馬俑とは、兵士や軍馬をかたどった陶製の像。かつては彩色されていた像はどれも容貌が異なることから、それぞれ個別に制作されたと考えられている。

始皇帝陵

兵馬俑

截頭方錐型：方錐体の上部を、底面と平行な面で切り取った立体の形。

MAP P009 A-①

ネムルト・ダーの巨大墳墓

Nemrut Dağ

文化遺産

登録年 1987年　登録基準 (i)(iii)(iv)

▶ ヘレニズムを代表する石像群のある墳墓

トルコ南東部のネムルト山の山頂にある『ネムルト・ダーの巨大墳墓』は、紀元前1世紀、**コンマゲネ王国***の**アンティオコス1世**が自身のために築いた墳墓である。ネムルト山は信仰の対象とされた聖なる山であり、アンティオコス1世はその山頂に葬られることにより、自らの神格化を図ったと考えられている。墳墓は1881年に発見され、1953年に調査が始まったが、墓室に至る通路が見つかっていないなど、全貌はいまだに解明されていない。

アレクサンドロス大王の死後に独立したコンマゲネ王国で紀元前69年に即位したアンティオコス1世は、ローマ帝国と交渉して自由を獲得し、さらに豊富な鉱物資源や交易によって王国に繁栄をもたらす。この成功をもとに王が自身の墓の建設に着手。標高約2,200mのネムルト山頂に砕石を積み上げ、高さ75m(現在は50m)、直径150mの巨大な円錐形の墳墓を築き山の形を美しく整えた。墳墓のふもとの東西にはテラスが設けられ、アポロン、ゼウス、ヘラクレス、女神フォルトゥナ、そしてアンティオコス1世自身の5体の石像と、それを守護する役割を持つ獅子とワシの石像が両側から挟むように2対ずつ置かれた。**石像にギリシャとペルシアの神々が混在**する点は、コンマゲネ王国が双方の強い影響下にあったことを示している。

現在、立像の頭部は地震などの影響により地面に転げ落ち、異様な姿をさらしている。また、テラスには複数の石板も置かれており、アンティオコス1世が神々と握手する図柄の石板は、王と神が対等な存在であることを示している。「王の星占い」と呼ばれるレリーフが施された石板には、獅子と19の星が刻まれ、水星、火星、金星が大きく描かれている。これは、紀元前62年の7月7日に、この3つの星が一直線に並んだことを表しているという。

ネムルト山頂に転がる像の頭部

コンマゲネ王国:紀元前3世紀頃建国された小国で、前162年に独立後、後72年にローマ帝国に併合された。

宗廟

Jongmyo Shrine

文化遺産

登録年 1995年　登録基準 (iv)

▶ 朝鮮王朝の歴代王をまつる儒式建築物

ソウルにある宗廟は1395年に朝鮮王朝(1392～1910年)の太祖**李成桂**が造営した霊廟である。李成桂は、1394年に漢陽(現在のソウル)に都を遷すと宗廟の建造を開始し、祖先4世代の位牌を納めた。1592年の文禄の役の際には、豊臣秀吉が派遣した軍によって一部が破壊されたが、1608年に再建された。

国教である**儒教**の思想に基づいて造られた正殿や永寧殿には、歴代の王、王妃の位牌が安置されており、敷地にはほかにも、祭器などの保管庫である典祀庁、楽師の待機場である楽工庁、李氏朝鮮の83人の功臣を祀る功臣堂などが残る。正殿は左右の幅約150m、外廊には柱身がふくらんだエンタシスの柱が並び、同時代の単一木造建築物としては世界最大規模とされる。永寧殿は、2代国王の定宗を祀る際に増築された別廟で、当初宗廟に納められていた李成桂の祖先4代の位牌や、正殿から移された王や王妃の位牌が祀られている。

15世紀から伝わる祭礼、**宗廟大祭**は現在も毎年5月に行われ、伝統的な民族衣装をまとった李王家末裔の人々が、祖霊を拝み、歴代王の功績を讃える。位牌が安置された各部屋の扉は、普段は閉じられており、宗廟大祭の時にだけ開かれる。2001年、ユネスコの「人類の口承及び無形遺産の傑作」に選定され、2009年には無形文化遺産に登録された。

宗廟大祭の様子

大韓民国

MAP P007 D-②

朝鮮王朝の王墓群

Royal Tombs of the Joseon Dynasty

文化遺産

登録年 2009年／2013年範囲変更　登録基準 (iii)(iv)(vi)

▶ 自然美を取り入れた王墓群

李氏朝鮮王朝の王墓群は、18ヵ所に点在する40の王墓から形成される。15～20世紀にかけて造営された王墓群は、儒教信仰に基づく祖先崇拝を示している。朝鮮王朝時代、王や王妃は死去後、**遺体は王墓に安置され、霊魂は『宗廟』に祀られた**。王墓の建築は自然美を取り入れることが重視され、南方は水に臨み、背後から山々の稜線に抱かれるように設計された。また祖先の霊魂を悪霊から守り、墓自体も破壊を防ぐように考慮されている。

李氏朝鮮4代国王世宗の墓

中華人民共和国

MAP P007 D-①

古代高句麗王国の都城と古墳群

Capital Cities and Tombs of the Ancient Koguryo Kingdom

文化遺産

登録年 2004年　登録基準 (i)(ii)(iii)(iv)(v)

古代高句麗王国の都城と古墳群は、主に吉林省集安市と遼寧省桓仁満族自治県に分布する古代高句麗王国の都城や、40の墳墓群からなる。紀元前1世紀に興った王国はたびたび都を移しており、王国前期の3つの都にあった五女山城、丸都山城、国内城の城跡が登録されている。王と貴族の墳墓群に残る色彩豊かな壁画には、北方遊牧民の影響がうかがえる。第19代の王、**好太王**(広開土王)の業績を称えた石碑は古代日本を知る重要史料。

北朝鮮（朝鮮民主主義人民共和国）

MAP P007 D-①

高句麗古墳群

Complex of Koguryo Tombs

文化遺産

登録年 2004年　登録基準 (i)(ii)(iii)(iv)

北朝鮮の首都平壌周辺の『高句麗古墳群』は、高句麗王国の中・後期にあたる4～7世紀頃に建造された63基からなる古墳群で、その多くに美しい壁画が残されており、その図柄は、青龍、白虎、朱雀、玄武を描いた四神図や狩猟図、女性像など多岐にわたる。日本の**高松塚古墳**やキトラ古墳の壁画との関連性も指摘されており、高句麗王国が日本を含む東アジアに大きな影響を与えていたことを示唆している。

中華人民共和国

MAP P007 C-①②

明・清時代の皇帝陵墓

Imperial Tombs of the Ming and Qing Dynasties

文化遺産

登録年 2000年/2003年、2004年範囲拡大　登録基準 (i)(ii)(iii)(iv)(vi)

▶ 明・清の皇帝を祀った陵墓群

中国を約550年間にわたって支配した明と清、清の前身である後金により建設された25人の皇帝や皇后、妃らが埋葬された大規模な墓所。世界遺産に登録されたのは、湖北省の明顕陵(みんけんりょう)、河北省の清(しん)東陵(とうりょう)と清西陵(しんせいりょう)、北京市の**明十三陵**(みんじゅうさんりょう)、江蘇省の明孝陵(みんこうりょう)、遼寧省の関外三陵(かんがいさんりょう)。これらの陵墓の多くは、古来の**風水の思想**に従って選ばれた土地に、地下宮殿などを巧みに配置している。

明十三陵にある定陵

大韓民国

MAP P007 D-②

高敞、和順、江華の支石墓跡

Gochang, Hwasun and Ganghwa Dolmen Sites

文化遺産

登録年 2000年　登録基準 (iii)

▶ 世界でも類を見ない多様な巨石墓群

韓国全羅北道にある高敞(コチャン)、全羅南道にある和順(ファスン)、仁川市にある江華(クァンファ)に数多く残されている支石墓(しせきぼ)群は、先史時代の巨石文化の遺跡である。支石墓とは、巨大な石板を石塊で支えた墓のことで**ドルメン**ともいい、全世界に残る支石墓の約半数にあたる3万基ほどが韓国に密集している。そのうち高敞の442基、和順の287基、江華の約60基が登録された。

地域によって形状が異なり、江華では2枚の垂直な岩板で天井岩を支える北方式、和順のものは4個の支石の上に蓋石を置く碁盤形の南方式、高敞のものは2つの混合式である。

南方式の支石墓

インド

MAP P009 D-④

デリーのフマユーン廟

Humayun's Tomb, Delhi

文化遺産

登録年 1993年／2016年範囲変更　登録基準 (ii)(iv)

▶ ペルシア様式を導入したインド初のイスラム廟建築

インドのデリー市にあるフマユーン廟は、ムガル帝国2代皇帝**フマユーン**のため、1570年に完成した墓廟である。戦争に翻弄された悲運の皇帝の死を悼んだ王妃の命により、ペルシア人のミーラーク・ミールザー・ギヤースの指揮のもと、9年の歳月をかけて造られた。インド初の本格的なイスラム廟建築で、王妃や王子、宮廷人らおよそ150人も埋葬されたとされる。

フマユーン廟の建築上の最も大きな特徴は、イスラム建築特有の尖塔形のアーチを多用して全体を構成し、ペルシア式の巨大なドーム屋根を架けていることである。一方、ファサードの赤砂岩の壁面に白い大理石を埋め込んだ象嵌（ぞうがん）技法や、ドームの周囲に設けたチャトリ（小塔）はインドの伝統的な技法である。ここには、**ペルシアとインドの見事な融合**が見られる。総白大理石のドームは、外観を大きく見せるため、外側の屋根と内側の天井を別にした二重構造。この下にあるのが幾何学的なデザインが施された中央墓室で、フマユーン帝の石棺が安置されている。

四方に広がる広大な正方形の庭園は、水路で十字に区切られたペルシア式の四分庭園（**チャハル・バーグ**）となっている。インドで初めて造られたチャハル・バーグであり、『コーラン』に説かれる「天上の楽園」を再現している。

1857年、英国の植民地支配に対して起こったシパーヒー（セポイ）の反乱で、反乱軍側についた最後の皇帝が、この廟のなかで捕らえられミャンマーへ追放されると、インドは英国の直接支配下に置かれた。

ムガル帝国の権力を象徴し、インド廟建築の礎を築いたフマユーン廟は、約1世紀後のタージ・マハルにも多大な影響を与えた貴重な建築であり、また帝国の終焉の場ともなった。

チャハル・バーグの中央にそびえるフマユーン廟

カザフスタン共和国

MAP P009 D-②

ホージャ・アフマド・ヤサヴィー廟

Mausoleum of Khoja Ahmed Yasawi

文化遺産

登録年 2003年　登録基準 (i)(iii)(iv)

▶ ヤサヴィーを祀るティムール朝最大クラスの霊廟

カザフスタン南部の街トゥルキスタンにある現在も重要な巡礼地。祀られている**ホージャ・アフマド・ヤサヴィー**は、12世紀に遊牧民にイスラム教を広めたイスラム神秘主義の指導者。ヤサヴィーを崇拝していた**ティムール**の命により、1389年から1405年にかけて聖廟やモスクなどが大改築された。

現存するティムール朝の建築物のなかで最も保存状態が良く、美しいブルーのタイルで装飾された霊廟ドームは、当時の建築技術の高さを示す。この建築技術はティムール朝の首都サマルカンドの建築物に受け継がれた。

ホージャ・アフマド・ヤサヴィー廟

イラン・イスラム共和国

MAP P009 B-②

アルダビールのシャイフ・サフィ・アッディーン廟と関連建造物群

Sheikh Safi al-din Khānegāh and Shrine Ensemble in Ardabil

文化遺産

登録年 2010年　登録基準 (i)(ii)(iv)

▶ サファヴィー朝の繁栄を示す建造物群

イラン北西部のアルダビールは、サファヴィー朝の前身である**スーフィズム***(イスラム神秘主義)の**サファヴィー教団**発祥の地。教祖であるシャイフ・サフィ・アッディーンの霊廟を含む施設群が、16世紀初頭から18世紀末に建設された。サファヴィー朝の王家一族を祀った宗教的な建造物に加え、学校や病院などの生活施設の機能も持つ。シャイフの聖域へといたる道に7つの階段があるが、これは神秘主義の7つの段階を表しており、8つの門は神秘主義の8つの態度を示している。美しい装飾が施された中世イスラム建築の結晶ともいえる貴重な遺産である。

シャイフ・サフィ・アッディーン廟

スーフィズム：繰り返し「コーラン」の聖句を唱え、踊ることで神との一体感を求めた思想。

イスラエル国

MAP P009 a

ベート・シェアリムのネクロポリス：ユダヤ人再興の中心地

Necropolis of Bet She'arim: A Landmark of Jewish Renewal

文化遺産

登録年 2015年　登録基準 (ii)(iii)

▶ 初期ユダヤ教の姿を伝える墓地群

複数のカタコンベ（地下墓所）で構成されるベート・シェアリムのネクロポリスは、紀元前2世紀以降に作られた、エルサレムの外にあるものとしては主要な**ユダヤ教徒の墓地**。132年にユダヤ人はバル・コクバの乱（第二次ユダヤ戦争）を起こすもローマ軍に敗れ、エルサレムは再び破壊されて多くの死者を出した。ハイファの南東に位置するベート・シェアリムは、ギリシャ語やアラム語、ヘブライ語で書かれた絵画や碑文が残っており、初期ユダヤ教の姿を今に伝えている。

イラン・イスラム共和国

MAP P009 B-②

ゴンバデ・カーブース

Gonbad-e Qābus

文化遺産

登録年 2012年　登録基準 (i)(ii)(iii)(iv)

ゴンバデ・カーブースは、1006年に建設された高さ53mの墓。ズィヤール朝4代皇帝でアラビア詩人としても高名な**カーブース**のために建てられた。14～15世紀、モンゴル帝国の侵略を受けて破壊されたが、モンゴル侵略前に芸術と科学の最先端都市であったヨルハンの繁栄を伝える唯一の建造物である。また、イランやアナトリア地方、中央アジアに確認できる聖式建築の影響を受けたイスラム建築の革新的発展の顕著な例とされる。

バーレーン王国

MAP P009 B-

ディルムンの墳墓群

Dilmun Burial Mounds

文化遺産

登録年 2019年　登録基準 (iii)(iv)

バーレーン島西部の21の考古遺跡からなる、紀元前2200年から1750年の間に築かれたディルムン文明期の墳墓群。6つの考古遺跡は数十から数千の墳墓からなり、全部で1万1,774の墳墓が存在する。これらは初めは低い円筒状の塔であったと考えられている。その他の15の考古遺跡には17の王族の墓が含まれている。紀元前2000年頃に**貿易の一大拠点***となり、そこで得た富によって数多くの墳墓を築いた。

貿易の一大拠点：ディムルンを経由して南メソポタミアに銅や錫、砂金、象牙、ラピスラズリ、真珠などの資源が輸送された。

ペルセポリス

イラン・イスラム共和国

MAP P009 B-③

文化遺産

ペルセポリス

Persepolis

登録年 1979年　登録基準 (i)(iii)(vi)

▶ アケメネス朝ペルシアの繁栄を象徴する都

イラン南部の丘陵地帯にあるペルセポリスは、**アケメネス朝ペルシア**の最盛期に建設された宗教都市。紀元前6世紀に興ったアケメネス朝ペルシアは瞬く間に近隣諸国を征服し、古代オリエントを初めて統一して大帝国を築きあげた。ギリシャ語で「ペルシア人の都市」を意味するペルセポリスの創建は、帝国の版図が最大に達した3代皇帝**ダレイオス1世**の治世に始まる。ダレイオス1世は首都をパサルガダエからスーサに移すのとほぼ同時期の紀元前518年にペルセポリス建設に取りかかっているが、2代の王を経て全体の建物が完成するのに、約60年を要した。

莫大な時間と費用を投じた工事に際しては、大量の物資と人材が、「**王の道**」と呼ばれる全長2,700㎞の道路網を利用して、帝国全土から集められた。地中海沿岸からレバノン杉、小アジアやバクトリアから黄金が運ばれたほか、エジプトの銀、エチオピアやインドの象牙なども用いられている。

ペルセポリスは毎年、春分の日に行われた「新年の大祭」の際の宗教儀礼の場として使われたとされており、帝国内の23の属州、35民族の朝貢使節団が献上品を持参して王と接見したという。

長辺約450m、短辺約300mの敷地を有するペルセポリスは、20mほどの高さまで石を積み上げた大基壇の上にある。朝貢団は大階段を上がって入場し、高さ約16mもの巨大なクセルクセス門を抜け、「謁見の間」である**アパダナ**で王に貢ぎ物を捧げた。その様子は階段の壁などにレリーフとして残り、当時のペルシア帝国の圧倒的な権力を示している。アパダナやその周囲に立ち並ぶ玉座殿、王宮、宝物庫といった建築群はすべて四角形で、直角をモチーフにして設計するペルシア建築の特徴を表している。また、生活用水を確保するためのカナート*や、円柱に施された動植物の装飾彫刻など、帝国各地から集結した高度な建築技術が随所に見られる。

アケメネス朝ペルシアは繁栄を極めた一方、他国との戦いに疲弊して次第に勢力を失い、紀元前330年にアレクサンドロス大王率いるマケドニア軍の侵略を受けて滅亡。ペルセポリスも炎上して廃墟と化した。その存在がヨーロッパで知られるようになるのは17世紀に入ってから。1931年から本格的な発掘調査が始まり、宮殿跡とともに出土した大量の碑文や粘土板文書にある楔形(くさびがた)文字を解読した結果、当時の詳細な様子が明らかになった。

大階段を登りきると現れるクセルクセス門

ペルセポリスの主な建造物

アパダナ	帝国各地から訪れる朝貢使節団を迎えた「謁見の間」。110m四方のペルセポリス最大の宮殿で、高さ20mの柱が72本あったが現在は十数本が残っているのみ。階段には極めて精緻なレリーフがある。
玉座殿	アパダナに次ぐ規模の国事用の宮殿。入口には古代ペルシアで信仰されていたゾロアスター教の最高神アフラ・マズダーなどのレリーフが見られる。100本の柱が天井を支える「百柱の間」は、ペルセポリス最大の大広間。
クセルクセス門	ダレイオス1世の息子、クセルクセス1世の名を冠しており、「万国の門」とも呼ばれる。高さ16m以上の4本の石柱によって支えられた天井と、土壁で覆われた通路状の建築物だった。左右に人面有翼獣神像が並んでいる。
タチャラ	ダレイオス1世の宮殿。基壇側面にペルシア兵の浮き彫りが見られる。
大階段	大基壇の上の都へ通じる幅7m、111段の階段。馬車が登ることができるよう、段差は約10㎝で緩やかな勾配になっていた。

カナート：乾燥地帯に見られる地下水路。

イラン・イスラム共和国　MAP P009 B-③

パサルガダエ
Pasargadae

文化遺産

登録年 2004年　登録基準 (i)(ii)(iii)(iv)

▶ アケメネス朝最初の首都

イラン南部のパサルガダエは、紀元前6世紀に初代皇帝**キュロス2世**によって建設されたアケメネス朝ペルシア最初の首都。この名は「ペルシア人の本営」という意味で、3代皇帝ダレイオス1世によってスーサに遷都されるまで首都として機能した。

約160万㎡の範囲に分布する宮殿や城塞、王室の守衛詰所、公会堂などの建造物には、東地中海やエジプト、インドなどの影響が見られ、アケメネス朝が異なる民族を受け入れ、彼らの多様な文化を尊重していたことを示している。

イラン・イスラム共和国　MAP P009 B-②

スーサ
Susa

文化遺産

登録年 2015年　登録基準 (i)(ii)(iii)(iv)

イラン南西部ザグロス山脈のふもとに位置するスーサは、アケメネス朝ペルシアのダレイオス1世が紀元前6世紀にパサルガダエから遷都した都。アケメネス朝以前もエラム王国の首都であり、アケメネス朝が滅んだ後もパルティアなどの重要な都市として繁栄を続けた。そのため、紀元前5世紀後半から13世紀にかけての**都市遺跡が層を成しており**、様々な時代の建築物や住居跡、宮殿などが発掘されている。

イラン・イスラム共和国　MAP P009 B-②

ビーソトゥーン
Bisotun

文化遺産

登録年 2006年　登録基準 (ii)(iii)

イラン西部のビーソトゥーンには、メディア王国、アケメネス朝ペルシア、ササン朝ペルシア、イル・ハン国などの遺跡が残る。特に重要なのは、紀元前521年に**ダレイオス1世がアケメネス朝ペルシアの王位についたことを記念**した碑文とレリーフである。碑文は楔(くさび)形(がた)文字で彼の帝国運営と歴史的事件が記録され、レリーフには不当に王位を奪ったメディア王国の神官ガウマタをダレイオス1世が踏みつけている姿が描かれている。

イラン・イスラム共和国

MAP P009 B-③

古代都市チョガー・ザンビール

Tchogha Zanbil

文化遺産

登録年 1979年　登録基準 (iii)(iv)

▶ 古代エラム王国を守った聖地

イラン南西部フゼスターン州にあるチョガー・ザンビールは、紀元前13世紀に**エラム王国***のウンタシュ・ナピリシャ王が王国の首都スーサの南に建設した都市遺跡で、インシュシナク神がまつられた聖地。1935年、油田調査中に発見され、ペルシア語で「チョガー・ザンビール（大きな籠のような山）」と名づけられた。二重の城壁に囲まれた約80万㎡の城内の中央に、インシュシナクをまつる5層の聖塔**ジッグラト***がそびえる。現在は崩壊して25m足らずしかないが、当時は倍以上の高さがあったとされる。

半壊してしまったジッグラト

パキスタン・イスラム共和国

MAP P009 D-③

タキシラの都市遺跡

Taxila

文化遺産

登録年 1980年　登録基準 (iii)(vi)

▶ ガンダーラ美術が花開いた仏教都市

パキスタン北東部、首都イスラマバードの北西40kmに位置するタキシラは、ペルシア、ギリシャ、中央アジア、インドなどの影響を受けて発展した交易都市で、アレクサンドロス大王の遠征の記録にも登場する。タキシラには年代の異なる3つの都市遺跡が南から時代順に並んでいる。紀元前6世紀にアケメネス朝ペルシアが築いたとされるビール丘に続き、紀元前180年頃バクトリアのギリシャ人によって**シルカップ**が築かれた。残された遺跡から、整然とした都市計画がうかがえる。1世紀にはクシャーン朝によって**シルスフ**が築かれ3世紀まで首都となった。

ストゥッコの仏像やレリーフが発掘されている

エラム王国：紀元前16～前11世紀に繁栄するが、前7世紀にアッシリアに滅ぼされた。　**ジッグラト**：ひな壇式の神殿で、現存するものは少ない。

MAP P009 A-①

トロイアの考古遺跡

Archaeological Site of Troy

文化遺産

登録年 1998年　登録基準 (ii)(iii)(vi)

▶歴史が幾重にも重なる謎多き古代都市

トルコ西部に位置し、ヒサルルクの丘に広がるトロイア遺跡は、紀元前3000年から後500年頃に至るまでの8つの時代が、古い年代順に第1市、第2市……と折り重なるように9層を成している都市遺跡である。紀元前8世紀に書かれたホメロスの叙事詩『**イリアス**』によれば、トロイア国王プリアモスの息子パリスがスパルタ王メネラオスの妃ヘレネを略奪したことを発端にトロイア戦争が勃発(ぼっぱつ)。メネラオス王の兄アガメムノンの指揮のもと、ギリシャの諸侯や英雄たちがトロイアに遠征し、10年にもわたる戦争となった。ギリシャ軍は後に「**トロイの木馬**」と呼ばれる巨大な木馬を置き、退去すると見せかけたところで、木馬に潜んでいたギリシャ兵が急襲したため、ついにトロイアは陥落したという。しかし、トロイア戦争は遠い過去に起きたことであり、神話上の架空の物語というのが一般的な認識であった。

トロイア遺跡は、『イリアス』に記されたトロイアの実在を信じたドイツの考古学者**シュリーマン***によって、すでに発掘されていたイリオン遺跡の下に眠っていたところを1873年に発見された。シュリーマンは、低い位置にあった市街から城内へと導く入口の役割を果たしたとされる、石灰岩の板で舗装された坂道の左側にあった壁の付近から「プリアモスの宝」と呼ばれる装飾品や杯、矢じりなどを発見したため、この層が『イリアス』に描かれたプリアモス王のトロイアであると断定した。

しかしシュリーマンが発掘した第2市と呼ばれる層は、紀元前2500年頃から紀元前2300年頃のもので、トロイア戦争からははるかに古い時代だったことが判明。その後の発掘で、第6市や第7市から破壊や火災の跡、籠城に使用されたとする保存用の壺や傷ついた人骨が見つかり、プリアモス王のトロイアだと推測されている。

トロイアの考古遺跡

シュリーマン：1822～1890　ドイツの考古学者、実業家。

MAP P009 A-1

ヒッタイトの首都ハットゥシャ

Hattusha: the Hittite Capital

文化遺産

登録年 1986年　登録基準 (i)(ii)(iii)(iv)

▶ 鉄を支配した王国ヒッタイトの首都

トルコ中央部のハットゥシャは、紀元前17～前13世紀に繁栄したヒッタイト王国の首都の遺跡である。ヒッタイト人は、**優れた製鉄技術を持ち、鉄製の武器や軽戦車を生み出した騎馬民族**。王国の全盛期にはエジプト、バビロニアとともに古代オリエントの三大強国と呼ばれていた。しかし紀元前12世紀頃、東地中海から侵入してきた**「海の民」と呼ばれる民族にハットゥシャが破壊**され、滅亡する。最近の調査では、異民族の侵入以前より内紛や食糧難などの問題を王国内に抱えていたことが明らかになっている。

世界遺産には4つのエリアが登録されている。二重の城壁の内側のハットゥシャ中心部は上下に都市部が分けられており、獅子の門や王の門、スフィンクス門などのいくつもの門や、場外に通じる地下道、貯蔵庫、王宮、いくつもの神殿などが残されている。また、太陽の女神マリアンナを祀った神殿が見つかった周辺からは、楔形文字が記された数千枚もの粘土板が出土している。その粘土板の中には、紀元前13世紀にヒッタイトとエジプトが戦った「カデシュの戦い」の後に交わされた和平条約が含まれており、同じ内容のものがエジプトの『古代都市テーベと墓地遺跡*』に含まれるカルナク神殿にも残されている。

内側の城壁と外側の城壁の間には、岩に帯状の神々のレリーフなどが刻まれた**ヤズルカヤ神殿**と、岩で作られたネクロポリスのオスマンカヤシがあり、城壁外には東側からハットゥシャを守るための要塞化された集落のカヤリボガズがある。またハットゥシャの南側にはイビクチャムの密林も残されている。

獅子の門

古代都市テーベと墓地遺跡：上巻p.336参照。

フェニキア都市ビブロス

Byblos

文化遺産

登録年 1984年　登録基準 (iii)(iv)(vi)

▶ 地中海の歴史が凝縮された古都

レバノンの首都ベイルートの北約37kmにある、地中海沿岸のビブロスは、7,000年にもわたって人々の生活が営まれ続けてきた、世界最古の歴史を誇る都市の1つである。漁師たちが暮らす小さな村として先史時代に始まったこの都市は、約5,000年前から地中海交易に従事するフェニキア人により、様々な民族が入り交じる港街へと変わっていった。

地中海への玄関でもあった古代のビブロスは、エジプトを統治したヒクソス、アッシリアやバビロニア、アケメネス朝ペルシアなど様々な民族に支配されながら、優れた航海の技術や商業ネットワークにより繁栄していく。

古代ギリシャで都市国家がその勢力を広げると、フェニキアの商人たちはエジプトとギリシャを結ぶ中継貿易で富を築いた。「ビブロス」とは、ギリシャ語の「バイブル（聖書）」の語源でもあるが、この言葉はかつてビブロス経由でエジプトの**パピルス**を輸入していたギリシャ人が、紙のことをビブロスと呼んでいたことから生まれたという。やがて交易の拠点はベイルートなどに移っていったが、1922年に発生した地滑りで、アヒラム王の石棺に刻まれた**フェニキア文字の碑文**（ひぶん）が偶然発見されたことによって、ビブロスは再び注目を浴びることとなる。この文字は**アルファベットのルーツ**といわれており、人類史上最も重要な発明の1つとされる。

また、フェニキア時代の城壁、オベリスク神殿や墓地、ローマ時代の円形劇場、11世紀の十字軍の要塞や城郭など、様々な時代の遺跡が一堂に会するビブロスは、地中海の歴史を現在に伝えている。

ビブロスの十字軍時代の要塞

レバノン共和国

MAP P009 a

フェニキア都市ティルス

Tyre

文化遺産

登録年 1984年　登録基準 (iii)(vi)

トルコ
レバノン
イラン
地中海
イラク
エジプト
サウジアラビア
スーダン

▶ フェニキアの中心地として繁栄した港町

レバノン南部、首都ベイルートの南約80kmにあるティルス(現在のスール)は、フェニキア諸都市の政治、経済、文化の中心として、紀元前10世紀頃に繁栄を極めた海港都市である。植民都市として**カルタゴ***を建設した。当時の遺跡は海に没したため残っておらず、現存するもののほとんどは、後にこの地を征服したローマ帝国やビザンツ帝国によって築かれたもの。幅160m、長さ500mで2万人以上の観客が入場できたという戦車競技場(**ヒッポドローム**)をはじめ、幅約11mの列柱付き大通りなどが残る。

ローマ時代の円柱が残る

イラン・イスラム共和国

MAP P009 C-③

シャフリ・ソフタ

Shahr-i Sokhta

文化遺産

登録年 2014年　登録基準 (ii)(iii)(iv)

▶ イラン東部に出現した最初の文明都市

シャフリ・ソフタは、青銅器時代にイラン高原を横断した交易路の交差路に位置する。「**燃えた街**(シャフリ・ソフタ)」とも呼ばれるが、街の繁栄と焼失についてはいまだ謎が多い。残された遺構からは、驚くべき文明が存在したと考えられている。

シャフリ・ソフタはイラン東部で最初に出現した都市であり、泥レンガで造られていた。紀元前3200年頃から建造が開始されてから、紀元前1800年までの間に、4つの主要な段階を経て人口が増加している。街の中ではいくつかの地域が個々に発展しており、記念碑のほかに、家屋、埋葬地、生産拠点があった。水路の迂回や**気候変動**が3,800年前の街の放棄につながったとされる。

都市遺跡の埋葬地からは保存状態のよい美術品も大量に出土しており、砂漠の乾いた気候であることがこの地の良好な保存状態につながったと考えられている。

カルタゴ:上巻p.344『カルタゴの考古遺跡』。

トルコ共和国

MAP P009 A-①

エフェソス

Ephesus

文化遺産

登録年 2015年　登録基準 (iii)(iv)(vi)

▶ 地中海地域から人々が集まった古代都市

かつてカイストロス川河口に位置していたエフェソスは、ヘレニズム時代やローマ帝国時代の都市遺跡を含んでいるが、海岸線が長い年月をかけて西に移動したため、それぞれ異なる場所にある。ローマ帝国時代には港湾都市として発展し、発掘調査では**セルシウス図書館**や巨大なローマ劇場など、ローマ帝国時代の偉大な建造物群の存在が明らかになった。地中海地域から多くの巡礼者が訪れた**アルテミス神殿**跡は、紀元前2世紀にフィロンが書いた「世界の7つの景観*」にも登場する。

セルシウス図書館跡

トルコ共和国

MAP P009 A-①

クサントスとレトーン

Xanthos - Letoon

文化遺産

登録年 1988年　登録基準 (ii)(iii)

▶ ギリシャ神話に彩られた古代都市

トルコ南部、エーゲ海沿岸のリュキア地方にある『クサントスとレトーン』は、海洋民族**リュキア人**の文化を示す考古遺跡が点在する都市である。クサントスには、柱の上部に石棺を納める墓穴を備えた葬祭塔があり、その墓穴の外壁には、怪鳥**ハルピュイア**を刻んだレリーフがある。これは死者の魂を天や魂の島に導く意味を持つという。レトーンはギリシャ神話に登場するアポロンの母である女神レトに由来した聖域である。

クサントスの劇場と墓

世界の7つの景観：紀元前2世紀にビザンティウムのフィロンが書いた書籍で、「世界の七不思議」とも呼ばれる。

危機遺産 イラク共和国

MAP P009 A-2

円形都市ハトラ

Hatra

文化遺産

登録年 1985年／2015年危機遺産登録　登録基準 (ii)(iii)(iv)(vi)

▶円形の城壁に囲まれた古の軍事都市

イラク北部にある円形都市ハトラは、**パルティア王国の軍事基地**としての役割を担った都市。パルティア王国は、ローマ帝国としばしば衝突していたが、直径2kmの円形の二重城壁で囲まれたハトラはその攻撃に耐え、ローマ軍を退けた。都市の中心部に残る神殿群の建築様式や装飾からは、ヘレニズムやローマ、アジアなど様々な影響が見られる。その建築様式は後のイスラム建築の原型となった。**IS（イスラム国）がこの遺跡を占領し破壊**しているとして2015年に危機遺産リストに記載されたが、2017年にISから奪還された。

かつてのハトラ中心部の神殿群

イラク共和国

MAP P009 A-2

バビロン

Babylon

文化遺産

登録年 2019年　登録基準 (iii)(vi)

▶「バビロンの空中庭園」でも知られる古代都市

バグダードから南へ85kmの場所にある、紀元前626～前539年の間、**新バビロニアの首都**であったメソポタミア最古の古代都市。街の外壁と内壁、門、宮殿、寺院は、古代世界で最も強い影響力をもった帝国が存在したことの稀有な証拠であり、ハンムラビ王や**ネブカドネザル王**といった統治者の下で絶頂期を迎えたバビロニアの創造性を示している。また、「バビロンの空中庭園」や「バベルの塔」*があったとの伝承も残る。登録範囲には、古代都市を取り囲んでいた農地や村も含まれている。

復元されたイシュタル門

「バビロンの空中庭園」や「バベルの塔」：「世界の7つの景観」に登場する屋上庭園の「バビロンの空中庭園」と、旧約聖書の「創世記」に登場する「バベルの塔」。

危機遺産 イラク共和国

MAP P009 B-②

アッシュル(カラット・シェルカット)

Ashur (Qal'at Sherqat)

文化遺産

登録年 2003年/2003年危機遺産登録　登録基準 (iii)(iv)

▶ 古代オリエント初の帝国の都市遺跡

メソポタミア北部に存在したアッシュルは紀元前30～前20世紀に築かれ、後にアッシリアの最初の首都となった都市である。イラクの首都バグダードから北に約390km、ティグリス川中流域に位置するアッシュルは、現在はカラット・シェルカットと呼び名を変えている。

アッシリア神話の最高神であるアッシュル神をまつる宗教的拠点としても発展したこの都市の遺跡には、**ジッグラト**(聖塔)や宮殿跡などが含まれるが、大部分は土に埋もれたままの姿である。遺跡からは、楔形文字で書かれた史料も出土している。

この貴重な遺跡は、近くのダム建設計画で浸水が危惧され、世界遺産登録と同時に危機遺産にも登録された。現在、建設計画は中断しているものの、予断を許さない状況が続いている。

アラブ首長国連邦

MAP P009 B-④

アル・アインの文化的遺跡群(ハフィート、ヒリ、ビダ・ビント・サウードとオアシス群)

Cultural Sites of Al Ain (Hafit, Hili, Bidaa Bint Saud and Oases Areas)

文化遺産

登録年 2011年　登録基準 (iii)(iv)(v)

▶ 砂漠における定住生活を示す遺跡

新石器時代の狩猟採集から農業へと、現地の生活が**定住化**へと移行していった様子を知るうえで非常に高い価値がある遺跡群。なかでも、紀元前2500年頃の遺構とされる円形の墓石や水汲み場、日干しレンガによって建てられた住宅や塔、宮殿、行政施設などが注目されている。

ヒリでは鉄器時代のものと見られる砂漠の灌漑施設アフラージュの跡が発見されており、これはアラブ地域において最古の例の1つである。砂漠地帯で地下井戸から汲み出した水を安定的に供給するため、灌漑は現地の人々にとって極めて重要だった。

ジャヒリ要塞

オマーン国

MAP P009 B-4

バット、アル・フトゥム、アル・アインの考古遺跡

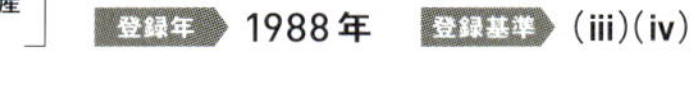

Archaeological Sites of Bat, Al-Khutm and Al-Ayn

文化遺産

登録年 1988年　登録基準 (iii)(iv)

▶ 謎の国家の集落跡

オマーン北部の**アフダル山地**に点在する『バット、アル・フトゥム、アル・アインの考古遺跡』は、青銅器時代に**マガン国**が造営したとされる集落跡である。マガン国は紀元前2500年頃からアフダル山地で銅の採掘を行い、メソポタミアに供給することで富を得ていたとされる。遺跡の多くは、ほとんど加工の施されていない扁平な石を積み上げげたもの。バットやアル・アインでは蜂の巣状の多くの墳墓が発掘されているほか、バットでは上部にしか入口のない巨大な塔が5基発掘されている。

アル・アインの石の建造物

パキスタン・イスラム共和国

MAP P009 C-4

モヘンジョ・ダーロの遺跡群

Archaeological Ruins at Moenjodaro

文化遺産

登録年 1980年　登録基準 (ii)(iii)

▶ 世界史を塗り替えたインダス文明の遺跡

インダス川下流に位置するモヘンジョ・ダーロは、インダス文明最古かつ最大の都市遺跡。ハラッパーと並びインダス文明を代表するこの都市は、紀元前2300～前2000年頃に最盛期を迎えた。約1.6km四方の都市は、都市計画に基づく碁盤目状の街路があり、建築物は焼成レンガが多用され、**整備された下水道網が建物の間に張り巡らされた**。壮大な王宮や墓廟、神殿などはなく、**強大な権力者が存在しなかった**と考えられている。現在、付着していた塩分が空気と雨の作用を受けて結晶化し、レンガが崩壊するなど危機に直面している。

紀元前1800年頃に滅亡した

トルコ
シリア
イラン
イスラエル
イラク
ヨルダン
リビア
サウジアラビア
スーダン

隊商都市ペトラ

Petra

文化遺産

登録年 1985年　登録基準 (i)(iii)(iv)

▶ 全容解明が待たれる岩山都市

ヨルダン南部のペトラは、前2世紀頃にナバテア(ナバタイ)人によって建設された隊商都市である。ギリシャ語で「岩」を意味するペトラは**ナバテア王国**の首都として砂漠の交易路を支配することで大いに繁栄したものの、2世紀初頭にローマ帝国に併合され徐々に衰退した。4～5世紀頃にはキリスト教の教会がつくられ、7世紀頃にはイスラム教徒の支配下に入ったが、12世紀に十字軍の城塞が築かれたのを最後に、廃墟となって砂に埋もれることとなった。19世紀初頭、スイス人のイスラム学者であるヨハン・ルートヴィッヒ・ブルクハルトによって再発見され、以来2世紀近く発掘調査が続けられているが、その全容は明らかになっていない。ペトラの都市遺跡は岩山に刻まれた壮大な建物や用水路などで構成されている。

ペトラで最も有名な遺跡は、アラビア語で「宝物庫」を意味する**アル・カズネ**。周辺に住む**ベドウィン**からは「カズネ・ファルウン(ファラオの宝物庫)」とも呼ばれている。詳細は不明だが、2003年の調査で内部から埋葬の跡が発見されたことから、墳墓として使われたと推測されている。

このアル・カズネをはじめ、ペトラの遺跡の多くは岩壁を彫刻のように彫り抜いてつくられている。ナバテア人は平らに削った岩壁に設計図を書き、その輪郭にそって彫り進むことで、これらの遺跡を築いた。また、優れた建築技術で多くの貯水施設や用水路を建設しており、ほとんど雨が降らない砂漠地帯でありながら、十分な飲料水を確保していたと考えられている。

2019年には日本の政府開発援助(ODA)によってペトラ博物館が完成し、遺跡からの発掘物の保存・修復が行われている。

アル・カズネ

危機遺産 シリア・アラブ共和国

MAP P009 A-②

隊商都市ボスラ

Ancient City of Bosra

文化遺産

登録年 1980年／2013年危機遺産登録、2017年範囲変更　登録基準 (i)(iii)(vi)

▶ ローマ街道の要衝として発展した古都

シリア南部のボスラは、ローマ時代の遺跡が数多く残る古都である。2世紀初頭に**ローマ帝国アラビア属州**の州都となり、浴場や列柱つき大通りなどが建造された。ローマ時代には穀倉地帯として繁栄し、地中海とアラビア海を結ぶ交易の拠点としても栄えた。

ローマ帝国、ビザンツ帝国、イスラム時代の遺構が数多く残る。遺跡の上に現在の街があるため、発掘されているのは一部分に過ぎないが、倉庫として使用されていた長さ約100mの地下道や、ローマ劇場の遺構などが往時をしのばせる。ボスラの建築物は**黒い玄武岩**が使われているため、全体に黒っぽく見えるのが特徴である。

黒いローマ劇場

サウジアラビア王国

MAP P009 A-③

アル・ヒジルの考古遺跡（マダイン・サレハ）

Al-Hijr Archaeological Site (Madâin Sâlih)

文化遺産

登録年 2008年　登録基準 (ii)(iii)

▶ ナバテア王国の権勢を伝える預言者サレハの街

紀元前1～後1世紀頃にかけて栄えた遊牧民族の**ナバテア（ナバタイ）人が築いた古代遺跡**。同じナバテア人が築いたヨルダンのペトラ遺跡より南に現存するナバテア文明の遺跡の中では最も大きく、預言者サレハの名から「マダイン・サレハ（サレハの街）」と呼ばれている。「アル・ヒジル」とは「岩の多い場所」を意味し、**イスラム教の聖典「クルアーン」では呪われた場所**とされている。4つの大規模な墓地があり、装飾された49基の墓石群が良好な状態で残存。また、ナバテア文明以前の洞窟画や碑文も発見されている。

岩山に彫られた墓地

ミャンマー連邦共和国

MAP P007 B-③

ピュー族の古代都市群
Pyu Ancient Cities

文化遺産

登録年 2014年　登録基準 (ii)(iii)(iv)

▶ ピュー族の王国の繁栄を伝える都市遺跡群

イラワジ川流域の乾燥した盆地にあり、レンガで造られ城壁や堀で囲まれた3つの都市の遺構で構成される。ハリン、**ベイッタノ**、**シュリ・クシェートラ**の3つの都市遺跡は、紀元前200年から900年の1,000年以上にかけて繁栄したピュー族の王国群を今に伝えている。しかし、3つの都市遺跡の多くは未発掘である。

また紀元前2世紀に、インドの文化と共に仏教が東南アジアに伝来し、それが支配層から農業労働者までのすべての階級の人々に浸透し、社会や文化、経済に影響を与えたことも、これらの遺産は証明している。

遺跡には、城塞や埋葬地跡、生産地跡などのほか、レンガ造りの仏教のストゥーパや一部に残る城壁、水利システムなどが含まれている。水利システムは、組織化された集約農業を支えたもので、現在も使用されている。

タイ王国

MAP P007 C-④

バンチェンの考古遺跡
Ban Chiang Archaeological Site

文化遺産

登録年 1992年　登録基準 (iii)

▶ 東南アジアの先史時代を語る考古遺跡

タイ北東部、コラート高原の一帯にあるバンチェンの考古遺跡は、紀元前3600年頃から紀元後3世紀にかけての集落跡とされる。バンチェン周辺の集落では農耕文明の跡がうかがえ、**世界史上でも比較的早期に稲作が行われていた**ことがわかっている。

また、青銅製の槍先が発見されるなど、陶器や青銅器を使用した跡も見られ、1966年に紐で模様をつけた**彩文土器**が発見されたことで発掘が本格化した。これまでに土器や青銅器、ガラス玉などが発掘されている。

発掘された彩文土器

中華人民共和国

MAP P007 C-②

殷墟

Yin Xu

文化遺産

登録年 2006年　登録基準 (ii)(iii)(iv)(vi)

▶ 青銅器時代の繁栄を伝える中国最古の都市遺跡

北京の南方、安陽(あんよう)市にある殷墟(いんきょ)は、中国最古の古代都市遺跡の1つ。現在確認できる中国で最も古い王朝として知られる、**殷王朝**後期の最後の首都である。紀元前1300年頃から前1046年まで栄えた。

この地からは数々の遺物が発掘されており、牛の肩甲骨や亀の腹甲に神のお告げとされた**神託**の結果などを刻んだ甲骨文字や、太陽暦と太陰暦を組み合わせた暦法から、科学的・技術的レベルが高かったことがうかがえる。甲骨文字は世界でも最も古い文字の1つでもあり、中国の言語と書記の体系、古代の信仰、社会システムなどを知るうえで、重要な意味を持っている。

ほかにも、当時の王族の墳墓には珍しく完全な形で残っている王妃の墓や、皇族陵墓、宮殿の遺跡などが発掘されている。

タジキスタン共和国

MAP P009 C-②

サラズム：原始都市遺跡

Proto-urban site of Sarazm

文化遺産

登録年 2010年　登録基準 (ii)(iii)

カザフスタン
タジキスタン
トルクメニスタン
イラン
アフガニスタン
パキスタン
インド

▶ 人類の定住生活の発展を示す遺跡

サラズムとは「地の始まるところ」を意味する言葉で、紀元前4000年から紀元前3000年代末にかけての中央アジアにおける、**人類の定住の歴史**を物語る考古遺跡である。

この遺跡からは、農業や牧畜のほか、銅やスズなどの金属鉱業やその加工業によって街が成立し、都市が形成されていく発展過程も知ることができる。サラズムは中央アジアの遺跡のなかでも、人間が定住した地として最も古い部類に入り、遊牧民による家畜の放牧に適した山岳地帯と、定住者による農業と灌漑に好都合な渓谷に挟まれた場所に位置する。

また、サラズムはトルクメニスタン、イラン高原、インダス川からインド洋までの渓谷部といった中央アジアの**ステップ地帯**の間で、物資の移動と文化交流、商業的な結びつきが存在したことを明らかにしている。

マサダ国立公園

Masada

文化遺産

登録年 2001年　登録基準 (iii)(iv)(vi)

▶悲劇を刻み込んだユダヤ民族結束の象徴

イスラエルの死海西岸に広がる『マサダ国立公園』は、紀元前1世紀、ユダヤ王国の**ヘロデ**王が築いた断崖上にある離宮兼要塞跡の一帯である。マサダの名前は、アラム語の「ハ・メサド（城塞）」が由来とされている。

ヘロデ王はエルサレム神殿の拡張など、大規模な建築を好み、当初は比較的簡素なつくりだった宮殿の規模を徐々に拡大させた。浴場などの施設が整えられ、最終的には長さおよそ1,300mにも及ぶ城壁に守られた堅固な要塞が完成。台地の頂上は、王の居住空間に加え、兵舎なども備えた小さな街の様相を呈した。また、食糧貯蔵庫や、雨の少ないこの地域で不可欠な貯水槽など、長期的な持久戦を可能にする設備もあった。

しかし、ヘロデ王がこの宮殿に住むことなく紀元前4年に死去すると、ユダヤ王国はローマの属州となり、マサダにもローマ軍が駐留する。紀元66年、ローマ帝国の厳しい圧政に耐えかねたユダヤ人が反乱（ユダヤ戦争）を起こし、**熱心党**（ゼロテ派）と呼ばれた政治宗教集団がマサダを奪還するも、70年にローマ軍の激しい攻撃を受けて首都エルサレムが陥落。その後、多くのユダヤ人がこの天然の城塞であるマサダに集まり最後の砦として籠城した。およそ1,000人のユダヤ人が抵抗を続けたが、73年（74年とも）、ついにマサダは陥落。反乱軍の960人がローマ軍の捕虜となることを拒んで集団自決を遂げた。

断崖の上にあるマサダ要塞

このマサダの陥落をきっかけに、ユダヤ人の**ディアスポラ**（離散）が始まった。

イスラエル国

MAP P009 a

ユダヤ低地にあるマレシャとベト・グヴリンの洞窟群：洞窟の大地の小宇宙

Caves of Maresha and Bet-Guvrin in the Judean Lowlancs as a Microcosm of the Land of the Caves

文化遺産

登録年 2014年　登録基準 (v)

▶ 3,500もの地下施設が広がる洞窟群

ユダヤ低地にあるマレシャとベト・グヴリンの古代都市の地下には、ユダヤ低地の柔らかい石灰岩層に築かれた**3,500もの地下室**が洞窟群の空間に存在している。

この地は、メソポタミアからエジプトへと続く交易路の交差点に位置し、ベト・グヴリンよりも古い都市である**マレシャ**がつくられた紀元前8世紀から十字軍の時代まで、2,000年以上にわたるこの地域の文化と発展の折り重なりの歴史を証明している。地下に彫られた洞窟群は、貯水槽や搾油機、浴槽、遺骨安置所、厩舎、信仰や礼拝の場、隠れ場所、そして都市の郊外にある埋葬場所などを含んでいた。マレシャは紀元前40年にパルティア人によって破壊されて以降は再建されなかったが、マレシャが滅びた後に築かれたベト・グヴリンは、ユダヤ戦争でローマ軍に占領された後、バル・コクバの乱（第二次ユダヤ戦争）にて大きな被害を受けたが、2世紀にローマの植民市として再建された。

バーレーン王国

MAP P009 B－3

カルアトル・バーレーン：古代の港とディルムンの都

Qal'at al-Bahrain - Ancient Harbour and Capital of Dilmun

文化遺産

登録年 2005年／2008年、2014年範囲変更　登録基準 (ii)(iii)(iv)

▶ 古代ディルムン文明の中心

バーレーン北部のカルアトル・バーレーン（バーレーン要塞）は、エジプト文明にも劣らない文明だったとされる**ディルムン文明***の中心地の遺跡。ディルムン文明は紀元前26世紀頃から、紀元前8世紀初頭まで続いたとされ、紀元前24～後16世紀にわたり時代ごとに新たな建造物が積み重ねられてきたテル（集落）である。今日までに発掘されたのは、全体の約25%。宮殿群や軍事施設、邸宅の遺構や、一時この地域を支配していたポルトガルの城塞跡などが発見されており、かつてこの地は港湾都市として栄え、**多様な文化が交差**していたと考えられている。

バーレーン要塞

ディルムン文明：ディルムンとは、メソポタミア文明とインダス文明を結ぶ交易の要衝。ペルシア湾のバーレーン島と考えられている。上巻p.195『ディルムンの墳墓群』参照。

交易都市と交易路

レギスタン広場のシェル・ドル・マドラサ

ウズベキスタン共和国

文化交差路サマルカンド

Samarkand - Crossroad of Cultures

文化遺産

登録年 2001年　登録基準 (i)(ii)(iv)

▶東西文明の交差点となった「青の都」

ウズベキスタン東部のサマルカンドは、シルクロードのほぼ中央に位置するオアシス都市である。「サマル」には「人々が出会う」、「カンド」には「街」という意味があり、その名前が示すように、世界各地の文化が交錯する地点であった。

サマルカンドは、紀元前からシルクロード上の要衝として栄え、この街を訪れたアレクサンドロス大王や玄奘(げんじょう)によってその美しさを絶賛されている。8世紀にアラブ人の侵攻を受けてイスラム化が進み、イスラム世界の強国であるホラズム・シャー朝の首都となった。しかし、13世紀にホラズム・シャー朝がチンギス・ハン率いるモンゴル軍によって滅ぼされると、サマルカンドも壊滅。当時のサマルカンドは、現在の市街地北部にあるアフラースィヤーブの丘にあり、その地下には何層にも重なる都市遺跡が眠っている。

14世紀、**ティムール**によってティムール朝の首都として再興されると、サマルカンドの街の中心はアフラースィヤーブの丘から現在のレギスタン広場に移った。ティムールは、帝国中から職人や芸術家、学者を集め、壮麗なモスクやマドラサを多数建設。これらの建造物には「サマルカンド・ブルー」と呼ばれる青色のタイルが大量に使われたが、これはティムールが青色を好んだため。青い建物の美しさから、サマル

カンドは「青の都」と呼ばれるようになった。

しかし、栄華を極めたサマルカンドも、16世紀初頭のティムール朝崩壊や、**海運の発達によるシルクロードの重要性の低下**などで衰退。やがて中央アジアの文化、経済の中枢としての地位を、ブハラ*に譲ることになった。

レギスタン広場には、3つのマドラサ(イスラム教の学校)が並ぶ。広場を中心にして左側のウルグ・ベク・マドラサ、正面のティリャー・コリー・モスク・マドラサ、右側の**シェル・ドル・マドラサ**。イスラム教のモスクとしては珍しく、シェル・ドル・マドラサには獅子や人面の太陽などが描かれている。また近くにはティムールとその家族の霊廟である**グーリ・アミール廟**や、ティムール朝4代君主のウルグ・ベクが築いたウルグ・ベク天文台などが残る。

グーリ・アミール廟

ウズベキスタン共和国

MAP P009 C-②

ヒヴァのイチャン・カラ

Itchan Kala

文化遺産

登録年 1990年　登録基準 (iii)(iv)(v)

ウズベキスタン
カザフスタン
トルクメニスタン
イラン
アフガニスタン
パキスタン
インド

▶ 二重の城壁を備えたオアシス都市

ヒヴァはカラクム砂漠の出入口に位置し、シルクロードを旅する人々のオアシスとして栄えた都市である。16世紀初頭に成立したウズベク人の政権で、ブハラ・ハン国と覇権を争った**ヒヴァ・ハン国**が、17世紀にこの地を首都とした。その旧市街であるイチャン・カラは「**内城**」という意味で、二重の城壁で守られている。

イチャン・カラには、中央アジアで最大級の規模を誇ったムハンマド・アミン・ハーンのマドラサや、砂漠では貴重品である木材の柱を用いたジュマ・モスク、高さ約45mのイスラム・ホジャのミナレットなど、多くの歴史的建造物が残る。

イスラム・ホジャのミナレット

ブハラ：上巻p.227『ブハラの歴史地区』参照。

危機遺産 シリア・アラブ共和国　MAP P009 A-②

古代都市パルミラ

Site of Palmyra

文化遺産

登録年 1980年／2013年危機遺産登録、2017年範囲変更　登録基準 (i)(ii)(iv)

▶ IS（イスラム国）によって破壊されたオアシス都市の遺跡

シリア砂漠の中央にあるパルミラは、紀元前1世紀頃から後3世紀までシルクロードの拠点として隊商交易で繁栄した。かつてこの地はナツメヤシ*が茂る、地下水に恵まれたオアシスであった。2世紀初頭には隊商都市ペトラ*から通商権を受け継ぎ、ローマ帝国のハドリアヌス帝が129年に自由都市の資格を与えると、ローマ帝国の庇護のもとで黄金期を迎えた。しかし、3世紀末に**女王ゼノビア**が勢力を拡大し、ローマ帝国からの独立を試みるも失敗。街は破壊されパルミラは廃墟となった。その後はローマ帝国の要塞として使用されるが、交易路の変化によってさびれていった。城壁内の約10㎢には保存状態の良いローマ建築の遺構が点在している。

2013年、パルミラはシリア内戦によって荒廃し、危機遺産リストに記載された。2015年にIS（イスラム国）がパルミラを勢力下に置くと、イスラム教以前の遺跡は偶像崇拝を増長するものとして破壊された。2017年にISから奪還されたが、**バール・シャミン神殿**や**ベル神殿**、凱旋門など約2,000年前の貴重な遺跡が失われた。

紀元32年に建てられたベル神殿はISによって破壊された（写真は破壊前）

ナツメヤシ：「パルミラ」の名は、ギリシャ語でナツメヤシを意味する「パルマ」に由来する。　**隊商都市ペトラ**：上巻p.208参照。

ベトナム社会主義共和国

MAP P007 C-④

古都ホイアン

Hoi An Ancient Town

文化遺産

登録年 1999年　登録基準 (ii)(v)

▶ 多様な文化を取り込んだ古い街並が残る港街

ベトナム中部のトゥボン川河口に位置するホイアンは、16～19世紀に国際貿易港として繁栄した港街である。中国、インド、アラブを結ぶ中継貿易の拠点であるベトナム最大の交易港として、東アジア諸国との交易を求めるヨーロッパ諸国の船も多数寄港した。

16～17世紀には**朱印船貿易**の中継地点として多くの日本人が移住し、最盛期には1,000人もの日本人が暮らしていたとされるが、江戸幕府が鎖国政策を進めたことにより減少。日本の職人が建築したと伝えられる**来遠橋**（らいおん）（カウライヴィエン橋）や、ホイアン独特の街並が残る。

「日本橋」とも呼ばれる来遠橋

マレーシア

MAP P007 B-⑤

メラカとジョージ・タウン：マラッカ海峡の歴史都市

Melaka and George Town, Historic Cities of the Straits of Malacca

文化遺産

登録年 2008年／2011年範囲変更　登録基準 (ii)(iii)(iv)

▶ 東西の文化が融合したマラッカ海峡の交易地

マラッカ海峡の周辺はモンスーン（季節風）の変わり目にあるため、メラカやジョージ・タウンは、風待ちのために停泊する中継地として発展していった。

メラカには、15世紀の**マラッカ王国**、16世紀のポルトガルとオランダに支配された時代の名残となる政府庁舎や教会、要塞などが見られる。一方、ジョージ・タウンには、18世紀末からの**イギリス統治時代**の建物が残る。2つの都市は、東洋と西洋の文化が幾重にも重なった独自の都市景観を今に伝えている。

メラカの街並

オマーン国

MAP P009 B-④

乳香の大地：交易路と関連遺跡群

Land of Frankincense

文化遺産

登録年 2000年　登録基準 (iii)(iv)

▶ 古代の女王たちも愛した乳香に関する遺跡

オマーン南部のドファール地方は世界最大の乳香（にゅうこう）*（フランキンセンス）の産地として知られており、**乳香交易**で繁栄した地である。乳香は当時、金と同じ価値を持つとされ、紀元前1000年頃から最高級の香料として世界の権力者たちに珍重された。同地ではカンラン科の樹木の群生が8㎢もの範囲で見られ、その付近には、古くから交易都市や港が存在していた。

交易都市シスルのウバール遺跡、港だったサラーラのアル・バリード遺跡、乳香の貯蔵庫などが発見されたホール・ルーリの**サムフラム遺跡**、乳香の木々が茂るワジ・ダウカ乳香公園などが残る。

サムフラム遺跡

トルクメニスタン

MAP P009 C-②

国立歴史文化公園“メルヴ”

State Historical and Cultural Park "Ancient Merv"

カザフスタン
トルクメニスタン
イラン
パキスタン
インド

文化遺産

登録年 1999年　登録基準 (ii)(iii)

▶ 様々な宗教の遺構が残るシルクロードのオアシス都市

トルクメニスタンのカラクム砂漠南端にあるメルヴは、シルクロードの要衝として栄えたオアシス都市のなかでも最も古く、かつ最も良い状態で残っている都市遺跡である。

紀元前6世紀から盛衰を繰り返し、**セルジューク朝***の首都となった12世紀頃には最盛期を迎えた。文化の中心地としても重要となり、多くのイスラム教学者などが訪れた。

一時期は様々な宗教が共存し、イスラム教、ゾロアスター教、キリスト教に関する遺構のほか、仏塔や僧院跡など**世界最西端の仏教遺跡**が現存する。女神や動物の姿を表現した土偶をはじめ、骨壺や彩画陶器などの美術的遺物のほか、青銅器時代（紀元前2500～前1200年）の都市遺跡、イスラム教の霊廟、パルティア王国時代（前248～後226年）のストゥーパ跡などは、中央アジアやイランなどに影響を及ぼした。様々な支配者に治められたが、1221年にモンゴルの軍勢によって滅ぼされた。

乳香：カンラン科の樹木から採取された樹脂を固めたもので、ミルクのような乳白色が特徴的。　**セルジューク朝**：オグズ族と呼ばれるトルコ系の遊牧部族のクヌク氏族が建設した王朝。

イラン・イスラム共和国

MAP P009 B-②

タブリーズの歴史的バザール群

Tabriz Historic Bazaar Complex

文化遺産

登録年 2010年　登録基準 (ii)(iii)(iv)

▶ 古くから栄えたシルクロードの商業拠点

東アゼルバイジャン地方のタブリーズは古代から交易が盛んな地で、13世紀頃にはすでに繁栄しており、イル・ハン国や**サファヴィー朝**の首都でもあった。16世紀には首都としての地位を失ったものの、オスマン帝国の拡大もあって、商業拠点としての重要性は18世紀末まで続いた。**バザール**(屋根付きの市場)は1,000年以上の歴史があり、中東最古とされる。取引や商売の場所としてだけでなく、政治的・歴史的な側面においても重要な役割を果たしてきた。レンガ造りの建物や、商業・交易や親睦会、教育・宗教的実践といった機能を持つ空間などから構成される。

橋の上にもつくられたバザール

カタール国

MAP P009 B-③

アル・ズバラ考古学的地区

Al Zubarah Archaeological Site

文化遺産

登録年 2013年　登録基準 (iii)(iv)(v)

▶ ペルシア湾岸地域の発展を支えた交易都市

ペルシア湾に面したアル・ズバラは、城壁に囲まれた湾岸都市。**クウェートの商人**によって築かれ、インド洋とアラブ地域、西アジアを結ぶ交易や**真珠産業の中心地**として18世紀後半から19世紀初頭にかけて繁栄した。宮殿やモスク、街路、中庭付き住宅、漁師小屋のほか、港や二重の城壁、運河、墓地などが残り、この地域の都市交易と真珠業の伝統を今に伝えている。アル・ズバラの発展は、オスマン帝国やヨーロッパ諸国、ペルシア帝国などに支配されることのない小さな独立国家の繁栄をもたらし、現在のペルシア湾岸地域における小国家の誕生にもつながっている。

アル・ズバラ要塞

MAP P007 C-2 | MAP P009 D-2

文化遺産

シルク・ロード：長安から天山回廊の交易網

Silk Roads: the Routes Network of Chang'an-Tianshan Corridor

登録年 2014年 登録基準 (ii)(iii)(v)(vi)

▶ 東西文化交流を支えた道

2014年の世界遺産委員会において、漢と唐の時代の首都である長安と洛陽から**天山回廊**を抜け、中央アジアを通ってカザフスタンとキルギスに至るシルク・ロードの一部、約5,000kmが世界遺産登録された。シルク・ロードは、紀元前2世紀から紀元後1世紀にかけて形作られ、16世紀まで文化交流や交易活動、宗教や科学技術、学問などの交流に大きな影響を与えてきた。交易路網を含む33の構成資産には、交易都市や様々な帝国の宮殿、交易施設、石窟寺院、塔、長城の一部、要塞、墓、宗教施設などを含んでいる。

19世紀にドイツの地理学者**フェルディナント・フォン・リヒトホーフェン**によって名付けられた「シルク・ロード」は、そのような名前をもった一本の道があるわけではなく、太古の昔より人々が都市から都市へと旅し交易を行ってきた道を総称して、主要な交易品であった「絹(シルク)」から名付けられたものである。中央アジアから中国へと至るユーラシア大陸にある都市と都市の間には、そうした人々が歩いた道がいくつもあった。そしてその道は、社会状況や気候条件、住んでいる民族の変遷などによって常に変化してきた。そうした道は8,700kmにも及ぶとされる。

東西交流の道としてのシルク・ロードには、大きく分けて3つのルートがあったと考えられている。1つ目が、最も古い「草原の道」で、東欧の辺りから中央アジア北部やモンゴルの草原地帯を通って中国に至る、古代より遊牧民族によって使われてきた道。2つ目が「**オアシスの道**」で、現在のトルコの辺りからサマルカンドや天山山脈を越え、敦煌を抜けて中国の西安(長安)へと至る道。今回世界遺産に登

交河城跡

録されたのはこのオアシスの道の一部で、リヒトホーフェンが名付けたのもこの道である。3つ目が「海の道」で、中国南部の港から東シナ海や南シナ海、インド洋を経て、インドやアラビア半島へと至る海上の航路。大航海時代よりもはるか昔に、この航路を通って交易が行われていた。

またシルク・ロードは、すべての道をひとりで歩ききるようなものではなく、都市から都市へとキャラバンが荷物や物資を運び、そこからまた別のキャラバンが次の都市へと運ぶといった「**中継交易**」が行われた道であった。そのため、様々な芸術や宗教、思想、食文化、技術などが少しずつ混ざり合い、西の文化が東へ、東の文化が西へと広がっていった。

玉門関

イラン・イスラム共和国

MAP P009 B-③

文化遺産

ヤズドの歴史都市
Historic City of Yazd

登録年 2017年　登録基準 (iii)(v)

ヤズドはイラン高原中央にある隊商都市でシルク・ロードの経路の近くに位置する。人間が砂漠で限られた資源を使って生存してきたことを示す。カナートを通じて水が供給され、日干しレンガを使った家屋、バザール、ハマム(水蒸気を使ったトルコの公衆風呂)、モスク、シナゴーグ、ゾロアスター教の寺院など伝統的な景観が保たれている。この街ではイスラム教、ユダヤ教、ゾロアスター教の**3つの宗教が平和に共存**している。

トルコ共和国

MAP P009 B-①

文化遺産

アニの考古遺跡
Archaeological Site of Ani

登録年 2016年　登録基準 (ii)(iii)(iv)

アニはキリスト教徒に築かれた後、イスラム教の王朝によって数世紀に渡り作り上げられた。中世アルメニア王国**バグラティド朝の首都**となった10〜11世紀には、シルク・ロードの関所として繁栄した。後のビザンツ帝国、セルジューク朝、グルジア王国の時代にも隊商交易の要所として重要な役割を果たしたが、モンゴル帝国の侵略と1319年の地震により衰退した。アニは7〜13世紀の中世建築の変遷をよく伝えている。

アヤ・ソフィア

トルコ共和国

MAP P009 A-①

イスタンブルの歴史地区

Historic Areas of Istanbul

文化遺産

登録年 1985年／2017年範囲変更　登録基準 (i)(ii)(iii)(iv)

▶ 東西文明を結ぶアジアとヨーロッパの架け橋

トルコ北西部のイスタンブルは、ローマ帝国、ビザンツ帝国、**オスマン帝国***といった大国の首都となった歴史を持つ都市である。

アジアとヨーロッパを分ける、ボスフォラス海峡にまたがるイスタンブルの起源は、紀元前7世紀頃にギリシャの都市国家**メガラ**のビザスが建設した都市とされる。現在トプカプ宮殿がある丘につくられ、ビザスにちなんでビザンティオンと命名された。三方を海に囲まれ、交易に適していた上に軍事的な価値も高かったため、スパルタ、アテネ、アレクサンドロス大王率いるマケドニア王国と、次々に支配者が代わり、2世紀末、ローマ帝国に占領されるとビザンティウムに改名。さらに4世紀には皇帝コンスタンティヌスが、自身の名前にちなんでビザンティウムをコンスタンティノポリス（コンスタンティノープル）とし、ローマからこの地に遷都した。

395年にローマ帝国が東西に分裂するとビザンツ帝国（東ローマ帝国）の首都となり、1054年にキリスト教会が東西に分裂すると、西のローマがカトリック教会の中心地となったのに対し、コンスタンティノープルはギリシャ正教会の本拠地となった。

栄華を極めたビザンツ帝国も徐々に衰退し、1453年にメフメト2世率いるオスマン帝国との激しい攻城戦の末にコンスタンティノープルは陥落し、ビザンツ帝国は

オスマン帝国：1299～1922年。中東、東欧、北アフリカを支配下に置いたイスラムの大帝国。

ついに滅亡。コンスタンティノープルはオスマン帝国の新首都となり、イスタンブルという呼称が徐々に定着した。メフメト2世は、帝国各地から移民を受け入れて荒廃していた市街の再開発を推進し、イスタンブルは首都として再び繁栄の時を迎えた。1923年、トルコ共和国の成立に伴いアンカラに首都が遷された。

イスタンブルの旧市街があるのはボスフォラス海峡西岸のヨーロッパ側で、東端の歴史的建造物が並ぶ地区、スレイマニエ・モスクとその周辺、ゼイレク・モスクとその周辺、旧市街の西側を囲む城壁の4ヵ所が世界遺産に登録されている。**アヤ・ソフィア**やブルー・モスクなどのモスクや教会など多くの歴史的建造物が残され、東西文明の交差点であった歴史を伝えている。

スレイマニエ・モスクの内部

イスタンブルの歴史地区の主な建造物

アヤ・ソフィア	もとはキリスト教の大聖堂。高さ約55m、最大直径約31mにも及ぶ巨大ドームを有したバシリカ式聖堂で、ビザンツ建築の最高傑作と評される。ギリシャ正教会の総本山として信仰を集めたが、コンスタンティノープル陥落に伴いモスクに改築され、聖堂内を飾った美しい**イコン***のモザイク画が漆喰(しっくい)で塗り込められた。トルコ初代大統領のケマル・アタテュルクの命令で無宗教の博物館となり、現在はモザイク画も復元されている。
トプカプ宮殿	メフメト2世によって15世紀半ばに建造された。歴代スルタンが改築を加えながら19世紀半ばまで居住し、執務を行った。約70万㎡の広大な敷地内は外廷、内廷、ハーレムの3つに分かれ、4つの庭園や病院、処刑場も設けられた。現在は博物館として公開されている。
スレイマニエ・モスク	オスマン建築の代表作とされるモスク。スレイマン1世が建設を命じ、ミマール・スィナンが設計した。高さ約50mのドーム、病院やマドラサ、救貧給食所など多くの施設を備える。
ブルー・モスク	17世紀にアフメト1世によって建造されたスルタン・アフメト・モスク。世界で最も美しいモスクとも称され、内装を飾る青いタイルにちなんで、ブルー・モスクと呼ばれる。

イコン：ギリシャ語で「像」を意味する、東方キリスト教世界で用いられた宗教的絵画。モザイクや銅版画など、様々な形で描かれた。

サナアの旧市街

Old City of Sana'a

文化遺産

登録年 1986年／2015年危機遺産登録　登録基準 (iv)(v)(vi)

▶中世アラビアの風景を今に伝える

イエメン西部の高原地帯にあるサナアは、中世アラビア都市の面影を色濃く残した城塞都市。『旧約聖書』のノアの方舟(はこぶね)の物語に登場するノアの息子セムが建設したという伝説があり、「**マディーナット・サーム**（セムの街）」の異名を持つ世界最古の都市の1つである。紀元前10世紀頃から乳香の交易で繁栄したサナアは、その後、エチオピア、ビザンツ帝国、オスマン帝国などの支配を受け、イスラムに強く影響されながらも独特の文化を発展させた。

サナアの東部、東西約1.5km、南北約1kmほどの楕円形をした地区が旧市街。地震が少なく、鎖国政策や内戦によって近代化が遅れたこともあって、100を超えるモスクと64のミナレットをはじめとする無数の歴史的建造物が残る。多くは400〜500年前に建造されたものだが、なかには7世紀にムハンマドが開いたといわれる大モスクのように築1,000年以上の建物も存在する。

城壁の**イエメン門***をくぐって旧市街に入ると、迷路のように込み入ったスーク*が広がる。スークは塩の市場（スーク・アル・ミルフ）を中心に40もの区域に分かれ、香辛料や金銀細工など、様々な商品を売る何百、何千もの店が軒を連ねている。サナアではスークが神聖な場所とされ、争いごとも武器の携行も禁止されてきた。そのため、戦乱に巻き込まれることなく商取引を続けることができたという。サナアの旧市街は6,000棟以上に上る高層住宅が特徴で、大半は5〜6階建てだが、なかには9階建てのものもあり、最も高い建物は高さ50mにも及ぶ。これらの高層住宅は鉄筋を一切使わず、花こう岩や玄武岩でできた土台に「**アドベ**」と呼ばれる日干しレンガを積み上げて造られており、美しい化粧漆喰で装飾されている。この漆喰は建物を飾るだけでなく、防水や窓枠の補強など実用的な用途も兼ねている。

サナアの高層住宅

イエメン門：旧市街の城壁の門のなかで唯一現存するもの。城壁には他にも4つの門があったが、それらは再開発によって取り壊されている。　**スーク**：アラビア語で市場のこと。

危機遺産　イエメン共和国

MAP P009 A-4

城壁都市シバーム

Old Walled City of Shibam

文化遺産

登録年 1982年／2015年危機遺産登録　登録基準 (iii)(iv)(v)

▶ 垂直に延びた砂漠の城壁都市

イエメン中部のシバームは、日干しレンガでつくられた高層住宅が林立する砂漠の城壁都市。3世紀頃に南アラビアで繁栄した**ハドラマウト王国**の首都で、乳香などの交易によって発展した。シバームは、幾度となく交易による富を狙う異民族の攻撃を受け、またアラビア半島最大の**ワジ***であるハドラマウトの谷の底に位置することから、雨季になるとたびたび大洪水に見舞われてきた。これらの被害から街を守るため、「垂直」を原理とした都市計画がなされるようになり、建物は8世紀頃から高層化。現在、シバームには500棟にも上る高層家屋群が残る。

シバームの高層家屋

サウジアラビア王国

MAP P009 A-3

ジッダの歴史地区：メッカの入口

Historic Jeddah, the Gate to Makkah

文化遺産

登録年 2014年　登録基準 (ii)(iv)(vi)

▶ メッカ巡礼の玄関口として繁栄した港湾都市

『ジッダの歴史地区』は紅海の東岸に位置する。もとは漁村であったが、イスラム教が興ったことにより、7世紀に第3代正統カリフ*の**ウスマーン・イブン・アッファーン**がインド洋の交易路における主要港として整備し、メッカへ商品を送り届ける拠点として繁栄した。また紅海経由で到着したイスラム教徒がメッカに巡礼(**ハッジ**)に向かうための玄関口となった。そのため、イスラム教を信奉する様々な民族がこの地を訪れ文化交流が行われた。

この2つの役割はこの街を多様な文化の中心地に押し上げた。現在もサウジアラビアの首都リヤドに次ぐ都市として、活気に満ちている。この地では、19世紀に富裕商人によって建てられた数階建ての伝統的な建築物や、紅海のサンゴを用いた建造物など独特の建築様式がみられる。

ワジ：枯れ川。雨季になると山間部で降った雨水が流れ込む。　**王統カリフ**：イスラム教の開祖ムハンマド以降、ウマイヤ朝成立までのイスラム教共同体を率いた4代のカリフ(指導者)の時代を指す。

危機遺産 シリア・アラブ共和国

MAP P009 A-②

ダマスカスの旧市街

Ancient City of Damascus

文化遺産

登録年 1979年／2011年範囲変更、2013年危機遺産登録　登録基準 (i)(ii)(iii)(iv)(vi)

▶ 聖書に記された世界最古の都市の1つ

シリア南西部のダマスカスは、イスラム世界初の王朝**ウマイヤ朝**＊の首都として繁栄した商業都市で、世界最古の歴史を持つ都市の1つとされる。『旧約聖書』にはアブラハムが旅の途中でこの地を訪れたとされ、『新約聖書』にはキリストと聖母マリアの避難場所とある。メソポタミアとアラビア半島、地中海を結ぶ交通の要衝に位置し、ローマ帝国、ウマイヤ朝、オスマン帝国など様々な国家に支配された。その間も商業都市としての地位を保ち、**ウマイヤ・モスク**など125もの歴史的建造物が残る。

ウマイヤ・モスク

危機遺産 シリア・アラブ共和国

MAP P009 A-

アレッポの旧市街

Ancient City of Aleppo

文化遺産

登録年 1986年／2013年危機遺産登録　登録基準 (iii)(iv)

▶ 危機的状況にあるシリア第2の都市

シリア北部のアレッポは、メソポタミアとヨーロッパをつなぐ中継点となった隊商都市で、現在もシリア第2の都市。歴史は紀元前2世紀頃までさかのぼり、首都のダマスカスに次ぐ歴史を持つ。旧市街には総延長約12kmのスークがあり、300軒以上の店舗やモスクを備えた巨大なキャラバンサライ（隊商宿）の**ハーン・アル・ジュムルク**は、隊商都市として繁栄した往時の様子を伝える。丘の上に立つ**アレッポ城**は、十字軍やモンゴル軍の攻撃に耐え抜いた難攻不落の城。シリア内戦により、スークが焼失するなど甚大な被害を受け、2013年に危機遺産リストに記載された。

内戦により甚大な被害を受けた（アレッポ城付近）

ウマイヤ朝：上巻 p.157 参照。

ウズベキスタン共和国

MAP P009 C-2

ブハラの歴史地区

Historic Centre of Bukhara

文化遺産

登録年 1993年／2016年範囲変更　登録基準 (ii)(iv)(vi)

ウズベキスタン　カザフスタン　トルクメニスタン　イラン　アフガニスタン　パキスタン　インド

▶ シルクロードの面影を残すイスラム教の聖都

ウズベキスタン南部のブハラは、中世中央アジアの面影を色濃く残す交易都市。9～10世紀にかけて**サーマーン朝**の首都となり、その期間にアラビア文字を用いたペルシア語が発達した。1世紀頃からシルクロードの要衝として繁栄し、8世紀初頭のアラブ人の侵入に伴いイスラム教化する。**イスマーイール廟**は10世紀初頭にサーマーン朝2代イスマーイールが父のために建てたもので、中央アジアに現存する最古のイスラム建築。共産主義のソ連時代は宗教を否定していたウズベキスタンだが、カラーン・モスク*などのブハラの貴重なイスラム建築や歴史的な街並は保存された。

ブハラの歴史地区

危機遺産　ウズベキスタン共和国

MAP P009 C-2

シャフリサブズの歴史地区

Historic Centre of Shakhrisyabz

文化遺産

登録年 2000年／2016年危機遺産登録　登録基準 (iii)(iv)

▶ ティムールの故郷に残る歴史的建築群

ウズベキスタン南東部にあるシャフリサブズは、14世紀に一代で帝国を築きあげた**ティムールの生誕地**である。「緑の街」を意味するティムール朝第2の都市で、多くの庭園と砂漠が調和を示す歴史地区。ティムールはこの街に首都サマルカンドにも劣らぬ多彩な建造物を築いたが、16世紀後半にブハラ・ハン国の**アブドゥール・ハン**にそのほとんどを壊されたため、現在残るのはティムールの石棺や息子の廟、モスク、帝国最大の建造物といわれるアク・サラーイ宮殿に残る高さ38mのアーチなど、一部の建造物及び遺構だけである。

コク・グンバッツ・モスク

カラーン・モスク：このモスクに付属するミナレットには、チンギス・ハンがその美しさのあまり破壊を思いとどまったという逸話がある。

イスラエル国

MAP P009 a

アッコの旧市街

Old City of Acre

文化遺産

登録年 2001年　登録基準 (ii)(iii)(v)

▶ 十字軍の遺構の上に建てられた城塞都市

プトレマイオス朝エジプトやローマ帝国、イスラム教国など、様々な勢力の下で国際貿易港として繁栄した都市の遺跡。12 ～13世紀の十字軍の時代には、イスラム教徒とキリスト教徒が激しい争奪戦を展開した。現在の旧市街は、オスマン帝国によって再建されたもの。城壁内の曲がりくねった狭くて細い路地に、**アル・ジャッザール・モスク***をはじめとするモスクや隊商宿、公共浴場などが立ち並ぶ。また、旧市街の地下には十字軍の主力として活躍した**聖ヨハネ騎士団の遺構**がほぼ完全な形で埋もれている。

アッコの旧市街

危機遺産　イエメン共和国

MAP P009 A-4

ザビードの歴史地区

Historic Town of Zabid

文化遺産

登録年 1993年／2000年危機遺産登録　登録基準 (ii)(iv)(vi)

▶ アラブ初の大学が創立された古都

イエメン西部のザビードは、9世紀初頭にアッバース朝の総督である**ムハンマド・イブン・ズィヤード**によって建設された学問都市である。後にズィヤード朝の首都となり、学問奨励のため**アル・アシャエル・モスク**のマドラサが拡充された。これは、アラビア半島初の大学であるアル・アシャエル大学の前身となった。13～15世紀の最盛期には200以上のマドラサやモスクが林立し、学生たちが神学や法学、医学、数学などを修めたという。再開発やコンクリート建築の増加により危機遺産リストに記載された。

ザビードの要塞

アル・ジャッザール・モスク：18世紀末に創建されたモスク。イスラム教の開祖・ムハンマドの頭髪を保管しているという。

アゼルバイジャン共和国

MAP P009 B-②

ハーンの宮殿のあるシェキの歴史地区

Historic Centre of Sheki with the Khan's Palace

文化遺産

登録年 2019年　登録基準 (ii)(v)

▶ アゼルバイジャンで「最も美しい古都」

大カフカス山脈の南側に位置するシェキは、アゼルバイジャンで「最も美しい古都」と称される。18世紀の洪水によって街が破壊された後に再建された都市の中心部には、高い破風造の屋根の伝統的な家々が並ぶ。歴史的に重要な交易路沿いにあり、サファーヴィー朝や**カージャール朝***、ロシアの伝統的な建築から影響を受けた。**シェキ・ハーンの宮殿**は18世紀の統治者であったシェキ・ハーンの夏の離宮で、色とりどりのヴェネツィアン・グラスで飾られた美しい窓や扉が目を引く2層構造の建物。部屋はわずか6室しかない。

シェキ・ハーンの宮殿

インド

MAP P009 D-④

ラジャスタン州のジャイプール市街

Jaipur City, Rajasthan

文化遺産

登録年 2019年　登録基準 (ii)(iv)(vi)

▶ 碁盤目状に整備された「ピンク・シティ」

ジャイプールはラージプート諸国の1つであるアンベール国のマハラジャ(王)**サワーイー・ジャイ・シング2世**によって18世紀前半に築かれた都市。人口増加と水不足などの理由でアンベールからジャイプールに遷都された。**インドで初めて都市計画に従って築かれた街**で、碁盤目状に整えられている。1729～1732年に造られた中心部のシティ・パレスは、ラージプート族の伝統的な様式に、ムガル帝国とヨーロッパの様式が混じっており、ピンク色に塗られた外観は「ピンク・シティ」と呼ばれるラジャスタンを象徴する建造物といえる。

ピンク色が特徴的な「シティ・パレス」

カージャール朝：18世紀末から20世紀初頭にかけて現在のイランを中心にした土地を支配したイスラム王朝。都はテヘラン。

MAP P007 B - 4

アユタヤと周辺の歴史地区

Historic City of Ayutthaya

文化遺産

登録年 1991年　登録基準 (iii)

▶ インドシナ半島を支配した国際都市の遺跡

タイの首都バンコクの北に位置し、「平和な都」を意味するアユタヤは、14世紀半ばに開かれた**アユタヤ朝**の都として400年間にわたり繁栄した都市である。チャオプラヤ、パサック、ロッブリーの3つの河川の合流地点にあり、古くから交易で栄えていた。この地を都としたアユタヤ朝は、神格化された王の絶大な権力のもと、15世紀にクメール人のアンコール朝を滅ぼし、その後スコータイを併合すると、インドシナ半島の中部まで勢力を拡大。17世紀にはヨーロッパやアジア諸国との活発な交易を行って最盛期を迎えた。当時のアユタヤは3つの王宮、29の要塞、375の寺院が立ち並ぶ推定人口19万人の国際都市だったという。外国人の居留地も設けられており、朱印船貿易の相手だった日本人の街には1,500人以上が居住していたとされる。日本人はアユタヤ朝のもとで傭兵としても活躍した。

仏教を厚く信仰したアユタヤ朝の歴代の王たちは多くの仏像や**チェディ***、寺院を築いている。これらは黄金や宝石をふんだんに用いた豪華なものだったが、1767年、ビルマ軍の侵攻によってアユタヤ朝は滅び、都は廃墟となった。

現在、世界遺産に登録されている史跡公園とその周辺には、**プラ・プラーン様式***の寺院など、クメールやスコータイの要素を融合したアユタヤ独自の建築様式をうかがわせる遺跡が残されている。しかし、ビルマ軍の徹底的な破壊や略奪に遭ったため、王宮はわずかに土台を残すのみとなっており、仏像のなかには首が落ち、横たわったままとなっているものもある。20世紀中頃から、ようやくバラバラになった仏像や木々に覆われた仏塔などの修復が進められている。

ワット・プラ・シー・サンペット

チェディ：インドのストゥーパに由来する仏塔。　**プラ・プラーン様式**：クメールの影響を受けた、砲弾状の高い塔堂を特徴とする様式。

タイ王国

MAP P007 B-④

スコータイと周辺の歴史地区

Historic Town of Sukhothai and Associated Historic Towns

文化遺産

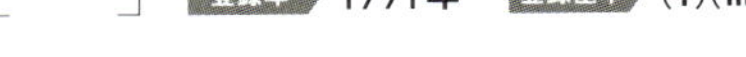

登録年 1991年 登録基準 (i)(iii)

▶ タイ族初の統一国家の都

スコータイ*は、13世紀前半にクメール族に代わって台頭したタイ族が初めての統一王朝スコータイ朝を樹立し築いた古都。スコータイ朝は**ラームカムヘーン王***のときに最盛期を迎え、上座部仏教が伝わると多くの寺院が建てられ仏教国としても繁栄した。約70㎢のスコータイ遺跡公園として保存されており、初代王インタラティットによって建てられスコータイ最大の寺院**ワット・マハータート**をはじめ、クメール風の仏塔が並ぶワット・シー・サワイや、遺跡内で最古の建造物のター・パー・デーン堂などの仏教寺院が残る。

ワット・サシー

ラオス人民民主共和国

MAP P007 B-③

古都ルアン・パバン

Town of Luang Prabang

文化遺産

登録年 1995年／2013年範囲変更 登録基準 (ii)(iv)(v)

▶ ラオス初の統一国家ランサン王国の都

ルアン・パバンは**ランサン王国**の王都となったラオスの仏教信仰の中枢である。初代国王のファーグムは上座部仏教を国教に定め、クメール王国から多くの教典と高僧を、セイロンから黄金の仏像である**パバン**を取り寄せた。河川交通の要衝として繁栄したルアン・パバンだったが、ランサン王国の分裂や戦乱により荒廃。ワット・ビスンナラートをはじめ、多くの貴重な木造建築が失われた。

代表的な遺構は、16世紀に創建されたワット・シェントーンで、ルアン・パバン様式という何層も重なった屋根を持つ本堂が有名。

ワット・シェントーンの本堂

スコータイ：パーリ語で「幸福の夜明け」を意味する。　**ラームカムヘーン王**：?～1298?　スコータイ王朝第3代の王。タイ文字の創始者とされている。

中華人民共和国

MAP P007 C-3

マカオの歴史地区

Historic Centre of Macao

文化遺産

登録年 2005年　登録基準 (ii)(iii)(iv)(vi)

▶ 西洋と中国の文化が交錯する貿易港

ポルトガルのアジア貿易の拠点となった港街。西欧文化の根づいた地で、林則徐*や孫文*といった中国史に重要な役割を果たした人物とも関係が深い。ポルトガル人に明から居住権が与えられたのは16世紀半ばで、19世紀末にマカオは清から割譲されてポルトガル領となるが、1999年に返還された。日本人も建設にかかわった**聖ポール大聖堂**をはじめ、19世紀に建造された中国最古のギア灯台、フランシスコ・ザビエルの遺骨の一部が安置される聖ヨセフ修道院など、多くの歴史的建造物が残る。

スリランカ民主社会主義共和国

MAP P009 D-

ゴールの旧市街とその要塞

Old Town of Galle and its Fortifications

文化遺産

登録年 1988年　登録基準 (iv)

スリランカ南部のゴールは、中東と中国を結ぶ**海のシルク・ロードの中継地点**として古代から栄え、その後ヨーロッパ諸国の統治下で独自の発展を遂げた。16世紀末にポルトガルの植民地になった後、オランダ、イングランドと支配国を変えながら貿易港として繁栄した。旧市街内部には、英国国教会の聖堂や、ポルトガル時代のキリスト教聖堂を転用したモスクなどが混在。2004年のスマトラ沖地震の津波からも人々を守った。

フィリピン共和国

MAP P007 D-

ビガンの歴史地区

Historic City of Vigan

文化遺産

登録年 1999年　登録基準 (ii)(iv)

フィリピン北部、ルソン島の南シナ海を望む港街ビガンは、スペイン植民地時代の面影を色濃く残す。16世紀後半にスペインの植民地として築かれ、中国やメキシコとの交易の拠点として繁栄。街はスペインの都市計画に基づいて碁盤目状に整備されている。石畳の通りには、外観はスペイン風だが、中国やフィリピンの伝統的な建築様式が採用された家屋が並ぶ。石と木を組み合わせた家屋はタガログ語で「**バハイ・ナ・バト**」と呼ばれている。

林則徐：19世紀の中国の政治家。中国でアヘンの吸飲が広がるなか、特命全権大使としてアヘンの取り締まりを強化した。
孫文：19～20世紀の中国の革命家。辛亥革命の後、1912年に建国された中華民国の臨時大総統に選ばれる。

大韓民国　MAP P007 D-②

慶州の歴史地区

Gyeongju Historic Areas

文化遺産

登録年 2000年　登録基準 (ii)(iii)

▶ 新羅の史跡が多数残る

韓国南東部の慶州(キョンジュ)は、紀元前57年から新羅の首都**金城**(クムソン)として栄えた。仏教の聖地である南山(ナムサン)地区、新羅の王宮があった月城(ウォルソン)地区、王族の古墳群がある大陵苑(テヌンウォン)地区、新羅最大の寺院だった皇龍寺(ファンニョンサ)の跡地が残る皇龍寺地区、首都防衛の東の拠点となった明活山城がある山城(サンソン)地区の5つに大別できる。南山地区には、110を超す寺院跡のほか、80に迫る石仏、60以上の石塔が山中に残る。月城地区には、人工池の雁鴨池(アナプチ)や臨海殿(イムヘジョン)が残る。大陵苑地区には、約41万㎡の古墳公園がある。

中華人民共和国　MAP P007 C-②

平遥の古代都市

Ancient City of Ping Yao

文化遺産

登録年 1997年　登録基準 (ii)(iii)(iv)

中国中央部、山西省(さんせい)の平遥(へいよう)は、清代に**金融業の中心**として繁栄した中国有数の古都。街を囲む全周約6.4kmの城壁の起源は、紀元前8世紀の周の時代にさかのぼるといわれ、明代初期の14世紀に改築、拡張された。明代には山西商人たちの拠点となった。城壁内には明代から清代にかけての街並が残っており、街路、役所、商店、民家などが往時の姿をとどめている。また、近郊の双林寺(そうりん)*と鎮国寺(ちんこく)*も、世界遺産に登録された。

大韓民国　MAP P007 D-②

百済の歴史地区

Baekje Historic Areas

文化遺産

登録年 2015年　登録基準 (ii)(iii)

韓国中西部の山地に位置する『百済の歴史地区』は、475年から660年にかけての8つの考古遺跡から構成される。公山城(コンサンソン)跡、宋山里(ソンサンニ)古墳群、扶蘇山城(プソサンソン)跡、陵山里(ヌンサンニ)古墳群などは、紀元前18年から後660年までの時代に朝鮮半島で興った3つの王朝の1つである**百済王朝後期を代表**するものである。朝鮮半島や中国、日本といった東アジアの古代王朝間における技術や仏教、文化、芸術の交流を証明している。

双林寺：6世紀半ばに創建された寺院。宋から明代にかけての彩色塑像約2,000体が保存されている。　**鎮国寺**：10世紀に創建された寺院。敷地内の万仏殿は中国で最も古い木造建築の1つに数えられている。

独自の集落

田螺坑土楼群

中華人民共和国

MAP P007 C－③

文化遺産

福建土楼群

Fujian *Tulou*

登録年 2008年　登録基準 (iii)(iv)(v)

▶ 一族の団結力を象徴する集合住宅

中国の福建（ふっけん）省南西部の約120kmの範囲に点在する46の土楼は、12〜20世紀につくられた漢民族**客家**（はっか）の伝統的な集合住居である。土楼は中心の中庭を囲んだ円形や方形で、外側は180cm以上もの厚さを持つ土壁になっており、盗賊の侵入を防ぐ**砦としての機能**もあった。出入口は基本的に1ヵ所で、下の階には窓がなく、上の階に窓と挟間が設けられている。また、火を放たれた時の消火用に、消化水槽が上の階に設置されていた。

1つの土楼には最大で800人もの人々が集まって生活し、村のような機能を果たしている。質素な造りの外観に対し、内部は複数の家族が集団生活を送りやすいように機能的にも工夫され、独特な装飾が施されるなど居心地にも配慮されていた。中央には中庭があり、その周囲に住居スペースとなる部屋が配置された。各部屋は同じ大きさで同じ造りをしており、部屋ごとで差が出ないように**平等な構造**になっている。中庭に置かれた土楼は、祭祀や結婚式、葬式、会議などが開かれる公共の場として利用された。

風水を取り入れた独特の伝統建築や共同体の生活形態に加え、周辺環境との調和も高く評価されている。

MAP P007 B-3

麗江の旧市街

Old Town of Lijiang

文化遺産

登録年 1997年／2012年範囲変更　登録基準 (ii)(iv)(v)

▶ 納西族の営みを今に伝える古都

中国南西部、雲南省にある麗江は、12世紀の宋代末にチベット・ビルマ語族に属する少数民族**納西族**によって建設された古都で、万年雪が積もる標高5,596mの玉龍雪山の麓に位置する高地の街である。世界遺産に登録されたのは、麗江の旧市街の保護区と、白沙、東河の近郊2村。麗江の旧市街は「大研鎮」と呼ばれ、かつて交易の広場だった四方街を中心に、約800年にわたって歴史を重ねてきた。

この街を建設した納西族は、茶葉などの交易のためにやってきた漢族やチベット族などの諸民族の文化を取り入れて、旧市街に残された壁画や、象形文字の一種である**東巴文字**などをはじめとする独自の文化を生み出した。建造物や音楽も、納西族の伝統と異文化の交流を感じさせる。

麗江は城壁がない石城として他に類を見ない。網の目のような石畳の道で覆われ、水路がめぐらされているこの街では、瓦葺きで2階建ての木造家屋が軒を連ねている。隙間なく立ち並ぶ民家は、古くから漢民族に伝わる「四合院」という中庭を建物でぐるりと囲む様式に工夫を加えた「**四合五天井***」や「三坊一照壁*」といった方法で建築されている。玉龍雪山の雪解け水が流れる水路には、明代に造られた2連アーチの大石橋などの石橋が架けられ、街路と水路の調和を担っている。

1996年に起きた大地震で、麗江の街並は大きな被害を受けた。旧来の住居ではなく、耐震に優れた構造を採用しての復興も検討されたが、市民の意向でかつての建築様式のまま復元された。

世界遺産登録後は大量の観光客が流入し、多くの商売目当ての新住民が移り住んだことで納西族などの旧住民が旧市街の外へ転居する事態を招いている。歴史的景観も徐々に失われつつあり、大きな課題となっている。

麗江の街並

四合五天井：1つの中庭（天井）を囲むように4つの建物を配置し、その隅に4つの小さな庭を設ける建築様式。
三坊一照壁：中庭を囲むように、3つの建物と「照壁」と呼ばれる装飾された壁を配置する建築様式。

中華人民共和国

MAP P007 C-②

安徽省南部の古村落-西逓・宏村

Ancient Villages in Southern Anhui - Xidi and Hongcun

文化遺産

登録年 2000年　登録基準 (iii)(iv)(v)

▶ 明から清代の美しい古民家が残る村落

中国の南東部、安徽省にある西逓と宏村は、14〜20世紀の古民家が多数残されている村である。これらの**徽派建築**は、現存する数少ない中国伝統の住居建築であり、漆喰を塗られた白い壁と濃灰色の瓦を特徴としている。

西逓には古民家224棟、祀堂3棟、牌楼が1つ残されており、「古代民居の博物館」と呼ばれている。一方の宏村には、清代の私塾「**南湖書院**」をはじめとする古民家137棟や、400年前に整備された水利施設が残されており、明から清代にかけての生活の様子を今に伝えている。

宏村の街並

大韓民国

MAP P007 D-②

河回村と良洞村の歴史的集落群

Historic Villages of Korea: Hahoe and Yangdong

文化遺産

登録年 2010年　登録基準 (iii)(iv)

▶ 自然に溶け込んだ氏族社会の村

14〜15世紀につくられた安東市の河回村と慶州市の良洞村は、韓国における最も歴史的な氏族社会の村で、代表的な**氏族村**(同族集落)である。村落は山々に守られるように配置され、川と田畑に面している。村内の館や住居は風水と儒教の礼法を考慮した家屋構成になっているほか、朝鮮王朝初期における儒教主義の文化が表れており、朝鮮時代の支配者である**両班**の農村における伝統的な生活様式を今に伝える。村内には荒壁土の壁を持つ藁葺き屋根の平屋家屋などが残っている。周囲の山、木、水、隠れ家のような家々に囲まれた景観は、17〜18世紀の詩人たちに賞賛された。

良洞村

中華人民共和国

MAP P007 C-③

開平の望楼群と村落

Kaiping Diaolou and Villages

文化遺産

登録年 2007年　登録基準 (ii)(iii)(iv)

▶ 中国と西洋の建築が融合した華僑文化の結晶

広東省に位置する開平の田園地帯には、約1,800棟の望楼と呼ばれる塔状の建造物が点在しており、そのうち4つの村落にまたがる20棟が世界遺産に登録されている。望楼とは家屋、避難所、見張り塔などの機能を持つ主に4～5階建ての多層建造物である。石や日干しレンガ、粘土などを材料にし、盗賊や河川の氾濫の対策としてつくられた。これらは中国から北米や南アジアなどに渡った**華僑**の資金提供で建造され、中国の伝統建築と西洋の建築様式が独自に融合している。

中華人民共和国

MAP P007 C-③

鼓浪嶼(コロンス島):歴史的共同租界

Kulangsu, a Historic International Settlement

文化遺産

登録年 2017年　登録基準 (ii)(iv)

厦門に面した小さな島、鼓浪嶼(コロンス島)に残る931の歴史的建造物からなる。1843年に結ばれた南京条約によって厦門が開港し、1903年に鼓浪嶼に共同租界*が設立されると、中国における海外貿易の重要な窓口となった。様々な国の外国人がここに住み着いたことから、世界の様々な様式の建築が建てられ、文化的な混交が生まれた。その最も顕著な事例といえるのが、「**アモイ・デコ様式***」という鼓浪嶼から生まれた独自の建築様式である。

トルコ共和国

MAP P009 A-①

サフランボルの旧市街

City of Safranbolu

文化遺産

登録年 1994年　登録基準 (ii)(iv)(v)

トルコ北部にあるサフランボルは、オスマン帝国時代の情緒を色濃く残した隊商都市である。13世紀から鉄道が開通する20世紀初頭まで黒海と地中海を結ぶ交易路上の要衝として繁栄した。山の斜面には17世紀に建築された**トルコ風の伝統的な木造建築**が立ち並んでいる。これらの家屋は2階以上の部分が道路にせり出した独特の様式のもの。こうした伝統的家屋はほかの都市ではほとんど姿を消してしまったため極めて貴重である。

共同租界:清朝や中華民国内に築かれた外国人居留地。鼓浪嶼では各国が共同で外国人居留地を管理した。
アモイ・デコ様式:アール・デコやアール・ヌーヴォーなどの西洋の建築様式と厦門周辺地域の文化が融合して生まれた建築様式。

壁面を覆う官能的なミトゥナ像

インド

MAP P009 D－④

文化遺産

カジュラーホの寺院群

Khajuraho Group of Monuments

登録年 1986年　登録基準 (i)(iii)

▶ 2つの宗教が混在する寺院群

首都ニューデリーの南東約500kmにあるカジュラーホに残る寺院群は、中世インド宗教建築の粋をなすもの。多くは、かつてこの地を都とした**チャンデーラ朝*** が最盛期を迎えた10～11世紀に建立された。13世紀初頭にはイスラム教徒が北インドに侵入するが、辺境の地であったカジュラーホにあまり興味を示さず、19世紀に英国人に再発見されるまで忘れ去られていた。

かつて85もの寺院があったとされるが、現存するのはそのうち25。これらは西群、東群、南群に分けられ、**最も多く寺院がある西群はすべてヒンドゥー教寺院**、東群にはジャイナ教寺院が多い。南群にもヒンドゥー教寺院が残る。ヒンドゥー教寺院はすべてほぼ同じ構造をしており、各部屋の屋根は塔状で、外側から見ると入口から奥へ向かって塔は次第に高くなる。これは、聖なるヒマラヤ山脈を表現している。なかでも最大なのは、西群に建つヒンドゥー教寺院の**カンダーリヤ・マハーデーヴァ寺院**。高さ31mにも達するシカラ（砲弾形の尖塔）と、84もの小シカラが積み重なって上に延びている。またインドの中世寺院は、本堂であるヴィマーナの上部が砲弾形の尖塔になっている北方型と、ピラミッド形になっている南方型に大別されるが、カジュラーホの寺院群は北方型の代表的なものである。

チャンデーラ朝：ラージプート族が樹立し、10～11世紀にかけて繁栄した中央インドの王朝。

インド

MAP P009 D-⑤

パキスタン
中国
インド
ベンガル湾

エローラーの石窟寺院群

Ellora Caves

文化遺産

登録年 1983年　登録基準 (i)(iii)(vi)

▶ 3つの宗教が共存する聖地

アジャンターの南西約100kmの山地にある『エローラーの石窟寺院群』は、仏教、ヒンドゥー教、ジャイナ教の3つの宗教の石窟寺院が、南北2kmにわたって立ち並んでいる。南端の第1～12窟が7～8世紀に造営された仏教窟、その北の第13～29窟が9世紀頃までにつくられたヒンドゥー教窟、一番北の第30～34窟が9～10世紀頃につくられたジャイナ教窟というように分けられる。

エローラーの仏教窟は、インドの仏教窟では最後にできたもので、唯一のチャイティヤ窟*である第10窟には、ストゥーパの前に**仏倚座像**(ぶついざぞう)*を配した巨大な**仏龕**(ぶつがん)が設置されている。ヒンドゥー教窟を代表するのは、エローラー石窟寺院群のなかで最大の規模を誇る第16窟の**カイラーサ寺院**。幅46m、奥行き80m、高さ34mのこのヒンドゥー教寺院は、1つの岩からできた「石彫寺院」である。黒光りする玄武岩の巨大な冠石(かんむりいし)を頂き、鑿(のみ)と槌(つち)のみで彫られた多種多様な神々や悪魔、空想上の動物などが屋根や柱などを覆っている。これらは古代インドの叙事詩『マハーバーラタ』や『ラーマーヤナ』の世界を描いたもので、当時の技術水準の高さを示している。エローラーで最後の開窟を行ったのは、9世紀にこの地にやってきたジャイナ教徒であった。彼らはカイラーサ寺院に刺激されて、盛んに石彫寺院を造営したが、その努力にもかかわらず、多くの寺院が未完のままに終わった。ジャイナ教窟のなかで最も完成度が高いのは第32窟で、第33窟とともに重層構造となっている。

エローラーはつくられた当時から今日に至るまで常に巡礼者たちが集う聖地となっている。3宗教が共存するこの石窟群は、古代インド社会の寛容の精神を表す遺産である。

ヒンドゥー教のカイラーサ寺院(第16窟)

チャイティヤ窟：仏塔を安置して礼拝する祠堂形式の窟。　**仏倚座像**：台座、またはいすに座って両足を垂下させた像。

危機遺産 ＞ エルサレム（ヨルダン・ハシェミット王国による申請遺産）　MAP P009 a

エルサレムの旧市街とその城壁群

Old City of Jerusalem and its Walls

文化遺産

登録年 1981年／1982年危機遺産登録　登録基準 (ii)(iii)(vi)

▶ 紛争の舞台となった3宗教の聖地

エルサレムは、ユダヤ教、キリスト教、イスラム教の3つの宗教にとって極めて重要な意味を持つ聖地である。

紀元前1000年頃、エルサレムはダヴィデ王によって古代イスラエル王国の首都とされた。ダヴィデの後を継いだソロモンは、街の中心部にあるモリヤの丘に「十戒（じっかい）」を納めたエルサレム神殿を建築。十戒はユダヤ教の唯一神ヤハウェがモーセに与えたとされる戒律で、エルサレムは政治的にも宗教的にもユダヤ人の中心地となる。しかし紀元前63年にエルサレムはローマ帝国の支配下に置かれ、さらに後70年にはローマ軍によって市街と神殿が破壊され、ヘロデ王が築いた西壁の一部だけが残された。ユダヤ人は神殿のあった丘から追放されて故国を失い、世界各地に離散（ディアスポラ）することを余儀なくされた。残された西壁はその後、「**嘆きの壁**」としてユダヤ教徒が祈りをささげる聖地となっている。

イスラム教の聖地である「岩のドーム」

キリスト教徒にとっては、イエス・キリストが十字架刑に処せられた地として重要な聖地となり、磔刑に処されたゴルゴタの丘には**聖墳墓教会**が建てられた。また、イスラム教徒にとっては、開祖ムハンマドが神の啓示を受けて天界に旅立った場所とされ、旅立ったとされる岩は「**岩のドーム**」で覆われ、メッカ、メディナに次ぐ聖地として信仰を集めている。

キリスト教の聖地である「聖墳墓教会」のドーム天井

3つの宗教の聖地となったエルサレムは、その領有権を巡る宗教間の争いの舞台にもなった。638年にイスラム軍に占領されたこの地は、十字軍によって1099年にキリスト教徒の手に戻り、1187年にはサラディンの侵攻で再びイスラム教徒の街となる。以降は一時期を除いて20世紀初頭までほぼイスラム教徒の支配下にあった。

帰属問題は現在でも決着がついておらず、エルサレムは第一次中東戦争により東西に分割されて、旧市街の東エルサレムはヨルダン領、新市街の西エルサレムはイスラエル領とされたものの、第三次中東戦争以降は東エルサレムもイスラエルが占領している。こうした情勢のために、例外的にヨルダンが世界遺産として申請し、**遺産保有国は実在しないエルサレム**となっている。

旧市街は、オスマン帝国時代に築かれた約1km四方の城壁に囲まれ、歴史的、宗教的に貴重な建築物が数多く残る。しかし、パレスチナとイスラエルの紛争に加え、急激な都市開発の進行、観光被害、維持管理費の不足などを理由に、1982年に危機遺産リストに記載された。

ユダヤ教の聖地である「嘆きの壁」

危機遺産 パレスチナ国

MAP P009 A-2

ヘブロン：アル・ハリールの旧市街

Hebron/Al-Khalil Old Town

文化遺産

登録年 2017年／2017年危機遺産登録　登録基準 (ii)(iv)(vi)

▶ 登録が物議を醸した旧市街

1250～1517年のマムルーク朝時代に築かれた市街地。パレスチナ南部やシナイ半島、ヨルダン東部、アラビア半島北部を移動する隊商交易の要衝であった。紀元前1世紀にアブラハム*と家族の墓を守るために「**アブラハム・モスク（アブラハムの墓）**」が築かれ、ユダヤ教、キリスト教、イスラム教の巡礼地となった。オスマン帝国時代には、市街地は周囲の地域まで広がり、多くの建物が加わった。緊急的登録推薦*によって登録されたが、**ユダヤ教の価値が十分に示されていないとしてアメリカとイスラエルが反発***した。

ヘブロンの旧市街

アブラハム：ユダヤ教、キリスト教、イスラム教などの一神教の始祖とされる、最初の預言者。　**緊急的登録推薦**：詳しくは上巻p.026参照。　**アメリカとイスラエルが反発**：このことがきっかけとなり、両国は2018年末にユネスコを脱退した。

MAP P007 C-⑤

プランバナンの寺院群

Prambanan Temple Compounds

文化遺産

登録年 1991年　登録基準 (i)(iv)

▶ 仏教寺院とヒンドゥー寺院が混在する地

プランバナンの寺院遺跡群には、ヒンドゥー教と仏教の寺院が混在する。世界遺産に登録されているのは、プランバナン寺院（**ロロ・ジョングラン***）とその周辺にある仏教寺院のセウ寺院、プラオサン寺院、ヒンドゥー教寺院のカラサン寺院*、サンビサリ寺院となっている。

9世紀にマタラム王国によって建造されたプランバナン寺院は、高さ約47mの尖塔を擁する**シヴァ神**を祀ったシヴァ堂と、その左右にブラフマー神とヴィシュヌ神を祀った高さ約23mの祠堂など、8基の祠堂が高さ約2mの基壇の上に建てられている。基壇は一辺約110mの正方形をしており、『ボロブドゥールの仏教寺院群*』を意識しているとの説もある。基壇の周辺には何百もの**プルワラ**（小祠堂）が歴代の王によって建造された。シヴァ堂外側の回廊には、古代インドの叙事詩『ラーマーヤナ』のレリーフをあしらっている。プランバナン寺院はマタラム王国の宗教儀式などに使われたが、半世紀ほどで遺棄されてしまった。その後は、イスラム教の拡大により寺院群そのものが忘れられていたが、1549年の地震により多くが倒壊してしまった。

1930年代より、プランバナン寺院群の修復・復元が進められたが、2006年のジャワ島中部地震で再び大きな被害を受けたため、日本からも調査団を派遣し修復が行われた。

プランバナンの寺院群

ロロ・ジョングラン：プランバナン寺院の別名で、「すらりとした姫」という意味。　**カラサン寺院**：778年に仏教寺院として作られ、9世紀にヒンドゥー教寺院に改修された。　**ボロブドゥールの仏教寺院群**：上巻p.252参照。

MAP P009 E-④

カトマンズの谷

Kathmandu Valley

文化遺産

登録年 1979年／2006年範囲変更　登録基準 (iii)(iv)(vi)

▶宗教と芸術が織りなすヒマラヤの万華鏡

ヒマラヤ山脈のふもとにある盆地状のカトマンズの谷は、直径20km強の範囲内に約900もの歴史的建造物が密集する、世界でも例のない地域。この谷は、1769年にシャハ王朝が誕生して以来の首都であるカトマンズと、**パタン**（ラリトプル）、**バドガオン**（バクタプル）の3つの古都にまたがる。これらが1つの都市だった13世紀頃にマッラ族が台頭し、14世紀にはシティティ・マッラが諸侯を統一してマッラ朝を確立。この時代から仏教とヒンドゥー教の融合が進み、チベットとインドを結ぶ交易中継都市として栄えていたこの地では、ネワール*文化が成熟し独特の建築や工芸が生まれた。15世紀後半にマッラ朝からカトマンズが分裂し、17世紀にカトマンズ、パタン、バドガオンという3王国に分裂した。栄華を競い合った結果、それぞれの国で王宮や寺院、広場など芸術性の高い建築物が築かれた。3王国は、18世紀にグルカ王国によって滅ぼされたが、その後も優れた建築物が建造された。

カトマンズの**ダルバール広場***には、旧王宮やタレジュ寺院、マハデバ・チャイチャ寺院といった20棟以上の寺院、僧侶や貴族の館がひしめき合う。パタンは工芸が盛んで「ラリトプル（美の都）」と呼ばれている。バドガオンは、「55の窓」と呼ばれる木彫りの窓が整然と並ぶ宮殿があることでも知られる。

ネパールは、これまで幾度も地震に見舞われてきた。その度にカトマンズの谷にある歴史的建造物は再建されたため、現存するのは15世紀以降のものである。また近年では、3つの古都に農村から人々が流れ込み、かつての稲田がコンクリートとレンガの家々に埋め尽くされ、街の景観が損なわれつつある。そのため2003年から2007年まで危機遺産リストに記載されていた。また、2015年のネパール大地震で甚大な被害を受け、現在も修復が進められている。

パタンのダルバール広場

ネワール：チベット・ビルマ語系のネワール語を主要言語とする民族。　**ダルバール広場**：カトマンズとパタン、バドガオンにそれぞれダルバール広場がある。

ポタラ宮

中華人民共和国

MAP P007 B-③

ラサのポタラ宮歴史地区

Historic Ensemble of the Potala Palace, Lhasa

文化遺産

登録年 1994年／2000年、2001年範囲拡大　登録基準 (i)(iv)(vi)

▶ 歴代ダライ・ラマが眠るチベット仏教の聖地

チベット高原の中央部、標高約3,650mに位置するラサは、ポタラ宮を中心とするチベット仏教の聖地であり、チベットの政治・文化の中枢である。チベット語で「神の地」を意味するラサの歴史は、豪族たちがチベット各地を支配していた7世紀初め、吐蕃（とばん）の**ソンツェン・ガンポ王**が初めてチベットを統一し、この地に遷都したことに始まる。ソンツェン・ガンポ王は自らの権力を強化する一方で、インドに派遣した家臣にチベット語を作らせ、サンスクリット語の教典をチベット語に翻訳させるなどして、**インドと中国の仏教文化を積極的に取り入れていった**。また、ソンツェン・ガンポ王はポタラ宮の原型となる城を築いており、その妃は**ジョカン寺**（トゥルナン寺）を創建した。

8世紀後半にはティソン・デツェン王が仏教を国教とし、吐蕃は唐（とう）（618～907）の都だった長安に攻め入るほどに勢力を広げていったものの、国内で仏教をめぐる対立や王位継承問題などが起こり、877年に滅亡。その後しばらくチベット全土を支配する王朝はなく、僧団が各地の氏族と結びついたチベット独特の社会が続く。やがて1642年、**ダライ・ラマ**5世がチベットを統一。その3年後に、ソンツェン・ガンポ王の築いた城をもとにポタラ宮の建設に着手した。ポタラとは観音菩薩が住むとされる山、補陀落（サンスクリット語で「ポタラカ」）を意味し、観音菩薩の化身とされるダライ・ラマの宮殿としてポタラ宮が建てられた。歴代のダライ・ラマによる増改築の末に、1936年には現在の姿となった。しかし1951年、チベットは中国に併合され、ダライ・ラマ14世がインドに亡命して以降、政治的に不安定な状態に置かれており、2008年には中国政府に対する抗議運動が暴動に発展した。

世界遺産に登録されているラサの建築物は、ポタラ宮とジョカン寺、ノルブリンカの3物件。ラサ中心部のマルポリ（赤い山）という丘の上に立つポタラ宮は、外観13層（実質は9層）、高さ約110m、面積約13万㎡の大宮殿。ダライ・ラマの冬の住居と、政治や宗教の儀式の場を兼ねた「白宮」、歴代ダライ・ラマが眠る巨大霊廟「紅宮」などからなる。紅宮の内部には多くの仏像や仏教絵画が安置されており、チベット仏教の世界を目の当たりにできる。

7世紀に創建され、11世紀初頭に再建されたジョカン寺は、多くの信徒が訪れるチベット仏教の総本山。本尊は創建時から伝わる釈迦牟尼像である。この地へチベット全域から訪れる巡礼者たちは、五体投地を繰り返しながら祈りを捧げている。

そして「宝の園」を意味するノルブリンカは、18世紀にダライ・ラマが夏の離宮として造営した。その名の通り敷地は樹木と花々に彩られており、歴代ダライ・ラマによって増築・拡張がなされていった。1956年にダライ・ラマ14世のために建てられたタクテン・ミギュ・ポタンの内部には、チベット様式のその外観とは対照的に、近代的な設備が整えられている。

夏の離宮であるノルブリンカ

MAP P009 D-5

アジャンターの石窟寺院群

Ajanta Caves

文化遺産

登録年 1983年　登録基準 (i)(ii)(iii)(vi)

▶ 1,000年の眠りから覚めた森林の仏教石窟寺院群

ムンバイ（ボンベイ）の北東約360kmに位置する断崖にある『アジャンターの石窟（せっくつ）寺院群』は、インド最古の仏教壁画が残る仏教窟である。湾曲して流れるワゴーラ川河岸にある石窟群は、紀元前2～後2世紀に最初の開窟が行われたと考えられている。その後、いったん開窟は終了するが、**グプタ朝**＊の最盛期にあたる5世紀頃に再開し、7世紀まで続けられた。石窟群は仏教の衰退とともにしだいに忘れ去られ、8世紀以降は廃墟となっていたが、1819年にこの地でトラ狩りをしていた英国駐留軍の指揮官ジョン・スミスが、偶然この遺跡を発見した。

全長約600mの間に点在する大小30を数える石窟の造営年代は、紀元前2～後2世紀の前期窟と、グプタ朝時代にあたる5世紀なか頃～7世紀の後期窟に区分される。また石窟には、ストゥーパという仏塔を安置して礼拝する祠堂形式の**チャイティヤ窟**と、僧侶たちが滞在、居住した僧房（そうぼう）形式の**ヴィハーラ窟**があるが、アジャンターの石窟群のうち5つはチャイティヤ窟で、残りはすべてヴィハーラ窟である。

前期窟は全体的に簡素なつくりで、チャイティヤ窟である第9窟、10窟の壁画はほとんど剥がれ落ちている。第10窟の壁画はインド最古のもので、異時同図法＊が見られるなど、美術史的にも注目されている。後期窟のチャイティヤ窟である第19窟、26窟、29窟の正面部分や列柱などに浮き彫りや仏像が見られ、ヴィハーラ窟は多彩な壁画で埋め尽くされている。

壁画の制作には、粘土と牛糞（ぎゅうふん）を塗り、石灰を重ねた下地に顔料で描くというテンペラ技法の一種が用いられている。第1窟に描かれた「蓮華手（れんげしゅ）菩薩像（ぼさつぞう）」が、法隆寺金堂の壁画にある「勢至（せいし）菩薩」を連想させるように、後に中国や中央アジア、日本にまで大きな影響を及ぼした。壁画は、湿気や観光客の増加などにより急速に劣化している。

断崖に彫られた石窟寺院

グプタ朝：320頃～550頃　マウリヤ朝以来の北インドの統一王朝。チャンドラグプタ1世がガンジス川流域を征服して創始した。
異時同図法：時間的な流れのある事象を、同一画面上に描写する手法。

インド　MAP P009 E-④

ブッダガヤの大菩提寺

Mahabodhi Temple Complex at Bodh Gaya

文化遺産

登録年 2002年　登録基準 (i)(ii)(iii)(iv)(vi)

▶釈迦が悟りを開いた仏教最高の聖地

インド北東部のブッダガヤは仏教四大聖地の1つで、約2,500年前にこの地の菩提樹の下に座り、釈迦は悟りを開きブッダとなった(ブッダとはサンスクリット語で「悟りを開いた者」の意味)。ブッダが座した場所には、後に**アショーカ王**が寄進したとされる**金剛宝座**(ブッダの御座跡)が設けられた。菩提樹と金剛宝座は石造の「**欄楯**(らんじゅん)」という欄干で囲まれている。欄楯には仏教説話をテーマとした精緻な浮き彫りが施されている。菩提樹と金剛宝座は仏教における最高の聖跡であるとされている。

菩提樹の脇にはマハーボディ(大精舎(だいしょうじゃ))と呼ばれる大菩提寺(だいぼだいじ)が立っている。マハーボディはレンガ構造の高さ50mを超える巨大な建造物である。初めの寺院はアショーカ王によって紀元前3世紀頃に築かれた。現在の建物は5〜6世紀頃のグプタ朝時代の創建で、一度破壊されて19世紀に復元されたものである。これは世界最古のレンガ構造の仏教寺院の1つで、後のレンガ建築の発展に大きな影響を与えた。

高さ50mを超えるマハーボディ(大精舎)

この遺産はブッダがここに滞在し悟りを開いたということとともに、信仰の進化を示す点で重要である。とくに紀元前3世紀にアショーカ王が最初の寺院を建ててから、続く数世紀にわたって外国の諸王によって建てられた宗教的建築物はそれを示している。また、この遺産は様々な国の人々の努力によって残されてきたということも重要である。寺の保存に尽力してきたミャンマー、スリランカ、タイ、インドの支配者や一般人の強い信仰心を寺の歴史から読み取ることができる。

大菩提樹を囲む「欄楯」

インド

サーンチーの仏教遺跡

Buddhist Monuments at Sanchi

文化遺産

登録年 1989年　登録基準 (i)(ii)(iii)(iv)(vi)

▶ アショーカ王により建造が始まった仏教の一大聖地

サーンチーの仏教遺跡は、インドでも最も古い仏教建築が残っている巡礼地の1つ。丘陵地にある約50の遺跡群が登録され、3つの大型**ストゥーパ**（仏塔）と祠堂、僧院など紀元前3～後12世紀の遺跡が残されている。

19世紀に再発見された当時、何世紀も前から廃墟と化して木や草に覆われていた。本格的な調査が20世紀初頭に始まり、インドにおいて仏教が栄えていたほとんどの時代を通して、この地が仏教の中心地として機能していたことが判明した。最も古い第1ストゥーパは、**アショーカ王***が各地につくった8万を超すストゥーパの1つとされる。

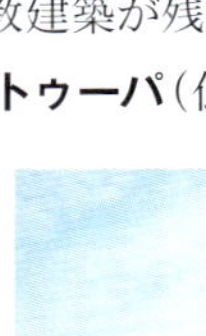

サーンチーの第1ストゥーパとトラナ（門）

ネパール連邦民主共和国

仏陀の生誕地ルンビニー

Lumbini, the Birthplace of the Lord Buddha

文化遺産

登録年 1997年　登録基準 (iii)(vi)

▶ ブッダ生誕の地とされる仏教四大聖地の1つ

ネパール南部、ヒマラヤ山脈南麓にあるルンビニーは、ブッダ誕生の地とされる仏教四大聖地*の1つ。紀元前6世紀*、釈迦（しゃか）族の王妃マーヤー夫人が、マメ科の常緑高木無憂樹（むゆうじゅ）の満開の木に手をかけると、右脇から釈迦（ブッダ）が生まれたという。後にこの地を巡礼した**アショーカ王**が、ブッダの生誕地を示す石柱を築き、後6世紀頃に**マーヤーデヴィ寺院**が建立された。1896年、ドイツ人の考古学者によって石柱が発見されると、この地はルンビニー聖園として整備され、再び巡礼地に返り咲いた。

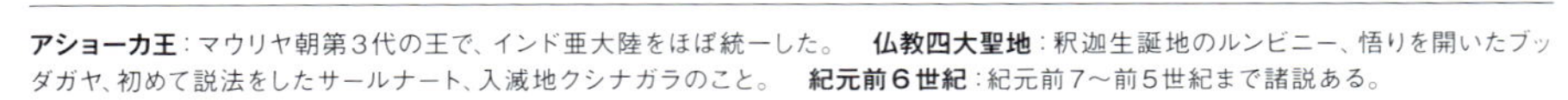

アショーカ王：マウリヤ朝第3代の王で、インド亜大陸をほぼ統一した。　**仏教四大聖地**：釈迦生誕地のルンビニー、悟りを開いたブッダガヤ、初めて説法をしたサールナート、入滅地クシナガラのこと。　**紀元前6世紀**：紀元前7～前5世紀まで諸説ある。

バングラデシュ人民共和国

MAP P009 E-④

パハルプールの仏教遺跡

Ruins of the Buddhist Vihara at Paharpur

文化遺産

登録年 1985年 登録基準 (i)(ii)(vi)

▶ 東南アジアの寺院の手本となった仏教寺院遺跡

首都ダッカの北西約180kmにある『パハルプールの仏教遺跡』は、8〜9世紀にかけて築かれた東インド地方最大の仏教寺院遺跡。パーラ朝(8〜12世紀)の国王ダルマパーラが造営した**ソーマプラ大僧院**ではアジア各地から集まった僧侶たちが修行した。約300m四方の広大な敷地の中心には十字形の大祠堂が配され、外周壁に沿って177の僧房があった。現在は基壇部分しか残っていないが、彫刻が施された約3,000枚の素焼きの板で飾られたその基壇はかつての華やかさをしのばせる。

インド

MAP P009 D-④

ナーランダ・マハーヴィハーラの遺跡群

Archaeological Site of Nalanda Mahavihara at Nalanda, Bihar

文化遺産

登録年 2016年 登録基準 (iv)(vi)

遺跡群には、紀元前3世紀から紀元後13世紀にいたるまでの学術・修道活動の痕跡が残り、ストゥーパ(舎利塔)、霊廟、ヴィハーラ(精舎、住居や学校となる建物)のほか化粧漆喰や石、金属によって作られる重要な芸術作品も含まれている。ナーランダは**インド亜大陸における最古の大学**であり、800年間途切れることなく知の伝達所として機能した。この場所は、仏教の宗教的発展と、学術・修道の隆盛をともに証言するものである。

パキスタン・イスラム共和国

MAP P009 D-③

タフティ・バヒーの仏教遺跡とサリ・バロールの歴史的都市

Buddhist Ruins of Takht-i-Bahi and Neighbouring City Remains at Sahr-i-Bahlol

文化遺産

登録年 1980年 登録基準 (iv)

パキスタン北部にあるタフティ・バヒー寺院は、1世紀初頭に建てられた仏教寺院である。7世紀までインド密教の中心地として繁栄し、ガンダーラ平野を見下ろす丘に主塔院や僧院などの遺跡が残され、ガンダーラ様式の仏像も出土している。サリ・バロールの都市遺跡は、2世紀のクシャーン朝時代に築かれた堅固な城壁に守られた要塞都市だったと考えられているが、現在では石造2階建ての家屋群の土台部分しか残っていない。

MAP P009 D-⑥

文化遺産

ランギリ・ダンブッラの石窟寺院

Rangiri Dambulla Cave Temple

登録年 1991年 登録基準 (i)(vi)

▶ 極彩色の壁画で飾られたスリランカ最大の石窟寺院

紀元前1世紀に開窟が始まったスリランカ最大の仏教石窟寺院。シンハラ王国19代ワッタガーマニー・アバヤ王が、南インドのタミル人に都を追われた際、ダンブッラの僧たちに助けられたため、都を奪還すると僧たちに石窟を贈った。約180mの岩山の中腹にある天然の洞窟を利用して5つの石窟がつくられ、内部は極彩色の天井画や壁画で埋め尽くされた他、金箔で覆われた全長約14mの涅槃仏など157体の仏像が安置されている。

スリランカ民主社会主義共和国

MAP P009

文化遺産

聖地キャンディ

Sacred City of Kandy

登録年 1988年 登録基準 (iv)(vi)

スリランカ南西部にあるキャンディは、2,000年以上続いたシンハラ王国*最後の都。4世紀にインドの王女がこの国に嫁ぐ際にもたらされたブッダの犬歯(仏歯)は、王権の象徴として大切に保管され、遷都とともに転々とした。16世紀末にキャンディに都が移った際、ヴィマラ・ダルマ・スーリヤ1世が仏歯を祀るためにダラダーマーリガーワ寺院(仏歯寺)を築いた。現在、仏歯は寺院の仏歯堂聖室に納められている。

スリランカ民主社会主義共和国

MAP P009

文化遺産

聖地アヌラーダプラ

Sacred City of Anuradhapura

登録年 1982年 登録基準 (ii)(iii)(vi)

スリランカ北部のアヌラーダプラは、紀元前380年頃からシンハラ王国の最初の首都が置かれた。紀元前3世紀にはマヒンダ*がこの地にマハーヴィハーラ寺院を建立し、スリランカ仏教の基礎を築いた。国内最古の仏塔であるトゥーパーラーマ仏塔を擁し、王の死後もルワンウェリセーヤ仏塔、アバヤギリ仏塔、ジェタワナ仏塔の三大仏塔などが建てられた。インドのブッダガヤから分け木として運ばれた菩提樹も崇拝の対象となっている。

シンハラ王国:紀元前5世紀頃に建てられたスリランカの王国。衰退しながらも1815年まで存続した。 **マヒンダ**:アショーカ王の王子。スリランカに仏教を伝えたとされる。

バガン

Bagan

文化遺産

登録年 2019年　登録基準 (iii)(iv)(vi)

▶ 多くの仏塔が立ち並ぶ世界三大仏教遺跡の1つ

バガンは仏教芸術と建築が他に例を見ないほど数多く立ち並ぶ聖なる景観であり、それは上座部仏教の数世紀にわたる功徳を得るための文化的伝統を示している。また、**仏教が政治をコントロールするための装置となったことも表している**。

ミャンマーの中央平原を流れるエーヤーワディー川沿いに位置するバガンは、ミャンマーで最初の統一王朝である**バガン朝**の都として11～13世紀にかけて隆盛を極めた。バガン朝は11世紀半ばにアノーヤター王によって建国されたと考えられている。水運の大動脈であったエーヤーワディー川の輸送網を支配し、バガン朝は影響力を広い地域へ広げていった。

沿海部を通じて仏教が伝えられると、バガン朝の国王は功徳を得るために**仏塔（パゴダ）**を築きはじめた。12世紀に入ると仏教はさらに広い層に受容され、国王だけでなく大臣や役人も仏塔建設をはじめ、その数は飛躍的に増えていった。現在でもバガンには**3,000以上の仏塔が立ち並んでおり**、カンボジアのアンコールの遺跡群、インドネシアのボロブドゥールと並んで世界三大仏教遺跡の1つに数えられる。13世紀に入るとバガン朝の国力は衰え、元によって滅ぼされた。一説には過度な仏塔建設が国力を傾けたともいわれる。

仏塔が立ち並ぶ“聖なる景観”

バガンは8つの構成資産からなり、そこには仏塔（パゴダ）、寺院、修道院、巡礼者の施設、考古遺跡、フレスコ画、彫像などが含まれる。バガンは12世紀以降たびたび地震に見舞われたという記録が残っている。近年では1975年と2016年に大きな地震に見舞われた。ユネスコなどの国際機関とミャンマー政府が連携して、長期保全のための努力が続けられている。

11世紀建立のシュエズィーゴン・パゴダ

MAP P007 C-5

ボロブドゥールの仏教寺院群

Borobudur Temple Compounds

文化遺産

登録年 1991年　登録基準 (i)(ii)(vi)

▶密林に埋もれていた世界最大規模の仏教遺跡

ジャワ島中部、ジョグジャカルタの北西約40kmに位置するボロブドゥールの仏教寺院群は、770年頃から820年頃にかけて、仏教を信仰する**シャイレンドラ朝***によって築かれた、世界最大規模を誇る仏教遺跡である。この王朝は約100年しか続かず、滅亡とともにこの寺院も荒廃していったが、1814年にトーマス・S・ラッフルズに発見されて注目を浴びることとなった。1907年になって基礎的な調査や修復が行われたが、切石の劣化や風化がひどく、1973年から10年間、国際的な援助を受けての大規模な修復工事が行われ、ようやく今日のような姿に回復した。日本の調査隊も大きく貢献している。

自然の丘を利用してさらに盛り土をし、土を覆うように切石を積み上げて建造されたピラミッド状のボロブドゥール寺院は、内部構造がないため、寺院でありながら内部に入ることはできない。約115m四方の基壇の上に5層の方形壇、その上に3層の円形壇が重なり、頂上には釣り鐘形のストゥーパがそびえ立つ、まさに**立体曼荼羅**(まんだら)(曼陀羅)のような姿をしている。

構造は大乗仏教の宇宙観である「**三界**(さんがい)」を表しており、基壇は欲望にとらわれた者が住む「欲界(よくかい)」、その上の方壇は欲界を超越したが物質(色(しき))にとらわれた者が住む「色界(しきかい)」、一番上の円壇は色界も超越し精神のみに生きるものが住む「無色界」を示すとされている。方形壇にある4つの回廊を上階へと上っていくことで、仏教の真理へ到達するとされる。回廊の壁面には仏教にまつわる絵物語が1,300面のレリーフで表現され、時計回りに展開するストーリーは、**ブッダの一生や仏教の教え**を伝

ボロブドゥール寺院の仏像と小ストゥーパ

シャイレンドラ朝：ジャワ島中部にマレー人が建てた王朝。

える。さらに1885年に見つかった「隠れた基壇」からも、160面のレリーフが見つかった。またこの寺院には、5層の方形壇の上に432体、上部3層の円形壇の小仏塔の中に72体、計504体の仏像が置かれている。

ブッダの一生などを伝えるレリーフ

ボロブドゥール寺院から東側1,755mの位置にはパウォン寺院、さらに東へ1,165m行った場所にはムンドゥー寺院があり、この3つの寺院が世界遺産に登録されている。これらは一直線上に並んで立っているが、その理由は未解明である。

パウォン寺院は、8世紀末に建設されたと考えられており、聖樹カルパタルや半人半鳥の音楽神キンナラとキンナリなどのレリーフで覆われている。ムンドゥー寺院は、内部に釈迦如来像、観世音菩薩像、金剛手菩薩像が残されており、入口近くには美しい仏教のレリーフも施されている。

インドネシアは現在、イスラム教徒が最も多く、仏教徒は国民の1%にも満たない。そのため、ボロブドゥールの仏教寺院群も管理会社が観光資源として管理している。しかし仏教徒にとって重要な場所であることに変わりはなく、国内外から信者が訪れている。

内部に入ることはできない

MAP P007 B-②

敦煌の莫高窟

Mogao Caves

文化遺産

登録年 1987年　登録基準 (i)(ii)(iii)(iv)(v)(vi)

▶ 建造物、絵画、彫刻が一体となった世界最大級の仏教石窟寺院

中国北西部甘粛省の敦煌の市街地から南東約25kmに位置する莫高窟は、前秦時代(351～394)の4世紀半ばから元代(1271～1368)の13世紀までのおよそ1,000年間にわたって造営された、世界最大規模の仏教石窟寺院である。鳴沙山の東側断崖面の南北1,700mには735の石窟が現存し、窟番号が付されているのは492。

オアシス都市である敦煌は、前漢(前202～後8)の武帝によって辺境の軍事拠点として建設され、**シルクロードの中継地点**として発展した。中国三大石窟*の1つである莫高窟が掘り始められたのは366年で、西方から来た僧、**楽僔**によるとされる。最も大きいものは高さ約40mで、最も小さいものは高さ約30cmである。石窟には華やかな彩色壁画が施され、塑像の仏像が安置されている。その多くが高い芸術性を備えており、中国の仏教美術の変遷を知る上での貴重な史料といえる。

造営は13世紀まで続けられたが、以降、しだいに敦煌の莫高窟はその存在を顧みられなくなった。1900年に道士の王円籙が大量の古写本や仏画類を発見し、世界中から注目を集めた。ある石窟の通路の土砂を取り除いたとき、隣接する石窟から偶然見つかった史料は「**敦煌文書**」、発見場所の石窟は「蔵経洞」と後に呼ばれるようになった。敦煌文書には経典、文書、絹本の絵画、刺繍など5万点以上があり、そのうちの6分の1をチベット語、サンスクリット語、ソグド語などの写本が占めている。その内容は、仏教、道教、儒教の経典のほか、史書、小説、民間伝説、戸籍、契約書など多岐にわたっており、当時の生活や政治を知る史料として、きわめて価値が高い。各国の探検隊により発見された文書の研究が、敦煌学という新たな学問のジャンルを生む契機となった。

高さ40mに達する九層楼

中国三大石窟：『敦煌の莫高窟』、『雲岡石窟』、『龍門石窟』の3つ。

中華人民共和国

MAP P007 C-②

雲岡石窟

Yungang Grottoes

文化遺産

登録年 2001年　登録基準 (i)(ii)(iii)(iv)

▶ 北魏の隆盛を伝える巨大な仏教遺跡

山西省武周山南麓の断崖面の全長およそ1kmの範囲に252の石窟が現存する。452年に即位した北魏の**文成帝**が、高僧曇曜の提言に従い、460年に開鑿を行ったのがその始まりで、文成帝は「曇曜五窟」と呼ばれる5つの石窟に、自身を含めた5人の皇帝を模した大仏を建立した。494年、洛陽に遷都したことを機に造営は終息に向かい、石窟は存在を忘れられていったが、1902年に建築家の**伊東忠太***が建築研究のため中国を訪れ再発見した。仏像は5万体以上あり、第20窟の如来坐像は傑作とされる。仏像は制作年によって様式が異なり、徐々に中国独自のものになっていった様子がうかがえる。

第20窟の如来坐像

中華人民共和国

MAP P007 C-②

龍門石窟

Longmen Grottoes

文化遺産

登録年 2000年　登録基準 (i)(ii)(iii)

中国
ミャンマー
タイ

▶ 中国仏教の隆盛を伝える石窟寺院

河南省北西部の洛陽郊外にある龍門石窟は、伊水両岸に1kmにわたり刻まれた中国最大規模の石窟寺院。最初の石窟は5世紀末洛陽に遷都した北魏の**孝文帝**によって築かれ、唐代までの400年以上造営が続けられた。石窟の数は合計2,300で、仏龕*は785、仏像約11万体、石碑は2,800以上が残る。力強く大規模な雲岡の石仏に比べ、龍門の石仏は**繊細な装飾**が施されている。675年、唐代の皇帝高宗の時代に完成した奉先寺洞が最大の窟で、高さ17.4mの盧舎那仏は則天武后を模したといわれる。

奉先寺洞

伊東忠太：1867～1954　建築家、建築史家。平安神宮や築地本願寺などを設計している。　**仏龕**：仏像・位牌などを安置しておく厨子。

中華人民共和国

MAP P007 C-②

大足石刻

Dazu Rock Carvings

文化遺産

登録年 1999年　登録基準 (i)(ii)(iii)

▶ 中国三大宗教の石刻がそろう大石刻群

重慶市の北西に位置する大足にある大足石刻は、唐代末期の9世紀から南宋時代の13世紀にかけて山の岩壁に掘られた石仏の総称であり、70ヵ所余りに点在する。北山、宝頂山、南山、石篆山、石門山一帯に現存する石刻は石像5万体以上、石碑文10万点以上に及ぶ。多くは大乗仏教の石刻だが、道教や儒教の像も刻まれており**中国三大宗教の石刻がそろっている**のが大きな特徴。なかでも宝頂山石刻群の石刻は評価が高く、特に大仏湾と呼ばれる崖の摩崖仏群、全長およそ31mの**釈迦涅槃像**が有名。また道教の石刻としては南山の三清古洞のものが、儒教の石刻としては北山の古文孝経碑が重要である。

宝頂山の石仏

大韓民国

MAP P007 D-②

中国
韓国

石窟庵と仏国寺

Seokguram Grotto and Bulguksa Temple

文化遺産

登録年 1995年　登録基準 (i)(iv)

▶ 新羅仏教建築を代表する至宝

統一新羅王朝の都だった慶州の吐含山中にある石窟庵と仏国寺は、新羅が残した仏教芸術及び極東の仏教芸術を代表する傑作。統一新羅中期の宰相であった**金大城**が751年、前世の父母のために石窟庵を、現世の父母のために仏国寺の建立を開始したと伝えられている。吐含山の山頂近くにある石窟庵は、自然の岩壁を掘ったものではなく、削った山の斜面に花こう岩を積み上げた人工石窟。主室中央には**如来坐像***が安座する。仏国寺は、金の死後の774年に完成。当初は現在の10倍の規模を誇ったとされるが、1592年の文禄の役の際に多くが焼き払われてしまった。

石窟庵の高さ3.45mの如来坐像

如来坐像：この坐像は、釈迦如来であるという説と、阿弥陀如来であるという説がある。

大韓民国

MAP P007 D-②

『八萬大蔵経』版木所蔵の海印寺

Haeinsa Temple Janggyeong Panjeon, the Depositories for the *Tripitaka Koreana* Woodblocks

文化遺産

登録年 1995年　登録基準 (iv)(vi)

▶ 現存最古の大蔵経版木が眠る古刹

韓国南部、伽倻山(カヤサン)の山麓にある海印寺(ヘインサ)は、802年に僧の順応(スヌン)と理貞(リジェン)によって創建された名刹。仏教の経典の集大成である『八萬大蔵経』の版木*を保管する蔵経板殿が登録されている。大蔵経版木が8万枚以上あることから『八萬大蔵経』と呼ばれている版木は、13世紀の高麗時代(918～1392)に、**モンゴル軍侵攻**という国難克服のため発願された。版木の初彫は1232年で、モンゴル軍に襲撃された際に焼失したが、15年の歳月をかけて復刻、1251年に完成した。版木が納められている蔵経板殿の床には板が敷かれていない。木炭と石灰、塩を重ねた土間になっており、湿気を調節する働きがある。建物は角材を横に重ねて外壁とする**校倉造り**で建てられている。

海印寺の大蔵経板庫

大韓民国

MAP P007 D-②

山寺(サンサ):韓国の山岳僧院群

Sansa, Buddhist Mountain Monasteries in Korea

文化遺産

登録年 2018年　登録基準 (iii)

▶ 韓国仏教の歴史を伝える聖地

山寺(サンサ)は仏教の山岳僧院で、7～9世紀にかけて創建された7つの寺院(**通度寺(トンドサ)**、浮石寺(プソクサ)、鳳停寺(ボンジョンサ)、法住寺(ボプチュサ)、麻谷寺(マゴクサ)、仙岩寺(ソナムサ)、大興寺(テフンサ))からなる。これらの寺院は韓国仏教の歴史的な発展を伝えており、宗教的・精神的な実践、修道生活の中心として機能してきた。4つの建造物(仏殿、あずまや、講堂、宿舎)に囲まれた「**マダン**(屋根のない中庭)」という韓国特有の庭園を持っており、優れた固有の建築構造や聖廟を含んでいる。現在も生きた信仰の中心であり、日々の宗教的実践の場として利用されている。

法住寺の仏塔

『八萬大蔵経』の版木:「世界の記憶」に登録されている。

ミナレットがそびえるマスジェデ・ジャーメ

イラン・イスラム共和国

MAP P009 B-3

文化遺産

イスファハーンのマスジェデ・ジャーメ(金曜モスク)

Masjed-e Jāmé of Isfahan

登録年 2012年　登録基準 (ii)

▶ 4イーワーンの代表的モスク

マスジェテ・ジャーメ(金曜モスク)は、イラン最古の**金曜礼拝**用の大規模モスク。イスファハーンの歴史地区に位置し、『イスファハーンのイマームの広場』に隣接する。マスジェデ・ジャーメは、イランにおける歴代イスラム王朝の建造物と装飾スタイルの進化の歴史を今に伝えている。

841年に建築が始まったマスジェデ・ジャーメは、金曜モスクとしてイランに現存する最古のモスクであり、中央アジア全体のモスク建築の手本となった。2万㎡の敷地に建つ建造物群は、もともとササン朝ペルシアの宮殿建築(4つの中庭を有する建築物)をイスラム教の宗教建築に改築したもので、イスラム初期の建築様式をベースに持つ。

「4(チャハル)イーワーン*」と呼ばれる建築様式を採用した最初のモスク建築である。「4イーワーン」とは、中庭を4方向から取り囲むイーワーンを持つ建築様式で、モスクの代表的な平面プランの1つである。さらに、優れた装飾様式を持つドームは、壮大で2基あり、「4イーワーン」と共にイスラム独自建築様式の手本となった。

イスラム美術の進化は、アッバース朝から、ブワイフ朝、セルジューク朝、イル・ハン朝、ムザファル朝、ティムール朝、サファヴィー朝へと続くイラン・イスラム王朝

イーワーン：一方に空間を持ち、三方を壁が囲む開放空間。マドラサなどでは集会所としても使われる。

の1,200年を超える歴史をよく表している。

サザン朝ペルシアの宮殿建築をイスラムの宗教建築に適合させたことが高く評価された。この新しい平面プランは、モスク建築に新たな美的要素を与え、他のモスク建築のお手本となった。

ネザム・アル-モルク・ドームは、イスラム王朝において初めて**二重殻ドーム**が用いられたもので、新しい工学技術が導入されたことを意味する。この技術導入は、最近のモスクと埋葬施設の複合建築など、さらに複雑なドーム建築の基礎をなした。

内部の華麗な装飾

トルコ共和国

MAP P009 A-①

文化遺産

エディルネのセリミエ・モスクとその関連施設

Selimiye Mosque and its Social Complex

登録年 2011年　登録基準 (i)(iv)

▶ オスマン帝国の権勢を示すモスクとキュリエ

巨大なドームと4本のミナレットからなるこの壮麗なモスクは、オスマン建築を代表する建築家**ミマール・スィナン**によって16世紀後半に設計された。セリミエ・モスクの周辺施設内には、マドラサや市場、時計棟、中庭、図書館なども含まれている。このモスクとキュリエ（一大公共施設群）は、スィナンの最高傑作とも称され、ドームの大きさにおいてもアヤ・ソフィアをしのぐ。モスクの内部は卓越した芸術性を誇る**イズニク・タイル**を用いて装飾されており、現代では再現できないという。また、キュリエとモスクの外観の調和性についても評価が高い。

セリミエ・モスクの内部

MAP P009 D-④

文化遺産

デリーのクトゥブ・ミナールとその関連施設

Qutb Minar and its Monuments, Delhi

登録年 1993年　登録基準 (iv)

▶ イスラムの力を誇示したモスクと塔

クトゥブ・ミナールとその関連施設はニューデリーの南にある、インド最古のイスラム建築群である。13世紀初頭、後に**奴隷王朝***を開く**アイバク**が、北インドを制圧した記念に造った。

アイバクはモスクの建造にあたって、破壊したヒンドゥー教やジャイナ教の寺院の建材を流用したため、イスラム建築でありながらインドの伝統建築のような雰囲気を持つ。その敷地内には、イスラムの支配を受ける前の4世紀に建造された、グプタ朝のチャンドラグプタ2世を讃える碑文がサンスクリット語で表面に刻まれている高さ約7mの鉄柱も残っている。

クトゥブ・ミナールは高さ72.5m、石造5層のミナレットで、現在もインドで最も高い石造建築物である。1202年に、**クッワト・アルイスラム・モスク**に付属する塔として赤砂岩を用いて建造された。かつては登ることができたが、現在は立ち入り禁止となっている。

クッワト・アルイスラム・モスクは13世紀から14世紀初頭にかけて2度にわたり拡大され、かつてはモスクの外に位置していたクトゥブ・ミナールも敷地内に取り込まれる形になった。また2度目の拡大の1311年には南側に巨大な門アラーイ・ダルワーザが建造された。

クトゥブ・ミナール

奴隷王朝：1206～1290　インド初のイスラム王朝。創始者のアイバクをはじめ、歴代のスルタンや有力者に奴隷出身の者が多かった。

危機遺産 アフガニスタン・イスラム共和国　　MAP P009 C-3

ジャームのミナレットと考古遺跡群

Minaret and Archaeological Remains of Jam

文化遺産

登録年 2002年／2002年危機遺産登録　登録基準 (ii)(iii)(iv)

▶ ゴール朝における建築技術の最高峰

ジャームのミナレットは、12世紀にゴール朝のスルタンによって建立された高さ65 mの塔で、基部は八角形で塔身は2層。一面が緻密な装飾で覆われたレンガ造りの塔で、**クーフィー体アラビア文字**の刻印がみられる。

インドで最も高い石造ミナレットのクトゥブ・ミナールは、ジャームのミナレットを手本にしたとされる。建造理由は不明で、モスクが失われてミナレットだけが残ったなど諸説ある。一帯で長年続く武力紛争による損傷、不法発掘や略奪、河川からの浸水による倒壊・水没の危機などの理由から、世界遺産登録と同時に危機遺産リストにも記載された。

ジャームのミナレット

トルコ共和国　　MAP P009 A-1

ディヴリーイの大モスクと病院

Great Mosque and Hospital of Divriği

文化遺産

登録年 1985年　登録基準 (i)(iv)

▶ イスラムとアナトリアの様式が融合した複合建造物

トルコ中央部ディヴリーイにある大モスクと病院は、13世紀前半に建てられた複合建築である。イスラムとアナトリアの伝統を融合させた、ルーム・セルジューク朝*時代の建築の代表作。

大モスクは1229年に建造されたもので、**病院が併設**されている。いずれの建物も外観は簡素で、内部も礼拝堂や病室といった小部屋で構成されており、モスクにつきものの柱廊や中庭、沐浴(もくよく)のための水場はない。その代わり、東西と北面に設けられた3つの扉口とドームを支える16本の円柱に、植物文様や幾何学文様、文字などの美しいレリーフが彫られている。

大モスク

ルーム・セルジューク朝：セルジューク朝からアナトリアに移った一派が1077年に興した王朝。

宗教・信仰関連遺産（ヒンドゥー教）

細かなレリーフが施されている階段井戸

インド

MAP P009 D-4

文化遺産

ラニ・キ・ヴァヴ：グジャラト州パタンにある王妃の階段井戸

Rani-ki-Vav (the Queen's Stepwell) at Patan, Gujarat

登録年 2014年　登録基準 (i)(iv)

▶ 高度な技術と芸術性が融合した貯水庫

サラスワティ川のほとりにある「ラニ・キ・ヴァヴ」（「王妃の階段井戸」の意）は、11世紀に王妃が亡き王の記念碑として建造した。階段井戸はインド亜大陸における地下水資源を利用した貯水システムの独特の形態であり、紀元前3000年頃からインド各地で造り続けられてきた。ラニ・キ・ヴァヴもその1つ。

ラニ・キ・ヴァヴは、インド各地にみられる階段井戸の中でも傑出した価値を持つ。職人たちの高度な技術を示し、また**マル・グルジャラ様式**により精緻な芸術性の高さを示す建造物となっている。使用目的は井戸にとどまらず、**水の神聖性を祀った寺院**としての機能も兼ねている。巨大な岩山を掘り下げた地下に井戸があり、貯水面にいたるまでに7層の階段がある。奥行き約65m、幅約20m、深さ約27mの長方形をしており、階段の壁面は、500体以上のレリーフで埋め尽くされ、**宗教的な神話と世俗世界を結ぶイメージ**で描かれている。

ラニ・キ・ヴァヴは、サラスワティ川の氾濫により泥に埋もれていたが、1958年から発掘が始まり修復が行われた。世界遺産登録時には、地震の際に大きな破損を防止する具体的な計画が不十分であるとして、危機管理計画の策定が指示された。また、都市のインフラ整備や観光客対策も遺産に対する脅威として挙げられた。

MAP P007 C-④

プレア・ビヒア寺院

Temple of Preah Vihear

文化遺産

登録年 2008年　登録基準 (i)

▶ 断崖に建てられたヒンドゥー教の聖地

547mの崖の上に建つプレア・ビヒア寺院は、周囲の自然環境と調和した宗教遺跡としての価値が認められた。「プレア・ビヒア」とは、クメール語で「神聖な寺院」を意味する。9世紀初頭にヒンドゥー教のシヴァ神を祀る祠堂が建てられたものを、11～12世紀にかけてクメール王朝の**スーリヤヴァルマン1世**と2世が大改築を行い、王家の寺院として保護された。**ヒンドゥー教の聖地**として栄えたが、ヒンドゥー教が衰えると仏教寺院として改築された。丘を登るように通る参道には5つの楼門があり、それを過ぎるとクメール王朝の寺院としては珍しく南北を軸に建てられた伽藍がある。

この地は、1904年にシャム王国(現在のタイ王国)と仏領インドシナ(現在のカンボジア王国)の間で国境線画定条約が結ばれたが、1949年以降タイが実効支配してきた。1962年にハーグ国際司法裁判所がプレア・ビヒア寺院一帯をカンボジア領と認定するものの、周辺の一部の土地の帰属は未確定のまま残された。その後、1970年代のカンボジア内戦で、カンボジア国内の文化遺産が大きな被害を受けたにもかかわらず、プレア・ビヒア寺院の被害は最小に抑えられた。

2007年の世界遺産委員会でも登録が審議されたが、両国間の国境問題を考慮して審議先送りとなり、2008年にカンボジアの世界遺産として登録された。登録に際しては、ICOMOSが登録基準(i)(iii)(iv)の価値を認めたものの、タイ側の領土を抜きには登録基準(iii)(iv)の価値を保全することは難しいとして、**登録基準(i)のみで登録**された。タイ側はこれに反発して、死者を出す戦闘にまで発展したが、2013年にハーグ国際司法裁判所が再び寺院一帯をカンボジア領であると認めたことで沈静化している。しかし遺跡周辺の一部の領土の帰属については判決でも明言されていない。

プレア・ビヒア寺院

インド

MAP P009 D-⑥

大チョーラ朝寺院群

Great Living Chola Temples

文化遺産

登録年 1987年／2004年範囲拡大　登録基準 (ii)(iii)

▶ チョーラ朝の権勢を今に伝える寺院群

『大チョーラ朝寺院群』は、南インドを支配したタミル系のチョーラ朝が全盛期に建立した、3つのヒンドゥー教寺院。11世紀の初頭、ラージャラージャ1世は、首都タンジャーヴールにドラヴィダ様式の**ブリハディーシュワラ寺院**を建てた。その後を継いだラージェンドラ1世は、ガンガイコンダチョーラプラムに遷都し、別のブリハディーシュワラ寺院を建立。12世紀後半にはラージャラージャ2世がアイラーヴァテシュヴァラ寺院をダラシュラムに建てた。

インド

MAP P009 D-⑤

マハーバリプラムの建築と彫刻群

Group of Monuments at Mahabalipuram

文化遺産

登録年 1984年　登録基準 (i)(ii)(iii)(vi)

インド南東部、ベンガル湾に臨むマハーバリプラムは、7～8世紀にかけて**パッラヴァ朝**が築いた、多くの石造ヒンドゥー建築の遺跡が残る港町である。遺跡のなかで代表的な「5つのラタ（山車）」は、巨大な花こう岩の塊を彫って造られた5つの石彫寺院と動物の石像が、祭りの神輿や山車の行列のように並ぶ。各ラタには古代インドの叙事詩『マハーバーラタ』の登場人物名がつけられ、方形、前方後円形など異なった形式で造られている。

インド

MAP P009 D-⑤

パッタダカルの寺院群

Group of Monuments at Pattadakal

文化遺産

登録年 1987年　登録基準 (iii)(iv)

インド中南部のパッタダカルは、**チャールキヤ朝**＊第2の都市で、7～8世紀にかけて大小のヒンドゥー教寺院と多くの小祠堂が建てられた。パッタダカルの寺院群は屋根の部分が砲弾形の北方型と、ピラミッド形の南方型が混在。最大規模のシヴァ寺院であるヴィルーパークシャ寺院は美しい彫刻で装飾された南方型寺院の傑作で、チャールキヤ朝の軍勢がカーンチープラムを攻略した際、ヴィクラマディーティヤ2世の王妃が記念に建設した。

チャールキヤ朝：6世紀から13世紀にかけてデカン高原を支配したインドの王朝。

インド　MAP P009 D-⑤

エレファンタ島の石窟寺院群
Elephanta Caves

文化遺産

登録年 1987年　登録基準 (i)(iii)

▶ シヴァ神にちなんだ彫刻や彫像が残る石窟群

インド西部ムンバイ湾に浮かぶエレファンタ島は、6～8世紀頃の7つのヒンドゥー教石窟寺院が残る、シヴァ神信仰の中心地である。16世紀にポルトガル人が上陸し、巨大な象の石像を発見した。第1窟には、高さ5.5mの石刻彫像「**三面のシヴァ神の胸像**」がある。三面のシヴァ神像は、正面に瞑想中の穏やかな表情、向かって左に恐ろしい破壊神の顔、右に守護神の顔が刻まれている。この胸像は、ヒンドゥー教美術の傑作として高く評価されている。

インド　MAP P009 E-⑤

コナーラクのスーリヤ寺院
Sun Temple, Konârak

文化遺産

登録年 1984年　登録基準 (i)(iii)(vi)

オリッサ州コナーラクにあるヒンドゥー教寺院のスーリヤ寺院は、後期ガンガ朝の王ナラシンハ・デーヴァ1世によって13世紀に建てられた。塀に囲まれた約4万7,000㎡の広大な敷地の中央にある寺院は、高さ約39mの前殿と本殿の基壇部、屋根のない舞楽殿（ぶがくでん）が残るのみだが、この地方の寺院建築の最高傑作とも評される。寺院全体が**太陽神スーリヤ**の馬車に見立てられて、基壇全体に直径約3mの車輪彫刻が12対（計24輪）配されている。

ベトナム社会主義共和国　MAP P007 C-④

ミーソン聖域
My Son Sanctuary

文化遺産

登録年 1999年　登録基準 (ii)(iii)

ベトナム中部にあるミーソンは、**チャンパー王国***におけるヒンドゥー教のシヴァ神崇拝の中心となった聖地である。4世紀末に国王バードラヴァルマン1世が、シヴァ神の神殿を建立したのをはじめとして、多くの祠堂が築かれた。ミーソンの宗教建築は、ベトナム戦争によって多くの遺構が破壊されたものの、ヒンドゥー建築の東南アジアへの広がりや、チャンパー王国の文化を今に伝えている。

チャンパー王国：2世紀末～1835　中部ベトナムに存在した国家。

宗教・信仰関連遺産（その他の宗教・信仰）

ボン・ジェズス・バシリカ

インド

MAP P009 D-⑤

ゴアの聖堂と修道院

Churches and Convents of Goa

文化遺産

登録年 1986年　登録基準 (ii)(iv)(vi)

▶ ポルトガルの栄光を偲ばせる聖堂と修道院

港町ゴア（オールド・ゴア）は、1530年にポルトガル領インドの首都となると、ポルトガルのアジアの拠点として栄えた。それ以来、要塞化、キリスト教化が進み、リスボンを模したヨーロッパ風の街になった。ゴアとポルトガルのリスボンは定期航路で結ばれ、南アフリカの喜望峰を経由した海上交易が行われた。多くのポルトガル人もこの航路を利用してアジアを訪れている。最盛期には20万人以上の人口があったとされる。1534年にはローマ・カトリック教会の大司教座が置かれカトリック教会におけるアジア布教の中心地にもなった。長崎を訪れた宣教師たちもゴアを経由して訪日している。イエズス会の宣教師**フランシスコ・ザビエル**が来訪するとキリスト教の布教に拍車がかかり、60にも及ぶルネサンス様式、バロック様式、マヌエル様式*の聖堂、修道院が建設された。一方で、イスラム風の建物やヒンドゥー教寺院は破壊された。

世界遺産に登録されているのは、市街に残る10余りの建造物群。ルネサンス様式とバロック様式が融合した教会**ボン・ジェズス・バシリカ**にはザビエルの遺体が安置されている。他にも、マヌエル様式の**セ司教座聖堂***や聖フランシス教会などのキリスト教関連施設が残る。

マヌエル様式：ポルトガルで生まれた建築様式で、珊瑚やロープ、天球儀など、海にまつわる装飾が用いられるのが特徴。
セ司教座聖堂：セ・カテドラル。「セ」も「カテドラル」も、ポルトガル語で「司教座聖堂」を意味する。「セ大聖堂」とも。

フィリピンのバロック様式の教会群

Baroque Churches of the Philippines

文化遺産

登録年 1993年／2013年範囲変更　登録基準 (ii)(iv)

▶ 地震や台風、戦争に耐え抜いた堅牢な教会群

フィリピンの各島に残るバロック様式の教会群は、スペイン植民地時代の遺産である。世界遺産には、マニラの**サン・アグスティン教会**、パオアイのサン・アグスティン教会、サンタ・マリアの**アスンシオン教会***、パナイ島ミアガオのビリャヌエバ教会の4資産が登録されている。

スペイン本国の聖堂をモデルにしながらも、台風や地震の対策として天井を低くとるなど、フィリピンの風土に合わせて独自の工夫が施された。また西欧列強の攻撃を想定し、堅牢な石造の教会となった。こうした石造建築は、「**地震のバロック**」とも呼ばれ、2度の大地震や災害、第二次世界大戦を含む戦火にも耐えてきた。

マニラのサン・アグスティン教会は、16世紀に着工した現存するフィリピン最古の教会。パオアイのサン・アグスティン教会は17世紀末に着工した教会で、レンガとサンゴを用いて造られている。サンタ・マリアのアスンシオン教会は1765年に建てられたもので、要塞も兼ねた堅固なつくりが特徴。ミアガオのビリャヌエバ教会は1797年に建てられたもので、サンゴを用いた美しいレリーフが特徴。

これらの教会群は、ヨーロッパからもたらされたキリスト教と教会建築を、フィリピンの人々が自分たちの文化や風土に合わせて受容していった歴史を今に伝えている。

マニラのサン・アグスティン教会

アスンシオン教会：「アスンシオン」は「聖母被昇天」の意味。聖母マリアは「人間」のため、自ら昇天するのではなく、神やイエスに導かれて昇天したという信仰に基づく。

パレスチナ国

MAP P009 A-②

文化遺産

イエス生誕の地：ベツレヘムの聖誕教会と巡礼路

Birthplace of Jesus: Church of the Nativity and the Pilgrimage Route, Bethlehem

登録年 2012年　登録基準 (iv)(vi)

▶ イエスが生まれたとされる聖地

2011年にユネスコに加盟し、世界遺産条約を批准したばかりであったパレスチナ国で初めて登録された世界遺産。エルサレムから南に約10km、**イエスが生まれたとされる場所に339年に建てられた聖誕教会**には、ローマ・カトリックやギリシャ正教、フランシスコ会やアルメニア教会の女子修道院や教会なども含まれ、鐘楼や庭園、巡礼路なども登録された。6世紀に火災で焼失したが床モザイクを活かして再建。漏水による建物破損などのため「**緊急的登録推薦***」で登録されたが、大規模修復が評価され危機遺産リストから脱した。

ベツレヘムの旧市街

ヨルダン・ハシェミット王国

MAP P009 A-②

文化遺産

イエス洗礼の地「ヨルダン川対岸のベタニア」（アル・マグタス）

Baptism Site "Bethany Beyond the Jordan" (Al-Maghtas)

登録年 2015年　登録基準 (iii)(vi)

▶ イエスが洗礼を受けた地

死海から北に9km、ヨルダン川の東岸に位置するこの考古遺跡は、2つの個別のエリアで構成されている。ヤバル・マル・エリアス（聖エリヤの丘）として知られる**テル・アル・カッラール**と、ヨルダン川近くの洗礼者である**聖ヨハネの教会群地区**。パレスチナの自然環境の中にあり、この地でナザレのイエスが洗礼者ヨハネ*から洗礼を受けたと信じられている。

教会群や礼拝堂群、修道院、隠修士たちのための洞窟群、洗礼が行われたいくつかの水場などを含む、ローマやビザンツ時代の遺跡が残り、この地の宗教的な重要性を今に伝えている。現在においてもキリスト教徒の巡礼地となっている。

教会跡

緊急的登録推薦：世界遺産への緊急登録と同時に危機遺産リストに記載される。上巻p.026を参照。　**洗礼者ヨハネ**：『新約聖書』に登場する古代ユダヤの宗教家。イエスの弟子の使徒ヨハネとは別の人物。

イスラエル国

MAP P009 a

文化遺産

聖書ゆかりの遺丘群：メギド、ハゾル、ベエル・シェバ

Biblical Tels - Megiddo, Hazor, Beer Sheba

登録年 2005年　登録基準 (ii)(iii)(iv)(vi)

トルコ
イラン
イラク
イスラエル
リビア
エジプト
サウジアラビア
スーダン

▶ 聖書に登場した古代都市のテル

イスラエル北部にあるメギドとハゾル、南部にあるベエル・シェバは、いずれも聖書に登場する都市の**テル**（遺丘）である。テルは巨大な丘状の遺跡で、都市や集落が同じ場所で建設と崩壊を繰り返し層をなして堆積したもの。地中海の東岸にある平坦地が多いエリアでよく見られる。

メギドの遺丘には20の堆積層に30もの都市の遺構が埋まっていた。3つの遺丘からは、城塞や宮殿、地中海東岸における往時の技術を示す**水利施設**の跡などが発見されている。聖書で言及されている歴史的意義に加え、青銅器時代から鉄器時代にかけての都市設計を今に伝えている。

ハゾル

イスラエル国

MAP P009 a

文化遺産

ハイファと西ガリラヤのバハイ教聖所群

Bahá'i Holy Places in Haifa and the Western Galilee

登録年 2008年　登録基準 (iii)(vi)

トルコ
イラン
イラク
イスラエル
リビア
エジプト
サウジアラビア
スーダン

▶ 世界各国に信者を持つバハイ教の巡礼地

イスラエル北部のハイファとアッコ周辺には、イスラム教から派生した**バーブ教**を前身として、19世紀に発祥したバハイ教の聖地が点在している。バハイ教は世界中から500万人もの信者を集めており、毎年、聖地を巡礼するために訪れる人が絶えない。

バハイ教に関する建造物のうち、26の資産が世界遺産に登録されている。一神教であるバハイ教の創始者**バハウッラー**の霊廟や、バーブ教の祖であるバーブ（サイイド・アリー・ムハンマド）の霊廟をはじめ、様々な建物や記念碑がある。住宅や庭園も含まれ、新古典様式の近代建築も見られる。

ハイファの万国正義院

レバノン共和国

MAP P009 a

バアルベック

Baalbek

文化遺産

登録年 1984年　登録基準 (i)(iv)

▶天空の神ユピテルを祀るローマの聖域

レバノンの首都ベイルートから東に約80km、ベカー高原の中央部に位置するバアルベックは、紀元前60年頃から、ローマ帝国によって築かれた神殿の遺跡。

この地域には、紀元前2000年頃から人が住み始め、**フェニキア人**によって最初の都市がつくられた。フェニキア人の言葉で「平原の主」という意味の名を与えられたバアルベックは、東西交易の交通路として発展。紀元前64年、ローマ人に征服され、ローマの神々を祀る神殿が築かれた。

神殿のなかで最大のものは、紀元後60年頃、皇帝ネロの時代に完成したとされる天空神ユピテルをまつる**ユピテル神殿**。屋根以外はほぼ原形をとどめており、直径約2mの柱の柱頭は、アカンサスの葉をモチーフにした**コリント式***になっている。基壇の幅は約54m、奥行きは約90mとなっており、アテネのパルテノン神殿を上回る。2世紀頃には酒の神バッカス、3世紀初めには菜園の守護神ヴィーナスを祀る神殿も完成し、ローマ帝国領土内でも最大規模の聖域となった。

しかし4世紀末、帝国がキリスト教を国教としてからは神殿の増築が中断。イスラム教徒が流入した7世紀頃には、神殿は要塞として使用され、1516年にオスマン帝国が支配した頃には、完全に忘れ去られてしまった。

その後も、18世紀に起きた大地震や1975年のレバノン内戦で大きな被害を受けているが、現在残る遺跡からも、ローマ帝国の建築の威容や、この地の土着宗教などの影響を受けた特有の装飾を見ることができる。

ユピテル神殿

コリント式：古代ギリシャ建築の列柱様式の1つで、アカンサスの葉を飾った柱頭が特徴。

MAP P009 B-②

タフテ・ソレイマーン

Takht-e Soleyman

文化遺産

登録年 2003年　登録基準 (i)(ii)(iii)(iv)(vi)

イラク
イラン
パキスタン
サウジアラビア

▶ 拝火壇と考えられるゾロアスター教の聖地

イラン北西部の火山地帯にある谷間に位置するタフテ・ソレイマーンは、「ソロモン王の玉座」を意味する**ゾロアスター教***の聖地跡である。ゾロアスター教は、火を神聖視しており、いくつもの火口湖がある火山地帯のこの地に宗教的な価値を見出したと考えられる。

紀元前6～前4世紀に勢力を誇ったアケメネス朝ペルシアが、ゾロアスター教を国教としたことから聖域とされてきた。3世紀にゾロアスター教の神官階層出身の**アルダシール1世**が、アケメネス朝の復興を目指してササン朝を開きゾロアスター教を国教とすると、タフテ・ソレイマーンは国家的な祭祀を行った拝火壇（**アザル・ゴシュナスブ**）として、多くの巡礼者を集める重要な聖地に発展したと考えられている。ササン朝の歴代の王は、王位を受け継ぐ際にタフテ・ソレイマーンを訪れ、火を捧げたという伝説も残る。

7世紀にビザンツ帝国によって破壊された後、13世紀にはイスラム教のイル・ハン国によって一部が再建されたが、再び放棄されて廃墟となった。

アザル・ゴシュナスブは、ゾロアスター教の主な3つの神殿のうち、現存する唯一の神殿跡である。ササン朝はゾロアスター教を国教とした最後の国であったが、2,500年以上続いたゾロアスター教の火と水に対する信仰形態を今に伝える遺産として価値が高い。

タフテ・ソレイマーンの火山湖周辺には、ササン朝が築いた豪華な神殿跡や宮殿跡などの遺跡が残るが、ササン朝の建築物や建築技術は、その後のイスラム教建築の発展に大きな影響を与えた。

アザル・ゴシュナスブ

ゾロアスター教：古代ペルシアを起源とする宗教で、主神である善の神アフラ・マズダーと、悪の神アンラ・マンユの対立で世界がつくられたとする二元論からなる。アフラ・マズダーの象徴が「火」であり、火が崇拝された。

イラン・イスラム共和国

MAP P009 B-②

イラク
イラン
サウジアラビア

イランのアルメニア教会修道院群

Armenian Monastic Ensembles of Iran

文化遺産

登録年 2008年　登録基準 (ii)(iii)(vi)

▶ 文化交流を担った修道院群

イラン北西部にある**聖タデウス修道院**、聖ステファノス修道院、ゾルゾルの聖マリア聖堂は、アルメニア人の伝統建築や装飾を顕著に表す建造物群。最も古い聖タデウス修道院の起源は7世紀にまで遡り、キリスト教の布教に貢献した十二使徒のタダイを讃えて造られた。

アルメニア王国は301年に世界ではじめてキリスト教を公認した国で、この地は**アルメニア正教**普及の中心地であった。また、ビザンツやギリシャ正教、ペルシアなど他文化との交流でも、重要な拠点であった。修道院への礼拝や巡礼は、現在も行われている。

聖タデウス修道院

中華人民共和国

MAP P007 C-②

中国
ミャンマー
タイ

登封の歴史的建造物群-天地之中

Historic Monuments of Dengfeng in "The Centre of Heaven and Earth"

文化遺産

登録年 2010年　登録基準 (iii)(vi)

▶ 歴代王朝から庇護を受けた天地の中心

中国の伝統的な宇宙観においては、中国は天地の中央に位置する国で、天地の中心は中国中原にある登封（とうほう）一帯と考えられてきた。そのためこの一帯は、早くから王朝がたてられ中国文化の中心として栄えた。近くの**嵩山**（すうざん）（中岳）は聖山として宗教的に重要な地位を占めてきた。

漢王朝時代の3つの「闕（けつ）*」、中岳廟、周公測景台、登封観星台などの8ヵ所の建造物は、過去の8つの歴代中国王朝によって修復や増築がなされ、王朝ごとに異なる方式を用いて「天地の中心」の概念が表現された。仏教の名刹である**嵩山少林寺**もこの建造物群に含まれている。また道教もこの地で発展した。

法王院

闕：古代中国の宮殿や宗教建築物、及びその門。

中華人民共和国

MAP P007 C-②

武当山の道教寺院群

Ancient Building Complex in the Wudang Mountains

文化遺産

登録年 1994年 登録基準 (i)(ii)(vi)

▶ 雄大な自然景観と一体化した道教寺院群

湖北省武当山(ぶとうさん)は、道教の神である真武大帝が修行した場所であり、漢代以来の道教の聖地である。全長約60㎞の参道沿いに、32を数える寺院群が建てられていた。寺院群は7世紀の唐代に建築が始まり、以後その規模を拡張していったが、元代末期の戦火で焼失し、15世紀前半に明の**永楽帝**によって再建された。15世紀創建当時の装飾が残る紫霄宮(しょうきゅう)の他、山内最高峰の天柱峰(てんちゅうほう)の頂にある金殿(きんでん)などの主要寺院、石畳の参道、数々の庵堂、岩廟なども残る。また武当拳の発祥の地でもある。

中華人民共和国

MAP P007 C-②

曲阜の孔廟、孔林、孔府

Temple and Cemetery of Confucius and the Kong Family Mansion in Qufu

文化遺産

登録年 1994年 登録基準 (i)(iv)(vi)

山東省の古都曲阜は前6世紀に**孔子**の生まれた地であり、終焉の地でもある。孔廟は、魯の哀公が孔子の死をしのび、孔子の住居を改築して廟としたことに始まる。中国最大の孔廟で中国三大宮殿建築の1つに数えられる。孔林は孔子とその子孫の墓所にあたり、総面積は200万㎡に及ぶ。孔廟の東側に位置する孔府は、歴代の皇帝が厚遇した孔子の子孫たちの私邸と役所を兼ねた場所である。

大韓民国

MAP P007 

書院:韓国の性理学教育機関群

Seowon, Korean Neo-Confucian Academies

文化遺産

登録年 2019年 登録基準 (iii)

この遺産は**李氏朝鮮時代**(15～19世紀)の性理学*教育機関の典型を示す7つの書院から構成されている。学ぶことと、学者を敬うこと、環境と相互交流をはかることが書院の主な目的で、それはデザインにも表れている。建物は山や水源の近くに位置していて、彼らは自然を鑑賞して心身を修養することを好んだ。あずまや風の建物は景観とのつながりを促進させる狙いがある。書院は性理学が中国から韓国へ受容される歴史的経過を示している。

性理学:中国の宋の時代に生まれた儒学の一学説。宇宙の根本原理としての「理」を究明し、人間の本質「性」を明らかにしようとしたので性理学という。

先史時代

発掘中のチャタルヒュユクの遺跡

トルコ共和国

MAP P009 A-①

チャタルヒュユクの新石器時代の遺跡

Neolithic Site of Çatalhöyük

文化遺産

登録年 2012年　登録基準 (iii)(iv)

▶ 人類最初期の定住農耕遺跡

トルコのアナトリア台地南部に位置する『チャタルヒュユクの新石器時代の遺跡』は、紀元前7400～前5200年にかけての遺跡である。

東西２つの丘(テル)があり、18層にわたる新石器文化の跡が見られる地層が残る。現在までに定住跡のほか、天井画やレリーフ、彫刻などが発掘されている。東側の丘は、紀元前7400年から前6200年にかけての新石器時代の18層からなる住居跡が残る。レリーフや彫刻などの芸術的な装飾は主にこちらから見つかっている。

一方で西側の丘は前6200年から前5200年にかけての金石併用時代の層が発掘されており、集住生活から定住生活へと発展していくにつれて社会組織や文化的な習慣が発達していったことが伺える。

この２つの丘の発掘によりチャタルヒュユクは、**人類最初期の定住生活や農耕生活を伝える遺跡**として貴重であると評価された。**密集して立つ住居と住居の間には道がなく**、屋根から出入りしていたと考えられている。

また、2,000年を超える長期間にわたって定住生活や農耕生活が続けられてきたため、小規模な集落がいかにして都市へと発展していったのか、その過程も見ることができる。

MAP P009 A-2

ギョベクリ・テペ

Gobekli Tepe

文化遺産

登録年 2018年 登録基準 (i)(ii)(iv)

▶ 世界最古の宗教施設跡と考えられる巨石構造物群

アナトリア半島の南東部に位置する『ギョベクリ・テペ』は、紀元前9600～8200年前の先土器新石器時代の狩猟採集民によって築かれた巨石構造物群からなる遺跡である。ギョベクリ・テペとはトルコ語で「太鼓腹の丘」を意味する。ティグリス川とユーフラテス川にはさまれた、世界で最も古い農耕共同体があらわれた**メソポタミア**北部に位置している。

ギョベクリ・テペ遺跡の最も古い段階のものは紀元前1万年代にまで遡る。直径10～30mの円形の溝が掘られた記念碑的な建築物がこの年代のものとして発掘されている。また、そのまわりには**T字型**に彫刻された石柱も見つかった。柱の数は10～12個で高さは3～5mである。また、円形の溝の中心には2枚の5.5mの高さに達する石柱が向かい合わせで立っているのも発見された。

石柱に描かれた野生動物

石柱には様々な野生動物の絵が描かれている。オーロックス(原牛)やイノシシ、ヒョウが攻撃的な様子を示している姿や、ヘビやクモなどの節足動物、ハゲワシなど危険な動物がとくに重要な部分には描かれている。絵の中で人間の姿は少ないが、後の年代になると増えてくる。ベルトや下帯などの衣類を描いた絵も見つかっている。

ギョベクリ・テペの巨石構造物はおそらく**宗教的な儀式**に使用されたものだと考えられていて、特に葬送に関連したものであった可能性が高い。この遺跡から約11,500年前のメソポタミア北部で暮らしていた人間の信仰や生活様式に対する知見を得ることができる。先土器新石器時代の人類の創造性を示すものとして貴重な事例である。

T字型の柱が円形に並べられ中央にも2本立っていた

中華人民共和国

MAP P007 C-②

北京原人化石出土の周口店遺跡

Peking Man Site at Zhoukoudian

文化遺産

登録年 1987年　登録基準 (iii)(vi)

▶ 東アジア最大の旧石器時代の遺跡

北京の南西に位置する周口店(しゅうこうてん)遺跡は、東アジア最大となる**旧石器時代**の遺跡。

1921年にこの地で未知の化石人類の臼歯が発見され、**シナントロプス・ペキネンシス***(北京原人)と名づけられた。1929年には頭蓋骨が発見された。北京原人は約70万年前から約20万年前の原始人類で、直立歩行をして、道具と火を使用し、河岸や洞窟で集団生活をしていたと考えられている。周口店遺跡からは40体あまりの人骨、約20万点の石器、骨製道具などが発見された。また、北京原人よりも現代人に近い、1万9,000年ほど前の山頂洞人(さんちょうどうじん)の遺跡も見つかっている。

発掘現場

インドネシア共和国

MAP P007 C-⑤

人類化石出土のサンギラン遺跡

Sangiran Early Man Site

文化遺産

登録年 1996年　登録基準 (iii)(vi)

▶ 初期人類ジャワ原人発見の地

インドネシア、ジャワ島中部のサンギラン遺跡は、メガントロプス、**ホモ・エレクトゥス・エレクトゥス***(ジャワ原人)といった初期人類の化石の出土地である。同地では、180万年前から10万年前までの地層から多くの化石が見つかっており、中でも70万年前から20万年前の地層でジャワ原人の化石がよく見られる。

19世紀末にオランダ人医師の**ユージン・デュボア**がジャワ原人の化石を発見し、1930年代にドイツの人類学者グスタフ・フォン・ケーニヒスヴァルトが発掘に着手して以来、現在までに約50点の化石が出土。その数は世界で発見された初期人類化石の半数にあたる。

現在、ジャワ原人は現生人類のホモ・サピエンスとは異なる系統にあることが判明しているが、サンギランが人類の進化の過程を理解するうえで、重要な鍵を握る場所といえることは変わらない。

シナントロプス・ペキネンシス：現在の学名は「ホモ・エレクトゥス・ペキネンシス」。　**ホモ・エレクトゥス・エレクトゥス**：旧名は、ピテカントロプス・エレクトゥス。

MAP P007 C - 3

文化遺産

ジャール平原：シェンクワーン県の巨大石壺遺跡群

Megalithic Jar Sites in Xiengkhuang – Plain of Jars

登録年 2019年　登録基準 (iii)

▶ 葬儀のために築かれた膨大な石壺

ラオスの中央部に広がるジャール平原には葬儀のために使われた2,100以上の巨大な石壺が残る。登録された15のエリアには、**1,325個の巨大石壺**と石皿、作業場、埋葬品などが残り、壺の大きさや数は他に例がない。紀元前500～後500年の間に作られており、壺の製造や、作業場から葬儀場への運搬には高度な技術が必要であったと考えられている。この遺跡は1930年代にフランス人考古学者**マドレーヌ・コラーニ**によって初めて綿密な調査がなされた。彼女は巨大石壺の配置が塩などを運んだ古代の交易ルートと関係があると主張した。

平原に並ぶ巨大な石壺

MAP P009 a

文化遺産

カルメル山の人類の進化を示す遺跡群：ナハル・メアロット／ワディ・エル・ムガラ洞窟

Sites of Human Evolution at Mount Carmel: The Nahal Me'arot / Wadi el-Mughara Caves

登録年 2012年　登録基準 (iii)(v)

▶ 考古学的にも重要な資料遺跡

カルメル山*地域の西側スロープに位置するこの物件には、タブン、ジャメル、エル・ワド、シュルの洞窟遺跡が含まれている。54万㎡に及ぶ地域から発掘される埋葬跡や初期石造り建造物などの文化的埋蔵品は、50万年に及ぶ人類進化の歴史と、狩猟採集生活から農耕生活や牧畜生活への変遷の歴史を表している。

さらには、ネアンデルタール人と解剖学的新人、**ナトゥフ文化**（地中海性気候地域における中石器文明）と**ムスティエ文明**、それぞれの存在を実証できる他に例のない証拠でもある。このような重要性から、この遺産は地質考古学の枠組みの中で、一般的な人類の進化を研究する重要遺跡であるとともに、この地域の先史時代の詳細を知る大切な遺跡でもある。

90年に及ぶ考古学調査から、比類なき文化的連続性と南西アジアにおける初期人類の営みが明らかになった。

カルメル山：旧約聖書によるとヘブライの預言者エリアがフェニキアの太陽神バールに仕える聖職者を破ったとされる場所。

モンゴル国

MAP P007 B - ①

モンゴルのアルタイ山脈にある岩面画群

Petroglyphic Complexes of the Mongolian Altai

文化遺産

登録年 2011年 登録基準 (iii)

▶ 有史以前の人々の生活を描いた岩石彫刻

モンゴル国の最西端に位置する3ヵ所の古代遺跡群で発見された多数の岩石への彫刻や墓碑は、1万2,000年もの期間にわたるモンゴル文化発展のプロセスを示す。最初期の岩石彫刻には**完新世中期**（かんしんせい）の生活様式が描かれており、当時この地域の一部が森林だったことや、森林と渓谷が大規模な狩猟採集を行う人々を生み出したことがわかる。

後期の彫刻からは、現地の生活様式が、旧来の狩猟採集から馬に依存する牧畜や放牧へと移行したことが見て取れる。さらに時代が下ると、紀元前1000年頃の**スキタイ人**や、紀元後7～8世紀にかけてのテュルク語系の人々の描写へと移る。

ヘラジカやシカ、野生のヤギなどのほか、狩猟を行う人物の姿が何百もの図柄で描かれており、アルタイ山脈の岩面画群は、北アジア地域における有史以前の人々の社会を理解する上で非常に貴重な遺跡である。

サウジアラビア王国

MAP P009 A - ③

サウジアラビアのハーイル地方にある壁画

Rock Art in the Hail Region of Saudi Arabia

文化遺産

登録年 2015年 登録基準 (i)(iii)

▶ 砂漠地帯での生活の変化を伝える壁画群

サウジアラビア中北部にあるハーイル地方の壁画は、ジュッバにある**ジャベル・ウム・シンマン**と、シュワイミスにある**ジャバル・アル・マンジョル**とラアアトという、砂漠地帯に広がる2つの岩絵群で構成される。ウム・シンマンの丘一帯のふもとには、かつては湖があり、大ナルフド砂漠南部に暮らす人々や動物たちに新鮮な水を供給していた。今日のアラブの人々の祖先は、多数の岩絵や碑文を岩の表面に刻んでおり、彼らの生活の変化を伝えている。ジャバル・アル・マンジョルとラアアトは、現在は砂に埋もれてしまっているが、かつてワジ（雨季になると現れる川）であった岩の急斜面に残されている。そこに残る無数の岩絵は、1万年に及ぶ歴史を人類や動物の岩絵を通して今に伝えている。

中東でも最大規模の岩絵群であることが評価されたが、バッファー・ゾーンの設定を含む保護上の課題も指摘されている。

マレーシア

MAP P007 B-⑤

レンゴン渓谷の考古遺跡

Archaeological Heritage of the Lenggcng Valley

文化遺産

登録年 2012年　登録基準 (iii)(iv)

▶ 200万年に及ぶ半定住生活のあかし

緑あふれるレンゴン渓谷に位置するこの地域には、4つの考古遺跡群が2つの集団に分かれて存在する。大きな特徴は、**200万年近くに及ぶ初期人類の歩みを残している**ことが挙げられ、これは現在までに発掘された遺跡の中でも最長の連続記録の1つである。

アフリカ大陸以外で発見された初期人類の集団居住の形跡を示す最古の証拠の1つでもある。また、隣接した地点から個々の生活痕跡が発掘されていることから、かなり大きな集団が存在していたことも推測される。野外や洞窟内で確認できる旧石器時代の道具や作業場からは、**人類初期の製作技術**が確認できる。数多くの遺跡からは、旧石器時代から新石器時代、そして鉄器時代に至る生活の跡が発見されており、その関連性から、半定住生活集団(集落)が存在し、人類の200万年に及ぶ生活と文化の変遷を確認することができる。

中華人民共和国

MAP P007 C-②

良渚古城遺跡

Archaeological Ruins of Liangzhu City

文化遺産

登録年 2019年　登録基準 (iii)(iv)

▶ 農耕を基盤とした地域国家のさきがけ

長江流域に位置する良渚(りょうしょ)古城遺跡は、稲作を基盤とする地域国家の信仰と権力の中心であった。**瑶山(ようざん)遺跡**エリアと、谷の入口にあるハイ・ダム・エリア、山の前の土手道のある草原のロー・ダム・エリア、都市遺跡エリアの4つのエリアで構成される。中国最古とされる複雑な構造の水管理システムを整備している他、**社会階層に従って異なる埋葬方法**が採られていた。また宗教的な祭壇や、信仰体系をあらわす翡翠の工芸品も見つかっている。新石器時代の小さな規模の社会から、社会階級が分かれた政治的社会への移行を示している。

良渚古城遺跡

今も生活に使われる京杭大運河

中華人民共和国

MAP P007 C-②

文化遺産

京杭大運河
The Grand Canal

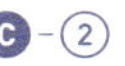

登録年 2014年／2016年範囲変更　登録基準 (i)(iii)(iv)(vi)

▶ 中国の南北を結ぶ大動脈となった運河

『京杭(けいこう)大運河』は中国の東部から中央部の平原を縦断する運河であり、北は北京市から南は杭州市までを結ぶ。紀元前5世紀から開削が始まり、後7世紀の**隋の煬帝(ようだい)**の時代に連結された。産業革命以前に行われたものとしては、世界最大級かつ最も広範な土木事業といわれる。

604年に煬帝が即位すると、これまでに掘られていた運河に加えて、新たに黄河と淮河(わいが)を結ぶ**通済渠(つうせいきょ)**や、黄河と天津を結ぶ**永済渠(えいせいきょ)**、長江から杭州を結ぶ江南河が開削され、大運河が完成した。大運河の完成によって政治の中心である河北と、経済の中心である河南が結ばれ、隋の南北統一を確かなものとした。運河を通じて、江南の穀物や物産が河北に供給された。しかし大運河の建設が隋の経済を圧迫し民衆への負担を増やしたため、やがて隋は倒された。以降の歴代王朝は、この大運河を活用して中国統治を行った。

13世紀には2,000km以上に達し、中国の主要河川である五大水系(海河、黄河、淮河、長江、銭塘江)を貫く人工水路となった。中国の経済的繁栄や流通の増大、文化交流においてもたらした影響ははかりしれない。世界遺産の対象となっているのは、6つの省市にまたがる1,011kmの運河と関連の遺産58ヵ所である。

文化遺産

バリの文化的景観:バリ・ヒンドゥー哲学トリ・ヒタ・カラナを表す水利システム「スバック」

Cultural Landscape of Bali Province: the *Subak* System as a Manifestation of the *Tri Hita Karana* Philosophy

登録年 2012年　登録基準 (ii)(iii)(v)(vi)

▶ 人間と自然環境の調和が見られる灌漑システム

バリの土着の信仰やヒンドゥー教、インド仏教などが融合した、バリ・ヒンドゥーの哲学であるトリ・ヒタ・カラナに基づく5つの棚田の景観や灌漑施設、水利システム「スバック」を司る寺院などが登録されている。

トリ・ヒタ・カラナは、神と人、自然の調和をもたらす宇宙観を反映した概念で、それが人々の生活や労働・環境設計などに影響している。「**スバック**」とは、寺院に集められた水を分け合う水利システムで、9世紀頃から継承されてきた。バリ・ヒンドゥーでは水が神格化されており、スバックの運営や行事は神事と結びつく。

火山による起伏の激しい地形と、熱帯雨林気候がもたらした肥沃な土壌は、バリ島の住民の主食である米の栽培にとって理想的な自然環境であった。ここにスバックというシステムが加わることによって、平地と山間部の両方へ水を引くことが可能となり、豊かな米の収穫をもたらした。11世紀以来、寺院はバリ島のすべての流域の棚田の水路を管理してきた。

構成資産は、すべての川や泉を生み出した女神の住む場所とされる「**バトゥール湖**」、バトゥール湖の水の女神を祀る「ウルン・ダヌ・バトゥール寺院」、18世紀に築かれた王家の寺院でバリ島最大規模の「**タマン・アユン寺院**」、9世紀頃に建てられた寺院や灌漑システムを含む景観である「ペクサリン川流域のスバックの景観」、水田を使った伝統的な農耕様式が残されている「バトゥカウ山保護地区のスバックの景観」の5資産。

現在は、世界遺産登録をきっかけとする観光客の増加などの社会変化のために、棚田の景観の保護が課題となっている。

バリ島で最大規模の王立寺院として知られるタマン・アユン

イラン・イスラム共和国

MAP P009 B-③ C-③

ペルシアのカナート

The Persian Qanat

文化遺産

登録年 2016年　登録基準 (iii)(iv)

▶ 砂漠を定住可能な地とした地下灌漑水路システム

ペルシアのカナートは、イランの乾燥地帯に古代より農業と定住をもたらした**地下灌漑水路システム**である。貯水池や水車場、灌漑システム、庭園など関連する構造物と一体となって、砂漠に特有な建築や景観を生み出してきた。労働者の休憩場や水源、また水車の動力として用いられてきた11本のカナートが世界遺産に登録されている。

カナートは山麓の地下水を掘り当て、横方向へとトンネルを伸ばすことで重力を利用して低地へと水を運ぶ。その長さは数kmに及ぶことも珍しくない。複雑な計算と優れた建築技術に基づいて築かれており、中には数百年、あるいは千年もの間、利用され続けてきたものもある。今もなお利用されている伝統的なこの公共システムは、**公平で持続可能な水の分配**を可能にした。カナートは、乾燥著しい砂漠地帯に息づく文化と文明化の過程を今に示している。

イラン・イスラム共和国

MAP P009 B-③

シューシュタルの歴史的水利システム

Shushtar Historical Hydraulic System

文化遺産

登録年 2009年　登録基準 (i)(ii)(v)

▶ 現在も稼働する大規模な水利施設群

シューシュタルは、紀元前5世紀頃にアケメネス朝ペルシアのダレイオス1世がパサルガダエから遷都した首都スーサを起源とする都市。この地には、灌漑、戦時における水の確保、各家屋への水の供給を目的に、**ササン朝ペルシア**時代に築かれた水利システムが残る。**ガルガー運河**は、現在でも水を供給し、400㎢を超える範囲に農地や果樹園が広がる豊かな景観を生み出している。世界遺産には、サラセル城や水位を測るコラー・ファランギの塔、ダム、橋、湾、工場などが登録されている。

ササン朝時代に築かれた橋梁の遺跡

中華人民共和国

MAP P007 B-②

青城山と都江堰水利施設

Mount Qingcheng and the Dujiangyan Irrigation System

文化遺産

登録年 2000年　登録基準 (ii)(iv)(vi)

中国
ミャンマー
タイ

▶ 紀元前から使用され続ける水利施設

都江堰市の南西約15kmに位置する青城山は、後漢時代の2世紀に、道教の一派の開祖である**張陵**が布教活動を行った道教発祥の地。36の山峰、108ヵ所の名所を有する名山で、多くの道教寺院が造られ、今もなお38の寺院が残る。四川省の中央を流れる**岷江**の上流にある都江堰水利施設は、紀元前3世紀に蜀郡の太守李冰が、岷江の流れを制御するために造った。古代中国の高度な水利技術を今に伝え、現在も農業用に使用されている。

都江堰の水利施設

オマーン国

MAP P009 B-④

アフラージュ-オマーンの灌漑システム

Aflaj Irrigation Systems of Oman

文化遺産

登録年 2006年　登録基準 (v)

イラン
エジプト
サウジアラビア
オマーン
スーダン
イエメン
エチオピア

▶ 水資源の公平分配を行った灌漑システム

アフラージュは井戸の底を横穴でつなげた灌漑システムで、**天文観測**をもとに運営されている。各水路に水を流す時間を日時計などで管理し、限られた水資源が公平に分配された。アフラージュはオマーンに約3,000あるといわれる灌漑施設**ファラジ**の複数形を意味する言葉で、ファラジの起源は紀元後500年といわれるが、紀元前2500年には存在していたとする説もある。現在オマーンで稼働している約3,000のファラジのうち代表的な5つと、観測塔や日時計、水の競売所、住居、モスクなどが世界遺産に登録された。

オマーンの灌漑施設ファラジ

産業関連遺産と近代都市

ジャンタル・マンタルのサムラート・ヤントラ

インド

MAP P009 D-④

文化遺産

ジャイプールのジャンタル・マンタル -マハラジャの天文台

The Jantar Mantar, Jaipur

登録年 2010年　登録基準 (iii)(iv)

▶ ムガル帝国末期の天文台

インド北部のジャイプールにあるジャンタル・マンタルは、18世紀初頭、この地を治めていたマハラジャ（藩王）の**ジャイ・シン２世**によって建造された、20以上の建造物からなる**天体観測施設群**である。レンズを通してではなく裸眼で星の動きを観察することが目的であり、建築や部材においても当時の最新技術が導入された。インドにおける古い天体観測施設として完全な状態で保存されており、ムガル帝国の末期に、知識派王子の側近の専門家らによって得られた、天文学の能力と宇宙論の概念を表している。ジャイプールのジャンタル・マンタルは、ジャイ・シン２世が領地内５ヵ所に築いた天文観測施設「ジャンタル・マンタル」のうち、最も規模の大きなものである。居城シティ・パレスの一角に位置している。1727年にアンベールからジャイプールへと遷都したジャイ・シン２世は、科学的な見地に基づいた整然とした都市を築いた。

北極星を指す最も大きな天測儀**サムラート・ヤントラ**は、天測距離や子午線などを測るもの。階段に沿って目盛りが記されており、現在でも２秒単位で時間を測ることができる。他にも円形の天側儀ナリ・ヴァラヤ・ヤントラや、惑星の位置を測り占星術に使われたラーシ・ヴァラヤ・ヤントラなどが敷地内に残る。

インド

MAP P009 D-④⑥ E-④

インドの山岳鉄道群

Mountain Railways of India

文化遺産

登録年 1999年／2005年、2008年範囲拡大　登録基準 (ii)(iv)

▶ 世界最古の山岳鉄道を含む3つの現役路線

『インドの山岳鉄道群』は、1999年に**ダージリン・ヒマラヤ鉄道**が登録された後、2005年にはニルギリ鉄道、2008年にカールカ＝シムラー鉄道が追加登録された。これらの3つの山岳鉄道は、現在も現役である。これらの山岳鉄道は、英国が19世紀後半の最新技術を駆使して山岳地帯と都会を結ぶために、植民地下のインドに建設した。**紅茶の輸出や避暑地への快適な移動**を目的とした。1881年に開通したダージリン・ヒマラヤ鉄道は世界最古の山岳鉄道で、紅茶の産地ダージリンを走る。カールカ＝シムラー鉄道は、カールカから英国領インドが夏に首都機能を移していた高地のシムラーを結ぶ路線である。

ダージリン・ヒマラヤ鉄道の車両

インドネシア共和国

MAP P007 B-⑤

サワルントのオンビリン炭鉱遺産

Ombilin Coal Mining Heritage of Sawahlunto

文化遺産

登録年 2019年　登録基準 (ii)(iv)

▶ オランダ植民地政府によって開発された炭鉱

スマトラ島の奥地の高品質な石炭を採掘・加工し輸送するために建てられた産業遺産。19世紀末から20世紀初頭の産業化が進んだ時代、**オランダ植民地政府によって開発**された。地元ミナンカダウの人々やジャワ人、中国人契約労働者、オランダ統治領の受刑者が労働力として使われた。構成資産には、採掘場と企業城下町、エマヘブン港の石炭倉庫、炭鉱と沿岸部の施設を結ぶ鉄道網が含まれる。**採炭から製造、輸送、出荷までが一体となったシステム**として開発され、石炭の効率的な掘削や加工、輸送、船積みが可能となった。

アナイ谷エリアのラック式鉄道の線路

インド

MAP P009 D-⑤

文化遺産

ムンバイにあるヴィクトリア朝ゴシックとアール・デコの建造物群

Victorian Gothic and Art Deco Ensembles of Mumbai

登録年 2018年　登録基準 (ii)(iv)

▶ ムンバイの近代化の歩みを伝える建築群

世界的な貿易の中心地になったムンバイは、19世紀後半に都市計画プロジェクトを実施し、オーヴァル・メイデンのオープンスペースには公共建築物群が次々と建設された。19世紀後半にはヴィクトリア朝時代の**ゴシック・リバイバル*様式**によって建てられ、20世紀初頭にはアール・デコ様式*が用いられた。気候に適応するため建物にはバルコニーやベランダといったインド的な要素も備えられた。映画館や住居ビルなどのアール・デコ様式の建物はインドのデザインが混じった「**インド・デコ**」と呼ばれる独自な様式を築き上げた。

ゴシック・リバイバル様式の時計塔

インド

MAP P009 D-⑤

文化遺産

チャトラパティ・シヴァージー・ターミナス駅（旧名ヴィクトリア・ターミナス）

Chhatrapati Shivaji Terminus (formerly Victoria Terminus)

登録年 2004年　登録基準 (ii)(iv)

▶ インドと英国の建築様式を融合した傑作

インド最大の貿易港ムンバイにあるチャトラパティ・シヴァージー・ターミナス駅は、**インドの伝統的な建築様式と、英国のヴィクトリア朝時代のゴシック・リバイバル様式を融合**させた壮大な駅舎。英国人の**F・W・スティーヴンス**によって設計され、1878年から10年以上かけて完成した。駅の平面プランやドーム、小塔などは伝統的なインドの宮殿建築を彷彿とさせるが、イタリア産の大理石などが用いられたゴシック・リバイバル様式は、「ゴシック建築の都市」であるムンバイを象徴する建築となっている。

駅舎の外観

ゴシック・リバイバル：18世紀末から19世紀に興った中世ゴシック建築の復興を目指す運動。　**アール・デコ様式**：1910年代から30年代にかけて、パリやニューヨークを中心として流行した建築や美術、工芸品の様式。

イスラエル国　MAP P009 a

テル・アビーブの近代都市 ホワイト・シティ

White City of Tel-Aviv -- the Modern Movement

文化遺産

登録年 2003年　登録基準 (ii)(iv)

▶ モダニズム建築の思想を体現した白い住居群

イスラエル中西部のホワイト・シティは、20世紀前半に建設された、**モダニズム建築**が密集する近代都市。この区域は、ユダヤ人移民の増加に伴い、スコットランドの建築家**パトリック・ゲデス**が「ガーデン・シティ」というコンセプトで作成したプランをもとに築かれ、居住空間と公園、商業地区、娯楽空間などが有機的に結びついている。

設計に携わった建築家にはバウハウスで学んだ者やル・コルビュジエに影響を受けた者も多く、機能性を重視したデザインは近代都市の優れた例とされている。

白い住居

バーレーン王国　MAP P009 B-③

ペルシア湾の真珠産業関連遺産：島嶼経済の証拠

Pearling, Testimony of an Island Economy

文化遺産

登録年 2012年　登録基準 (iii)

▶ 1,000年以上の繁栄の基盤である真珠養殖技術を伝える

この遺産は、ムハラク市内にある17の建造物のほか、沖合にある3つの**真珠貝養殖床**、海岸線沿いの真珠商人の住居や店舗、倉庫、モスクなどの建造物、ムハラク島の南端に位置する**カラット・ブ・マヒール要塞**などで構成されている。これらの建造物に使われている木材や漆喰からは、真珠の取引で経済的に繁栄していた当時の職人の洗練された高い建築技術を窺い知ることができる。ペルシア湾の島民たちが自然環境と共存し、海洋資源の有効活用を行いながら独自の文化を築いたことで、これらの建造物群と景観は文化的なアイデンティティの基盤となっている。

ペルシア湾地域の真珠養殖は古代から行われており、この遺産はペルシア湾における真珠養殖と真珠交易の文化的伝統を今に伝えることのできる最後の証拠であると考えられている。

破壊された大仏の跡

文化的景観 ＞ 負の遺産 ＞ 危機遺産 ＞ アフガニスタン・イスラム共和国

MAP P009 C-3

文化遺産

バーミヤン渓谷の文化的景観と古代遺跡群

Cultural Landscape and Archaeological Remains of the Bamiyan Valley

登録年 2003年／2003年危機遺産登録　登録基準 (i)(ii)(iii)(iv)(vi)

▶危機に瀕する仏教芸術の宝庫

アフガニスタンの北東部にあるバーミヤン渓谷は、1～13世紀頃にかけて築かれた、およそ1,000もの石窟遺跡が点在する地域である。インド、中央アジア、西アジアを結ぶ交通の要衝で、交易の中継地として繁栄したこの地は、様々な宗教や民族が出会う「文明の十字路」であった。遺跡群からは、かつてギリシャ人がアム川流域のバクトラに建国した**バクトリア**固有の芸術や宗教が、インドやギリシャ、ササン朝ペルシアなどの文化と融合して、**ガンダーラ美術**へと変遷していく様子がうかがえ、さらにイスラムの影響も見て取れる。

遺跡のなかで最も有名なのは、4～5世紀に建てられたと伝わる2体の巨大な**摩崖仏**（まがいぶつ）。摩崖仏とは、自然の岩壁を利用し、その岩面に彫刻された仏や菩薩像を指す。高さ55mのがっしりとした西大仏は、現地ではパーダル（父）と呼ばれる。また、800m離れたところに立っていた高さ38mの東大仏は、マーダル（母）と呼ばれている。

かつては多くの人々がバーミヤンを訪れ、にぎわっていたが、やがてイスラム教徒の支配下に入り仏教徒が迫害されるようになると、僧院は廃止され仏教徒の共同体は消滅していった。また、大仏の顔が削り取られるなどの被害を受けた。それでも決定的な破壊は免れて、多くの石窟内には壁画が残されていた。

しかし2001年2月、アフガニスタンを制圧していたタリバン政権が、イスラム教の偶像崇拝の禁止という信仰を理由に大仏の破壊を宣言すると、国際社会やイスラム教指導者たちからの非難や、国連総会の破壊中止を求める決議にも関わらず、翌3月に跡形もなく破壊してしまった。「神は偉大なり」と叫ぶ中で大仏が破壊される映像は、世界中に衝撃を与え、非難が集まった。石窟内の壁画も約8割までもが失われたとされる。

バーミヤン渓谷は、20世紀初頭より芸術的・文化的な価値が世界的な注目を集め、当初「バーミヤン渓谷の建造物群」として世界遺産に推薦されていた。しかし、1979年のソ連によるアフガニスタン侵攻以来続く政情不安や内戦によって保護・保全が困難であるとして、1983年に審議の延期が決定された。その後、2001年のアメリカ合衆国軍のアフガニスタン侵攻によりタリバン政権が崩壊すると、世界中からバーミヤン渓谷の遺跡に対する修復と保護の協力が集まった。日本も2002年にユネスコ日本信託基金を設立して修復・保存に協力している。

2003年に『バーミヤン渓谷の文化的景観と古代遺跡群』として世界遺産登録された際も、仏像や位牌などを安置しておく厨子である**仏龕**（ぶつがん）が崩壊する危機や、壁画の劣化、盗掘などの恐れから、登録と同時に危機遺産リストにも登録され、現在も各国による修復作業が進められている。

破壊される仏像

文化的景観 ＞ 中華人民共和国

MAP P007 C-②

杭州にある西湖の文化的景観

West Lake Cultural Landscape of Hangzhou

文化遺産

登録年 2011年　登録基準 (ii)(iii)(vi)

中国
ミャンマー
タイ

▶ 文人墨客に愛された絵画のような眺望

浙江省杭州市の中心部に位置する外周15kmほどの西湖の周辺一帯。三方を山に囲まれ、一年の多くが霧に包まれるために**山水画のような世界**を生み出し、9世紀の唐の時代以来、多くの文人墨客を惹きつけてきた。13世紀に南宋が首都を置いて以来、杭州は**中国人にとって伝統的な景観の最高例**となった。13世紀にこの地を訪れたマルコ・ポーロも美しさを絶賛している。西湖の周辺には中国の歴史ある寺廟や楼閣、庭園などが多くあり、湖に浮かぶ3つの島や人工的に造られた2ヵ所の堤防などが、絵画的な眺望を演出している。

西湖十景の1つ曲院風荷

文化的景観 ＞ イラン・イスラム共和国

MAP P009 B-②③

ペルシア庭園

The Persian Garden

文化遺産

登録年 2011年　登録基準 (i)(ii)(iii)(iv)(vi)

イラン
イラク
パキスタン
サウジアラビア

▶「エデンの園」を具現化した9つの庭園

『ペルシア庭園』は、イランの国内各州に点在する9ヵ所の庭園の総称で、紀元前6世紀のアケメネス朝ペルシアの初代皇帝である**キュロス2世**(大キュロス)時代にルーツを持つ建築や造園の様式を、今に伝えている。いずれも乾燥地帯であるイランの厳しい気候条件に適合して発展したもので、ペルシアにおける庭園設計の多様性や、往年のペルシア人の技術力の高さを示している。**ゾロアスター教**が重視した要素にもとづき、「空」「大地」「水」「植物」の4つの役割を持つパートに分割され、前6世紀頃のペルシア人の宗教観や哲学観、芸術観を表している。

エラム庭園

MAP P009 A-2

シリア北部の古代集落群

Ancient Villages of Northern Syria

文化遺産

登録年 2011年／2013年危機遺産登録　登録基準 (iii)(iv)(v)

▶ 熟練の農業生産技術を表す遺構群

イドリブ県とアレッポ県の石灰岩の山中に広がる約40の集落遺跡が、現在８つの公園の中に保存されている。１～７世紀に農業が営まれ、８～10世紀に放棄された。良好な状態で保存された住居や、土着の非キリスト教系の宗教施設、キリスト教の教会、墓碑、貯水槽、浴場、公共建築物などの遺構が見つかっている。これらは**多神教的な世界から、ビザンツのキリスト教世界へと移行**していった過程を示し貴重である。集落遺跡に残る水利灌漑技術や村落の防護壁、**ローマ式の農地計画**などは、熟練した農業生産技術を証明している。

キリスト教の教会跡

MAP P009 A-2

ディヤルバクル要塞とヘヴセル庭園群の文化的景観

Diyarbakır Fortress and Hevsel Gardens Cultural Landscape

文化遺産

登録年 2015年　登録基準 (iv)

▶ ティグリス川のもとで長い間栄えた要塞都市

ディヤルバクルの要塞都市は、ティグリス川上流の盆地の斜面に位置し、ヘレニズム時代からローマ時代、ササン朝ペルシア時代、ビザンツ帝国時代、イスラム、オスマン帝国、そして現在に至るまで重要な拠点であり続けてきた。アミダ*土塁を含む内部の城（**イチカレ**）と、数多くの塔や城門、支え壁を持つ5.8kmに及ぶディヤルバクルの城壁のほか、ヘヴセル庭園群を含む様々な時代の63の構成資産からなる。これらの景観は、**食糧と水を都市に供給するティグリス川流域と都市が深い関係にある**ことを示している。

ディヤルバクル要塞

アミダ：ローマ帝国時代にこの地域はアミダと呼ばれていた。

文化的景観 アゼルバイジャン共和国

MAP P009 B-②

ゴブスタン・ロック・アートの文化的景観

Gobustan Rock Art Cultural Landscape

文化遺産

登録年 2007年　登録基準 (iii)

黒海
アゼルバイジャン
トルコ
イラン
サウジアラビア

▶ 先史時代からの歴史を物語る岩絵

アゼルバイジャン中部の半砂漠地帯にあるゴブスタンは、旧石器時代から中世までの先史遺跡や岩石芸術を含む地域。一帯には、**1万年前から人が住んでいた**と考えられ、点在する人々が住んだ洞窟や埋葬地などの遺跡には約6,000もの線刻画が残る。旧石器時代の岩絵には、ウシ、ウマ、魚、虫などの動物や、ボートなどが描かれており、この地が**以前は温暖で湿潤だった**ことがうかがえる。新石器時代のものになると、家畜や、宗教的な集団儀式の様子が表現され、中世になるとイスラム的なモチーフも描かれた。

岩に刻まれた線刻画

文化的景観 カザフスタン共和国

MAP P009 D-②

タムガリの考古的景観にある岩絵群

Petroglyphs within the Archaeological Landscape of Tamgaly

文化遺産

登録年 2004年　登録基準 (iii)

▶ 紀元前14世紀から20世紀にかけての5,000点の岩絵

カザフスタン南東部のタムガリ峡谷を含むチュリ山岳地帯には、紀元前14世紀から後20世紀初頭にかけて描かれた岩絵や岩刻文字が密集している。タムガリ山を含む900万㎡にも及ぶ登録範囲内は、集落や埋葬地ごとに48ブロックに分かれ、石器や金属器で彫られた岩絵が5,000点も残る。動物や人物のほか**神格化された太陽像**などが描かれており、それぞれの**遊牧民の農耕や社会組織、儀式の形態などの特徴や差異が推測できる**。

5,000点残る岩絵

文化的景観 中華人民共和国 MAP P007 C-③

左江花山の岩絵の文化的景観

Zuojiang Huashan Rock Art Cultural Landscape

文化遺産

登録年 2016年 登録基準 (iii)(vi)

▶ 駱越人の文化を伝える岩絵

左江花山は中国南西部の広西チワン族自治区にあり、切り立った崖の38ヵ所に岩絵が描かれている。左江とその支流の明江に囲まれたカルスト地形の岸壁に鮮やかな赤い顔料を保った岩絵を見ることができる。現在この地に暮らす**チワン族の祖先である駱越人**が紀元前5世紀から紀元後2世紀にかけて描いたとされる岩絵には、**祭礼の際に銅鼓を演奏する人々**と考えられるモチーフが主に描かれ、当時の人々の生活や祭祀の様子を生き生きと表現している。この文化的景観は、彼らの文化を今日に伝える唯一の手がかりである。

赤い顔料で描かれた岩絵 ©Ko Hon Chiu Vincent

文化的景観 インド MAP P009 D-④

ビンベットカのロック・シェルター群

Rock Shelters of Bhimbetka

文化遺産

登録年 2003年 登録基準 (iii)(v)

▶ 中石器時代から有史時代の多彩な壁画

インド中部のビンディヤ山脈山麓にある『ビンベットカのロック・シェルター群』は、中石器時代から有史時代の壁画が残されている岩窟群である。合計約400もの岩窟の内部に描かれた多彩な壁画の内容は、狩猟など日常をモチーフにしているものや、動物を描いたものなど。**古い絵の上に新しい絵が重ねて描かれ**ており、色彩が彩やかに残されている。周囲の21の村も登録され、**壁画に描かれたような文化が今でも見られる**。

狩猟をモチーフにした岩絵

文化的景観 シンガポール共和国

MAP P007 C-⑤

シンガポール植物園

Singapore Botanical Gardens

文化遺産

登録年 2015年　登録基準 (ii)(iv)

▶ 世界最高レベルの科学機関である植物園

シンガポールの中心部に位置するシンガポール植物園は、英国植民地時代の熱帯植物園の発展を証明するもので、植物の保存と教育において近代の世界最高レベルの科学機関となっている。その文化的景観は、歴史的な特徴、植栽、建造物などの豊かな多様性を含んでおり、設立された1859年からの植物園の発展を今に伝えている。植物園の配置は、設立時に景観設計を任された**ローレンス・ニーベン**によるものである。現在でも科学、研究、植物保存などにおいて重要な拠点であり続けており、特に1875年から東南アジアで進められた**ゴムのプランテーション**の栽培とは深い関係がある。

英国植民地時代の面影が残る

文化的景観 イラン・イスラム共和国

MAP P009 B-③

バムとその文化的景観

Bam and its Cultural Landscape

文化遺産

登録年 2004年／2007年範囲変更　登録基準 (ii)(iii)(iv)(v)

▶ 日干しレンガで造られた要塞都市

イラン南部のバムは、紀元前にさかのぼる歴史を持つ砂漠のオアシス都市。ササン朝ペルシア時代に城塞都市となり、7世紀から数百年にわたり交易ルートの交差路として隆盛を誇った。東西貿易の要だったが1722年のアフガン人の侵攻により、住民の多くが街を放棄した。街の中心の**アルゲ・バム**(バム城塞)を囲む全長およそ2kmにも及ぶ城跡は、9世紀頃につくられた。外壁と二重の内壁を持つ三重構造になっており、日干しレンガを積んだだけの中世の要塞建築の典型とされる。**2003年の大地震**で壊滅的な被害を受け、世界遺産に緊急登録され、危機遺産リストにも記載されたが2013年に脱した。

地震で崩れたバムの街

文化的景観 〉トルコ共和国

MAP P009 A-①

文化遺産

ペルガモンとその周辺:様々な時代からなる文化的景観

Pergamon and its Multi-Layered Cultural Landscape

登録年 2014年　登録基準 (i)(ii)(iii)(iv)(vi)

▶ ペルガモン王国の繁栄を伝える都市遺跡

トルコのエーゲ海地域の丘の上に位置するペルガモンのアクロポリスは、ヘレニズム時代の**アッタロス朝***(ペルガモン王国)の首都の都市遺跡。記念碑的な聖堂群や劇場、柱廊、回廊、教育機関、祭壇、図書館などの遺構が、大規模な市壁に囲まれた傾斜地に残る。ベルガマの近代都市周辺からは古代ローマやビザンツ、オスマン帝国の遺構も見られる。

文化的景観 〉イスラエル国

MAP P009 a

文化遺産

ネゲヴにある香料の道と砂漠都市群

Incense Route - Desert Cities in the Negev

登録年 2005年　登録基準 (iii)(v)

イスラエル、ネゲヴ砂漠にある香料の道は、アラビア半島と地中海を結ぶ香料の交易路である。紀元前3～後2世紀にかけ、乳香や没薬(もつやく)*の通商のため**ナバテア(ナバタイ)人**が通過した。世界遺産には、ハルザ、マムシト、シヴタ、アヴダトという4つの砂漠都市を中心に登録されている。この他、城塞、隊商宿、農業のための灌漑システム、隊商が通った交易路の一部なども含まれる。

文化的景観 〉トルクメニスタン

MAP P009 C-②

文化遺産

ニサのパルティア王国の要塞

Parthian Fortresses of Nisa

登録年 2007年　登録基準 (ii)(iii)

トルクメニスタン南西部に位置するニサは、パルティア王国*最初期における重要な都市遺構である。紀元前3世紀の中期から、紀元後3世紀にかけて、強い勢力を誇っていた。ニサのパルティア王国の要塞は、王の建造物群がある旧ニサと、民衆の居住区である新ニサという2つの丘状遺跡で構成される。両エリアは約1.5km離れており、それぞれ城壁に囲まれている。旧ニサの「王の倉庫」からは**ヴィーナス像や象牙のリュトン**(杯)が出土した。

アッタロス朝:紀元前3～前2世紀にアナトリア半島西部に興った王国。　**乳香や没薬**:ともにカンラン科の低木から分泌される樹脂で、香や鎮静薬などに用いられた。　**パルティア王国**:前247頃～後224　シリア王国内のペルシア系遊牧民が独立して建国。

文化的景観 フィリピン共和国

MAP P007 D-3

フィリピンのコルディリェーラの棚田群

Rice Terraces of the Philippine Cordilleras

文化遺産

登録年 1995年 登録基準 (iii)(iv)(v)

▶ 2,000年にわたって受け継がれた棚田風景

ルソン島北部に位置する棚田群は、少数民族**イフガオ族**によってつくられたもので、標高1,000～2,000mの斜面に広がっている。この棚田を生んだ農耕技術は、2,000年にわたって口承によって受け継がれてきた。勾配(こうばい)が急で耕作地も狭く、大型機械の使用は難しいため、水牛を使うことはあるものの、現在もほとんどの作業は人力で行われており、**山岳地帯における持続可能な農業**を表現している。節を抜いた竹筒で湧き水を流す灌漑システムは、2,000年前と基本的には変わらない。世界遺産に登録されているのは、バナウエ、マヨヤオ、キアンガン、ハンドゥアンの4地域。

階段状の棚田

文化的景観 中華人民共和国

MAP P007 B-3

紅河ハニ族棚田群の文化的景観

Cultural Landscape of Honghe Hani Rice Terraces

文化遺産

中国
ミャンマー
タイ

登録年 2013年 登録基準 (iii)(v)

▶ 独自の灌漑システムを持つ世界最大規模の棚田

ハニ族の棚田群は、紅河沿いの傾斜のきつい斜面に広がっている。世界遺産に登録されたのは166㎢に及び、世界最大規模を誇る。農耕の難しい山岳地帯の狭い峡谷で生活している少数民族のハニ族は、森林や水系といった**自然環境を利用した独自の灌漑システム**を持つ棚田群をつくり上げた。水牛や牛、アヒル、魚やウナギなどを利用する独自の耕作技術を用いながら、1,300年にわたって**赤米を作る棚田**と伝統的な生活を守り続けてきた。

美しい景観を見せるハニ族の棚田群

MAP P009 A-②

文化遺産

オリーヴとワインの土地ーバッティールの丘：南エルサレムの文化的景観

Palestine: Land of Olives and Vines – Cultural Landscape of Southern Jerusalem, Battir

登録年 2014年／2014年危機遺産登録　登録基準 (iv)(v)

▶伝統的な灌漑農業の行われてきた土地

『オリーヴとワインの土地－バッティールの丘：南エルサレムの文化的景観』は、北のナブルスと南のヘブロンの間の中央高地にあり、エルサレムからは南西わずか7kmの距離に位置する。

バッティールの丘の景観は、**ウィディアン**と呼ばれる、農地の広がる渓谷の連なりからなり、石積みで囲まれた耕作地が特徴になっている。中には野菜生産のための灌漑が行われている場所がある他、乾燥した土地ではブドウやオリーヴの木が植えられ栽培されている。それ以外の場所は、今では耕作が行われておらず放置されている。渓谷は、緩衝地帯内にあるバッティールの村落を取り囲んでおり、村落の周りには灌漑のための井戸なども見つかっている。また、村落から離れた場所にはマナティルと呼ばれる農業用の櫓（やぐら）も残されている。こうした渓谷を利用した景観は、地下水を用いた灌漑によって維持されており、集められた水はバッティールの村落に住む家族間で伝統的な方法を用いて分配されている。

こうした景観は水源地近くではよく見られることに加え、4,000年を超える継続的な生活の痕跡は立証されていないとの判断から、真正性も完全性も満たしていないとして、ICOMOSからは不登録勧告が出されていた。しかしこの地は、イスラエルがヨルダン川西岸地区で建設を進めている分離壁の設置計画地区で、分離壁が完成するとバッティールの農民たちは自分の土地へ入ることが禁じられる可能性があったため、世界遺産委員会委員国であったレバノンやトルコ、セネガルなどが**緊急的登録推薦**での登録を提案した。秘密投票の結果、登録賛成11、反対3、棄権7（棄権票は有効票に含まない）の賛成多数で世界遺産に登録され、同時に危機遺産リストに記載された。

これによりパレスチナの世界遺産は、『イエス生誕の地：ベツレヘムの聖誕教会と巡礼路』に続き、緊急的登録推薦で**「不登録勧告」から逆転で世界遺産登録**となった。また2017年には『ヘブロン：アル・ハリールの旧市街』も緊急的登録推薦で登録されたため、2020年3月現在、パレスチナの世界遺産は全て、緊急的登録推薦で登録されたことになる。これらの登録を、世界遺産登録の手順を無視し、世界遺産委員会を政治的に利用したとみなしたイスラエルは、遺憾の意を表明している。

文化的景観 ベトナム社会主義共和国 | MAP P007 C-③

複合遺産

チャン・アンの景観関連遺産

Trang An Landscape Complex

登録年 2014年／2016年範囲変更　登録基準 (v)(vii)(viii)

▶ 3万年以上の人類の歴史を示すカルスト地形

ベトナム北部、紅河デルタ地帯の南縁に位置するチャン・アンの景観は、山や鍾乳洞からなる石灰岩のカルスト地形の景観で、たびたび洪水となる平坦な谷底を持つ渓谷が連なり、垂直に切り立った崖で縁取られている。

崖の高い位置にある洞窟群の調査で、後期更新世から初期・中期完新世にかけて、3万年以上の年月をかけて様々な気候や環境の変化に対応してきた人類の活動の考古学的証拠が明らかとなった。

10～11世紀のベトナムの古都である**ホア・ルー**も含まれ、寺院や仏塔、小集落、水田地帯なども登録されている。

文化的景観 イラン・イスラム共和国 | MAP P009 B-③

文化遺産

メイマンドの文化的景観

Cultural Landscape of Maymand

登録年 2015年　登録基準 (v)

メイマンドは、イラン中央山脈の南端にある渓谷のはずれに位置し、半乾燥地帯で人々が自給自足の生活を送る村落地域である。村人たちは定住と移動を繰り返しながら生活を送る農牧民。春と秋は山の上に家畜を連れて上がり、放牧をしながら生活を送る一方、冬の数ヵ月は山を下りて、渓谷にある軟岩（カルマール）を掘った洞窟住居で、乾燥した砂漠環境独自の生活を送る。**家畜ではなく人が移動する**という独自の生活様式を伝えている。

文化的景観 モンゴル国 | MAP P007 B-①

文化遺産

グレート・ブルカン・カルドゥン山と周辺の聖なる景観

Great Burkhan Khaldun Mountain and its surrounding sacred landscape

登録年 2015年　登録基準 (iv)(vi)

モンゴルの北東部、ヘンティー山脈の中央部に位置し、広大な中央アジアの大草原（ステップ）とシベリア・タイガ（針葉樹林）が接する場所である。ブルカン・カルドゥンは、聖なる山岳や川、オボーと呼ばれるシャーマニズム的な石塚に対する崇拝と関連があり、この地における宗教儀礼は古代シャーマニズムと仏教の信仰が融合する中で形作られた。**チンギス・ハン**が生まれ、没した地であると信じられている。

文化的景観 モンゴル国

MAP P007 B-①

オルホン渓谷の文化的景観
Orkhon Valley Cultural Landscape

文化遺産

登録年 2004年　登録基準 (ii)(iii)(iv)

▶ 自然と調和した遊牧民族の生活を伝える景観

モンゴル高原を流れるオルホン川の流域は、2,000年以上にわたる遊牧民の歴史を伝える数多くの遺跡が点在する。トルコ系民族とされる突厥が築いた6～7世紀の遺跡や、8～9世紀のウイグル王国の都カラ・バルガスン遺跡、13～14世紀に栄えたモンゴル帝国の首都**カラコルム**の遺跡など多数の遺跡が残る。突厥の遺跡のなかで有名なものが、ホショー・ツァイダム遺跡で1889年に発見された「**オルホン碑文**」。8世紀に突厥のビルゲ・カガンが建立したとされ、古代テュルク語で歴史上の出来事や、宗教的・呪術的な記述などが彫られている。漢字を除くと、東アジアでは日本語の「かな」と並ぶ古い歴史を持つとされる。

オルホン渓谷の雄大な景色

文化的景観 サウジアラビア王国

MAP P009 B-③

アル・アハサ・オアシス：進化する文化的景観
Al-Ahsa Oasis, an Evolving Cultural Landscape

文化遺産

登録年 2018年　登録基準 (iii)(iv)(v)

▶ 世界最大のオアシスを有する文化的景観

アル・アハサ・オアシスは、今なお千年以上にわたって有機的に進化し続ける文化的景観であり、人類が自然との交流の中で文化を育んできたことを伝える。この遺産はアラビア半島東部に位置し、庭園や運河、噴水、井戸、灌漑用の湖の他、歴史的建造物や都市構造、考古遺跡からなる。歴史的な要塞やモスク、井戸、運河、水供給システムが現在も残り、新石器時代から続く湾岸地域への人類定住の痕跡をとどめている。またこの地には250万本ものナツメヤシが生育する**世界最大のオアシス**でもある。

人類は太古よりアル・アハサへ定住しており、最初期の定住跡では新石器時代のものが見つかっている。この地はアラビア半島東部の中心地として隊商交易路に組み込まれ、重要な役割を常に担ってきた。10世紀からはアラビア半島の東部と中央部のほとんどを支配した**イスラム教カルマト派***の拠点となった。

カルマト派：イスラム教シーア派の分派のひとつ。

文化的景観 ＞ ラオス人民民主共和国

MAP P007 C-④

文化遺産

チャムパーサックの文化的景観にあるワット・プーと関連古代遺跡群

Vat Phou and Associated Ancient Settlements within the Champasak Cultural Landscape

登録年 2001年　登録基準 (iii)(iv)(vi)

▶ クメール人の信仰を集めた聖山と寺院

ラオス南部のチャムパーサック平原にある、ワット・プーと呼ばれるヒンドゥー教寺院、及びそれに関係する石造建築、古代都市は、**クメール人**が5世紀から15世紀にかけて築いた遺跡群である。この地に住んだクメール人たちは、**カオ山**（プー・カオ）を神の宿る地としてあがめていたことから、その中腹に「山寺」を意味するワット・プーを建て、平原に都市を築いた。その一帯が文化的景観の広がる地域として登録された。現在ではワット・プーの本殿には仏像が安置され、仏教寺院として改修され、カオ山とあわせて崇拝を集めている。

ワット・プー

文化的景観 ＞ 中華人民共和国

MAP P007 C-②

文化遺産

廬山国立公園

Lushan National Park

登録年 1996年　登録基準 (ii)(iii)(iv)(vi)

▶ 古くより理想郷として知られた山紫水明の地

長江中流域の南岸に位置する、標高1,474mの漢陽峰（かんようほう）を中心に171もの峰々、森林、湖、断崖絶壁などが至るところに見られる景勝地である。

秦の始皇帝など歴代皇帝が訪れたほか、**李白**（りはく）や杜甫（とほ）、白居易（はくきょい）（白楽天（はくらくてん））など中国を代表する詩人たちがこの地で多くの山水詩（さんすいし）を詠んだ。後漢（ごかん）時代*にいち早く仏教寺院が開かれた場所でもあり、4世紀後半に創建され、来日前の鑑真（がんじん）も訪れたという東林寺（とうりんじ）は浄土教発祥の地。また中国古代の最高学府の1つ**白鹿洞書院**（はくろくどうしょいん）は朱子学（しゅしがく）を興した朱熹（しゅき）が再建した。20世紀前半には中国共産党高官の山荘が多く建てられ、毛沢東はここで「廬山会議*」を開いた。

幻想的な廬山の景観

後漢時代：25～220年。　**廬山会議**：中国共産党が大躍進政策の継続を決めた会議。

文化的景観 中華人民共和国　MAP P007 C-②

五台山

Mount Wutai

文化遺産

登録年 2009年　登録基準 (ii)(iii)(iv)(vi)

▶ 5つの山頂で形成された文殊菩薩の聖地

山西省の五台山は、「5つの台地がある山」という意味を持ち、切り立った斜面と丸くはげた5つの山頂とによって稜線が形成される。中国において最も早く仏教寺院が建立された地の1つで、中国の四大仏教聖山に数えられる。**文殊菩薩の聖地**で、自然豊かな山中に53もの寺院がある。仏光寺の東大殿は、唐の時代に建てられた木造建築で、等身大の粘土像が安置されている。明の時代に建てられた殊像寺では、五百羅漢が川を渡る様子が表現されている。

文化的景観 キルギス共和国　MAP P009 D-②

聖山スレイマン・トー

Sulaiman-Too Sacred Mountain

文化遺産

登録年 2009年　登録基準 (iii)(vi)

キルギス初の世界遺産となったスレイマン・トー(スレイマンの山*)は、フェルガナ渓谷の景観でひときわ目立つ特徴的な形が、長年シルクロードの旅人にとって灯台の役割を果たした。5つの峰の山腹には、古代の耕作跡地、数多くの岩面画が刻まれた洞窟群、そして16世紀に再建された2つのモスクが残る。山そのものが信仰の対象だった。民間信仰とイスラム教信仰が混在する、**中央アジアの聖山の典型**ともいえる。

文化的景観 レバノン共和国　MAP P009 

カディーシャ渓谷(聖なる谷)と神の杉の森(ホルシュ・アルツ・エルラブ)

Ouadi Qadisha (the Holy Valley) and the Forest of the Cedars of God (Horsh Arz el-Rab)

文化遺産

登録年 1998年　登録基準 (iii)(iv)

レバノン北部、レバノン山脈のカディーシャ渓谷は、耐久性に優れ、古くから建材や船材として用いられた**レバノン杉**の数少ない群生地である。古代にこの地域を支配していたフェニキア人はこの木でガレー船を造り、全地中海を支配した。彼らに富をもたらし国旗にも描かれるレバノン杉は、現在では、レバノン国内全体で1,200本ほどしか残っていない。また、ネストリウス派*やマロン派などの教会も残る。

スレイマンの山:預言者スレイマン(旧約聖書のソロモン王)が逗留したとする伝説に基づく。　**ネストリウス派**:431年のエフェソス公会議で異端とされた古代キリスト教の一派。景教とも。

雲海に包まれた黄山

中華人民共和国

MAP P007 C-②

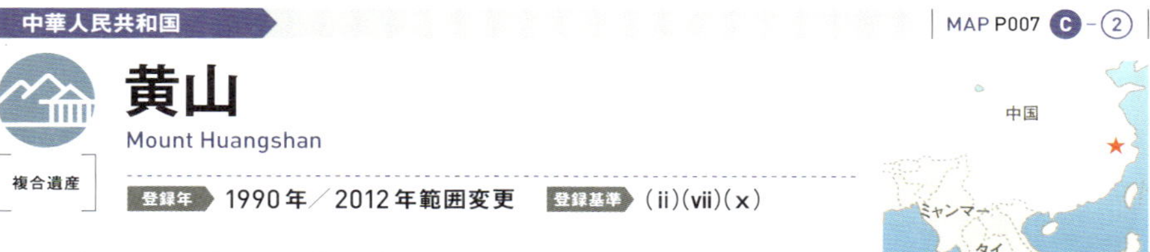

複合遺産

黄山

Mount Huangshan

登録年 1990年／2012年範囲変更　登録基準 (ii)(vii)(x)

▶山水画のような雲海に包まれる山

中国南東部の『黄山』は、標高1,800m級の蓮花峰、光明頂、天都峰の3つの峰を中心とした69の峰からなる山岳地帯である。名勝として知られ、一帯には2つの湖、3つの滝、24の渓谷が点在する。

黄山は、古くは「黟山」と呼ばれていたが、中国の伝説上の王である黄帝がこの地で仙人になったという伝説にちなんで、唐の**玄宗**が黄山と改名。以来、道教及び仏教の聖地としてあがめられ、数世紀にわたって多くの寺院が建てられた。16世紀以降、詩人や画家たちが黄山を題材に優れた作品を残し、中国の芸術・文化史においても重要な山となっている。

「天下の名景は黄山に集まる」と古今の文人たちから称賛される黄山の景色を特徴づけているのは、「**黄山四絶**」と呼ばれる奇松、怪石、雲海、温泉である。奇松とは標高800m以上の高地で見られる固有種の**黄山松**のこと。樹齢100年を超えるものがおよそ1万株あり、それらは、特異な形をしていることから「送客松」「迎客松」などその形にちなんだユニークな名前がつけられている。

また、この一帯では1,650種を超える植物のほか、コウノトリなどの希少種の生息も確認されており、自然遺産としての価値も非常に高い。

泰山
Mount Taishan

複合遺産

登録年 1987年　登録基準 (i)(ii)(iii)(iv)(v)(vi)(vii)

▶ 人々の信仰を集める道教の聖地

『泰山（たいざん）』は、登録基準(i)から(vii)までのすべてを認められている唯一の世界遺産。東岳の泰山、西岳の華山、南岳の衡山（こうざん）、北岳の恒山（こうざん）、中岳の嵩山（ちゅうがく）という中国五岳の筆頭であり、多くの人々の信仰を集める道教の聖地である。『史記』によれば、秦の始皇帝はこの山の山頂で天を、そして山麓で地をまつる「**封禅（ほうぜん）**」という儀式を行ったという。以来、前漢(紀元前202～後8)の武帝（ぶてい）から、清(1636～1912)の康熙帝（こうきてい）まで、歴代の皇帝がこの地で封禅を行った。また、死後に魂はこの山に帰るという信仰が生まれたことから、生死を司る東岳大帝がまつられている。

霊山としてあがめられた泰山には多くの建物が建てられたが、代表的なのはふもとの**岱廟（たいびょう）**で、皇帝たちが封禅の儀式を行った場所。正殿の天貺殿（てんきょう）は北京の故宮の太和殿、曲阜の孔廟の大成殿と並ぶ中国三大宮殿の1つに数えられるが、何度も焼失しており、現存しているのは宋代のものである。殿内の壁には、東岳大帝の出巡から帰還までの場面を描いた、全長62mにも及ぶ「**東岳大帝啓蹕回鑾図（とうがくたいていけいひつかいらんず）**」がある。また、城壁で囲まれた岱廟には8基の門が設けられ、四隅には角楼が立つ他、歴代の皇帝らが建てた40あまりの碑がある。岱廟から頂上までは約9km、およそ7,000段の石段が続き、登山道には800を超える祠廟（しびょう）が立ち並ぶ。

登山道の途中の崖には、般若経や詩などが刻まれている。泰山は多くの文人墨客が訪れ、中国最古の詩集『詩経』をはじめとする文学作品にその景観が詠まれた。また、赤松、黒松などの針葉樹をはじめ、1,136種もの植物が見られる自然豊かな場所であり景観美に優れているとして、自然遺産の価値も認められている。

およそ7,000段の石段

トルコ共和国

MAP P009 A-①

複合遺産

ギョレメ国立公園とカッパドキアの岩石群

Göreme National Park and the Rock Sites of Cappadocia

登録年 1985年 登録基準 (i)(iii)(v)(vii)

▶ 自然が生み出した奇観とキリスト教徒を支えた岩窟聖堂

カッパドキアはキノコ形や尖塔形などの奇岩が林立する中に、洞窟聖堂や洞窟修道院が点在する地である。カッパドキアでは、およそ300万年前に火山の大噴火が起こり、大量の溶岩と火山灰が一帯を覆った。これらが堆積して凝灰岩や玄武岩の層になり、長い歳月の経過とともに軟らかい凝灰岩の部分が風雨に浸食されて、奇岩の群れへと姿を変えていった。紀元前4000年頃になると、削りやすい凝灰岩を利用し、一帯に洞窟住居が造られていった。

3世紀半ばにローマによるキリスト教の弾圧が始まると、キリスト教徒たちが隠れ住んで信仰を守り続ける地となり、ビザンツ帝国の**イコン破壊運動***やトルコのイスラム教化をきっかけに、難を逃れてこの地に移り住むキリスト教徒は数を増した。彼らは、岩山に洞窟聖堂や洞窟修道院を造り、10世紀にはその数は360にもなった。キリスト教徒たちが身を潜めた**ギョレメ渓谷**には、約30の洞窟聖堂が現存している。入口にリンゴの木があったことから「リンゴの聖堂」と呼ばれる洞窟聖堂の内壁には、「最後の晩餐」の壁画が描かれ、カッパドキア最大規模の聖堂「バックルの聖堂」を飾る壁画には、キリスト伝や聖人伝の諸場面が表現されている。また、聖堂内に外光が届かなかったことから名づけられた「暗闇の聖堂」には、光による退色のない色鮮やかな壁画が残る。これらの壁画はフレスコ画の手法で描かれており、ビザンツ美術の傑作として高く評価されている。

また36の地下都市が残るが、誰が、いつ、なぜ築いたのかは明らかになっていない。世界遺産に登録されている**カイマクルとデリンクユの地下都市**は大規模で、何層にも積み重なった床が階段でつながれている。

この地特有の植物は100種を超え、動物はオオカミやアカギツネなどが生息。貴重な自然と文化遺産の共存が課題である。

カッパドキアの奇岩群

イコン破壊運動：8世紀、ビザンツ帝国で起こった偶像崇拝を否定する運動。イコノクラスムとも。

トルコ共和国

MAP P009 A-①

ヒエラポリスとパムッカレ

Hierapolis - Pamukkale

複合遺産

登録年 1988年　登録基準 (iii)(iv)(vii)

ロシア　黒海　トルコ　ギリシャ　地中海　リビア　エジプト　サウジアラビア

▶ 石灰棚の奇観と繁栄を築いていた古代都市

美しい石灰棚のパムッカレ*と、ローマの古代都市であるヒエラポリスからなる。パムッカレは、斜面を流れる温泉水に含まれる石灰分が石化して白い鍾乳石の棚を作り上げた。段丘から流れ落ちる石化した滝や、段々の温泉が作り上げる景観が特徴。段丘の上に広がるヒエラポリスは、紀元前2世紀に**アッタロス朝**(ペルガモン王国)が築き、ローマ時代には温泉保養地として栄えた。約15,000人を収容したローマ劇場や、八角形の聖堂(**マルティリウム**)、浴場や凱旋門、多様な形の墓石からなるアナトリア最大の共同墓地なども残る。

パムッカレ

ヨルダン・ハシェミット王国

MAP P009 A-②

ワディ・ラム保護地域

Wadi Rum Protected Area

複合遺産

登録年 2011年　登録基準 (iii)(v)(vii)

トルコ　シリア　イラン　イスラエル　イラク　ヨルダン　エジプト　リビア　サウジアラビア　スーダン

▶ 太古からの大自然と人類の共生を伝える地

ヨルダンとサウジアラビアの国境地帯一帯に広がる742㎢の保護地域は、細い谷や自然に形成された岩のアーチ、そびえ立つ崖、傾斜地、大きな地滑り跡、洞窟など、大自然が作り出した雄大な**砂漠特有の景観**で知られる。

考古学的な遺跡からは、**2万5,000に達する岩面彫刻**や2万を数える碑文などの遺物が大量に発見されており、過去1万2,000年に及ぶ人間の土地利用と自然との共存の様子を示している。また、オリエントにおける農業や牧畜、文化が進化した過程を知る上でも貴重である。

荒々しい景観が広がる

パムッカレ：トルコ語で「綿の城」という意味。かつてこの地では良質な綿花がとれたことに由来する。

中華人民共和国

MAP P007 C-③

峨眉山と楽山大仏

Mount Emei Scenic Area, including Leshan Giant Buddha Scenic Area

複合遺産

登録年 1996年　登録基準 (iv)(vi)(x)

▶ 自然豊かな仏教の聖地

峨眉山の東、約20kmに位置する楽山大仏は、**世界最大の摩崖仏***。岷江と、岷江の支流である大渡河、大渡河の支流である青衣江が合流するこの地は、流れが急で多くの水難事故や水害が引き起こされていた。8世紀前半、僧の海通は大仏の力で水運の安全と水害の防止を祈願しようと、凌雲寺近くの川辺の崖に石仏を彫り始め、約90年を経て完成した。また、古くから聖地として手つかずの自然が多く残り、絶滅危惧種であるレッサーパンダや**アジアゴールデンキャット**などが多く生息していることから、複合遺産に登録されている。

楽山大仏

中華人民共和国

MAP P007 C-③

武夷山

Mount Wuyi

複合遺産

登録年 1999年／2017年範囲変更　登録基準 (iii)(vi)(vii)(x)

▶ 奇岩と渓谷が生んだ名勝

中国南東部にそびえる武夷山は、豊かな自然と多くの奇岩や渓谷で知られる山である。渓流が9回も湾曲を繰り返している**九曲渓**と、400mを超える岩に880段に達する石段が刻まれている**天遊峰**が特に有名。数々の詩碑のほか、3,750年前のものといわれる舟形石棺、前漢時代の王城遺跡、朱子学の祖である朱熹が創設した「武夷精舎」や道教寺院など、文化財も残されている。

亜熱帯・温帯樹林が広がる希少な動植物の生息地で、世界で最も昆虫が豊富な場所である。ユネスコの生物圏保存地域に指定されている。

武夷山

世界最大の摩崖仏：高さ71mは、東大寺の大仏の約5倍に相当する。

インド

MAP P009 E-④

カンチェンジュンガ国立公園

Khangchendzonga National Park

複合遺産

登録年 2016年　登録基準 (iii)(vi)(vii)(x)

▶ 原住民の信仰の対象となった世界第三の高峰

インド北部シッキム州に広がるヒマラヤ山脈の中心にある『カンチェンジュンガ国立公園』はインドで初めての複合遺産。植物や渓谷、湖や氷河などの豊かな自然と、それに基づく先住民の神話などの文化的価値が認められた。雪に覆われた絶景の古代林の中には、世界第3位の標高を持つ**カンチェンジュンガ山**も含まれている。この山と多様な自然は、多くの神話と結び付けられシッキムの先住民の崇拝の対象となってきた。後に、これらの**神話が伝える神聖さや教訓は仏教の教えと同化**し、シッキムの民の文化の礎となった。

カンチェンジュンガ山

イラク共和国

MAP P009 B-③

イラク南部のアフワル:生物多様性の保護地域とメソポタミアの都市の残存景観

The Ahwar of Southern Iraq: Refuge of Biodiversity and the Relict Landscape of the Mesopotamian Cities

複合遺産

登録年 2016年　登録基準 (iii)(v)(ix)(x)

▶ メソポタミア南部の都市遺跡と世界最大の内陸デルタ

イラク南部のアフワルは3つの遺跡群と4つの湿地帯から構成される複合遺産。ウルク、ウル、テル・エリドゥの古代都市の遺跡は、紀元前4000年から紀元前3000年にかけてメソポタミア南部のティグリス川、ユーフラテス河のデルタ地帯に**シュメール都市**が栄えたことを今に伝えている。紀元前5000～前3000年にかけて、この地の海水面は現在の海岸線よりも200km以上内側まで広がっていた。そのためウルク、ウル、テル・エリドゥは当時、淡水の沼地の周辺に位置しており、メソポタミア南部で最も重要な中心都市となった。

アフワルは「イラクの湿地」としても知られる。**世界最大の内陸デルタ地帯の1つ**であり、その極度に乾燥し酷暑にさらされる環境は他に類を見ないものである。構成資産に含まれる4つの湿地帯のうちアフワルの生態系の核となるのは中央の湿地帯である。多くの種の生育地となっており、この地の高い生物多様性に寄与している。

自然の景観美

隆起を続けるヒマラヤ山脈

ネパール連邦民主共和国

MAP P009 E-④

自然遺産

サガルマータ国立公園

Sagarmatha National Park

登録年 1979年　登録基準 (vii)

ネパール
ブータン
インド
ミャンマー
ベンガル湾

▶ 大陸移動説を証明する世界最高峰の国立公園

首都カトマンズの北東、チベット自治区との国境に接する『サガルマータ国立公園』は、標高8,848mの世界最高峰サガルマータを中心とする山岳公園。ネパール語で「世界の頂上」を意味するサガルマータは、チベット語ではチョモランマ（世界の母神）、英語ではインド測量局の初代長官であったジョージ・エヴェレストにちなんだエヴェレストと呼ばれる。

ヒマラヤ山脈には、エヴェレストをはじめとする7,000～8,000m級の山々や氷河、渓谷が連なり、一帯の山頂は、ヒマラヤがサンスクリット語で「雪の居所」を意味する通り、常に雪を頂く。約4,500万年前、インド亜大陸がユーラシア大陸に衝突し、海底が隆起したことによって形成されたとき、海底の堆積層も隆起したため、山頂付近ではアンモナイト、ウミユリなどの化石が発見されている。こうした海洋生物の化石を含む層を**イエロー・バンド**という。大陸移動は現在も続いており、インドプレートとユーラシアプレートの衝突の歪みにより「世界の屋根」と呼ばれているヒマラヤ山脈も、年に数mmから数cmの単位で隆起している。

公園内には、美しい毛皮を求めた密猟が相次いでいる**ユキヒョウ**や、オスの下腹部にある分泌腺でつくられる麝香（じゃこう）が香料や漢方薬などに使われるため乱獲されている**ジャコウジカ**などの絶滅が危惧される動物が暮らしている。また季節によっては、ヒマラヤの固有種であるブルーポピーや、深紅の花を咲かせるアルボレウムが咲き乱れ、色鮮やかな光景が広がる。

標高3,500〜5,000m付近は、今から500年ほど前にチベットから移住してきたとされる**シェルパ**族の生活圏。住居や、チベット仏教のゴンパと呼ばれる僧院、放牧地や耕作地のある集落が点在している。

登山者のポーターを務めるシェルパ族の人々

エヴェレストの最初の登頂者エドモンド・ヒラリーは、1950年代から登山者が自然環境に深刻な影響を与えるとの懸念を示し、5年間の入山禁止などを求めたが観光収入などの観点から見送られた。しかし植林計画が進められるなど、環境保護が進められている。

インド

MAP P009 D-③

自然遺産

ナンダ・デヴィ国立公園と花の谷国立公園

Nanda Devi and Valley of Flowers Nat onal Parks

登録年 1988年／2005年範囲拡大　登録基準 (vii)(x)

▶ 人々に信仰される聖なる山と花が咲き誇る谷

インド北部の氷河や氷原に覆われた山岳地帯。標高7,816m、インド第2の高峰ナンダ・デヴィ山は、**女神ナンダ**が住む聖地として豊かな自然が残る。針葉樹林やシャクナゲが生い茂る森は、絶滅危惧種のユキヒョウや、減少しつつあるツキノワグマ、ジャコウジカなどの生息地。1983年から**環境保護の学術調査以外の入山が禁止**された。2005年に登録された花の谷国立公園は、希少な高山植物が数多く生育する。標高3,500mあたりの雪解け水に恵まれた谷には花畑が広がり、600種類もの花々が咲き乱れる。

雪を冠するナンダ・デヴィ山

中華人民共和国

MAP P007 C-②

自然遺産

九寨溝：歴史的・景観的重要地区

Jiuzhaigou Valley Scenic and Historic Interest Area

登録年 1992年　登録基準 (vii)

中国
ミャンマー
タイ

▶ 清らかな水が生み出す童話の世界

九寨溝は、岷山山脈のカルスト台地が浸食されてできた3つの渓谷と、太古の地殻変動と氷河の活動によってできた湖沼、瀑布からなる景勝地。チベット族の村落「寨」が9つあることから九寨溝と名づけられた。**五花海**などの湖沼の水は石灰岩地層からの湧き水で、太陽の光を受けると石灰岩の成分が青やオレンジなどの色彩豊かな反射を起こす。その様子は神話や童話の世界に例えられる。この一帯はまた、中国国内に5つある**ジャイアントパンダの保護区**の1つでもあり、1997年にユネスコの生物圏保存地域に指定された。

優美な湖沼が点在する九寨溝

中華人民共和国

MAP P007 A-②

自然遺産

新疆天山

Xinjiang Tianshan

登録年 2013年　登録基準 (vii)(ix)

カザフスタン
モンゴル
中国

▶ 多彩な景観美を持つ温帯乾燥地域

新疆ウイグル自治区内で、世界最大の山脈の1つである天山山脈の一部を構成する地域。天山山脈の最高峰である**トムール山***の他、カラジュン・クエルデニン、バインブルク草原、**ボグダ山**の4つの地域、合計6,000㎢からなる。雪や氷河に覆われた山頂、手つかずの自然を残す森林や草原、清らかな川や湖沼、広大な赤い峡谷が景観美を生み出している。また、タクラマカン砂漠に隣接する代表的な温帯乾燥地域の1つでもある。地形や生態系は鮮新世より形成されたもので、生物学上の進化の過程を表す類まれな場所である。

ボグダ山にある天池

トムール山：2003年にトムール峰国家自然保護区に。7,443m。

中華人民共和国

MAP P007 C-②

自然遺産

黄龍：歴史的・景観的重要地区

Huanglong Scenic and Historic Interest Area

登録年 1992年　登録基準 (vii)

▶ 自然が描く色彩鮮やかな奇観

「黄龍」は雪宝山を望む玉翠山麓にある湖沼群。樹海に囲まれた渓谷に広がる3,000あまりの湖沼は、露出した石灰岩層に水がたまってできたもの。傾斜する地形に沿って湖沼が連なる光景は、龍の鱗に見える。最も規模が大きい**黄龍彩池群**や、100以上の池が連なる**石塔鎮海**など、周辺の高山、峡谷、滝、それに林海と一体になった自然景観が見事。最も高地にある五彩池の水面は、見る場所や時間によって、様々な色に変化する。ジャイアントパンダや金糸猴などの希少動物を含む、多種多様な動植物が生息しており、2000年にはユネスコの生物圏保存地域にも指定された。

五彩池

中華人民共和国

MAP P007 C-②

自然遺産

武陵源：歴史的・景観的重要地区

Wulingyuan Scenic and Historic Interest Area

登録年 1992年　登録基準 (vii)

▶ 地殻変動によって隆起した「奇岩の森」

湖南省にある武陵源は、高さ100～400mの**珪岩**の柱が約3,100本林立する山岳地帯で、一部は中国初の森林公園である。この一帯はもともと海であり、1億8,000万年前から続く地殻変動で隆起した海底の砂岩層が風化したことによって、独特な景観がもたらされた。多種多様な動植物の生息地で、脊椎動物は絶滅が危ぶまれている**チュウゴクオオサンショウウオ**など116種、植物は生きた化石といわれる落葉高木キョウドウなど3,000種にも及ぶ。

武陵源の珪岩

中華人民共和国

MAP P007 C-②

三清山国立公園

Mount Sanqingshan National Park

自然遺産

登録年 2008年　登録基準 (vii)

中国
ミャンマー
タイ

▶ 尖峰と柱石が織りなす神秘的な景観

江西省(こうせい)の北東部、懐玉山(かいぎょくさん)の西端にある『三清山国立公園』は、岩山が独特の景色を形作る景勝地である。229.5㎢もの一帯には、**花こう岩でできた48の尖峰と89の柱石**があり、それらは人間や動物のような形をしている。

標高1,817mの懐玉山には、雲に重なった太陽の周りに光の輪が見えるハロー現象が観測できる。また三清山には仙人伝説があり、気象条件によって雰囲気が変化するさまは神秘的である。亜熱帯気候と海洋性気候が育んだ広大な森林や、周囲の滝や湖なども相まって、美しい大自然を演出している。

三清山国立公園

中華人民共和国

MAP P007 C-③

中国の丹霞地形

China Danxia

自然遺産

登録年 2010年　登録基準 (vii)(viii)

中国
ミャンマー
タイ

▶ 赤色の大地が生んだ山の景観

土地の隆起をはじめとする地球内部の力と浸食といった外部の力の影響を受けて、**赤色の大地**が崩れた結果生じた沈殿物が、積み重なって形成された山の景観。

登録されたのは、中国南部の亜熱帯地帯に位置する6つの地域で、驚くほど大きな赤い断崖と、あらゆる種類の起伏や浸食、とりわけ自然に形成された見事な石柱や小塔、峡谷、渓谷や滝などから特徴づけられる。また緑の森や青い水も、丹霞地形の景観をつくり出すのに一役買っている。

赤色の大地が広がる

イラン・イスラム共和国

MAP P009 B-③

ルート砂漠

Lut Desert

自然遺産

登録年 2016年　登録基準 (vii)(viii)

イラク　イラン　パキスタン　サウジアラビア

▶ 生物の住まない世界で最も暑い砂漠

イラン南東部に位置するルート砂漠は、世界で最も暑い場所*の1つとして知られる自然遺産。**酷暑のために生物は生息していない**。6月から10月にかけて、この不毛の亜熱帯地域に吹きすさぶ強風は堆積物を運び込み、広範囲に渡って風食が進行する。その結果、ヤルダンと呼ばれる風食された特異な形状の岩石群がこの砂漠の見所となっている。また登録範囲には広大な砂丘や石がちな砂漠のエリアも含まれており、現在進行形で地質が変容していくさまを見ることができる。

強風による風食が続く砂漠

フィリピン共和国

MAP P007 D-④

プエルト・プリンセサ地下河川国立公園

Puerto-Princesa Subterranean River National Park

自然遺産

登録年 1999年　登録基準 (vii)(x)

▶ 世界最長の地下河川が流れる石灰岩台地

パラワン島にある『プエルト・プリンセサ地下河川国立公園』は、世界最長の地下河川が流れる。プエルト・プリンセサ市街地から約80km北に向かった西海岸に位置する、総面積202k㎡の国立公園の一帯が登録された。

石灰岩カルスト地形が広がる園内の地下には、全長およそ8.2kmの地下河川が流れ、その水は幅約120m、高さ約60mの洞窟から海へと流れ出ている。洞窟、熱帯雨林、海を含むこの公園は、パラワンヤマアラシやジュゴンなど希少動物の生息地であり、多くの昆虫が見られる自然豊かな場所でもある。

地下河川の入口

世界で最も暑い場所：夏の気温が70度以上を観測したこともある。

地球生成の歴史

長年の浸食、風化で形づくられた島々

ベトナム社会主義共和国

MAP P007 C-3

自然遺産

ハ・ロン湾

Ha Long Bay

登録年 1994年／2000年範囲拡大　登録基準 (vii)(viii)

▶ 奇岩、奇形の島々が点在するベトナム随一の景勝地

ベトナム北東部に位置するハ・ロン湾は、大小1,600以上の島が点在するベトナム随一の景勝地。中国の武陵源(ぶりょうげん)や桂林(けいりん)*に似ていることから「海の桂林」とも称される。ハ・ロンとは「空飛ぶ龍が降り立った場所」という意味で、山から降り立った龍が外部からやって来た敵を蹴散らし、その際に岩が砕けてハ・ロン湾ができたという伝説による。実際には、ハ・ロン湾は約11万5,000年前の氷河期に中国南西部の石灰岩台地が沈み、海上に残った部分が風化してできた。点在する島々の多くは奇妙な形をしており、「魔法使い」「幽霊」「カメ」「シャモ」といった一風変わった名前がつけられているものもある。また、鍾乳石や石筍(せきじゅん)が見られる洞窟の島もある。

人間が暮らすには不向きだが、モンスーン林や竹林が生い茂った島は、動植物にとっての格好の住み処となっており、**フランソワリーフモンキー**や**ファイールルトン**の世界でも数少ない生息地としても知られる。また、海中には美しいサンゴ礁が広がり、アワビやロブスター、ナマコなど暖流を好む多くの生き物が生息している。

近年ハ・ロン湾では、**石炭発掘による水質悪化**によってサンゴ礁が激減し、また年間100万人を超える観光客による環境汚染や農地拡大によって生じる生態系の破壊などが問題となっており、早急な対処が求められている。

桂林：『中国南部のカルスト地帯』に2014年に含まれたカルスト地帯。

中華人民共和国

MAP P007 C-③

中国南部のカルスト地帯

South China Karst

自然遺産

登録年 2007年／2014年範囲拡大　登録基準 (vii)(viii)

▶ 世界最大級のカルスト地形がつくり出す3つの光景

約2億5,000万年前の中生代三畳紀から形成されており、今もなお浸食による変化が続く**カルスト地帯**。カルストは石灰岩など水に溶けやすい岩石の大地が雨水などで溶食されてできた地形で、中国南部のそれは3区画にまたがる規模や多様性が特徴。重慶市武隆(ぶりゅう)、貴州省茘波(れいは)、雲南省石林(せきりん)の1,460㎢が登録され、武隆では自然が築いた石の橋や鍾乳洞などが見られる。尖塔状の地形が広がる茘波は、約300種の脊椎(せきつい)動物、1,500種にも及ぶ植物が生息する。2014年には桂林のカルスト地帯なども拡大登録された。

ベトナム社会主義共和国

MAP P007 C-③

フォン·ニャ-ケ·バン国立公園

Phong Nha-Ke Bang National Park

自然遺産

登録年 2003年／2015年範囲拡大　登録基準 (viii)(ix)(x)

ベトナム中部、『フォン・ニャ-ケ・バン国立公園』は、古生代の約4億年前から成長を続ける総面積およそ850㎢のカルスト地帯で、アジアの主要なカルストの中でも最古のもの。**フォン・ニャ洞窟**をはじめ、鍾乳洞や地下湖、地下河川などが、ラオスとの国境までの約65kmにわたって続く。公園内は巨大な熱帯林で覆われており、哺乳類65種、鳥類260種、爬虫類・両生類75種、淡水魚61種などの動物に加え、735種の植物が生息する。

大韓民国

MAP P007 D-②

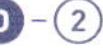

済州火山島と溶岩洞窟群

Jeju Volcanic Island and Lava Tubes

自然遺産

登録年 2007年／2018年範囲変更　登録基準 (vii)(viii)

韓国の最南端、済州(チェジュ)島にある『済州火山島と溶岩洞窟群』は、韓国の最高峰である標高1,950mの漢拏山(ハルラサン)を中心とした漢拏山自然保護区と、**城山日出峰**(ソンサンイルチュルボン)、拒文岳(コムンオルム)溶岩洞窟群の3つの地域からなる。海底噴火により誕生した要塞のような姿の城山日出峰は、海面に盛り上がっており、山頂には大きな噴火口が残っている。約30万～10万年前の噴火によって生まれた拒文岳溶岩洞窟群は、世界で最も長く複雑な溶岩洞窟と見なされている。

中華人民共和国

MAP P007 C-③

澄江の化石出土地域

Chengjiang Fossil Site

自然遺産

登録年 2012年　登録基準 (viii)

▶ カンブリア爆発を伝える多様な化石

雲南省の『澄江の化石出土地域』からは、約5億3,000万年前のカンブリア紀初期の海洋生物の化石が、完全な形で多数出土している。現在までに確認された生物の種類は、少なくとも16門196種に及ぶ。藻類やバクテリアだけでなく、複雑な消化器を持つ節足動物**ナラオイア**（三葉虫の一種とされる）といった無脊椎動物をはじめその内訳は実に多様で、最古の脊椎動物も発見された。化石ではあまり残ることのない軟らかな部分や細部の構造まで残されている点も特徴である。

中華人民共和国

MAP P007 B-③

雲南保護地域の三江併流群

Three Parallel Rivers of Yunnan Protected Areas

自然遺産

登録年 2003年／2010年範囲変更　登録基準 (vii)(viii)(ix)(x)

中国南西部、『雲南保護地域の三江併流群』は、金沙江、瀾滄江、怒江の**3つの川が約170kmもの距離を並行して流れる**地域である。およそ5,000万年前に、ユーラシア大陸とインド亜大陸が衝突して生まれた地形が見られるこの一帯は、地質学的にも極めて重要な価値がある。この地域は中国で最も多様な生態系を有しており、中国全土の25%にも及ぶ700種以上の動物が生息。また、植物も20%にあたる約6,000種が自生している。

インドネシア共和国

MAP P007  E-⑤

ロレンツ国立公園

Lorentz National Park

自然遺産

登録年 1999年　登録基準 (viii)(ix)(x)

ニューギニア島西部、**スディルマン山脈**のジャヤ山一帯を含む『ロレンツ国立公園』は、東南アジア最大の面積を持つ自然公園である。万年雪を頂く山々から、広大な低湿地帯、熱帯海洋地区まで、手つかずの豊かな自然が残る。2つの大陸プレートの衝突点にあたり、現在も造山活動のさなかにある。キノボリカンガルーやハリモグラなど100種類以上の哺乳類や400種以上の鳥類などが確認されており、8つの先住民族の部族が居住している。

MAP P009 D-②

タジキスタン国立公園（パミールの山脈）

Tajik National Park (Mountains of the Pamirs)

自然遺産

登録年 2013年　登録基準 (vii)(viii)

▶ 地球上でもっとも地殻変動の激しい急峻な山々

タジキスタン国立公園は、タジキスタン東部の2万5,000㎢以上の地域に広がる。そこは「**パミール・ノット**（パミールの結び目）」と呼ばれる地域の中心に位置し、ユーラシア大陸の最高峰の山岳地帯と接する場所である。東側は高原となっており、西側に向かって**イスモイル・ソモニ峰**など7,000mを超すものを含むごつごつとした峰が続く。また、季節ごとの激しい温度変化が特徴となっている。

北極圏以外では最も長い**フェドチェンコ谷氷河**は、登録範囲に含まれる1,085の氷河の間に位置しており、他にも170の河川や400以上の湖が含まれている。その中には、1世紀以上前の巨大な地震による地滑りで堰がつくられ湖となったサレズ湖や、隕石の衝突でできた湖の中で最も大きく標高の高い場所にあるカラクル湖など、様々な湖が存在する。動植物では、南西アジアと中央アジア両方の豊かな植物相が公園内で見られ、絶滅の危機にある貴重な鳥類や動物の自然の避難所となっている。マルコ・ポーロ・アルガリ羊やユキヒョウ、シベリア・アイベックスなど貴重な生物が生息している。

しばしば強い地震に見舞われるため、公園内にほとんど人は暮らしておらず、人間の定住や農業の影響を受けない点も特徴。カラコルム山脈に加えてパミール地域は、地球上で最も地殻変動の激しい地域であり、プレートテクトニクス理論*や沈み込み現象を研究できる貴重な場所でもある。

急峻な山々が続く景観が広がる

プレートテクトニクス理論：地球を覆う十数枚の岩盤「プレート」の境界に様々な変動が生じることによって、地震や火山をはじめとする様々な地学現象を統一的に解釈しようという考え方。1910年代にウェゲナーによって提唱された大陸移動説を発端とする。

乾燥により絶滅が危惧されるリュウケツジュ

イエメン共和国

MAP P009 B-5

ソコトラ諸島

Socotra Archipelago

自然遺産

登録年 2008年　登録基準 (x)

▶ 数多くの固有種が生息

インド洋の北西、イエメンとソマリアに挟まれたアデン湾に近い『ソコトラ諸島』は、ソコトラ島を含む4つの島と2つの岩の小島からなる。狭い海岸平野や石灰岩の台地、山脈、洞窟など変化に富んだ地形には、独特な景観が広がり、固有の動植物が多く生息している。古くより海上交易の中継地点として、ギリシャ人やアラブ人、インド人などがこの地を訪れていた。

2,300万年から500万年前頃に大陸移動でゴンドワナ大陸から分離して以来、長い年月をかけて独自の生態系が作られたため、**動植物の多様性と固有種の割合の高さ**が際立っている。植物の37%、爬虫類の90%、陸産貝類の95%が固有種であるとされ、鳥類では絶滅危惧種を含む192種が見られる。

ソコトラ諸島の固有種は、近年の**地球温暖化**により島の乾燥が進み、半数が絶滅の危機にある。島の独特な景観を作り出す**リュウケツジュ**(竜血樹)は、枝と葉の部分がキノコのような個性的な形をしている。竜血(シナバル)と呼ばれる赤い樹脂が止血や消炎のための薬品として重宝され、また染料としても古代から使われてきた。「竜と象が戦ったあとの血だまりから生えた」との伝説もあり、古代ギリシャ人の書物にもソコトラ諸島の特産品として竜血の記述がある。

中華人民共和国

MAP P007 B-②

自然遺産

四川省のジャイアントパンダ保護区群

Sichuan Giant Panda Sanctuaries - Wolong, Mt Siguniang and Jiajin Mountains

登録年 2006年　登録基準（x）

▶ 貴重なジャイアントパンダの里

中国中部、四川省のジャイアントパンダ保護区群は、7つの自然保護区と9つの風景保存区を含む、世界で最も重要なパンダの生息地である。

中国の「国宝」ともいわれているジャイアントパンダは、**IUCNのレッドリスト**に記載されている絶滅危惧種である。現在この保護区には、ジャイアントパンダ全体の3割にあたる約500頭が生息している。また、**レッサーパンダ**、ユキヒョウ、ウンピョウなどの絶滅危惧種の生息域でもある。植生も豊かで、50種の固有種を含む5,000～6,000種の植物が見られる。

ジャイアントパンダ

中華人民共和国

MAP P007 C-②

自然遺産

中国の黄海・渤海湾沿岸の渡り鳥保護区（第1段階）

Migratory Bird Sanctuaries along the Coast of Yellow Sea-Bohai Gulf of China (Phase I)

登録年 2019年　登録基準（x）

▶ 東アジア・オーストラリア地域の渡り鳥の越冬地

世界で最も大きい干潟群の1つ。沼沢地や浅瀬と同じように肥沃で、多くの魚類や甲殻類の生育地となっているため、漁業者を含む地域住民の生活にとって非常に重要である。脊椎動物も680種生息しており、その中には415種の鳥や26種の哺乳類、9種の両生類が含まれる。黄海と渤海沿岸の潮間帯*は、**東アジア・オーストラリア地域フライウェイ***を利用する渡り鳥が多く集まる場として、国際的に重要である。集まってくる鳥たちの多くはこの海岸線を換羽や休憩、越冬や巣ごもりのための滞在地としている。それらの鳥の中には絶滅危惧IA類に指定されている**ヘラシギ**なども含まれ、IUCNのレッドリストに記載されている17種がここに生息している。

16ヵ所のシリアル・ノミネーション・サイトのうち、2ヵ所が保護の緊急度の高さから登録された。中国は段階的に16ヵ所全てのエリアへの拡大登録を目指している。

潮間帯：満潮と干潮の潮の干満差を示す地帯で、1日の間で海中にも陸地にもなる。　**東アジア・オーストラリア地域フライウェイ**：アラスカからユーラシア大陸東部、東アジア、東南アジア、オーストラリアやニュージーランドを含む渡り鳥の経路の1つ。

インド

MAP P009 D-③

グレート・ヒマラヤ国立公園保護地区

Great Himalayan National Park Conservation Area

自然遺産

登録年 2014年　登録基準 (x)

▶ 人々や動植物の生活を支える大自然

グレート・ヒマラヤ国立公園は、インド北部のヒマーチャル・プラデーシュ州にあるヒマラヤ山脈西部に位置する。いくつもの高山の峰や、高山の牧草地、川辺の森林などが特徴。川辺の森林は標高2,000m以下の低地に広がっており、6,000m以上の高地との標高差も大きく、美しい景観が広がっている。

約900㎢に広がる国立公園は、山頂付近に多くの氷河や万年雪が存在し、山頂の**氷河や万年雪からの雪解け水を水源とするいくつもの川**が流れている。そうした多くの川から供給される水は下流で暮らす何百万人もの人々の生活にとって欠かせないものとなっている。しかし近年では、地球温暖化などの**世界的な気候変動の影響**のためか、山頂付近の氷河や万年雪が減少しており、下流で生活する人々への影響も長期的には懸念されている。

また、国立公園はヒマラヤ山脈の生物多様性のホットスポットの一部であり、**ハイイロジュケイ**やジャコウジカなど多くが危機に直面している豊富な動物種が生息する25種類の森林が広がっている。ヒマラヤ山脈が北上するモンスーンを遮断するため、森林や高山の牧草地が守られている。そのため、この国立公園は生物多様性保全のために欠くことができないものと考えられている。

森林が広がるグレート・ヒマラヤ国立公園保護地区

タイ王国

MAP P007 B-④

ドン・パヤーイェン-カオ・ヤイの森林群

Dong Phayayen-Khao Yai Forest Complex

自然遺産

登録年 2005年　登録基準 (x)

▶ 豊かな自然が残された絶滅危惧種たちの生息域

オオサイチョウ

タイ東部にある、4つの国立公園と1つの保護区からなる総面積6,155㎢の山岳地帯。登録範囲は、カオ・ヤイ国立公園、タップ・ラーン国立公園、パーン・シーダー国立公園、ター・プラヤー国立公園、そしてドン・ヤイ野生生物保護区からなる。標高1,000～1,350mの山々が連なり、北側には**メコン川**に通じる支流が流れ、南側には多くの滝や渓谷が見られる。この地域は、深い森林だったために開発が遅れ、豊かな自然が残された。**モンスーン気候の熱帯雨林**には、テナガザルをはじめ800種以上の動物が生息し、その中には、絶滅危惧種5種、危急種19種が含まれている。また、植物も2,500種以上が生育している。

イラン・イスラム共和国

MAP P009 B-②

ヒルカニアの森林群

Hyrcanian Forests

自然遺産

登録年 2019年　登録基準 (ix)

▶ ペルシャヒョウが生息する広大な森林群

ヒルカニアの森林群はカスピ海の南岸850kmに広がる、希少な樹木類の生育する大山塊。この広大な森林群の歴史は2,500～5,000万年前まで遡る。当時、広葉樹の森がこの北部の温帯を覆っていたが、第四紀氷河期に入ると古い森林地域は後退し、気候が温暖になると再び広がっていった。ヒルカニアの森林群の植物相の多様性は豊かで、**イランで知られる維管束植物の44%が、国土のわずか7%に過ぎないこの地で見られる**。また、広葉樹温帯林に典型的な180種の鳥類と、地域のシンボルである**ペルシャヒョウ**を含む58種の哺乳類が確認されている。

ペルシャヒョウ

フィリピン共和国

MAP P007 D-④

ハミギタン山岳地域野生動物保護区

Mount Hamiguitan Range Wildlife Sanctuary

自然遺産

登録年 2014年　登録基準 (x)

▶ 生物多様性の聖域となっている島

フィリピンのミンダナオ島、**東ミンダナオ生物多様性回廊**と呼ばれる地域の南西部にあるプジャダ半島に南北に広がる野生動物保護区である。標高75mの熱帯雨林から標高1,637mの低木林にいたる保護区内には、希少な生物が多く生息し、ミンダナオ島の固有種にとって重要な生育地となっている。標高に応じて異なる陸生生物や水生生物が生息しており、植物の垂直分布が見られる。

ウツボカズラ

特に両生類と爬虫類の固有率が高く、70%以上がミンダナオ島の固有種である。また、低標高地は熱帯雨林、中標高地は地衣類やコケ、着生植物に覆われた雲霧林が広がっており、高標高地は**カザリシロチョウ**の唯一の生息地となっている。他にもウツボカズラ属の植物や、フィリピンワシ、フィリピンオウムなどが特徴である。

インド

MAP P009 D-④

ケオラデオ国立公園

Keoladeo National Park

自然遺産

登録年 1985年　登録基準 (x)

▶ 多くの渡り鳥が飛来する沼沢地

インド北部、『ケオラデオ国立公園』は、冬季に飛来してくる約20万羽の渡り鳥の保護区。東西約3km、南北約10kmと小規模ながら、インドで最も名高いバードウォッチング・スポットとして知られている。国立公園の9割を占める沼沢地は、19世紀、**マハラジャ**によって狩猟場として整備されたもの。

1956年に禁猟区となり、1982年に国立公園となって保護が行き届くようになった。現在では、絶滅危惧種の**ソデグロヅル**やトキ類、サギ類などの野鳥350種のほか、ジャッカルやハイエナなどの哺乳類も生息している。

野鳥が飛来する沼沢地

インド | MAP P009 E-④

スンダルバンス国立公園

Sundarbans National Park

自然遺産

登録年 1987年　登録基準 (ix)(x)

▶ マングローブが生い茂る世界最大のデルタ地帯

インドの東部、西ベンガル州にある、世界最大規模の**マングローブ林**が広がる自然公園。1万km²にも及ぶデルタ地帯は、ガンジス川やブラマプトラ川がヒマラヤ山脈から土砂を運び、河口に堆積地を形成してできた。デルタ地帯周辺のマングローブが繁茂する湿地帯には、300種を超える植物のほか、ガンジスカワイルカなど数多くの水生動物も生息している。減少の著しいベンガルトラの保護区でもあり、トラの生息数がインド亜大陸全土で最も多い国立公園でもある。

スリランカ民主社会主義共和国 | MAP P009 D-⑥

シンハラジャ森林保護区

Sinharaja Forest Reserve

自然遺産

登録年 1988年　登録基準 (ix)(x)

スリランカの南西部に広がる『シンハラジャ森林保護区』には、同国固有の植物830種のうち約500種が生育している。哺乳類や鳥類の固有種も多く、特に鳥類は**セイロンムクドリ**やヘキサンなど20種の固有種が見つかっている。昆虫では、蝶類が40種に及ぶ固有種を数える。ただ周辺地域の開発が進んだ結果、森林は中世から現在までで約10分の1の規模にまで激減し、ユネスコの生物圏保存地域に指定されている。

モンゴル国及びロシア連邦 | MAP P007 B-①

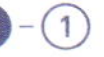

ウヴス・ヌール盆地

Uvs Nuur Basin

自然遺産

登録年 2003年　登録基準 (ix)(x)

『ウヴス・ヌール盆地』は約3,350km²の塩水湖でモンゴルでも最も大きい湖である**ウヴス・ヌール湖**を中心とする。モンゴルとロシアの2つの保護区を含む総面積1万688km²*のエリアには多種多様な生物が生息する。8,102km²の広さを誇るモンゴルのウヴス・ヌール自然保護区と、2,586km²のロシアのウヴス・ヌール盆地生態系保護区を合わせた一帯は、タイガ、ツンドラ、砂漠、ステップなど多彩な気候環境を有し、希少種や絶滅危惧種が見られる。

1万688km²：世界遺産に登録されているのは、そのうちの8,980km²。

バングラデシュ人民共和国　MAP P009 E-④

シュンドルボン

The Sundarbans

自然遺産

登録年 1997年　登録基準 (ix)(x)

▶ベンガルトラの住む「美しい森」

バングラデシュ南部の『シュンドルボン』は、ベンガル湾に注ぐガンジス川とブラマプトラ川、メグナ川によって形成されたデルタ地帯である。登録範囲は、インド側のスンダルバンス国立公園に隣接する約1,400㎢。公園内に広がる**世界最大規模のマングローブ林**は、西、南、東の3つの保護区に分かれている。また、この地は野生動物の宝庫としても知られ、ロイヤルベンガルトラやインドニシキヘビ、絶滅が危惧されているイリエワニのほか、260種以上の鳥類も見られる。

スリランカ民主社会主義共和国　MAP P009  D-⑥

スリランカ中央高地

Central Highlands of Sri Lanka

自然遺産

登録年 2010年　登録基準 (ix)(x)

スリランカ島の中央部、海抜2,500mに広がる『スリランカ中央高地』は、**ホートン・プレインズ国立公園**、ナックルズ森林保護区、ピーク・ウィルダネス保護区の3つから構成される山岳森林帯である。太古の自然環境がそのまま残ったような山地雨林は、世界的にも珍しく、霊長類のニシカオムラサキラングールをはじめ、ホートンプレインズホソロリス、スリランカヒョウなどの絶滅危惧種や固有種が暮らす。

カザフスタン共和国　MAP P009  D-①

サリアルカ:北部カザフスタンの草原と湖群

Saryarka - Steppe and Lakes of Northern Kazakhstan

自然遺産

登録年 2008年　登録基準 (ix)(x)

カザフスタン北部のサリアルカは、**ナウルズム国立自然保護区**とコルガルジュン国立自然保護区で構成される湿地帯。イルティシュ川の流域の、南北の広範囲にわたって淡水湖や塩水湖が存在している。また鳥類の楽園としても知られ、アフリカやヨーロッパ、南アジアの水鳥がシベリアに渡るための中継地となっている。ソデグロヅル、ハイイロペリカン、キガシラウミワシなど貴重な鳥類も生息している。

インド

MAP P009 E-4

カジランガ国立公園

Kaziranga National Park

自然遺産

登録年 1985年　登録基準 (ix)(x)

▶ 世界最大のインドサイの楽園

インド東部の『カジランガ国立公園』は、その面積のおよそ7割を草原が占める**インドサイ**の最大の保護区である。定期的な川の氾濫によってできる**ジールス**と呼ばれる小湖沼が点在し、インドサイの絶好の生息地となっている。角が漢方薬として珍重されたために密猟に遭い、絶滅の危機に瀕していたインドサイを保護するため1974年に国立公園に指定された。現在では、地球上で2,000頭しかいないとされるインドサイのうち、約1,200頭をこの地で確認できる。また、水牛をはじめとする多くの哺乳類、ハイイロペリカンなど400種以上もの鳥類も生息している。

カジランガ国立公園のインドサイ

マレーシア

MAP P007 D-4

キナバル自然公園

Kinabalu Park

自然遺産

登録年 2000年　登録基準 (ix)(x)

▶ 高山地帯が育む動植物環境

ボルネオ島北部にあるキナバル公園は、標高約4,100mの**キナバル山**がそびえる自然公園。低地熱帯林から高地熱帯林、熱帯山地林、亜高山帯など、高度差によって様々な環境が広がり、5,000種を超す植物が生育。固有種も含めおよそ1,000種のランが確認されている他、世界最大のコケである**ドーソニア**や食虫植物ウツボカズラ、世界最大の花ラフレシアなどを見ることができる。また、絶滅の危機に瀕している哺乳類や鳥類、両生類などが多く生息していることも貴重とされている。

キナバル山

MAP P007 D-⑤

コモド国立公園

Komodo National Park

自然遺産

登録年 1991年　登録基準 (vii)(x)

▶ 絶滅の危機にさらされる世界最大のトカゲが住む島

インドネシア共和国の南東部にある『コモド国立公園』は、危急種の**コモドオオトカゲ**の貴重な生息地として知られる。**2つの大陸プレートが接する場所**に位置するコモド国立公園は、火山島であるコモド島やリンチャ島、パダル島などの主要な島と、小スンダ列島の小さな島々で構成される。熱帯の島々でありながら緑は少ない。また周辺の海域は潮流が強いこともあり、世界でも栄養分の豊かな海だとされている。そのため、島の周辺は美しいサンゴ礁が広がる海洋生物の保護区となっており、世界遺産には陸上と海洋を含む2,200㎢が登録されている。

コモド島では、新石器時代の墓や巨石などが発見されており、古代に人が住んでいたと考えられている。また東南アジアにおける海上支配にとって重要な位置にあるだけでなく、コモド島とリンチャ島では淡水の地下水がとれるため、古くから人が生活していた。

コモドオオトカゲは、体長は2～3m、体重は100kgを超えるものもあり、世界最大のトカゲとされる。かつてインドネシアとオーストラリアに大型のトカゲが生息していたが、その多くは絶滅してしまい、コモドオオトカゲはその最後の種だと考えられている。コモドオオトカゲの歯の間からは、**獲物の血液の凝固を妨げ失血させる毒**が出ることが分かっており、その毒を使って狩りを行う。しかし、コモドオオトカゲの獲物となるシカを人間が狩ってしまった他、コモドオオトカゲの皮を目的とした密猟と乱獲により、生息数が激減した。近年では観光客の増加が生態系へ影響を与えることも懸念されている。

コモドオオトカゲ

MAP P007 C-⑤

ウジュン・クロン国立公園

Ujung Kulon National Park

自然遺産

登録年 1991年　登録基準 (vii)(x)

▶ 未曾有の災害からよみがえりつつある熱帯雨林

インドネシア共和国の『ウジュン・クロン国立公園』は、ジャワ島西端のウジュン・クロン半島とスンダ海峡に浮かぶ島々からなる自然遺産。

インドネシア初の国立公園に指定された『ウジュン・クロン国立公園』だけでなく、世界遺産には**クラカタウ諸島自然保護区**も含まれている。ジャワ平野で最大の低地熱帯雨林が広がり、自然美の価値も認められた。また、地質学的には内陸火山の研究にとって重要な場所となっている。

この地域には、密猟で絶滅の危機にさらされている**ジャワサイ**や、野生の牛であるバンテン、カニクイザル、インドクジャクなど、貴重な動植物が生息することでも知られる。

自然の植生を留める低地熱帯雨林の原生林は、人間が定住するようになり、また世界規模の気候変動の影響などもあって大きく減少してしまっている。それに加え、1883年に近隣の**クラカタウ火山**が噴火し、3万6,000人もの命が奪われるという大惨事が起こった際、ウジュン・クロン半島と周辺の群島も噴き上げられた火山灰に埋もれるなど大きな被害を受けた。このために低地熱帯雨林の原生林が半分近くにまで減少してしまったとされる。現在では熱帯雨林も復活しつつあり、海岸にはマングローブの森がよみがえるまでになっている。

噴火する火山

西ガーツ山脈

Western Ghats

自然遺産

登録年 2012年　登録基準 (ix)(x)

▶ 世界で最も重要な生態系のホットスポット

西ガーツ山脈形成の歴史は、ヒマラヤ山脈より古く、この一帯は地形学上計り知れない重要性を秘めている。海から30〜50kmの内陸部からインド西海岸に及ぶ西ガーツ山脈は、山々が並行して連なっており、その広さは12万km²に及ぶ。

直線にすると1,600kmに達する山の連なりだが、北緯11度、ケーララ州に位置する「**パルカード・ギャップ**」によって30kmだけ分断されている。また、西ガーツ山脈は熱帯にありながら、モンスーンの影響で高山森林の生態系を有しており、地球上における代表的なモンスーン気候帯の特徴を示している。

西ガーツ山脈一帯の、顕著な生物多様性と固有種の多さは、「地球上で最も重要な生態系のホットスポット」として知られており、熱帯常緑林を含む森林地帯には、世界的に絶滅が危惧されている植物相、動物相、鳥類、両生類、爬虫類、魚類が、少なくとも325種生息している。

西ガーツ山脈で発見された650種の樹木のうち、352種が固有種とされる。動物種では、**シシオザル**やニルギリタール、ニルギリラングール、サビイロネコ、ニルギリテンなどの絶滅危惧種が生息することでも知られる。

また、生物圏保存地域に登録されているニルギリ生物圏保護区を含んでいる。ここはインドで登録されている8つの生物圏保存地域のうち最大規模のもので、**ナガルホーレ国立公園**やバンディプール国立公園など4つの国立公園とワイナード野生生物自然保護区など2つの自然保護区が含まれている。

シシオザル

マレーシア

MAP P007 C-④

グヌン・ムル国立公園

Gunung Mulu National Park

自然遺産

登録年 2000年　登録基準 (vii)(viii)(ix)(x)

▶ 多くの洞窟があるカルスト地帯

『グヌン・ムル国立公園』は、標高2,371mのムル山を中心とする、ボルネオ島北部の熱帯域に位置するカルスト地帯である。

ここには、約3,500種の**維管束植物**が生育し、ヤシは100種を超える。81種の哺乳類、272種の鳥類など多様な動物も生息。またムル山は、世界でもっとも洞窟が多い山といわれ、総延長295kmにわたる洞窟群が連なる。中でも、世界最大といわれる**サラワク洞窟**は、奥行き600m、幅415m、高さ80mの広さを誇り、大規模な鍾乳石などが見られるほか、大量のコウモリが暮らす。

ムル山の洞窟

インド

MAP P009 E-④

マナス野生動物保護区

Manas Wildlife Sanctuary

自然遺産

登録年 1985年　登録基準 (vii)(ix)(x)

▶ 野生の姿が残された動物たちの聖地

インド北東部にある湿潤な草原と広葉樹林、サバンナ草原、半常緑樹林などからなる、南アジアでも特に多くの種類の動物が生息する地域。確認されているだけで60種以上の哺乳類、約320種の鳥類が生息している。なかでも、絶滅したと思われていた世界最小のイノシシである**コビトイノシシ**や、数年前に発見された美しい毛を持つ猿、**ゴールデンラングール**などの希少動物は特筆に値する。1973年にトラの保護区に指定されたこの地域は、1987年に国立公園となった。しかし、1989年から独立を求める少数民族とインド政府の戦闘が始まると、その影響で動物が殺されるなどの被害を受け、1992年に危機遺産リストに記載されたが、2011年に脱した。

ゴールデンラングール

ネパール連邦民主共和国　MAP P009 E-④

チトワン国立公園

Chitwan National Park

自然遺産

登録年 1984年　登録基準 (vii)(ix)(x)

▶ 国に守られた希少動物たちの楽園

インドとの国境地帯のタライ平原にある、ジャングルと草原が広がる自然保護区。ヒマラヤ山脈の麓に位置し、総面積932km²を誇る。不法な移住、森林伐採、動物の乱獲が行われたことに加え、**マラリア撲滅のために1950年代から大量の農薬が撒かれた**結果、自然破壊が進み森林や野生動物が激減。1973年、自然破壊を止めるためネパール初の国立公園に指定され、軍隊による密猟者の取り締まりが行われるなど、ベンガルトラやインドサイなどの保護が徹底された。

カザフスタン共和国／キルギス共和国／ウズベキスタン共和国　MAP P009  D-②

西天山

Western Tien-Shan

自然遺産

登録年 2016年　登録基準 (x)

数ヵ国にまたがる、世界最長の山脈の1つである天山山脈。西側の標高700mから4,503mにかけて、カザフスタン、キルギス、ウズベキスタンにまたがる西天山には、多様な生態系が息づく変化に富んだ景観が広がる。様々な気候帯に様々な種類の森林があり、貴重な植物のほか、**品種改良され流通している果物の原種が多数生育する**ことから世界的にも高い注目を集めている。

危機遺産　インドネシア共和国　MAP P007  B-⑤

スマトラの熱帯雨林遺産

Tropical Rainforest Heritage of Sumatra

自然遺産

登録年 2004年／2011年危機遺産登録　登録基準 (vii)(ix)(x)

グヌン・ルセル国立公園、ケリンチ・セブラト国立公園、ブキット・バリサン・セラタン国立公園の3つの国立公園にまたがる広大な自然遺産。総面積は2万5,000km²に達する。17種の固有種を含む1万種の植物、15種の固有種を含む200種の哺乳類、21種の固有種を含む580種の鳥類が生息しており、**スマトラオランウータン**などの絶滅危惧種も確認されている。2011年、密猟などのために危機遺産リストに記載された。

モンゴル国及びロシア連邦

MAP P007 C-①

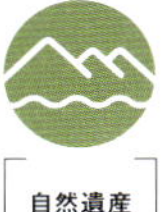

ダウリアの景観群

Landscapes of Dauria

自然遺産

登録年 2017年　登録基準 (ix)(x)

▶ ステップの生態系の代表例

モンゴル東部からシベリア、中国東北部にまで広がる、半乾燥気候の草原地帯であるステップの生態系の代表例を示す地域。乾季と雨季をはっきりと繰り返す周期的な気候が、種の多様性と重要な生態系を生み出している。この地の草原や森林、湖や湿地は、シロエリツルやノガン、**ゴビズキンカモメ**、サカツラガンのような絶滅の危機にある多くの渡り鳥など希少動物の生息地となっている。この地はまた蒙古ガゼルの国境を越えた移動経路でもある。

フィリピン共和国

MAP P007  D-④

トゥバッタハ岩礁自然公園

Tubbataha Reefs Natural Park

自然遺産

登録年 1993年／2009年範囲拡大　登録基準 (vii)(ix)(x)

スールー海にある大小2つの岩礁を中心に、東南アジア最大級のサンゴ礁が広がるフィリピン唯一の国立海洋公園。岩礁の外側は、「**ドロップオフ**」と呼ばれるサンゴ礁の断崖となっており、面積約1,330㎢*の公園内には、チョウチョウウオ、マンタなど約380種の魚介類に加え、サンゴ類、ウミガメ、海鳥などが生息。近年、ダイナマイト漁法による生態系への影響が著しいため、フィリピン政府は日本の協力を得て、保護管理計画を進めている。

タイ王国

MAP P007  B-④

トゥンヤイ-ファイ・カ・ケン野生生物保護区

Thungyai-Huai Kha Khaeng Wildlife Sanctuaries

自然遺産

登録年 1991年　登録基準 (vii)(ix)(x)

ミャンマーとの国境近くにある、インドシナ半島最大の森林地帯であるとともに、東南アジア最大級の動物保護区。登録範囲は、**トゥンヤイ保護区**とファイ・カ・ケン保護区の6,222㎢。川や湖があり、雨季には一部が湿地となるこの地には、東南アジアでも最も原始的で豊かな自然が残っている。インドゾウなど希少種を含む、東南アジアに生息する哺乳類の30%以上に相当する120種が見られる。保護区域への立ち入りは禁止されている。

約1,330㎢：世界遺産に登録されたのは、そのうちの968㎢。

中華人民共和国

MAP P007 C-③

梵浄山
Fanjingshan

自然遺産

登録年 2018年 登録基準 (x)

▶ 多様な生物が生息するカルスト地形

中国南西部に位置する梵浄山（ぼんじょうざん）は標高2,570mの変成岩の山で、多様な植物種と起伏に富んだ地形で知られる。6,500万年～200万年前の第三紀時代の間に誕生し、多くの植物と動物種の生息地となっている。**梵浄山モミ**や貴州キンシコウの他、チュウゴクオオサンショウウオ、ヤマジャコウジカ、オナガキジなどの絶滅危惧種が生息しており、生物多様性が見られる。また梵浄山には亜熱帯地域の中で最も広範で切れ目のない太古のブナ林が存在している。

中華人民共和国

MAP P007 B-②

青海フフシル（可可西里）
Qinghai Hoh Xil

自然遺産

登録年 2017年 登録基準 (vii)(x)

青海フフシルはチベット高原の北東端にある、世界で最も広大で高所にある高地。山々と草原からなるこの広大な地域は4,500m以上の高度に位置しており、年中平均気温は0℃以下である。この地理的、気候的状態は独特な生態系を築いている。3分の1以上の植物種と、すべての草食性哺乳類はこの高地の固有種である。この地は**チベットカモシカ（チルー）**が「渡り」を行うルートとなっている。

中華人民共和国

MAP P007 C-②

湖北の神農架
Hubei Shennongjia

自然遺産

登録年 2016年 登録基準 (ix)(x)

中国の中央東に位置する湖北省の神農架（しんのうか）は、西の神農頂（しんのうちょう）／巴東（はとう）と、東の老君山（ろうくんさん）の2つからなる約733㎢の自然遺産。中国中央部に現存する最大の原生林の保護区であり、**キンシコウ**の他、ウンピョウやヒョウ、ツキノワグマ、世界最大の両生類であるチュウゴクオオサンショウウオなど多くの動物が生息している。また、19～20世紀には植物採集の名所として国際的に知られ、植物学の歴史においても重要な役割を果たしている。

Africa

[アフリカの世界遺産]

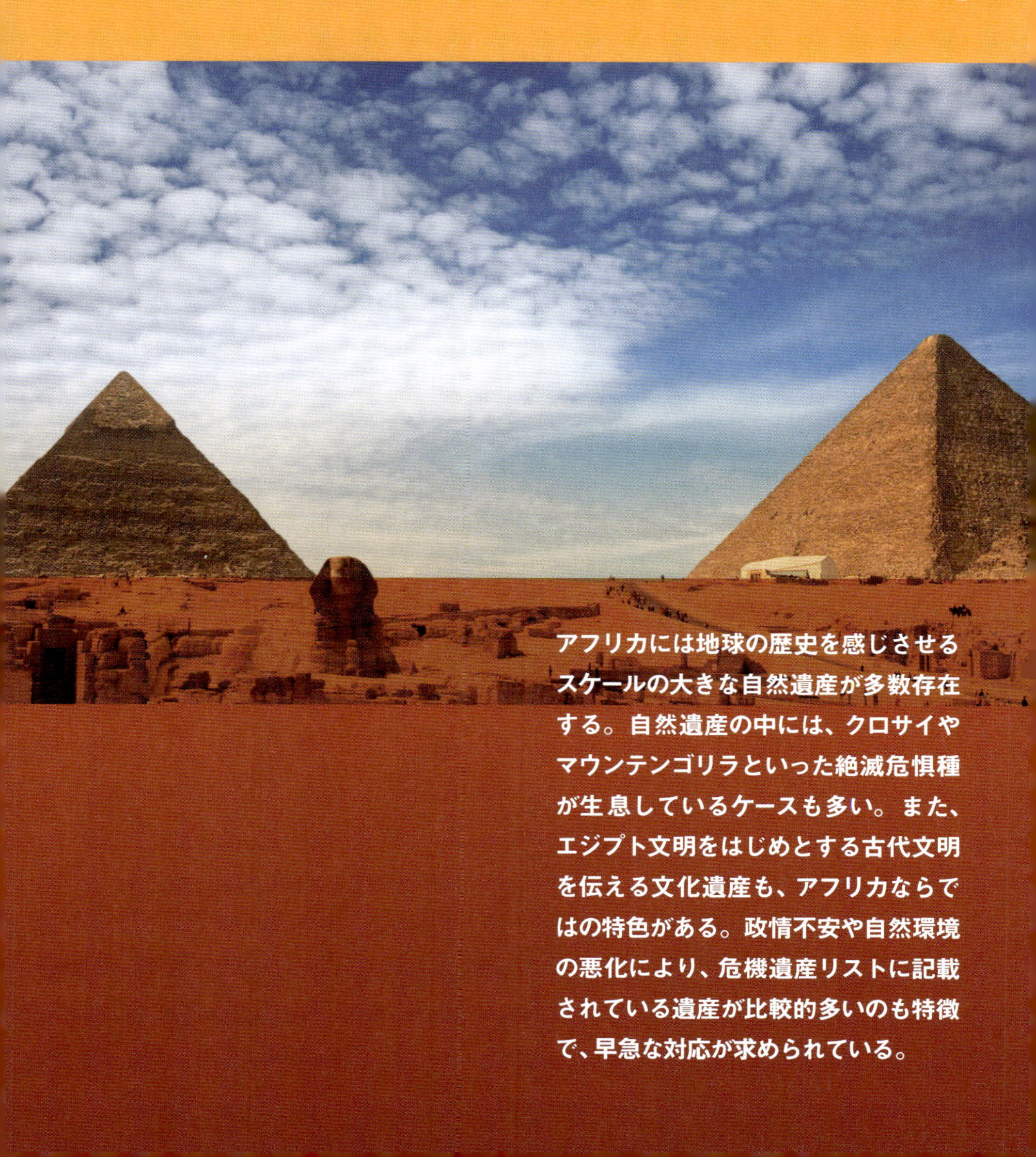

アフリカには地球の歴史を感じさせるスケールの大きな自然遺産が多数存在する。自然遺産の中には、クロサイやマウンテンゴリラといった絶滅危惧種が生息しているケースも多い。また、エジプト文明をはじめとする古代文明を伝える文化遺産も、アフリカならではの特色がある。政情不安や自然環境の悪化により、危機遺産リストに記載されている遺産が比較的多いのも特徴で、早急な対応が求められている。

エジプト文明の遺産

ギザの三大ピラミッド

エジプト・アラブ共和国

MAP P011 D-②

文化遺産

メンフィスのピラミッド地帯

Memphis and its Necropolis – the Pyramid Fields from Giza to Dahshur

登録年 1979年　登録基準 (i)(iii)(vi)

▶ 古代エジプト文明の象徴的存在

エジプトの首都カイロ近郊、ナイル川西岸にあるメンフィスのピラミッド地帯は、古代エジプト古王国時代(紀元前2650頃〜前2120頃)の王たちがつくった巨大な建造物のある地域である。王国の都だったメンフィス周辺の**ギザ**からダハシュールにかけて、約30のピラミッドやその他の建造物が点在しており、古代エジプトの歴史を物語る貴重な建造物群であるとして世界遺産に登録された。ピラミッドを初めて建造させたのは、古王国時代第3王朝のジェセル王である。古王国時代以前の王や貴族は、メンフィス近くに日干しレンガなどで**マスタバ**と呼ばれる角形の墳墓を造っていた。しかしジェセル王は、宰相イム

カフラー王のピラミッド前のスフィンクス

ホテプに命じ、それまでにない墓をつくらせることにした。イムホテプはまず「不滅の」建材である石を使って高さ10mのマスタバを造り、その四方を拡張し、上に石を積んで4層のピラミッドを建造。その後、4層のピラミッドをもとにして6層、高さ60mのピラミッドを造り上げた。このピラミッドの周辺には神殿などの建造物もあり、神殿からはミイラ作りの際に取り出した王の臓器を納める装飾壺なども発見されている。

これ以後、歴代の王たちは競うようにピラミッドを造営。第4王朝の**スネフェル王**は、屈折ピラミッドや赤のピラミッドなど、在位中に3つのピラミッドを建造したともいう。さらに、次の**クフ王**の時代には、現存する最大のピラミッドが築かれた。このピラミッドは、建造時には高さが150mもあったとされており、平均2.5tの石が約230万個も使われたという。近年、周辺から労働従事者のための宿舎跡が見つかったことから、建造は農閑期に人々を動員する一種の公共事業であったとする説もある。クフ王のピラミッド建造には3万人とも10万人ともいわれる人々が従事したとされるが、どのようにして大きな石を積み上げたのか、建造方法についてはいまだ謎に包まれている。

メンフィスのピラミッド地帯

また、ピラミッド建造には労働力のみならず、大きな財力も必要とした。クフ王の後もギザにはカフラー王、メンカウラー王の巨大ピラミッドが建造されたが、その次のシェプセスカフ王は、自らの墓所としては簡単なマスタバを建造。その後のファラオも小規模なピラミッドにとどめるようになり、ピラミッド時代は終わりを告げた。

屈折ピラミッド

MAP P011 D-②

古代都市テーベと墓地遺跡

Ancient Thebes with its Necropolis

文化遺産

登録年 1979年　登録基準 (i)(iii)(vi)

トルコ
地中海
イラク
リビア
エジプト
サウジアラビア
スーダン

▶ ツタンカーメン王の墓がある新王国時代の遺跡

エジプトの首都カイロの南約670km、ナイル川中流域にある『古代都市テーベと墓地遺跡』は、エジプト新王国時代の遺跡群である。

テーベが初めてエジプトの都となったのは、中王国時代(紀元前2020頃～前1793年頃)の第11王朝のときのこと。次の第12王朝の時代にはアメン神をまつるカルナク神殿の造営が始まるが、その後、アジア系の遊牧民ヒクソスが侵入してエジプト全土を支配した。しかし新王国時代最初の王朝、第18王朝の創始者であるテーベ出身のアフメス1世がヒクソスを完全に駆逐。これ以降、テーベの地方神にすぎなかったアメン神は、エジプト全土の主神として信仰されるようになる。

第18王朝3代目ファラオのトトメス1世による治世下の紀元前1520年頃、ナイル川西岸に王族の墓所「王家の谷」が造られはじめ、トトメス1世の王女で5代目ファラオの**ハトシェプスト女王**は壮大な葬祭殿を造営。6代目ファラオのトトメス3世の時代にはエジプトの版図はユーフラテス川にまで拡大し、貿易による莫大な富がもたらされた。そして、9代目ファラオのアメンヘテプ3世はカルナク神殿の副神殿となるルクソール神殿を建造。その後、一度エジプトの都はテーベからアマルナに移されるが、紀元前1350年頃、12代目ファラオのツタンカーメンによって再びテーベに遷都された。この第18王朝期を通じて、ファラオたちは周辺国を次々と制圧し、エジプトの領土を拡大し続けた。テーベの繁栄ぶりは、ホメロスが叙事詩『イリアス』のなかで「**100の塔門を持つ都**」と称えているほどである。しかし、新王国時代が終焉を迎えると、テーベも徐々に衰退。**アメン・ラー信仰***の中心地ではあり続けたが、紀元前7世紀、アッシリアの侵攻を受けてテーベは陥落し、街は焼き払われた。

現在のルクソール市とその近郊にあるテーベの遺跡群は、ナイル川東岸の神殿群と、西岸山地の**死者の都**(ネクロポリス)と呼ばれる墓地遺跡群に大

カルナク神殿

アメン・ラー信仰：アメン神は、太陽神ラーと結びついてアメン・ラーと呼ばれるようになった。

きく分けることができる。また、巨大な富をもった王は、墓所とは別に壮大な葬祭殿を築いたため、その遺跡も残っている。いずれもほとんどが破壊や盗掘に遭ってはいるものの、およそ1,000年にわたって古代エジプト王国の首都として栄えたテーベの遺跡群は、新王国時代絶頂期の繁栄の様子と、人々の生活、建築技術の高さを今に伝える。

カルナク神殿内に残る壁画

テーベの主な遺跡

ナイル東岸の神殿群	**カルナク神殿**	ルクソールの外れにある、テーベの神殿群の中心。古代エジプトの神殿では最大規模を誇る。アメン・ラー神、コンス神、ムト神、メンチュ神などを祀ったいくつかの神殿からなるが、最大のアメン・ラー大神殿を指してカルナク神殿とすることも多い。およそ5,000㎡の大列柱広間は、第19王朝期、ラメセス2世のときに完成した。
	ルクソール神殿	アメンヘテプ3世とラメセス2世によって建てられたカルナク神殿の副神殿。かつてカルナク神殿とは参道で結ばれており、その両側に置かれた人頭の怪物スフィンクスが一部残されている。神殿は、ラメセス2世が建てた高さ約25mのオベリスク、ラメセス2世の中庭、大列柱廊、アメンヘテプ3世の中庭などの建造物からなる。
ナイル西岸の墓地遺跡群	**王家の谷**	ナイル川西側の岩山にある王家の墓所。第18王朝トトメス1世の代から第20王朝ラメセス11世までが眠る。新王国時代の王は、ピラミッドではなく岩窟墓所を築いた。ここからは60に上る墓が発見されているが、とくに有名なのは1922年にイギリス人のハワード・カーターによって発見されたツタンカーメンの墓である。
	王妃の谷	王家の谷の南西にある墓地遺跡群。第17王朝から第20王朝までの王子や王女、ラメセス2世の王妃であるネフェルタリも眠る。
ナイル西岸の葬祭殿群	**ラメセス2世葬祭殿**	王家の谷からナイル川に寄った場所にある、ラメセス2世の葬祭殿。花こう岩で造られた8mもある巨大な彫像などが置かれている。
	ハトシェプスト女王葬祭殿	王家の谷の東にある、ハトシェプスト女王が築いた葬祭殿。近代建築物に通じる意匠を持つ葬祭殿には、美しい彩色レリーフがある。

ヌビアの遺跡群：アブ・シンベルからフィラエまで

Nubian Monuments from Abu Simbel to Philae

文化遺産

登録年 1979年　登録基準 (i)(iii)(vi)

▶ 危機を免れたプトレマイオス朝の遺跡群

エジプト、ナイル川上流のヌビア地方の遺跡群は、古代エジプト新王国時代（紀元前1570頃〜前1069年頃）、及び古代エジプト末期のプトレマイオス朝時代（紀元前304〜前30年）に建てられた建造物群である。

ヌビア地方は金などの鉱物の産地であり、またアフリカ奥地との交易の中継基地であった。そのため、エジプトの王たちはたびたびヌビア地方に出兵し、紀元前1550年頃、最終的にエジプトの支配下に置いている。そして紀元前1260年頃、新王国時代第19王朝のファラオで、「建築王」と呼ばれた**ラメセス２世***は、ヌビア地方の都市アスワンの南約280kmの河岸に巨大な神殿を建造。建設地は平地を確保するのが不可能な場所だったため、このアブ・シンベル神殿は、ナイル川にせり出した高い岩山を掘削して造られた洞窟神殿となった。

正面入口には、高さ22mもあるラメセス２世の座像が４体切り出され、それぞれの足下には、彼の母や王妃、娘、息子などの小さな立像が彫られている。また、奥に続く大列柱室にもラメセス２世の像が彫られ、神殿内部の壁には**カデシュの戦い***でのラメセス２世が描かれている。さらに、奥行き63mの神殿最奥部にも、**太陽神ラー・ホルアクティ**、国家神アメン・ラー、メンフィスの守護神プタハの３神の像に交じって、神格化されたラメセス２世の像がある。これらの像は、ラメセス２世の生まれた日と即位した日の年２回、日の出の太陽光線によって照らし出されるように設計された。ラメセス２世は非常に自己顕示欲の強い王だったといわれており、王国の記念建造物に書かれた歴代王の名前を自分の名前に書き換えさせてもいるという。また、ラメセス２世は、アブ・シンベル神殿から北に120m離れた場所に、王妃ネフェルタリのために神殿を築いた。この神殿の入口にも、ネフェルタリを挟んで４体のラメセ

アブ・シンベル神殿。入口に高さ約22mの４体のラメセス２世の像がある

ラメセス２世：在位前1279頃〜前1213頃。英明な君主として知られるエジプト第19王朝期の王。
カデシュの戦い：紀元前1274年、シリアのカデシュで繰り広げられた戦い。ラメセス２世のエジプトと、ヒッタイトが戦った。

ス2世像が左右2対彫り出されている。

この2つの神殿は、1960年に始まったエジプト政府のアスワン・ハイ・ダム建設によって一時水没の危機にあった。ナイル川にはすでにイギリス占領下で造られたアスワン・ダムがあったが、ナイル川氾濫を防止するとともに、安定した電力を供給するため、上流にさらに巨大なダムの建設が国家事業として進められた。ダム建設を知ったユネスコは、着工の前年からアブ・シンベル神殿についての調査を開始。1960年3月からは、各国に向けて、ヌビアの遺跡群の救済を呼びかけるキャンペーンを始めた。この呼びかけに大いに注目を浴び、その結果、世界50ヵ国が協力し、1964年から救済事業がスタート。アブ・シンベル神殿を小さなブロックに切断、解体し、西へ210m、元あった場所から64m高い場所に移築することになった。当時の最新技術を駆使したこの工事は、1968年9月に完了した。

アブ・シンベル神殿の移築工事の様子

一方、アスワンの南、ナイル川に浮かぶ小島であるフィラエ島には、紀元前4〜前3世紀に建てられた古代エジプトの**女神イシス**をまつるイシス神殿などの遺跡があった。フィラエのイシス神殿は、主神殿、ハトホル神殿、塔門などで構成されており、壁面にはイシスやハトホルなど女神の彫刻が施されている。この神殿は、五賢帝時代のローマ皇帝たちに気に入られ、テオドシウス1世がキリスト教をローマ帝国の国教とする政策を完了したことも記されている。また、新王国時代の紀元前1450年頃、アメンヘテプ2世が建てたカラブシャ神殿も、古代ローマ時代の紀元後30年頃に再建されており、4世紀頃にはキリスト教の一派、コプト教*の聖堂として使用された。

これらフィラエ島の遺跡も、アスワン・ハイ・ダム建設によって水没の危機に瀕していたが、1972年にアブ・シンベル神殿と同じく、かつてのフィラエ島と地勢がよく似たアギルキア島に移築された。現在は、このアギルキア島がフィラエ島と呼ばれている。

ハトホル神と王妃ネフェルタリに捧げられた神殿

コプト教：451年のカルケドン公会議の後に生まれたキリスト教の一派。エジプトで発展し、エチオピアなどに広がった。

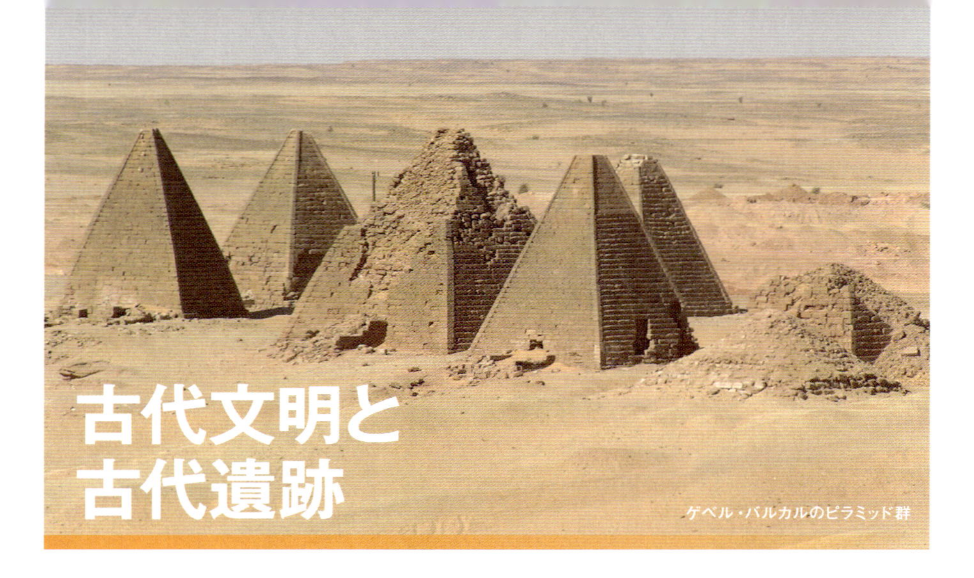

古代文明と古代遺跡

ゲベル・バルカルのピラミッド群

スーダン共和国

MAP P011 D－2

文化遺産

ゲベル・バルカルとナパタ地域の遺跡群

Gebel Barkal and the Sites of the Napatan Region

登録年 2003年　登録基準 (i)(ii)(iii)(iv)(vi)

▶ もう1つのエジプト文明

スーダンの首都ハルトゥームから北約400kmに位置する『ゲベル・バルカルとナパタ地域の遺跡群』は、**クシュ王国**時代に築かれた古代都市の遺跡である。クシュ王国は、クシュ人がナパタに興したアフリカ最古の黒人による国家。ナパタ文化(紀元前900～前270年)とメロエ文化(前270～後350年)に分けられる。

古代、エジプト南部からスーダン北部にかけては、大国エジプトの影響を受けていた。紀元前1450年頃には、古代エジプト第18王朝6代目ファラオの**トトメス3世**が、高さ約100mの砂山ジャバルに植民都市ナパタを建造し、古代エジプト王国の南限としている。紀元前10世紀頃になると、この地の出身者からなるクシュ王国が誕生。紀元前730年頃には、**ピアンキ王**が逆にエジプト全域を統治し、ナパタは古代エジプト第25王朝の拠点となった。それから約70年間にわたり、6代の王によってナパタを首都としたクシュ王国の支配が続いた。クシュ王国がエジプトから退いた後、4世紀にエチオピアのアクスム王国に支配された。

これらの遺跡は、現在も同地の人々にとって聖地となっているが、遺跡群の多くは砂岩でもろいつくりの上に、砂嵐やナイル川の氾濫による浸食や風化、来訪者や車の往来などによる遺産の劣化が進んでおり、適切な保護が求められている。

MAP P011 D-②

文化遺産

メロエ島の考古遺跡

Archaeological Sites of the Island of Meroe

登録年 2011年　登録基準 (ii)(iii)(iv)(v)

▶ アフリカ東部で隆盛を誇ったクシュ王国の王都

『メロエ島の考古遺跡』はナイル川とアトバラ川の間の半砂漠地帯に位置しており、紀元前3世紀から後4世紀にかけて、**クシュ王国**の中心地だった。クシュ王国はナパタ文化とメロエ文化に分けられるが、ナパタ文化は『ゲベル・バルカルとナパタ地域の遺跡群』として、メロエ文化は本遺産として、それぞれ世界遺産に登録されている。

メロエは、クシュ王国が版図をアフリカ中部から地中海にまで広げた最盛期に王都になった。ピラミッド、寺院、住居建築などの跡があり、主要な施設の灌漑システムも特徴である。ナイル川にほど近い場所にあるメロエのクシュ王たちの王都と、その近くのナカとムサウワラート・エス・スフラの宗教遺跡からなる。

メロエ島は鉄鉱石が豊富に取れたため、製鉄技術が発展し、**アフリカの黒人史上最初の鉄器製造の中心地**となった。製鉄の燃料として必要な樹木が豊富であった点も関係している。そうした鉄器を交易品として、インドや中国などとも交流があり豊かな地域であったことがわかっている。また、エジプトの影響が大きく、ヒエログリフをもとにしたとされる**メロエ文字**などもピラミッドには残されている。

メロエは宗教の中心として、クシュ王国がエジプトから退いた後も栄えたが、4世紀にエチオピアのアクスム王国によって滅ぼされた。

メロエのクシュ王のピラミッド

エチオピア連邦民主共和国　MAP P011 D-③

アクスムの考古遺跡

Aksum

文化遺産

登録年 1980年　登録基準 (i)(iv)

▶ 巨大な石柱が並ぶエチオピアの聖都

1世紀前後に建国された**アクスム王国**の首都で、モーセの十戒を刻んだ石板を納めた「**契約の箱(アーク)**」があると信じられているエチオピア最古の都。アクスム王国がビザンツ帝国やペルシア帝国と対峙しながら、古代エチオピアの中心地として発展したことを示す。

アクスム王国は4世紀半ばに象牙貿易で栄えたが、7世紀以降イスラム勢力の拡大によって衰退した。遺跡には、巨大な花こう岩で造られた石柱が130もあり、その表面には繊細なレリーフが施されている。最も大きなもので高さ約33mあるが、多くが倒壊している。

アクスムの石柱

ブルキナファソ　MAP P011 B-③

ブルキナファソの古代製鉄遺跡群

Ancient Ferrous Metallurgy Sites of Burkina Faso

文化遺産

登録年 2019年　登録基準 (iii)(iv)(vi)

▶ アフリカ大陸における製鉄業の発展を示す

ブルキナファソの異なる州に位置する5つの構成資産からなり、約15の直立式の自然通風溶鉱炉と他の構造の溶解炉跡、鉱山と住居跡が含まれる。構成資産の内で最も古い**ドゥルラの遺跡**は紀元前8世紀まで歴史を遡ることができ、**アフリカにおける製鉄業の発展の初期段階**を示している。また紀元前500年頃にはすでに広い地域に製鉄技術が普及していたことを示している。他の構成資産は11～20世紀の間の鉄生産の増加を伝えている。現在でも村の鍛冶屋は様々な儀式に参加しながら、鉄の道具の供給などを行っている。

ティウェガの溶鉱炉　©DSCPM/MCAT

エチオピア連邦民主共和国

MAP P011 D-3

ティヤの石碑群

Tiya

文化遺産

登録年 1980年　登録基準 (i)(iv)

▶ 謎多き石碑遺跡群

エチオピア南西部のティヤにある石碑群は、アフリカ先史時代から残る**36基の石碑**。ティヤ周辺では、160以上の石碑が発見されており、20世紀初頭の発見以来、石碑については謎が多い。この石碑を制作した民族は**金属製の道具を使って石を削り**、家畜を飼い、陶器をつくって生活をしていたとされる。1基を除くすべての石碑は半球か円錐形で、表面には幾何学文様や戦闘用の剣などの浮き彫りが施されている。石碑の中には5mを超える大きなものや、人形を思わせるものもある。

剣や幾何学文様の残る石碑

ガンビア共和国及びセネガル共和国

MAP P011 A-3

セネガンビアのストーン・サークル遺跡群

Stone Circles of Senegambia

文化遺産

登録年 2006年　登録基準 (i)(iii)

▶ 極めて緻密に加工された石柱の遺跡群

アフリカ西部のガンビア川沿いに1,000以上点在する、ストーン・サークルを中心とする遺跡群は、1,500年以上にわたってこの地域で継承された建設慣行や埋葬習慣を表したものである。

遺跡群は、長さ約350km、幅約100kmの範囲で確認できる。1つのストーン・サークルは8～16本の石柱からなり、鉄器によってまったく同一形状の円柱、あるいは多角形の柱に加工されている。シネ・ンガエネ、ワナール、ワッス、ケルバチの4つの環状列石群には、全部で93を数えるストーン・サークルがあり、紀元前3世紀～紀元後16世紀に造られたと考えられている。また、**ストーン・サークルには墳墓が付随している**が、その多くは集団墓である。遺跡群は、その規模や精密さにおいて類例がなく、過去ここに存在した人々が**高度な石工技術を持っていた**ことを示している。

アントニヌスの浴場跡

チュニジア共和国

MAP P011 C-①

カルタゴの考古遺跡

Archaeological Site of Carthage

文化遺産

登録年 1979年　登録基準 (ii)(iii)(vi)

▶ 地中海を制した貿易国家の遺跡

北アフリカの地中海沿岸、チュニジア共和国の首都チュニス近郊にあるカルタゴの考古遺跡は、紀元前6世紀から後2世紀頃にかけて繁栄した古代都市国家の遺跡である。

カルタゴは、紀元前9世紀頃、**フェニキア人**が築いた街で、紀元前6世紀頃には地中海西部一帯の通商権を握り、「世界の覇者」とまで呼ばれる都市となった。イベリア半島の金やスズといった資源を握り、交易によって巨万の富を築いた。

当時のカルタゴの人々は高度な文化を持っていたと考えられており、**ビュルサの丘**やマゴン街で見られる住居跡から、貯水槽、水利施設などが整っていたことが分かっている。ビュルサの丘は、カルタゴ発祥の地とされる場所で、当時としては高層建築といえる2～6階建ての住居跡が発見されている。1974年に発掘されたマゴン街は、カルタゴ最初期の住宅街の様子を今に伝える。街は高さ15mもの防御壁で囲まれており、防御壁には多くの馬や象を収容する厩舎も備えられていた。

建造物の壁や床にはモザイク画、化粧漆喰による装飾が施されていた。海岸には、商船用の方形の港と、200余りもの軍船が収容できる円形軍港もあった。軍港には船を修理するドックの跡も見つかっている。

ビュルサの丘の住居跡

また「トペテの聖なる広場」からは、大量の墓石や炭化した骨壺が出土している。多神教だった古代カルタゴでは、フェニキア人の神であるバール・ハンモンや、カルタゴの守護神タニットへのいけにえとして、幼児を火に投げ入れる宗教儀式が存在していたともいわれている。

繁栄を極めたカルタゴは、その後、貿易の覇権をめぐってローマと争う。紀元前264年から前241年、紀元前218年から前201年、紀元前149年から前146年の3度にわたる**ポエニ戦争**では、英雄**ハンニバル**の奮闘もあったが、いずれも敗戦。1度目と2度目の敗戦では、都市が破壊されたものの、驚異的な復興を成し遂げた。この力を脅威に感じたローマは、カルタゴが隣国ヌミディア*との戦いに敗れた隙に、3度目の戦争を仕掛ける。この第三次ポエニ戦争でローマが勝利すると、カルタゴの街を完全に破壊。廃墟となった土地を鋤(すき)でならして塩をまくという徹底ぶりで、カルタゴを完全に滅亡させた。

しかし紀元前46年、ローマのカエサルはカルタゴを植民都市として再建することを計画。これはアウグストゥスの治世下で実現し、カルタゴはローマ人の手でよみがえった。街にはローマと同じく、碁盤目状に道が敷かれ、円形劇場や5万人を収容できる闘技場などの施設、水道も完備されていた。2世紀頃につくられ、ローマでも3番目の規模を誇ったアントニヌスの浴場は3.5㎢という巨大なもので、温浴室、冷浴室、サウナなど100以上の部屋があった。建物の床や壁を飾るローマ期のモザイクは、その美しさで世界的に有名。

カルタゴに残るモザイク画

7世紀終わりにウマイヤ朝によって占領され、街が破壊された後長年放置されてきた。20世紀初頭に古代カルタゴ時代の住居跡が発掘されたことをきっかけに、1970年代になると遺跡の組織的な発掘と保存が行われるようになった。

ヌミディア：アフリカ北部にあったベルベル系部族の連合王国。ヌミディアとはローマ側からの呼び方で、ギリシャ語で「遊牧民（ノマデス）」に由来する。上巻p.350『ドゥッガの考古遺跡』を参照。

チュニジア共和国

MAP P011 C-1

文化遺産

古代カルタゴ都市ケルクアンとそのネクロポリス

Punic Town of Kerkuane and its Necropolis

登録年 1985年／1986年範囲拡大　登録基準 (iii)

▶ 古代カルタゴの様子を今に伝える都市遺跡

チュニジアの北東部に位置するフェニキア人が紀元前6世紀頃に築いたとされる、**古代都市と共同墓地の遺跡**。ケルクアンは、紀元前3世紀の**第一次ポエニ戦争**で壊滅した後、再建されることがなかったため、古代カルタゴの街の様子をそのままに伝える重要な遺構となっている。主に住宅からなり、工房や店らしき痕跡もあるため、職人の街だったと考えられている。また、各家庭ごとに浴室があることから、排水設備が整っていたことがうかがえる。ケルクアンの北西1.5kmの岩山で発見された共同墓地には200基以上の墓が残る。

ケルクアン

危機遺産　リビア

MAP P011 C-1

文化遺産

サブラータの考古遺跡

Archaeological Site of Sabratha

登録年 1982年／2016年危機遺産登録　登録基準 (iii)

▶ 地中海交易で栄えた古代都市遺跡

サブラータは、紀元前9世紀頃**フェニキア人**によって建造された。レプティス・マグナやオエアと並んで、フェニキア三大都市*と称されている。

紀元前46年からローマの属州となり、2世紀の**トラヤヌス帝**統治の時代に植民市となった。遺構の数多くを占めるローマ式建築物はこの時代に建造された。北アフリカ最大規模の円形劇場は有名で、劇場のいたる所にレリーフがあり、ローマ芸術を今に伝える。2〜3世紀の間、繁栄を極めたが、4世紀に発生した度重なる地震により街は半壊。7世紀にはアラブ軍の侵入によって廃墟となった。

サブラータの遺跡

フェニキア三大都市：ギリシャ語で「3つの都市」を意味する「トリポリス」と呼ばれた。

MAP P011 C-①

レプティス・マグナの考古遺跡

Archaeological Site of Leptis Magna

文化遺産

登録年 1982年／2016年危機遺産登録　登録基準 (i)(ii)(iii)

ローマをしのぐ規模のローマ遺跡

レプティス・マグナは、紀元前10世紀に**フェニキア人**によって築かれ、前46年、ローマの属州となった商業・港湾都市の遺跡である。2世紀初頭、正式なローマ植民市に昇格したレプティスの街は、北アフリカの商業中継地として発展していった。後146年にこの地で生まれた**セプティミウス・セウェルス**が後193年にローマ皇帝に就くと黄金期を迎える。総面積4㎢のレプティスには、東西と南北に2本の大通りが走っており、その幹線道路を中心に様々な建物が造られていった。

代表的な建造物であるセウェルス帝の凱旋門は、198年、セウェルス帝が**パルティア王国**に勝利した際のモニュメントとして、街の西にある大交差点に建造された。4つのアーチを組み合わせた四面門で、どの方角からも通り抜けられる。門の表面には皇帝をたたえるレリーフが施されており、北アフリカとオリエントの美術様式が混在している様子が見て取れる。柱にはコリント式*の装飾が施されている。

1万6,000人が収容可能な野外劇場など、多くの建物が築かれたレプティスは、ローマに匹敵するといわれたほど壮大で整備されていた都市であり、7世紀初頭までローマ帝国や東ローマ帝国の重要な拠点として繁栄。本来のレプティスという都市名にマグナ、つまり「偉大な」を冠するまでに至る。しかしその後、イスラム勢力の侵略によって衰退。歴史の舞台から消え、砂漠のなかに眠ることとなった。

1921年、イタリア人考古学者P・ロマネッリにより発掘されたレプティス・マグナは、砂に埋もれていたため風化しておらず、状態も良好であった。オブジェや建物のレリーフは鮮明に残されており、ローマ時代の装飾技術を知る上で大きな役割を果たしている。発掘後には修復作業も行われたが、沿岸地帯に存在するため海水の浸食を受けている。1987年、1988年と2度にわたる洪水にも見舞われており、保護、復旧が進められている。

レプティス・マグナの遺跡

コリント式：溝のある細い柱の柱頭にアカンサス（植物）の装飾を施した、ギリシャを起源とする柱。古代ローマで多く用いられた。

アルジェリア民主人民共和国

MAP P011 B-①

ティムガッドの考古遺跡

Timgad

文化遺産

登録年 1982年　登録基準 (ii)(iii)(iv)

モロッコ
地中海
アルジェリア
リビア
マリ

▶ トラヤヌス帝治世下に建設された植民都市遺跡

アルジェリアの北東部、オーレス山地にまで続いていく高原に位置するティムガッドの考古遺跡は、ローマ帝国の最盛期に在位した五賢帝*のひとり**トラヤヌス帝**が1世紀頃に築いたとされる都市の遺跡。

旧名をタムガディというこの街は、退役軍人のために築かれた街で、オーレス山地に住む**ベルベル人***を牽制する砦としての役割を担った。ローマ時代における典型的な計画都市として誕生したローマの植民都市である。

トラヤヌスの凱旋門

アルジェリア民主人民共和国

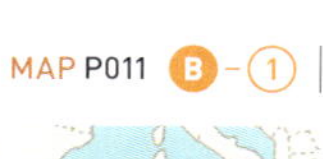

MAP P011 B-①

ティパサの考古遺跡

Tipasa

文化遺産

登録年 1982年　登録基準 (iii)(iv)

モロッコ
地中海
アルジェリア
リビア
マリ

▶ 北アフリカで最も重要なキリスト教徒居住区

アルジェリア北部の地中海に面し、紀元前7世紀頃**フェニキア人**によって築かれた古代都市。紀元前1世紀頃にはローマの植民都市として栄えた。

また4世紀には重要なキリスト教徒居住区とされており、その頃建造された**バシリカ大聖堂は、北アフリカで最大規模**だったという。7世紀に入り、アラブ人が侵攻した頃には無人の街となっていた。遺跡の管理体制が整わず、2002年から2006年まで危機遺産リストに記載されていた。

ティパサの考古遺跡

五賢帝：ネルヴァ帝、トラヤヌス帝、ハドリアヌス帝、アントニヌス・ピウス帝、マルクス・アウレリウス帝の5人の皇帝。
ベルベル人：北アフリカの広い地域に古くから住む人々の総称。

MAP P011 C-①

キレーネの考古遺跡

Archaeological Site of Cyrene

文化遺産

登録年 1982年／2016年危機遺産登録 登録基準 (ii)(iii)(vi)

▶ 神託によって生まれた古代都市遺跡

リビアの北東部にあるキレーネの考古遺跡は、エーゲ海に浮かぶ火山島のテラ島(サントリーニ島)に住んでいた人々が、紀元前630年頃に築いたギリシャ式の街の遺跡である。伝説によると、テラ島の人々は人口増加や干ばつによる飢饉(ききん)で苦しんでいたが、**太陽神アポロン**から神託を受けると、新天地を求めて船出。リビアの海岸にたどりつき、街を建設したという。その街は、アポロンが愛した泉の精霊にちなんでキレーネと名づけられた。

この地では安定した降雨が望めたため、キレーネは豊かな水と緑に恵まれた穀倉地帯として発展。紀元前600年頃には人口が20万人まで膨れ上がったとされている。また、キレーネ付近の沿岸部に湾岸都市アポロニア(スーサ)が築かれると、紀元前5〜前4世紀頃には地中海貿易の拠点となり、繁栄を極めた。さらに、アテネ、シラクサに次ぐ規模の**アクロポリス**が建設され、アポロンに捧げた神殿をはじめとするギリシャ様式の神殿や劇場が造られていった。

紀元前4世紀、キレーネはアレクサンドロス大王に征服され、その後エジプトのプトレマイオス朝を経て、ローマの支配下に置かれた。後2世紀に反乱が起き街は破壊されるが、ローマのハドリアヌス帝によって再建。しかし、4世紀には地震と津波に遭い、7世紀後半にイスラム勢力の侵攻を受けると、キレーネは壊滅した。

約1,000年後の1705年、フランス人旅行者クロード・ルメールがキレーネを発見。その後、各国によって発掘調査が行われた。出土品の多くがヘレニズム時代のもので、美術史をたどる上で重要である。代表的な遺跡は**ドーリア式*列柱**が使われたゼウス神殿で、北アフリカ最大の神殿といわれている。

ゼウスを祀った北アフリカ最大のゼウス神殿

ドーリア式：柱身が太く、柱頭に装飾がない様式。

チュニジア共和国

MAP P011 C-①

ドゥッガの考古遺跡

Dougga / Thugga

文化遺産

登録年 1997年　登録基準 (ii)(iii)

チュニジア
地中海
アルジェリア
リビア

▶ アフリカ最大規模のローマ都市遺跡

チュニジア北部にあるドゥッガの考古遺跡は、紀元前46年に築かれたローマ帝国の植民都市の遺跡である。この地はもともとカルタゴと敵対していた**ヌミディア王国**の都市であった。その形跡は、ハンニバルに対抗した軍長官**アテバンの霊廟**などにわずかながら残されている。他はローマの支配下に置かれた時代に築かれた建物である。フォルム（公共広場）を中心に、古代ローマの神々を祀る神殿があり、ユピテル神とユノ女神、そしてミネルヴァ女神を祀るキャピトル神殿が核となる。神殿を囲うように凱旋門や劇場などの遺構が残されており、紀元後3世紀頃の隆盛を誇った時代を今に伝える。

劇場跡

アルジェリア民主人民共和国

MAP P011 B-①

ジェミーラの考古遺跡

Djémila

文化遺産

登録年 1982年　登録基準 (iii)(iv)

モロッコ
地中海
アルジェリア
リビア
マリ

▶ ローマのフォルムや神殿を保つ遺跡

アルジェリア北東部のジェミーラの考古遺跡は、ローマ軍が城砦として築いた場所から発展した植民都市である。山岳地帯にあるため、典型的なローマ都市と違い、東西に走るデクマヌスと呼ばれる大通りが存在せず、南北に走るカルドのみがある。この街は6世紀頃に放棄されたが、7世紀にアラブ人が発見。しかし結局は見捨てられることとなったため、**カラカラ帝の凱旋門**や**カピトリウム神殿**など、大部分の遺跡の保存状態は良好である。また、ローマ貴族の邸宅を飾るモザイクは、当時の洗練された北アフリカ美術を伝えている。

「美しい」を意味するジェミーラ

チュニジア共和国

MAP P011 C-①

エル・ジェムの円形闘技場

Amphitheatre of El Jem

文化遺産

登録年 1979年／2010年範囲変更　登録基準 (iv)(vi)

▶ アフリカ大陸最大の円形闘技場

チュニジア中北部、スースから南に約60km向かったところにある『エル・ジェムの円形闘技場』は、200年頃建設が始まった古代ローマの遺構である。ローマにある古代ローマ最大の円形闘技場コロッセウム、イタリア南西部のカプアの円形闘技場に次いで、3番目の規模を誇る。チュニジア国内にはローマ帝国によって建てられた闘技場が多く残るが、エル・ジェムの円形闘技場は際立った存在である。

エル・ジェムは「**ローマの穀倉地帯**」と呼ばれ、北アフリカでも最も豊かだった地方の1つで、ローマ時代にオリーヴ油や穀物の輸出で栄えた。円形闘技場は、そうした交易で得た富で建設されたもの。切り石を積み上げてつくられた闘技場は、長径148m、短径122m、高さ40m、アリーナ(中央の舞台)の直径40m、収容人員はおよそ3万5,000人。この円形闘技場では、戦車競走や剣士同士の戦い、奴隷と猛獣の戦い、罪人と猛獣の戦いなどが催され、観衆を熱狂させた。アリーナへの出入口や通路は地下につくられ、猛獣はアリーナの下から登場する仕掛けになっていた。

ローマ帝国が衰退した後は、**ベルベル人の要塞**として利用され、17世紀にオスマン帝国軍によって西側部分が破壊されたが、**ローマのコロッセウム以外では唯一3層部分を残し**ており、他の都市の闘技場と比べても保存状態は良好といえる。

ローマはエル・ジェムに多くの建物を建造しており、周辺には小規模な劇場や小闘技場などの遺構が残されている。浴場や邸宅を飾っているモザイク画には、円形闘技場での催し物の様子などが描かれている。

エル・ジェムの円形闘技場

ヴォルビリスの考古遺跡

モロッコ王国

MAP P011 B-①

ヴォルビリスの考古遺跡

Archaeological Site of Volubilis

文化遺産

登録年 1997年／2008年範囲変更　登録基準 (ii)(iii)(iv)(vi)

▶ モロッコ最大のローマ都市遺跡

モロッコ北部にある、古代ローマ時代の紀元40年頃に発展した都市の遺跡で、総面積40万㎡にも及ぶモロッコ最大のローマ遺跡。もともとワリーリ（月桂樹）と呼ばれていたこの地には、先史時代から集落が存在していたが、ローマが侵入してくると、作物が豊かに育つこともあって、小麦やオリーヴなどが大量に生産される農業都市へと変わった。

3世紀頃まで繁栄は続き、2万人ほどがこの地に住んでいたとされる。またこの頃、ヴォルビリスで最も有名な**カラカラ帝の凱旋門**が建設された。ローマの高官がカラカラ帝をたたえて造営したこの門は街のシンボル的な存在であった。他にも、全長約2,300mの城壁や8つの城門、40を超える塔、公共浴場など壮麗壮大なローマ建築が次々に建造されていった。しかし、3世紀末にローマ帝国がこの街から撤退すると、ベルベル人の侵入を許し衰退した。この頃、ベルベル語で「**夾竹桃**（きょうちくとう）」を意味するヴォルビリスと名づけられたとされる。

8世紀末にイスラム勢力のイドリース朝が再び首都とするが、フェズが近郊に建設されると衰退した。18世紀の**リスボン大地震**でも壊滅的な被害を受け、廃墟となっていたが、1887年より発掘と修復が行われた。

危機遺産 マリ共和国

MAP P011 B-②

伝説の都市トンブクトゥ

Timbuktu

文化遺産

登録年 1988年／2012年危機遺産登録　登録基準 (ii)(iv)(v)

▶ サハラ砂漠で栄えた黄金の都市

マリ中部、サハラ砂漠南端に位置するトンブクトゥは、12～16世紀に金や岩塩の交易の中継地として繁栄した、日干しレンガの建造物が立ち並ぶ街。11世紀後半、トゥアレグ族が宿営地として築いた街が、マリ帝国*の支配下の13世紀にサハラ砂漠の岩塩とニジェール川でとれる金の交易の中継地として繁栄し、「黄金の都」と呼ばれた。15世紀半ばからは、ソンガイ帝国*アスキア朝のもとでイスラム文化が浸透。**ジンガリベリ・モスク**や**サンコーレ・モスク**などのモスクや、100を超えるマドラサが建てられ、宗教と学問の中心地として発展した。

サンコーレ・モスク

危機遺産 マリ共和国

MAP P011 B-③

ジェンネの旧市街

Old Towns of Djenné

文化遺産

登録年 1988年／2016年危機遺産登録　登録基準 (iii)(iv)

▶ 交易で栄えた天国の街

マリ南部のニジェール川の支流沿いに位置するジェンネの旧市街は、13世紀末頃から発展した交易中継の街。紀元前3世紀頃に**ホゾ族**が築いた集落が起源とされ、「ジェンネ」とはホゾ族の言葉で「水の精霊」を意味する。8世紀頃には一帯の重要な交易都市に成長し、ニジェール川下流のトンブクトゥが金の輸出で活気づくと、**トンブクトゥと内陸部を結ぶ街**として繁栄。最盛期を迎えた14～16世紀にはトンブクトゥと共に栄えたが、16世紀末にモロッコに征服された。その後、サハラ交易は次第に衰退していったが、ジェンネは現在も地方の商業都市として賑わっている。

大モスク前の市場

マリ帝国：14～15世紀にサハラ交易で栄えたイスラム国家。　**ソンガイ帝国**：1464～1590。ニジェール川の湾曲部一帯を支配したイスラム国家。

エチオピア連邦民主共和国

MAP P011 D-③

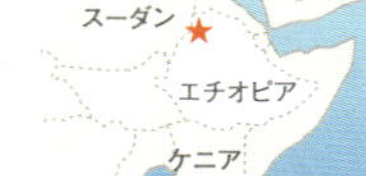

ファジル・ゲビ、ゴンダールの遺跡群

Fasil Ghebbi, Gondar Region

文化遺産

登録年 1979年　登録基準 (ii)(iii)

▶ エチオピア帝国の栄華を今に伝える王都

エチオピア北西部、標高2,000mの高地にある、17世紀初頭に**エチオピア帝国***の皇帝**ファシラダス**が都として以降、200年に及ぶ繁栄を誇ったゴンダール様式*都市の遺構。標高が高く、イスラム勢力などの敵の侵入から守られたこともあって、ゴンダールは短期間で多くの宮殿や聖堂、浴場などを備えた都に発展。ファシラダス帝の次の皇帝ヨハンネス1世は図書館を、1721年に帝位に就いたバカッファ帝は謁見の間、バカッファ帝の妻で帝位を継いだメントゥワブ帝は宮殿、聖堂、修道院からなる複合的な王宮というように、歴代のエチオピア皇帝が増築を加えた。

ゴンダールの遺跡群

ジンバブエ共和国

MAP P011 D-⑤

カミ遺跡

Khami Ruins National Monument

文化遺産

登録年 1986年　登録基準 (iii)(iv)

アンゴラ
ジンバブエ
ナミビア
ボツワナ
南アフリカ

▶ 大ジンバブエを受け継いだ都市遺跡

カミ遺跡は15世紀なか頃に興った**トルワ国**の都市遺跡である。付近にカミ川が流れるこの地は、およそ10万年前から多くの民族が住居を構えていたといわれる。15世紀なか頃、大ジンバブエの街を放棄した**ロズウィ族**が移り住み、新たに都市を形成したと考えられており、2世紀ほど栄えた後に、突然放棄された。

花こう岩で造られた建築物が並ぶカミ遺跡からは、中国の青磁と白磁、ドイツやポルトガル製の焼き物などが出土した。このことから、カミの人々が一帯から産出する金をもとに、広範囲の国々と交易を行っていたことがうかがえる。遺跡の北側には「クロスヒル」と呼ばれる花こう岩の十字架があり、これはポルトガルの宣教師が作ったものという。また、カミ遺跡では大ジンバブエ遺跡と同様の文化や建築様式の特徴が見られるが、技術的にはより発展したものとなっている。

エチオピア帝国：ヨーロッパ列強7ヵ国のアフリカ分割でも独立を保ったアフリカ最古の独立国。　**ゴンダール様式**：ポルトガルやイスラム、バロックが混ざりあった独自の様式。

ジンバブエ共和国

MAP P011 D-⑤

大ジンバブエ遺跡

Great Zimbabwe National Monument

文化遺産

登録年 1986年　登録基準 (i)(iii)(vi)

アンゴラ
ジンバブエ
ナミビア
ボツワナ
南アフリカ

▶ 金の輸出で栄えた大ジンバブエ国の都市遺跡

大ジンバブエ遺跡は、11～15世紀頃に**バンツー語系のショナ族**によって築かれた都市遺跡群。丘の上に築かれた「アクロポリス」と高い石壁に囲まれた「神殿」、石の住居が並ぶ「谷の遺跡」の、3つの主要な建造物で構成される。15世紀に入ると、アフリカ大陸で力をつけた**ロズウィ族**が統治下に置き、領土内で産出する金を、アラビア商人が集まるキルワ・キシワニ*に運んで交易を行っていた。そのため、大ジンバブエ遺跡では中国製と思われるガラス玉や陶磁器の破片、さらには、アラビア貨幣などが発掘されている。

中央上が神殿

アンゴラ共和国

MAP P011 C-④

ンバンザ・コンゴ：旧コンゴ王国の首都遺跡

Mbanza Kongo, Vestiges of the Capital of the former Kingdom of Kongo

文化遺産

登録年 2017年　登録基準 (iii)(iv)

▶ アフリカにおける西欧化を示す都市遺跡

標高570mの高原に位置するンバンザ・コンゴは、14～19世紀の間、南アフリカで最も大きな国の1つだった**コンゴ王国の政治的、精神的な首都**だった街。歴史地区は王族の居住地の周囲に広がっており、慣習法による裁判所や王族の葬儀場などが残る。15世紀にポルトガル人がやって来ると、教会を含む洋風の石造建造物が築かれ、キリスト教が上流階級を中心に広がった。**キリスト教の導入とポルトガル人の到来によって、中央アフリカが大きく変化した**ことを、サハラ以南のアフリカのどの都市よりも、よく伝えている。

南半球で最初に建てられた教会

キルワ・キシワニ：タンザニア南東部の都市。『キルワ・キシワニとソンゴ・ムナラの遺跡』として世界遺産登録されている。上巻p.360参照。

霊廟と墳墓

カスビのムジブ・アザーラ・ムパンガ

危機遺産 ウガンダ共和国

MAP P011 D-4

文化遺産

カスビのブガンダ王国の王墓

Tombs of Buganda Kings at Kasubi

登録年 2001年／2010年危機遺産登録　登録基準 (i)(iii)(iv)(vi)

▶ 東部アフリカの歴史を伝えるブガンダ王国の遺構

ウガンダ中南部、カスビ地方に残るブガンダ王国の王墓は、1882年に造られた。ブガンダ王国は農耕民族**ガンダ族**を主体とする王国で、13世紀頃から**ヴィクトリア湖**北西岸で発展し、19世紀に隆盛を極めた。植民地時代にはイギリスの支配を受けたが、間接統治であったため伝統は残された。1962年、ウガンダはイギリスから独立する。ブガンダ王国はウガンダ内の王国として継続するが、1966年にほかの王国とともに王制が廃止された。

中心の丘の頂には、1882年に建てられた王（カバカ）の王宮跡があり、1884年に王が没すると墓所として利用された。その後も歴代の王が葬られたため、王家の墓所となった。ドーム型の**ムジブ・アザーラ・ムパンガ**は円錐型のドームを持つ構造で、ほかにも4基の王墓があった。木材や藁、葦、漆喰、土壁などでつくられており保存状態は非常によかった。しかし2010年3月に原因不明の火災で焼失し、2010年より危機遺産リストに記載された。火災の原因は不明だが、権力争いを巡る内紛の影響も指摘されている。

王墓群は、19世紀以前に数百年以上も発達してきた技術が王宮・王墓建設に反映され、今なお信仰や霊性など無形の価値と深く結びついている点が評価された。

MAP P011 B-2

アスキア墳墓

Tomb of Askia

文化遺産

登録年 2004年／2012年危機遺産登録　登録基準 (ii)(iii)(iv)

▶ サハラ貿易で栄えたソンガイ帝国の墓所

マリ共和国南東部のニジェール川流域に残る『アスキア墳墓』は、1495年に**ソンガイ帝国**の最盛期の王**アスキア・モハメド**によって建てられた墓である。

ソンガイ帝国は、15世紀後半から16世紀にかけてアフリカ西部で繁栄した黒人王国。マリの属国から飛躍し、権勢を誇った。塩と金を扱うサハラ横断貿易を支配した帝国の象徴的遺構であるピラミッド形の墳墓は、高さ17mにもなる。墳墓が築かれたのは**ガオ**という街で、やがて首都となった。墳墓は泥を材料につくられており、サハラ砂漠の伝統的な様式が見受けられる。

また、アスキア・モハメドは、後にイスラム教を広めるべく力を尽くしている。墳墓周辺には、ソンガイ帝国の国教にイスラム教が定められた後に建設された、平屋根の2つのモスクと共同墓地、野外集会所も残されている。

伝統的な様式で築かれた墳墓

ウワダンの遺構

モーリタニア・イスラム共和国

MAP P011 A-②

文化遺産

隊商都市ウワダン、シンゲッティ、ティシット、ウワラタ

Ancient *Ksour* of Ouadane, Chinguetti, Tichitt and Oualata

登録年 1996年　登録基準 (iii)(iv)(v)

▶ 交易とイスラム教文化で栄えた4つの隊商都市

モーリタニア内陸部のサハラ砂漠とその周辺に点在する、ウワダン、**シンゲッティ**、ティシット、**ウワラタ**の4つの都市は、モロッコとマリやガーナを結ぶ交易の中継地として12世紀頃から栄えた隊商都市である。

これらの都市は、サハラ砂漠を行き来し、金や象牙、塩を運ぶキャラバンの商業街として発展。シンゲッティは文化都市として知られ、1万冊以上の古書が残る。イスラム神学や天文学、数学などの学問の拠点として神学者などの巡礼者が集まった。ウワダンは、シンゲッティの北東に位置するアドラール台地にある。1147年に築かれ、キャラバン交易の拠点となった。1487年にはポルトガルの貿易拠点も置かれたが、16世紀に衰退した。ティシットは、タガン高地のふもとに1150年頃築かれた街で、ナツメヤシの栽培が有名。ウワラタは、ガーナ王国の一部だった11世紀頃に農牧民が築いたとされる。13世紀には交易の拠点として栄えた。

どの都市にも、石壁に囲まれた「**クサール**(複数形はクスール)」と呼ばれる旧市街が残る。モスクを中心に細い道が広がり、道沿いには中庭とテラスを備えた家が並ぶなど、西サハラの遊牧民の伝統文化と生活様式を伝える。しかし近年は、いずれの都市も砂漠化が進んでいる。

MAP P011 E-4

ラムの旧市街

Lamu Old Town

文化遺産

登録年 2001年　登録基準 (ii)(iv)(vi)

▶ スワヒリ文化の伝統を残す街

ケニアの首都ナイロビから東に約450km離れた先、インド洋の島であるラム島に広がる旧市街は、12世紀から海洋交易の拠点として発展してきた歴史を持つ。世界遺産に登録されているのは、ラム島の中心部の約16万㎡の地域である。

ラムの旧市街は、東アフリカのスワヒリ圏の市街地遺跡としては最も歴史が古く、かつ保存状態が良いことで知られている。アジアから見てアフリカ大陸への入口に相当するこの街は、黄金や象牙、奴隷などの集散地となり、世界各地の商人たちによる活発な取引が行われた。ほかのスワヒリ圏の古い集落には、長い歴史のなかで住居としてはすでに放棄されてしまったものも多いが、ラムの旧市街には**700年以上**もの長きにわたり人々が住み続けており、現在も街として機能している。

旧市街には、東アフリカの土着文化とインド洋を渡ってきたイスラム商人たちの文化が融合した、独特の特徴を持つ建築物が多数残されている。特に**サンゴ石**とマングローブの木材を組み合わせ、伝統的なスワヒリ圏の建築様式にのっとり築かれた街並が、遺産価値として高く評価されている。こうした家屋は、中庭やベランダ、精巧な彫刻が施された木製の扉などによって構成されており、シンプルな美しさが最大の魅力だ。一方、長年にわたって使用されてきた路地は迷路のように曲がりくねっており、複雑な構造となっている。また、旧市街にはモスクが20ヵ所以上も見られる。**インド洋交易**による文物の伝播を物語るものとして、中国の陶器の破片が壁に埋め込まれた、ユニークな建物も見ることができる。

近年では開発の進行による市街地の景観の変化や、観光客の増加にどう対処するかが課題となっている。

ラムの旧市街

負の遺産 タンザニア連合共和国

MAP P011 D-④

キルワ・キシワニとソンゴ・ムナラの遺跡

Ruins of Kilwa Kisiwani and Ruins of Songo Mnara

文化遺産

登録年 1981年　登録基準 (iii)

▶ 都市国家の痕跡が残る2つの島

インド洋に隣り合って浮かぶ2つの島には、イスラム都市国家の遺跡が残る。8～15世紀に、金の交易などで栄えた都市国家キルワ・キシワニの繁栄ぶりは、モロッコの旅行家**イブン・バットゥータ**や、イングランドの詩人で『失楽園』の作者であるジョン・ミルトンの書にも登場する。**大モスク**をはじめ、宮殿、要塞などの残された建造物からはアラビアとアフリカ、中国の様式が見られる。14～15世紀に栄えたとされるソンゴ・ムナラには、アラビア人居住地やモスクなどの廃墟が残っているが、詳しい歴史や、キルワとの関連性などについては不明。2つの島の遺跡は損傷が激しく危機遺産リストに記載されたが2014年に脱した。

大モスク内部

ブルキナファソ

MAP P011 B-③

ロロペニの遺跡群

Ruins of Loropéni

文化遺産

登録年 2009年　登録基準 (iii)

▶ 黄金貿易で栄えたサハラの都市

西アフリカのブルキナファソ初の世界遺産である『ロロペニの遺跡群』は、かつてサハラ砂漠の**黄金貿易**を支えた都市の遺構である。

コートジボワールやガーナとの国境近くに位置し、少なくとも1,000年以上の歴史があると推測されるロロペニでは、**金の抽出と精錬**が盛んだった。豊富な金をもとにトンブクトゥなど近隣との交易も行われ、14～17世紀に最盛期を迎えた。最盛期には地中海の経済圏にも影響を与え、南北を結ぶ交易路も作られた。しかし、その後この地はうち捨てられ、多くの建造物が土に埋もれた。

2009年にブルキナファソ初の世界遺産として登録された際は、崩れた石壁の残る10の砦が遺産範囲となったが、現在も多くの遺構が未発掘のままである。発掘が進むとともに、この地が最終的にうち捨てられた19世紀初頭の出来事の解明が期待されている。

危機遺産 ＞ リビア

MAP P011 C-②

ガダーミスの旧市街
Old Town of Ghadamès

文化遺産

登録年 1986年／2016年危機遺産登録　登録基準 (v)

▶ マグレブ美術の内装が美しい日干しレンガ家屋の街並

アルジェリアやチュニジアとの国境付近にあるガダーミスは、紀元前8世紀頃から**サハラ砂漠の交易中継地**として栄えた。紀元前19年にローマ帝国の支配下に置かれ、7世紀にイスラム勢力下に入った。

ガダーミスの街は、日干しレンガの上に石灰を塗った白い建物が多いのが特徴。シンプルな外装とは対照的に、内部は**マグレブ美術***の影響を感じさせる象嵌や石膏のレリーフ、アラベスクの装飾で飾られている。1980年代、水が枯渇したため、この街の住民は近隣につくられた新都市へ移動した。

「砂漠の真珠」とも呼ばれるガダーミス

ニジェール共和国

MAP P011 B-②

アガデスの歴史地区
Historic Centre of Agadez

文化遺産

登録年 2013年　登録基準 (ii)(iii)

▶ サハラ砂漠の隊商交易を支えた歴史都市

サハラ砂漠の南の端に位置するアガデスは、サハラ砂漠への玄関口として知られる。遊牧民の**アイール族**のスルタン国が成立し、トゥアレグ族が都市に定住した15世紀から16世紀にかけて発展し、現在の街路にも遊牧民のキャンプ地の古い境界線の影響がうかがえる。

隊商交易の重要な交流地である歴史地区は、大きさの異なる11の区域に分けられている。多くの土造りの住居や、保存状態のよい壮大で宗教的な建築群が含まれており、27mの高さを誇る**日干しレンガ造りのミナレット**は、同様の構造のものとしては世界で最も高いものである。

アガデス・モスク

マグレブ美術：「マグレブ」とはアラビア語で「西の方」を意味し、マグレブ地方と呼ばれるアフリカ北西部の地域で発展した芸術様式。

カイロのアズハル・モスク

エジプト・アラブ共和国

MAP P011 D-②

カイロの歴史地区

Historic Cairo

文化遺産

登録年 1979年　登録基準 (i)(v)(vi)

トルコ
地中海
イラク
リビア
エジプト
サウジアラビア
スーダン

▶ 豪華なモスク群を擁するイスラム都市

エジプトの首都カイロは、7世紀にイスラム勢力によって築かれた都市。その前身は、7世紀半ばに、イスラム・アラブ征服軍の総司令官を務めた**アムル・イブン・アルアース**がアフリカ大陸南進の拠点として築いた**フスタート**という軍事基地である。フスタートは、現在の市街地の南、オールド・カイロ地区にあった。ムハンマドの没後10年にも満たない641年には、この地に最初のモスクが建設されていた。

10世紀なか頃、ファーティマ朝がこの地を統治すると、4代目のカリフが北部に新たな都市を建設。この都市は、アラビア語で「勝利者の軍事都市」を意味する**ミスル・アル＝カーヒラ**と名づけられた。カーヒラの英語読みがカイロであり、現在の呼び名となっている。このファーティマ朝時代に、イスラム勢力の政治、経済、宗教の中心となっていったカイロでは、特に学問と芸術が奨励されており、国際文化都市としての色合いも増していった。12世紀からアイユーブ朝の支配下に入ってもこの流れは変わらず、芸術的な建物が数多く建てられていった。13世紀中頃から16世紀初頭までのマムルーク朝時代に入ると、交易により栄え、世界最大規模のイスラム都市となった。モスクやミナレットが多く建造され14世紀には「1,000のミナレットが立つ街」と称された。その多くは街の東側に立つ。

モロッコ王国

MAP P011 A-①

文化遺産

エッサウィーラ(旧名モガドール)の旧市街

Medina of Essaouira (formerly Mogador)

登録年 2001年　登録基準 (ii)(iv)

▶ イスラムと溶け合うヨーロッパ風港湾都市

エッサウィーラの旧市街は、1765年、アラウィー朝の当時の王が、国際貿易の拠点とするために築いた港湾都市。フランス人建築家**ニコラ・テオドール・コルニュ**の設計によるもので、都市名の意味は「見事な設計」。イスラムの伝統的な街並に近代ヨーロッパの軍事建築が融合しており、モスクや聖堂と共にヨーロッパ風の多彩な装飾が施されたドゥカラ門や堀、兵隊の駐屯所などが立ち並ぶ。この都市設計は、以降の港湾・城塞都市の手本となった。

モロッコ王国

MAP P011 

文化遺産

ミクナースの旧市街

Historic City of Meknes

登録年 1996年　登録基準 (iv)

総延長約40kmの城壁が囲む旧市街には、ヨーロッパとイスラム建築が融合した17世紀のマグレブ建築の傑作が現在も残る。旧市街の南半分を占める王宮地区には、クベット・エル・キャティン*や、20年分の兵食を蓄えられる穀物倉庫、「キリスト教徒の地下牢」、1732年に完成したマンスール門など建造物がある。ここを都と定めたスルタンが眠る**ムーレイ・イスマイール廟**は、中庭やミフラーブ*を彩るモザイクタイルの装飾が美しい。

モロッコ王国

MAP P011 

文化遺産

テトゥアンの旧市街(旧名ティタウィン)

Medina of Tétouan (formerly known as Titawin)

登録年 1997年　登録基準 (ii)(iv)(v)

モロッコ北端の街テトゥアンの旧市街は、14世紀末にスペインによっていったん破壊されたが、レコンキスタによって15世紀頃この地に避難してきたイスラム教徒とユダヤ教徒の手で城塞都市として再建された。特徴的なのは、真っ白な街並。スペインと近いこの街は、文化的には南スペイン・アンダルシア地方の影響を大きく受けている。こうした文化は**スペイン・ムーア文化**と呼ばれ、旧市街中央に立つ17世紀の王宮が典型的である。

クベット・エル・キャティン：スルタンのムーレイ・イスマイールが謁見や儀式の観覧につかった建物。　**ミフラーブ**：モスクにおける、礼拝のための設備。メッカのカーバ神殿の方向に面した壁に設けられるアーチ型のくぼみのこと。

MAP P011 B-1

マラケシュの旧市街

Medina of Marrakesh

文化遺産

登録年 1985年　登録基準 (i)(ii)(iv)(v)

大西洋
モロッコ
アルジェリア
モーリタニア
マリ
ニジェール

▶南方の真珠とうたわれた赤レンガの古都

モロッコ中南部、アトラス山脈のふもとにあるマラケシュは、1071～1072年にかけて、ベルベル人の興した**ムラービト朝**の君主であるユースフ・ブン・ターシュフィーンが築き、首都として整備されてきた都市。ベルベル語で「神の国」を意味するマラケシュは、モロッコではフェズに次ぐ歴史を持つ街である。

ムラービト朝は、西サハラからイベリア半島南部にいたる広大な地域を占領したため、マラケシュはイベリア半島や大西洋沿岸、そして東のサハラ砂漠を越えた地域をつなぐ通商路の要衝となった。その後、ムラービト朝を1147年に滅ぼしたムワッヒド朝の時代でも首都となり、政治や経済、文化の中心地として発展。全長およそ20kmの城壁のなかで、赤土色のレンガでできた民家が美しくひしめき合う景観は、ヨーロッパの詩人からも称賛されている。

ムラービト朝時代の建造物は、クッバ・バアディンという2階建ての霊廟など数例を除いて、ベルベル人のイスラム王朝のムワッヒド朝によって取り壊されてしまっており、現在残っている建造物は、ムワッヒド朝が建てた12世紀のものがほとんど。中でも**クトゥビーヤ・モスク**は、この街の中心的な建造物。12世紀半ばに建造され、街のどこからでもよく見える高さ77mのミナレットがある。幅に対する高さが1対5という均整のとれたデザインは、古典モロッコ様式と呼ばれるもので、外壁は組みひものモチーフで装飾されている。宗教的な厳粛さを重んじたため、装飾は簡素なものになっているが、頂点のドー

クトゥビーヤ・モスク

ム上に並ぶ玉飾りは、建設当初は純金製であった。今日でもミナレット建築の手本とされている。ムワッヒド朝時代に造られたアーチ周辺の装飾が特徴的な**アグノー門**は1150年頃に造られたもので、宮殿に向かうための道路に大きなアーチをかけた。現在も旧市街の南側に残る。1269年にムワッヒド朝を滅ぼしたマリーン朝は、マラケシュを首都としなかったが、この時代にもベン・ユースフ・マドラサなどが建造されている。

アーチ部分の装飾が見事なアグノー門

ムラービト朝時代から街の中心であった**ジャマーア・アル・フナー***広場の文化的な営みは、「ジャマーア・アル・フナー広場の文化的空間」として無形文化遺産に登録されている。

モロッコ王国

MAP P011 B-①

フェズの旧市街

Medina of Fez

文化遺産

登録年 1981年　登録基準 (ii)(v)

スペイン
モロッコ
アルジェリア
リビア

▶ モロッコ最古のイスラム都市

首都ラバトの東、セブ川中流のフェズは、8世紀末**イドリース朝**のイドリース2世によって建設された、モロッコ最古のイスラム王都。宗教、文化、学問、商業の中心として発展し現在も中世イスラム都市の姿が残る。すり鉢状の谷の斜面に開けた街は、ほかの北アフリカの都市と同じく、敵の侵入に備えて迷路のようなつくりになっている。旧市街の中心に位置する**カラウィーン・モスク**は、857年に建てられた小さな礼拝堂が増改築されたもので、北アフリカ最大のモスク。近くにはマウラーイ・イドリース廟も残る。

タンネリの染料の入った桶

ジャマーア・アル・フナー：「死者たちの集会」を意味する。ムラービト朝時代には公開処刑場だったため、このように呼ばれた。

チュニジア共和国

MAP P011 C-①

チュニスの旧市街

Medina of Tunis

文化遺産

登録年 1979年／2010年範囲変更　登録基準 (ii)(iii)(v)

▶ ウマイヤ朝の中心地の１つとして７世紀から栄えた都市

首都チュニスの中心部、総面積約３万㎢の旧市街は、7世紀にイスラム王朝のウマイヤ朝によって築かれた古都である。紀元前５世紀頃からカルタゴの衛星都市で、オリーヴ油の交易地だったこの地は、カルタゴとローマが地中海の覇権を争ったポエニ戦争後、ローマによって支配され、ローマ帝国崩壊後はビザンツ帝国の属州となった。7世紀にはウマイヤ朝の**ハサン・イブン・アル・ヌウマーン**に占領されイスラム都市となった。732年に築かれた大モスクは**ザイトゥーナ・モスク**（オリーヴのモスク）と呼ばれる。

大モスクを望む

アルジェリア民主人民共和国

MAP P011 B-①

ムザブの谷

M'Zab Valley

文化遺産

登録年 1982年　登録基準 (ii)(iii)(v)

▶ 厳粛なイスラムたちの「キュビズム」都市

アルジェリアの首都アルジェから約600㎞南にあるムザブの谷は、11～14世紀頃に**ムザブ族**が築いた城塞都市が点在している地である。**ガルダイア**を中心に、エル・アーティフ、ブー・ヌーラ、ベニ・イスゲン、メリカ、少し離れたベリアーヌ、ゲラーラという都市がある。城塞に囲まれたそれぞれの都市には、ベージュやターコイズブルーに塗られた立方体の独特の建物が、非常に統一された形で密集している。世界遺産に登録されているのは、ベリアーヌとゲラーラを除く５都市である。

四角い家が立ち並ぶガルダイア。奥にはミナレットが見える

アルジェリア民主人民共和国　MAP P011 B-①

アルジェの旧市街カスバ

Kasbah of Algiers

文化遺産

登録年 1992年　登録基準 (ii)(v)

▶ オスマン海賊たちの迷宮要塞

カスバ*(旧市街)が発展を遂げたのは、1529年にスペイン軍を駆逐してアルジェを征服した海賊**ハイレッディン**が統治した時代。赤ヒゲと呼ばれたハイレッディンはオスマン帝国によって地方長官に任命され、海を見下ろす丘の上に豪邸やモスクを建造した。11世紀に建造されたアルカビール・モスクは、馬蹄形アーチの回廊に囲まれた中庭や、装飾が施されたミンバル*が有名。1660年に建設されたジェディッド・モスクのミナレットにはマグレブの伝統形式にのっとりランタン(角灯)が設けられている。

負の遺産　タンザニア連合共和国　MAP P011 D-④

ザンジバル島のストーン・タウン

Stone Town of Zanzibar

文化遺産

登録年 2000年　登録基準 (ii)(iii)(vi)

ザンジバル島*の西側にあるストーン・タウンは、古くから**スワヒリ文化**が形成されていた。1499年にインド航路を開拓したヴァスコ・ダ・ガマが訪れたことを契機に、ポルトガルの影響を受けるようになる。1698年にオマーンの領土となり、独立を経て1890年に英国の保護領となったあと、1964年にタンザニア連合共和国の一部に組み込まれた。現在でも、サンゴ礁石灰岩で造られたモスクなど様々な石造建築物が見られる。

モロッコ王国　MAP P011 B-①

ラバト:近代の首都と歴史都市の側面を併せもつ都市

Rabat, Modern Capital and Historic City: a Shared Heritage

文化遺産

登録年 2012年　登録基準 (ii)(iv)

モロッコの北西部、大西洋岸のラバトは、イスラム文化と西洋モダニズムが深く融合して形成された。新市街は20世紀にアフリカで建設された新都市の中でも、最大で最も野心的な建設プロジェクトである。旧市街には1184年建設のハッサン・モスク、**ムワッヒド城壁**や城門がある。ムワッヒド城壁や城門は、現存する唯一のムワッヒド朝の首都の痕跡であり、北西アフリカ地域のイスラム教徒であるムーア人文化の重要な遺跡でもある。

カスバ:本来はオスマン帝国の築いた城塞を指すが、現在は旧市街がカスバと呼ばれている。　**ミンバル**:モスクにある説教壇。
ザンジバル島:スワヒリ語名はウングジャ島。ザンジバルはペルシア語で「黒人の海岸」という意味を持つ。

アイット・ベン・ハドゥの集落

モロッコ王国

MAP P011 B-①

文化遺産

要塞村アイット・ベン・ハドゥ

Ksar of Ait-Ben-Haddou

登録年 1987年　登録基準 (iv)(v)

大西洋
モロッコ
アルジェリア
モーリタニア
マリ
ニジェール

▶ イスラムから逃れた人々が築いた要塞村

首都ラバトから南に約300km進んだアトラス山脈の南麓に位置するアイット・ベン・ハドゥは、7世紀に北アフリカの先住民**ベルベル人**が築いた要塞の村。一帯には、イスラム勢力から逃れてきた人々が建てた、**クサール**と呼ばれる要塞化した村がいくつもあるが、その中でも、アイット・ベン・ハドゥは最も保存状態が良好なものの1つである。厳しい環境の中、それぞれのオアシスに集落が築かれてきた。

村は城壁で囲まれ、単純な造りの小さな家屋から、複数階建てのカスバと呼ばれる建物までが立ち並ぶ。カスバとは城のような堅固さをもった建造物のことで、1階が馬小屋、2階が食糧倉庫、3階以上が居住空間となっている。これらの建造物は泥土を練り固めて造られており、先イスラム期の代表的な建築様式を伝えるものである。こういった家々は、約500年前から築かれてきたという。

路地は複雑に入り組んで迷路のようになっており、その住居には飾り窓に見せかけた銃眼や、侵入してきた敵の視界を遮るための暗い室内など、侵入者を防ぐための工夫がいくつも施されている。村の丘の上には、**アガディール**と呼ばれる、見張り台を兼ねた穀物倉庫があり、いざというときに備えられていた。この地の建物は耐久性に乏しく、2世紀以上の歴史を持つものはない。

アルジェリア民主人民共和国

MAP P011 B-①

城塞都市ベニー・ハンマード

Al Qal'a of Beni Hammad

文化遺産

登録年 1980年 登録基準 (iii)

▶ 交易都市として発展したハンマード朝の首都

アルジェリア北部、標高1,000mの盆地に1007年に建設された**ハンマード朝**の首都。アラブ世界有数の交易地として商業や学問が発展したが、1090年頃ヒラール族による侵略の脅威にさらされ街は放棄された後、12世紀のノルマン人の襲撃により廃墟となった。ベニー・ハンマードには街を囲む7㎞の城壁や、イラク製彩釉タイルや鍾乳石で飾られた宮殿、国内第2の大きさを誇る東西56m、南北64mのモスクなどの遺構が残る。モスク付属のミナレットはアルジェリア最古のもので、**モロッコやスペインで造られたミナレットに影響を与えた。**

高さ25mのモスク付属のミナレット

ケニア共和国

MAP P011 D-④

ティムリカ・オヒンガの考古遺跡

Thimlich Ohinga Archaeological Site

文化遺産

登録年 2018年 登録基準 (iii)(iv)(v)

▶ 初期畜産共同体の伝統を伝える集落跡

ケニア西部のヴィクトリア湖の近郊にある、16世紀に築かれたと考えられる石壁に囲まれた集落跡。ヴィクトリア湖の周辺には「**オヒンガ**」と呼ばれる、高さ1.5～4.5m、厚み約1mの石壁に囲われた集落跡が点在している。ティムリカ・オヒンガその中で、最も規模が大きく保存状態がよい。

オヒンガは住民や家畜を守るためのものであったと考えられているが、**社会的な単位や種族間関係を規定するもの**でもあった。この地域に16世紀から20世紀半ばまで存在していた初期の畜産共同体の伝統を今に伝えている。

モルタルを使わず巧みに組まれた石壁

エチオピア連邦民主共和国

MAP P011 E-③

城塞歴史都市ハラール・ジュゴル

Harar Jugol, the Fortified Historic Town

文化遺産

登録年 2006年　登録基準 (ii)(iii)(iv)(v)

▶ 詩人ランボーが暮らした古都

エチオピア東部のハラール・ジュゴルは、砂漠とサバンナに囲まれた深い渓谷にある台地に位置する歴史的な城塞都市である。街は13～16世紀にかけて築かれた**「ジュゴル」と呼ばれる高さ約4mの城壁**に囲まれている。1520年から1568年の間、イスラム教国**ハラリ王国の首都**として栄え、イスラム教世界ではメッカ、メディナ、エルサレムに次ぐ「第4の聖地」と考えられていた。その後、17世紀に首長国として独立を果たすが、1887年にエチオピアに併合され、キリスト教のエチオピア正教にとっても重要な都市となった。

16～19世紀の間、沿岸部と内陸の高地を結ぶ重要な交易の拠点として繁栄したため、アフリカとイスラムの伝統文化が融合した独特の建築形式が見られる。街に入る主要な道路は5本あり、それぞれに歴史的な門が構えられている。また街には82のモスクがあり、そのうちの3つは10世紀に起源を持っている。また102の寺院や、独自の内装を持つ伝統的な住宅群があり、それらがハラールの重要な文化的価値となっている。特に伝統的な住宅は、他の地域とは異なり沿岸のアラブ建築と共通点を持っている。19世紀末になるとインドの商人達がインドとハラールの伝統が混じり合った木製のベランダを持つ住宅を建てた。

現在の都市のレイアウトは、16世紀にイスラム都市としてデザインされたもの。中心となる地域は商業と宗教の施設が占めており、街中を迷路のように入り組んだ路地が走っている。現在は都市開発による影響が懸念されている。ハラール・ジュゴルはまた、19世紀後半頃、フランスの早熟な天才詩人**アルチュール・ランボー***が晩年を過ごした街としても知られており、彼が暮らした住宅は記念館として保存されている。

街を囲むジュゴルと呼ばれる城壁

アルチュール・ランボー：詩集『地獄の季節』などで知られる、19世紀のフランスの詩人。20世紀の文学に多大な影響を与えた。

MAP P011 C-1

スースの旧市街

Medina of Sousse

文化遺産

登録年 1988年／2010年範囲変更　登録基準 (iii)(iv)(v)

▶ 初期イスラム都市の典型例

スースは、紀元前9世紀頃にフェニキア人が築いた都市に起源を持つ。カルタゴやローマ、ビザンツ帝国に次々と支配され、7世紀半ばにイスラム勢力のアラブ軍の侵攻に遭い、キリスト教の都市は破壊された。この頃からスーサと呼ばれるようになった。その後、800年～909年の間のイスラム教の**アグラブ朝**によって、現在につながる旧市街が形成された。18世紀にはヴェネツィア共和国とフランス王国に攻撃され、都市の名前もフランス風のスースに変わった。1881年からはフランスの保護領となったが、イスラム建築の街並は残された。

スースは、**イスラム暦最初期における、イスラム都市の典型例**とされる。この地域は歴史上常に海賊などによる海からの脅威に晒されてきた。そうした脅威に対応する都市の特徴が、**リバト**やグランド・モスク、ブ・フタタ・モスク、カスバ(城塞)などからも見ることができる。821年にアグラブ朝の下で改修された正方形の要塞であるリバトは、ミナレット*が見張り塔としての役割を持つ重要なモスクなども内部に含み、信仰の場としても利用された。リバトに隣接する851年に築かれたグランド・モスクは、高さ8mほどの城壁で取り囲まれており、宗教施設であるとともに軍事的な機能も備えていた。他にも838年に築かれたブ・フタタ・モスクや、見張り塔としての役目を担ったカスバなどが、難攻不落の都市として名を馳せたスースの面影を今に伝えている。

スースの旧市街にはまた、アグラブ朝時代やファーティマ朝時代の記念碑も残っており、それらは初期のイスラム芸術の発展を研究する上で貴重である。現在は周囲での都市開発が遺産価値である旧市街の景観を乱すとして問題視されている。

軍事的な機能も備えていたグランド・モスク

ミナレット：上巻 p.451のイスラム教建築を参照。

植民都市

シダーデ・ヴェーリャの聖堂の遺構

カーボヴェルデ共和国

MAP P011 a

文化遺産

シダーデ・ヴェーリャ、リベイラ・グランデの歴史地区

Cidade Velha, Historic Centre of Ribeira Grande

登録年 2009年　登録基準 (ii)(iii)(vi)

▶ 大西洋に浮かぶ奴隷貿易の中継点

西アフリカ沖の大西洋、セネガルから西に600kmあまりの場所に浮かぶ島国カーボヴェルデ。リベイラ・グランデは、15世紀半ばにポルトガルが築いた、**ヨーロッパ諸国初の熱帯地域における植民都市**である。ヨーロッパとアフリカ、アメリカ大陸を結ぶ航路上にあるため、ポルトガルの植民地政策と海外交易政策の拠点の1つとなった。

ヴァスコ・ダ・ガマやコロンブスも立ち寄った大航海時代の重要な航海ルートの一部で、奴隷貿易の中継点となったが、海賊フランシス・ドレークの来襲で街は破壊された。18世紀後半に廃墟の上に新たな都市シダーデ・ヴェーリャ（ポルトガル語で「古い都市」の意味）が築かれたが、教会や王立の砦、サン・フェリペ要塞、大理石の柱で飾られた広場など、16世紀の植民都市の建造物の一部は今も残る。ポルトガル植民地をイングランドやフランスから守るために1590年に築かれたサン・フェリペ要塞からは、広場にある奴隷を罰するために作られた「**晒し台**」が見下ろせる。晒し台は、マヌエル様式*の円柱で、1520年に建てられた。

植民政策が行われる一方、奴隷貿易の拠点でもあったため、文化が混淆する**クレオール文化**の都市として発展した。

マヌエル様式：ポルトガル王マヌエル1世の統治期（1495～1521）に普及した建築様式。、ゴシック様式の影響を受けており、大航海時代の繁栄を思わせる壮麗な造りが特徴。下巻p.148参照。

エリトリア国

MAP P011 D-③

アスマラ:アフリカのモダニズム都市

Asmara: A Modernist African City

文化遺産

登録年 2017年　登録基準 (ii)(iv)

▶「第2のローマ」に築かれた初期モダニズム建築

標高2,000mを超える高地に位置するエリトリア国の首都。1890年代より宗主国イタリアによりアフリカ大陸進出の要「第2のローマ」として開発されてきた。1935年以降**イタリア合理主義***の表現手法を取り入れた大規模な建築計画が始まり、政府関係の建物や、居住用ビル、商業用ビル、教会、モスク、シナゴーグ、映画館、ホテルなどが建てられた。1893～1941年の間に都市計画に沿って作られた都心部と、先住民の昔ながらの近隣地区が含まれる他、20世紀初頭の**初期モダニズムがアフリカに適用された例**としても貴重である。

エンダ・マリアム教会

ケニア共和国

MAP P011 D-④

モンバサのフォート・ジーザス

Fort Jesus, Mombasa

文化遺産

登録年 2011年　登録基準 (ii)(v)

▶海上貿易の重要拠点となった砦

フェリペ2世*の命を受けたポルトガル人の**ジョヴァンニ・バッティスタ・カイラティ**が設計し、モンバサ港とインド洋の海上貿易路を防衛する目的で1593年から3年をかけて建設された。16世紀に建築されたポルトガルの軍事要塞の中では最も保存状態が良い。幾何学的な構造や各建造物のレイアウトの巧みさは、幾何学的な均衡を理想とするルネサンスの理念を反映している。カイラティは、ルネサンスの理想の1つである「神がつくった完全な創造物」の人間の形を設計に取り入れているとされ、**真上から見ると人体の形に似ている**。

砲撃にも耐えうる強固な設計の要塞

イタリア合理主義：1920～40年代イタリアで起きた近代建築運動。　**フェリペ2世**：スペイン帝国の最盛期を築いたハプスブルク家の王で、フォート・ジーザス建設時はスペイン・ポルトガル同君連合の君主でもあった。

モロッコ王国

MAP P011 B-①

文化遺産

マサガン(アル・ジャジーダ)のポルトガル都市

Portuguese City of Mazagan (El Jadida)

登録年 2004年　登録基準 (ii)(iv)

▶ ポルトガル人が築いた城塞都市

マサガンは大航海時代の1502年にポルトガル人に征服された城塞都市。インド貿易の中継地点として発展し、1769年までポルトガル領であったため、現存する貯水槽や**聖母被昇天聖堂**などには**マヌエル様式**、城塞にはルネサンス初期の様式が見られる。その後、アラウィー朝によって統治され、1832年にアル・ジャジーダ(新しいもの)と名づけられた。19世紀後半にユダヤ人が流入、20世紀初頭にはフランスの保護下に入り、モロッコ独立後に再びイスラム国家の支配下に入るなど、様々な文化の影響が見られる。

ポルトガル人がつくったマサガンの城壁

負の遺産　モーリシャス共和国

MAP P011 E-⑤

文化遺産

アープラヴァシ・ガート

Aapravasi Ghat

登録年 2006年　登録基準 (vi)

▶ インドからの契約移民労働制度を象徴する建築物

モーリシャスの首都ポートルイスにある、広さ1,640㎡のアープラヴァシ・ガートは、契約移民労働制度を象徴する一画である。

アープラヴァシ・ガートとは、ヒンディー語で**「移民海岸」**や**「移民発着所」**を指す言葉。奴隷解放令が成立したことを受けて、英国政府は1834年に「**契約移民労働**」という、奴隷労働に代わる新しい概念の「偉大な実験場」としてモーリシャス島を選んだ。

1920年代までの間、インドからこの地に約45万人もの人々が移送され、島内の砂糖農園や南部アフリカ、カリブ海などに送られたという。世界遺産に登録されているのは、移民局が建設した石づくりの倉庫、病院など。

牢獄の入口

コートジボワール共和国

MAP P011 B-③

グラン・バッサムの歴史都市

Historic Town of Grand-Bassam

文化遺産

登録年 2012年　登録基準 (iii)(iv)

▶ 19世紀後半から20世紀前半の代表的植民都市

コートジボワール最初の首都にある『グラン・バッサムの歴史都市』は、交易と行政管理に特化した街並と、ヨーロッパからの入植者と地元民の家々からなり、19世紀後半から20世紀前半の植民都市の代表例といえる。

回廊やベランダ、庭に囲まれた機能的な家に代表されるコロニアル建築とともに、それらに隣接する現地住民のンズィマの漁村が含まれている。グラン・バッサムは、コートジボワールで最も重要な港で、経済と司法の中心都市であった。その街並は、入植者と地元民の複雑な社会関係、それに続く**独立運動の時代の様子**をよく表している。フランス植民地の活気ある中心都市であり、ギニア湾における交易の中心都市でもあったグラン・バッサムは、ヨーロッパや東地中海、そしてアフリカ各地からの移民で構成される住民たちを魅了し続けてきた。

負の遺産　ガーナ共和国

MAP P011 B-③

ガーナのベナン湾沿いの城塞群

Forts and Castles, Volta, Greater Accra, Central and Western Regions

文化遺産

登録年 1979年　登録基準 (vi)

▶ 奴隷貿易の拠点として使われた城塞群

ベナン湾沿いのおよそ500kmにわたって点在する城塞群は、15～18世紀にヨーロッパ人によって築かれた建造物である。ガーナは、「**黄金海岸**（ゴールドコースト）」と呼ばれたほどの金の産地であったことから、15世紀のポルトガル人を皮切りに、ヨーロッパ諸国の貿易商人が相次いで進出し、覇権争いのなかで数多くの要塞が設けられた。要塞は、象牙や真鍮（しんちゅう）、香辛料、奴隷などの交易所としても使われ、内部には、奴隷の収容所や監獄などが見られる。最盛期に60ヵ所あったうちの**3分の1が現存**しており、荒廃したものもあるが、博物館や学校として転用されている。

城塞の1つ、エルミナ城

ロベン島の刑務所

負の遺産 ＞ 南アフリカ共和国

MAP P011 C-6

ロベン島
Robben Island

文化遺産

登録年 1999年　登録基準 (iii)(vi)

▶ 人種差別の歴史を語る監獄島

ロベン島は、南アフリカ共和国のケープタウンの北およそ11kmの沖合にある島。人種差別や人権抑圧の悲惨さ、またその苦難を乗り越え民主主義と自由を勝ち取った歴史を伝える重要な建造物群が残る。

ロベン島周囲の海流は激しく、この海域を人力で渡るのは極めて困難である。そのため、島には17世紀頃からオランダやイギリスなどによって主に犯罪者を隔離するための施設が造られ始めた。その後、軍事訓練にも使われるなど、用途は転々としたが、1948年に南アフリカ共和国で**アパルトヘイト**が法制化されると、反対する**政治犯を収監する刑務所**として使用されるようになった。ロベン島は、1991年までに3,000人を超える黒人活動家、白人の軍人犯罪者などを収監。後に南アフリカ共和国の大統領となり、ノーベル平和賞を受賞した**ネルソン・マンデラ**も、政治犯として約20年もの間投獄されている。

1996年、監獄島としての役目を終えたロベン島は、島全体が過酷な歴史を伝えるための博物館として保護されることとなった。

登録に際してICOMOSは否定的な評価を下していたが、世界遺産委員会議長であった松浦晃一郎氏らの提案もあり、南アフリカの自由の象徴として登録された。

ゴレ島

Island of Gorée

文化遺産

登録年 1978年 登録基準 (vi)

▶ 奴隷貿易の歴史を示す負の遺産

セネガル共和国の首都ダカールの南東沖、約3kmの位置にあるゴレ島は、人類の負の歴史である奴隷貿易の痕跡を色濃く残す地である。

1444年、無人島であったゴレ島に上陸したのはポルトガル人で、「パルマ島」と命名。アフリカ内陸部から集めた奴隷や蜜蝋(みつろう)、金の集積地とした。アフリカ大陸に近いゴレ島はヨーロッパ諸国にとって戦略的、商業的に重要な拠点であったため、激しい覇権争いが起こる。16世紀にはポルトガルに代わりオランダが支配。17世紀にイングランド、再びオランダ、18世紀にはフランス、再びイングランドと、ゴレ島の所有国は次々と移り変わった。最終的に1783年から20世紀のセネガル独立まで島を統治したのはフランスである。この間、17～18世紀を中心に、ヨーロッパの各国はアフリカで武器や綿製品などと引き換えに奴隷を買って、その奴隷を今度はアメリカ大陸に売ることで砂糖やコーヒー、綿花などを入手するという**三角貿易**を行っていた。ゴレ島を拠点とした三角貿易は、支配国を変えながらも、1815年に奴隷貿易が廃止されるまで続けられた。

島の東岸には、奴隷貿易のシンボルともいえる「**奴隷の家**」が残っている。2階には奴隷商人たちが住んでいたが、1階には船の出港を待つ奴隷たちが収容されていた。2.6m四方の正方形の部屋には、20人が鎖でつながれて詰め込まれていたといわれる。他には、島の北端にフランスによって完成された**エストレ要塞**が歴史博物館として残っている。島の南端にも砦や砲台が残されており、苛烈だった争いの様子を伝えている。

島の建造物は老朽化が進んでいたが、反省すべき歴史を後世に伝えるべく、1980年代から修復が行われ、現在、奴隷の家も博物館として公開されている。

海岸沿いまで建造物が残る

モザンビーク共和国

MAP P011 E-5

モザンビーク島

Island of Mozambique

文化遺産

登録年 1991年　登録基準 (iv)(vi)

▶ 東西交流の歴史を残す島

アフリカ大陸から約3.5km離れたインド洋上にあるモザンビーク島は、東西の様々な文化が共存する島である。この島は、10世紀頃からアラブの品々とアフリカで産出する金を交換するインド洋貿易の拠点として栄えていた。アラビア商人たちは街を建設し、真珠、象牙、銀などを使った象嵌細工の技術や、繊細な彫刻を施した建築物などアラブの文化を伝えた。

1498年、**ヴァスコ・ダ・ガマ**がインド航路開拓の途中に上陸して以降、島にはポルトガル人が続々と入植。サン・ガブリエル要塞や**サン・セバスティアン要塞**、ノッサ・セニョーラ・デ・バルアルテ礼拝堂などが残る。

大砲の残るサン・セバスティアン要塞

セネガル共和国

MAP P011 A-2

サン・ルイ島

Island of Saint-Louis

文化遺産

登録年 2000年／2007年範囲変更　登録基準 (ii)(iv)

▶ フランスの貿易拠点だった島

アフリカ大陸の最も西、セネガル川の河口に浮かび、本土とは**フェデルブ橋**で結ばれているサン・ルイ島は、フランスによるアフリカ貿易の重要拠点となった地である。サン・ルイは17世紀にフランスの植民地になり、ゴムの原料や象牙、そして奴隷の交易によって発展した。1872年からはフランス領西アフリカ及びセネガルの首都として、ダカールに首都が移る1957年まで、政治、経済の両面で重要な役割を果たした。首都移転に伴い、フランスの駐屯軍が島を離れたため、人口が大幅に減少した。現在は、漁業や農業、観光業などが主要な産業となっている。

1960年に独立した後も、木製のバルコニー、赤い瓦屋根などを持つ、フランス風の**コロニアル建築**の街並が残っており、島の中心部が世界遺産に登録されている。また、『星の王子さま』などの小説で知られるサン・テグジュペリが滞在した場所としても有名である。

負の遺産　ガンビア共和国

MAP P011 A-3

クンタ・キンテ島と関連遺跡群

Kunta Kinteh Island and Related Sites

文化遺産

登録年 2003年　登録基準 (iii)(vi)

▶ 英仏が争った奴隷貿易の拠点

ガンビア共和国の西部、ガンビア川の河口に位置するクンタ・キンテ島(ジェームズ島)は、奴隷貿易の歴史を今に伝えている。ガンビア川はアフリカ内陸部に向かうルートとして、重要な役割を担っていた。ゴレ島と並ぶ奴隷貿易の重要拠点だったクンタ・キンテ島には、15～20世紀にかけてヨーロッパ各国が築いた要塞や、奴隷の詰所などの遺構が残っている。**バレン要塞**やポルトガルの建造物群の遺構であるサン・ドミンゴの廃墟、礼拝堂などがある。『ルーツ』で知られる作家**アレックス・ヘイリー***の祖先も、この地からアメリカ大陸に連れてこられた。

クンタ・キンテ島の要塞跡

ベナン共和国

MAP P011 B-3

アボメーの王宮群

Royal Palaces of Abomey

文化遺産

登録年 1985年／2007年範囲変更　登録基準 (iii)(iv)

▶ 絶対的権力を誇ったアボメー王たちの宮殿

ベナン南部に位置するアボメーは、**アボメー王国**歴代の王の宮殿が残る地である。17世紀初頭から約300年間にわたり栄えたアボメー王国の王は、絶対的な権力を持ち、周辺には軍事力を行使。奴隷貿易で富を得たが、これにより一帯は「**奴隷海岸**」と呼ばれた。

現在、アボメーには12の宮殿跡と要塞跡が点在している。人間や動植物、神話、儀礼、習慣などを描いた壁画や彫刻で彩られているゲゾー王とグレレ王の2つの王宮は、現在は歴史博物館となっており、歴代の王たちの象徴であったライオンのレリーフや王冠などが展示されている。またこのレリーフからは、女性戦士の軍団がアボメー王国の軍事力の一翼を担っていたことがわかっている。

1984年、竜巻の被害を受け、翌年の世界遺産登録と同時に危機遺産となったが、政府による世界遺産基金を活用した保全計画が成功し、2007年に危機遺産リストから脱した。

アレックス・ヘイリー：20世紀のアフリカ系アメリカ人作家。『ルーツ』ではガンビアで生まれ、奴隷狩りで捕らえられ、アメリカに奴隷として売られた彼の祖先とその子孫たちの人生を描いている。

リヒタースフェルドの景観

文化的景観 南アフリカ共和国

MAP P011 C-6

文化遺産

リヒタースフェルドの文化的及び植物学的景観

Richtersveld Cultural and Botanical Landscape

登録年 2007年　登録基準 (iv)(v)

▶ ナマ族の遊牧生活の文化的景観

南アフリカの西部にあるリヒタースフェルドは、**ナマ族**が暮らす地帯で、山がちな砂漠地帯であるものの、多種多様な動植物が生息している。

ナマ族はこの自然を2,000年以上にわたって有効活用し、半遊牧民的な生活を営んできた。しかし、農耕民バンツー族の移住などにより、放牧のために移動する地域はこの地だけになっている。ナマ族の伝統的な生活により、1,600㎢に及ぶ文化的景観が保たれており、季節ごとの放牧地のほか、イグサで編んだ簡易式の住居（**ハル・オム**）なども含まれる。ナマ族は季節ごとに移住を行い、牧草地や家畜を囲う柵なども残る。また、薬草などの植物を採集し、様々な土地の特性や様子などを伝統的に口承で伝えてきた。

雨がほとんど降らないこの一帯は、植物相も豊かで、アロエ・ディコトマなど多肉植物の多様性は世界的にも貴重である。これは砂漠地帯で暮らすナマ族が、多肉多汁の植生の保護を積極的に行ってきた証ともされる。また動植物の固有種も多く、**リヒタースフェルド共同体管理地区**として守られている地域が世界遺産にも登録された。

現在、リヒタースフェルドはナマ族が共同で管理し、彼らの集落は40ヵ所ほどに分散している。

文化的景観 ジンバブエ共和国

MAP P011 D-⑤

マトボの丘群

Matobo Hills

文化遺産

登録年 2003年 登録基準 (iii)(v)(vi)

アンゴラ
ジンバブエ
ナミビア
ボツワナ
南アフリカ

▶ 奇岩が転がる先史時代の遺跡

マトボ丘陵には、**巨大な奇岩**が点在しており、岩壁や洞窟には**サン族**が描いたとされる動物などの壁画も残る。この壁画は、1万3,000年前にはすでに描かれていたと考えられており、長い年月の間の人々の生活の変化なども伝えている。石器時代初期以降、人々はこの地を祖先の霊が眠る霊場と考え、自然の洞窟や石窟を住居として暮らしていた。巨岩が奇跡的なバランスをとりながら積み重なっている光景は独特だが、こうした奇岩は、古い時代に形成された花こう岩の地塊が極めて長い時間にわたる浸食を受け作られたものである。

積み重なる奇岩

文化的景観 南アフリカ共和国

MAP P011 C-⑤

コマニの文化的景観

ǂKhomani Cultural Landscape

文化遺産

登録年 2017年 登録基準 (v)(vi)

▶ 自然と共存するサン族の生活様式を伝える景観

南アフリカの北部、ボツワナとナミビアの国境にあり、**カラハリ・ゲムスボック国立公園**を含んでいる。広大な砂地の中には、人類が石器時代から現代に至るまでこの地に居住してきた証拠が含まれる。また、かつて遊牧民であったサン族の文化と、彼らが**厳しい砂漠環境に適応することを可能にした戦略**とのかかわりが深い。サン族は民族植物学の知識を発展させ、文化的な慣習や、彼らを取り巻く環境の地理的な特徴にかかわる世界観を発展させた。この地で数千年以上にわたって作り上げられてきた生活様式を伝えている。

サン族の人々が伝統的な生活を送る景観

文化的景観 トーゴ共和国

MAP P011 B-③

クタマク：バタマリバ人の土地

Koutammakou, the Land of the Batammariba

文化遺産

登録年 2004年　登録基準 (v)(vi)

▶ バタマリバ人の生活様式が伝わる文化的景観

トーゴの北東部にある『クタマク：**バタマリバ人**の土地』は、16世紀頃に集落が形成されたとされる地域。総面積約500㎢、トーゴの東にあるベナンのすぐそばまで広がっているクタマクには、少数民族バタマリバ人が暮らす。

タキエンタと呼ばれる泥で築かれた2階建ての塔状住居が村ごとに密集して立ち並ぶ。タキエンタはトーゴのシンボルとして知られており、その2階は主に穀物倉庫となっている。この地の住居や農地は、神聖な儀式を行う場や泉、森などとともに、文化的な景観を形成している。

バタマリバ人の伝統的住居

文化的景観 負の遺産 モーリシャス共和国

ル・モルヌの文化的景観

Le Morne Cultural Landscape

文化遺産

登録年 2008年／2011年範囲変更　登録基準 (iii)(vi)

▶ 逃亡奴隷が身を隠した岩山

ル・モルヌは、18～19世紀にアフリカやインド、東南アジアの奴隷が脱走し、身を隠して住み着いた岩山である。逃亡奴隷を**マルーン**ということから、モーリシャスは「マルーン共和国」と呼ばれていた。モーリシャスは、**東方奴隷貿易**の奴隷船が立ち寄る港として発展。この地は険しい立地から、人を寄せつけない環境にあり、山頂や洞窟では、逃亡した奴隷たちが密かに生活していた。また、住居跡からはアフリカ本土、マダガスカル、インド、東南アジアといった奴隷の出身地と関連性のあるものが見つかっている。

ル・モルヌの景観

文化的景観 ナイジェリア連邦共和国 MAP P011 C-3

スクルの文化的景観

Sukur Cultural Landscape

文化遺産

登録年 1999年 登録基準 (iii)(v)(vi)

▶ 製鉄と農業で栄えた集落

ナイジェリア北東部のアダマワ高原にあるスクルは、17世紀から20世紀にかけて、製鉄業と農業で繁栄した集落がある地域である。世界遺産に登録されたのは、カメルーンとの国境近くにある約7.6km²の集落。古くから製鉄が盛んだったと考えられているこの地域は、**ヒデ**と呼ばれる首長の指導のもとに繁栄し、独自の文化が形作られていった。集落を見下ろす丘の上には、花こう岩でできたヒデの宮殿跡があり、丘の斜面には石壁で区画された棚田が広がっている。集落には製鉄所や穀物倉庫、祭祀施設の跡が残る。

文化的景観 マダガスカル共和国 MAP P011 E-5

アンブヒマンガの丘の王領地

Royal Hill of Ambohimanga

文化遺産

登録年 2001年 登録基準 (iii)(iv)(vi)

マダガスカル島中部、標高1,468mのアンブヒマンガの丘は、15～16世紀頃に島を初めて統一した**メリナ族**の聖都である。この丘の名は「青く美しい丘」を意味し、王族の発祥の地であるとともに、宗教的な意味でも重要な場所だった。丘の上は、2.5kmに及ぶ二重の城壁と外堀に囲まれ、12tもある扉で閉ざされた14の門が設けられている。城壁のなかには900人ほどが居住したと考えられており、王の墓廟、聖なる森や泉、湖などがある。

文化的景観 ナイジェリア連邦共和国 MAP P011 B-3

オスン-オソボの聖林

Osun-Osogbo Sacred Grove

文化遺産

登録年 2005年 登録基準 (ii)(iii)(vi)

ナイジェリアの南西部、オソボのオスン川に沿った約75万m²の密林地帯は、**ヨルバ族**の神様の1つである豊穣の女神オスンの住処（すみか）とされている。森林の内部には5ヵ所の聖域が設けられており、神聖な樹木や石、泥、鉄などを使用して作られたオブジェのような祭壇が全部で50ヵ所も発見されている。森林の敷地内には、オーストラリアの芸術家スーザン・ヴェンゲルらが約40年かけて制作したという、神々に捧げる彫刻やオブジェもある。

文化的景観 南アフリカ共和国　MAP P011 D-5

マプングブエの文化的景観

Mapungubwe Cultural Landscape

文化遺産

登録年 2003年／2014年範囲変更　登録基準 (ii)(iii)(iv)(v)

▶ 聖なる山が見下ろす交易都市

ジンバブエとボツワナの国境近くにあるマプングブエは、10～14世紀にインド洋交易で繁栄したマプングブエ王国の都の遺跡。14世紀末の急激な気候変動による寒冷や干ばつによって衰退し放棄されたため、聖なる山として今も崇められている岩山の上にある王の宮殿のほか、2つの都の跡、集落、要塞、墓所などが手つかずの状態で残された。マプングブエ王国が輸出していた**象牙や金**、インドや中国から輸入していた磁器やガラス玉などの交易品が多数出土している。

文化的景観 ガボン共和国　MAP P011 

ロペ-オカンダの生態系と残存する文化的景観

Ecosystem and Relict Cultural Landscape of Lopé-Okanda

複合遺産

登録年 2007年　登録基準 (iii)(iv)(ix)(x)

ガボン中央部のロペ-オカンダは、熱帯雨林とサバンナという異なる自然環境を持つ地域で、多種多様の動植物が見られる。中でも植物は、最近になって発見された40以上の種を含め1,550種が確認された。丘の上や洞穴、岩陰からは、先史時代からの諸民族の住居や生活の痕跡、岩面彫刻が発見されており、オゴウェ川沿いにある一帯が、**バンツー族**などの多くの民族にとって、沿岸部と内陸部を結ぶ要所だったことを示している。

文化的景観 ケニア共和国　MAP P011 

ミジケンダ諸族のカヤ聖域森林

Sacred Mijikenda Kaya Forests

文化遺産

登録年 2008年　登録基準 (iii)(v)(vi)

ケニア南東のインド洋に面する沿岸部200kmの範囲に広がる森林地区には、**カヤ**と呼ばれる円形の村落が10ヵ所にわたって点在し、周囲の森は聖域と考えられている。聖域には丸く囲んだ防御用の柵をめぐらせ、柵には石壁と木のドアを設置し、周辺には住居もつくられた。これらは16世紀頃からこの地に住みはじめたミジケンダの人々が造成した。墓所や森林を守り、祖先の記念儀礼をはじめとするカヤ文化を形成していった。

文化的景観 セネガル共和国　MAP P011 A-③

サルーム・デルタ

Saloum Delta

文化遺産

登録年 2011年　登録基準 (iii)(iv)(v)

▶ 人間と自然の共存をあらわす埋葬跡群

3本の河川の支流で形成された面積約5,000㎢の地域に、200を超える小島のほか、マングローブ林や乾燥林、汽水性の河川が存在し、現在も地域の人々によって漁労や貝類の採集が行われている。文化遺産に登録されたのは、現地のバオバブ林のなかに貝でできた218個もの貝塚が存在するためで、なかには全長数百mのものまである。そのうち**28個の墳丘の上の埋葬地**の内部からは、考古学的に価値の高い工芸品も発見されている。

文化的景観 セネガル共和国　MAP P011

バッサーリ地方：バッサーリ族とフラ族、ベディク族の文化的景観

Bassari Country: Bassari, Fula and Bedik Cultural Landscapes

文化遺産

登録年 2012年　登録基準 (iii)(v)(vi)

セネガル南東部に位置し、バッサーリ族の**サレマタ地区**、ベディク族のバンダファシ地区、そしてフラ族のダンデェフロ地区の3地区で構成されている。3部族は11世紀から19世紀にかけてこの地に移り住んだが、地形的に異なる各地区の自然環境にあわせた食糧生産とそれに基づく文化を発展させてきた。それぞれの住民の文化的表現は各部族の農牧畜や社会のあり方、宗教的儀式の伝統などの違いから、独自の特徴を持つ。

文化的景観 エチオピア連邦民主共和国　MAP P011

コンソの文化的景観

Konso Cultural Landscape

文化遺産

登録年 2011年　登録基準 (iii)(v)

コンソ高原の約55㎢の範囲内に、石の壁に囲まれたテラスと要塞化された集落が分布している。これらの遺跡は、**21世代400年以上**にわたって乾燥した厳しい気候に適応してきた現地の人々の文化的な伝統や価値観、技術力、社会的な一体性などを現代に伝えている。集落内には木製の彫像が数多く残る。これらは人間の形をしており、住民から尊敬を集めていた人物や、後世に語り伝えるべき英雄的な行為を表現するために作られた。

宗教・信仰関連遺産

ギリシャ十字架をかたどった
ギョルギス聖堂

エチオピア連邦民主共和国

MAP P011 D-③

ラリベラの岩の聖堂群

Rock-Hewn Churches, Lalibela

文化遺産

登録年 1978年 登録基準 (i)(ii)(iii)

▶ 岩を掘って造られた驚異的なキリスト教聖堂群

エチオピア高原北東部、標高約3,000mの場所にあるラリベラの聖堂群は、**ザグウェ朝**の7代国王ラリベラの命により、12～13世紀に建造された11の岩窟キリスト教聖堂群。岩を掘り下げて造られており、エチオピアの文化、建築技術を知る上で貴重なものである。

12世紀末、聖地エルサレムはイスラム教徒の手に渡っていたため、ラリベラ王は都を「第二のエルサレム」にしようと、岩窟教会の造営に着手したと伝えられる。工事は、地表の高さに教会の最上部を造ることに始まり、それから周囲を掘り下げていき、同時に細部が整えられたと考えられる。ラリベラ王が死去した時には、すでに11の教会が完成していたが、二十数年という工期の早さに人々は驚き、「天使がつくった」と噂したという。

聖堂群はエルサレムのヨルダン川を模した川を挟んで、北部と南部にそれぞれ5つずつ、そして300mほど離れた場所に1つ点在している。最初に造られたと考えられている聖堂はマリアム聖堂で、屋根は彩色され、内部は壁画で装飾されている。また、最後となる11番目に造られたのは、柱を持たない十字形の箱のような造形がひときわ異彩を放つ**ギョルギス聖堂**。他にも、マリアム聖堂の中庭にあるマスカル聖堂、同じデザインで造られた2つの聖堂が内部でつながる**ゴルゴタ・ミカエル聖堂**、「聖母の家」という意味を持つデナゲル聖堂などがある。

当時、ヨーロッパではロマネスク様式やゴシック様式による教会が建設されていたが、ラリベラの岩窟教会は**アクスム王国***の建築様式、古代ローマやギリシャ、ビザンツ帝国の建築様式などの影響を受けている点が特徴である。ラリベラの聖堂は、今も司祭や修道士が暮らす現役の宗教施設であり、エチオピアのキリスト教徒なら一生に一度は訪れたいと願う聖地とされている。

地面から下に掘り下げられている

ガーナ共和国

MAP P011 B-3

アシャンティ族の伝統的建造物群

Asante Traditional Buildings

文化遺産

登録年 1980年　登録基準 (v)

▶ 誇り高きアシャンティ族の残された伝統

ガーナ中南部に位置する13の村々に立ち並んだ、神殿をはじめとする伝統的な建造物群は、17世紀に興ったアシャンティ王国の遺跡である。アシャンティ王国は、金と奴隷の輸出で栄えたが、20世紀、英国と交易の覇権を争って敗れ、植民地とされた。

残されたアシャンティ族の伝統的建造物は、日干しレンガと木材、草葺き屋根で造られている。うずまき形、鳥や魚、花などの装飾が施された壁も特色の1つ。遺跡の中心である**ニャメ神***をまつる神殿群にも見事な装飾が施されていたが、キリスト教宣教師たちに「呪物(じゅぶつ)の家」と蔑称(べっしょう)され、19世紀に起こった英国の支配に対する抵抗運動の中で英国軍に破壊された。**王家の霊廟(バレム)**も1895年に英国軍人によって焼き払われた。

現存する多くの建物が1950年代以降に復元されたもので、屋根は草葺きではなくトタン板を使用しているが年々劣化している。

アクスム王国：紀元前後にエチオピア北部で繁栄した王国。交易で栄え、キリスト教を受け入れた。　**ニャメ神**：アシャンティ族の最高神。

MAP P011 D-②

聖カトリーナ修道院地域

Saint Catherine Area

文化遺産

登録年 2002年　登録基準 (i)(iii)(iv)(vi)

▶ シナイ山にそびえる聖女の修道院

エジプト北東部のシナイ半島、標高2,285mの**シナイ山***の北麓にある聖カトリーナ修道院は、6世紀にビザンツ帝国の皇帝ユスティニアヌス1世によって建造されたキリスト教修道院。『旧約聖書』で、モーセが神から「十戒（じっかい）」を授けられた場所とされるシナイ山は、古くからユダヤ教、キリスト教、イスラム教の聖地とされていた。

シナイ山に、アレクサンドリアの聖女にちなんで名づけられた聖カトリーナ修道院が建てられたのは6世紀半ばのこと。7世紀になると、シナイ半島ではイスラム教が広まったが、イスラム教の開祖であるムハンマドは、キリスト教修道士の税を免除したと伝えられており、こうした恩恵に謝意を示すため、聖カトリーナ修道院の一部はモスクに改修されている。11～13世紀にかけて、十字軍がこの地域に遠征した時代には、聖カトリーナのものと伝えられる聖遺骸を納めた棺に祈りを捧げるために多くの巡礼者がヨーロッパから訪れたという。修道士たちが静かな祈りの生活を続けてきた聖カトリーナ修道院は、現在でも活動している世界最古の修道院とされている。

聖カトリーナ修道院は花こう岩の防壁で囲まれており、その内側には、領域のなかで最古の建造物とされる「**燃える柴*礼拝堂**」をはじめ、聖カトリーナの遺骸が納められていると伝わるバシリカ式の教会堂などが並んでいる。修道院の南西端には、貴重なコレクションを持つ図書館があり、4世紀頃に書かれた聖書写本『**シナイ写本**』などが収蔵されている。また、キリストや聖人などを描いた絵画であるイコンを所蔵するイコン・ギャラリーもあり、これらのイコンは、ビザンツ帝国で起きた偶像破壊運動以前に描かれたもので非常に価値がある。

シナイ山の山麓にある聖カトリーナ修道院

シナイ山：ホレブ山（モーセの山の意）とも呼ばれる。　**燃える柴**：モーセは、聖なる山に入ろうとしたとき、「燃える柴」のなかに神を見たとされている。

危機遺産 エジプト・アラブ共和国 MAP P011 D-2

聖都アブー・メナー

Abu Mena

文化遺産

登録年 1979年／2001年危機遺産登録　登録基準 (iv)

▶ 砂に埋もれていたコプト教の聖地

アブー・メナーは、4～5世紀頃に**コプト教***の聖地として繁栄した宗教都市。ビザンツ帝国の歴代皇帝、アレクサンドリア総大主教などの庇護のもとで、教会や聖堂、洗礼堂、修道院、墓地のほか、巡礼者のための宿泊所などを備えた巡礼都市に発展した。

900年前後には**ベドウィン***によってこの地の建造物は徹底的に破壊された。イスラム教徒はこの街を新たにアブー・メナーと名づけたが、13世紀頃には放棄され、1905年に発見されるまで砂に埋もれていた。現在、地盤の軟化による倒壊の恐れが懸念されている。

アブー・メナーの遺跡

チュニジア共和国 MAP P011 C-1

聖都カイラワーン

Kairouan

文化遺産

登録年 1988年／2010年範囲変更　登録基準 (i)(ii)(iii)(v)(vi)

▶ イスラムの聖都

カイラワーンはイスラム教の重要な聖地の1つであり、巡礼の季節には各地からイスラム教徒たちが訪れる。670年頃、中東のダマスカスから遠征した**ウマイヤ朝**の将軍ウクバがビザンツ軍を撃破。その宿営地が、カイラワーンの起源である。

カイラワーンはバグダードを模して建設され、大モスクを中心として15の通りを持つ街となった。9世紀に入ると**アグラブ朝**の首都となり、交易都市として発展。しかし11世紀のなか頃、ファーティマ朝の攻撃を受けて衰退した。

カイラワーンの大モスクのミナレットと柱廊

コプト教：エジプトを中心に発展した原始キリスト教の一派。　**ベドウィン**：砂漠に住むアラブ系の遊牧民族。

岩絵

キリンやライオンなどの姿が生き生きと描かれる

ナミビア共和国

MAP P011 C-5

文化遺産

トゥウェイフルフォンテーン（ツウィツァウス）

Twyfelfontein or /Ui-//aes

登録年 2007年　登録基準 (iii)(v)

▶ 宗教儀式の様子を伝える岩石芸術

トゥウェイフルフォンテーンは、アフリカ西海岸にあるナミビアの北西部に位置しており、6,000年前から2,000年前の先史時代における、この地を支配した狩猟採集民たちの信仰や生活などを表現した岩石芸術を現代に伝える遺跡である。現地のナマ語では「ツウィツァウス」と呼ばれる。

アフリカ大陸において最も多くの岩石芸術が見られる場所としても知られている。現地の人々の長期にわたる生活スタイルや経済活動、価値観などの変遷の様子が、高いレベルの表現により一貫して描き出されている点が注目されている。

この遺跡では、約230の岩面に、**2,075ヵ所の岩面彫刻と岩絵**が観察されており、いずれも保存状態は非常に良好である。絵柄はキリンやサイ、シマウマ、ゾウ、ダチョウなどを描いたものが多く、ダチョウ以外の鳥類や人間を対象としたものは比較的少ない。なかには動物の足跡を描いたものや、**5本指のライオン**の姿が描かれたもの、**人間がライオンなどの動物に変身する姿を描いたもの**もあり、不思議な描写からなる独特な岩絵も残る。現地周辺の6ヵ所の洞窟からは、儀式の場で舞踏を行う人間の様子を、黄土を使用して描いた岩絵も見つかっており、岩絵自体が宗教上の儀礼の一環で描かれたものだと考えられている。

遺跡の近隣一帯からは、新石器時代に製作されたと思われる石の工芸品、**ダチョウの卵の殻を利用してつくられたビーズ**、岩のかけらを加工した装飾品なども発見されている。

しかし、10世紀頃に岩絵は描かれなくなった。これは、他の牧畜民が移り住んだことやヨーロッパの植民者などが訪れるようになったことが原因であると考えられている。これらの一連の出土品や遺跡における岩石芸術群は、この地域に他の民族やヨーロッパ人植民者が訪れ始める以前の生活を、視覚的な情報を通じて今に伝えている。

文化的な伝統を証明し、特定の時代を今に伝えている点、岩場の続く風土の中で人々が自然と調和しながら生活してきた点などが評価され、ナミビア共和国初の世界遺産として登録された。

現地の人々の遺跡保護に対する無理解や無関心、1990年独立の新興国家ならではの政治的事情によって、その重要性が深く顧みられることなく放置されてきた。ナミビア地域の狩猟採集民社会における、宗教儀式や経済活動についての貴重な記録を守るため、今後は手厚い保護や支援が求められている。

ボツワナ共和国

MAP P011 C-5

ツォディロの岩絵群

Tsodilo

文化遺産

登録年 2001年　登録基準 (i)(iii)(vi)

アンゴラ
ナミビア
ボツワナ
南アフリカ

▶ サン族の絵が高密度で残る丘陵地

ボツワナ北西部の丘陵地ツォディロは、狩猟民族**サン族**が10万年以上前から19世紀頃まで描いた岩絵が残る。4,500点を超える絵が、**カラハリ砂漠**の10㎢の範囲に集中しており、世界的に見ても珍しい高密度で存在している。

赤い顔料が使われた岩絵にはサイやキリンなどの野生動物が多く描かれており、白い顔料では牛が多い。岩絵は時代ごとに様々な描かれ方をしており、この地域の生活と環境の変化を読み取ることができる。またツォディロは、厳しい環境で暮らす地元民族にとって祖先の霊が訪れる聖地として崇められている。

ツォディロの岩絵の例

MAP P011 C-2

文化遺産

タドラールト・アカークスの岩絵遺跡群

Rock-Art Sites of Tadrart Acacus

登録年 1985年／2016年危機遺産登録　登録基準 (iii)

▶ 歴史を語る無数の岩面画

リビア南西部フェザン地方の砂漠地帯にある『**タドラールト・アカークス**の岩絵遺跡群』は、紀元前1万2000年頃から、紀元前後頃までに岩肌に描かれた多数の線刻画である。アルジェリアとの国境付近にあり、アルジェリアの世界遺産『タッシリ・ナジェール*』にも近い。「タドラールト」とは、現地の言葉で「山」という意味。現在この一帯は、サハラ砂漠でも最も厳しい環境の1つとされている。

岩面画は、紀元前8000年頃まではゾウ、サイ、キリンなど**大型の哺乳類**が描かれ、前8000～前4000年頃には狩猟の様子などを描いた彩色画も描かれた。前1500年頃までは家畜化された馬など牧畜中心の生活をうかがわせる絵が多く、そして紀元前数百年頃までは馬が、その後は土壌が乾燥したためラクダの姿が描かれた。**岩面画の変化**が、古代の生活、及び周辺の環境変化を克明に伝える。

様々な動物が描かれている

タッシリ・ナジェール：上巻p.398参照。

タンザニア連合共和国

MAP P011 D-④

コンドアの岩絵遺跡群

Kondoa Rock-Art Sites

文化遺産

登録年 2006年　登録基準 (iii)(vi)

コンゴ民主共和国
ケニア
タンザニア
ボツワナ
マダガスカル

▶ 狩猟民から農耕民に受け継がれた岩絵

タンザニア中央部、**グレート・リフト・バレー***に接したマサイ崖の東側一帯にある『コンドアの岩絵遺跡群』は、少なくとも2,000年にわたって描かれてきた岩絵芸術の遺跡である。

世界遺産に登録されている約2,336k㎡の範囲の岩絵は、**150以上の岩窟住居**に描かれている。初期に描かれた赤絵は、動物や弓矢など狩猟に関するもの。後期の白黒絵は、1,500年ほど前にやってきた農耕牧畜民により指で描かれたもので、円や線、四角、点などの幾何学的な模様である。

岩絵は芸術性が極めて高く、その描写からこの地に住み続けてきた人々の生活を知ることができる。また、岩絵のある場所は、今も地元の人々によって様々な宗教儀式のために活用されている。

マラウイ共和国

MAP P011 D-⑤

チョンゴニの岩絵地区

Chongoni Rock-Art Area

文化遺産

登録年 2006年　登録基準 (iii)(vi)

アンゴラ
マラウイ
ナミビア
ボツワナ
南アフリカ

▶ 古来の伝統を今に伝える岩絵

マラウイ中央部、高原地帯のチョンゴニ地域は、中部アフリカで最も多く先住民の岩絵が密集する地域。岩絵は面積126.4k㎡の範囲に、127ヵ所にもわたって残る。岩絵のなかでも最も古いのは、新石器時代にこの地域に住んでいた狩猟採集民の**バトゥワ(ピグミー)族**が描いたものと考えられている。絵は赤い色が使われた幾何学的な図柄で、雨乞いや豊穣を祈願する意味が込められている。1世紀頃、北から入ってきた農耕民族**チュワ族**が、白い粘土で写実的な絵を描きはじめ、11世紀以降には神話などがモチーフとなった。

幾何学的な岩絵

グレート・リフト・バレー：大地溝帯。アフリカ大陸を南北に縦断する巨大渓谷で、プレート境界の1つ。

アワッシュ川流域

エチオピア連邦民主共和国

MAP P011 E-③

アワッシュ川下流域

Lower Valley of the Awash

文化遺産

登録年 1980年　登録基準 (ii)(iii)(iv)

▶ アウストラロピテクス・アファレンシス発見の地

エチオピア東北部に位置するアワッシュ川下流域一帯からは、先史時代の人類の化石が大量に発掘されている。

古人類学研究において重要な意味を持つ中新世や鮮新世、更新世といった時期の地層の多くは、**大地溝帯**周辺に集中している。これは現地の火山活動が活発で、上から積もる火山灰が過去の動物相や植物相を保存するためと考えられている。また、この地域で盛んに起こる地殻変動は、高原や山々を形成し、その結果として渓谷地帯に地域の堆積物が流れ込みやすい環境をつくり出すことになった。

1973年から1976年まで、この地域の人類や動物の化石を調査するべく、国際的な専門家のチームによる大規模な発掘プロジェクトが組まれた。1974年に発掘されたのが、350万年以上前にすでに二足歩行を行っていたという猿人**アウストラロピテクス・アファレンシス**の化石である。この調査中に全身骨格の約4割が発掘されたメスの原人の個体は、「**ルーシー***」と名づけられ、古人類の研究上、重要な史料となっている。

この生物は、現生人類を含んだ「ヒト科」における共通の祖先であると位置付けられ、オスとメスとの間で大きな体格差があることなどが特徴。

ルーシー：当時エチオピアで流行していたビートルズの曲「Lucy in the Sky with Diamonds」にちなむ。

エチオピア連邦民主共和国

MAP P011 D-③

オモ川下流域

Lower Valley of the Omo

文化遺産

登録年 1980年　登録基準 (iii)(iv)

▶ 人類の進化をさかのぼる化石発掘地

エチオピア南部を流れるオモ川の下流域は、人類と動物の化石を大量に含む岩石層がある化石発掘地。1967年に、400万年前のアウストラロピテクス・エチオピクスの下顎骨(かがくこつ)が見つかって以降、現代人の直接的な祖先であるホモ・エレクトゥスなど、250万〜4万年前の猿人、原人の化石が次々と発掘された。なかでも**アウストラロピテクス属**に関しては、数種が発見されており、現在世界で判明している種の大部分を占める。また、250万年前に現生人類ホモ・サピエンスの最初の祖先とされる**ホモ・ハビリス***が使用したとされる石器類も出土した。

オモ川流域

南アフリカ共和国

MAP P011 D-⑤

南アフリカの人類化石遺跡群

Fossil Hominid Sites of South Africa

文化遺産

登録年 1999年／2005年範囲拡大　登録基準 (iii)(vi)

▶ 初期人類の痕跡を多く残す稀少な地域

南アフリカ北東部のスタークフォンテン渓谷に位置するスタークフォンテン、スワートクランズ、クロムドラーイは、初期人類の化石や居住地が残る人類化石遺跡である。これらの化石はアフリカ大陸が「人類のゆりかご」であることを疑問の余地なく証明している。

石灰岩の洞窟群では、この地で初めて発見され、「アフリカの南のサル」という意味の名前を持つ**アウストラロピテクス・アフリカヌス**をはじめ、ホモ・ハビリスなど450万〜250万年前の人類の化石が発掘されている。アウストラロピテクス・アフリカヌスは、二足歩行や石器を使うといった初期人類の特徴において、非常に貴重な証拠である。また、330万年前のホモ・エレクトゥスの居住跡、180万〜100万年前の火を使用した痕跡なども多く見つかっている。さらに、絶滅したサーベルタイガー種の**マカイロドゥス**などの動物の化石も発見された。

ホモ・ハビリス：現生人類ホモ・サピエンスの最初の祖先。

多種の動物が生息するンゴロンゴロ自然保護区

タンザニア連合共和国

MAP P011 D-4

複合遺産

ンゴロンゴロ自然保護区

Ngorongoro Conservation Area

登録年 1979年／2010年範囲拡大　登録基準 (iv)(vii)(viii)(ix)(x)

▶ マサイ族と動物が共存する自然保護区

タンザニア北部、アルーシャ州の『ンゴロンゴロ自然保護区』は、火山の噴火によって生まれたクレーターを中心に広がる面積およそ300㎢の大草原で、約2万5,000頭の野生動物が生息する地域。「アフリカ自然保護区の至宝」や「世界の動物園」とも呼ばれる。

もともと、ンゴロンゴロ自然保護区の大部分は火山であった。一群の火山が噴火を繰り返した結果、現地の言葉で「巨大な穴」を意味する約300㎢の**ンゴロンゴロ・クレーター**が誕生。クレーターは、底部の標高約1,800mで、標高約2,300～2,400mの外輪山（がいりんざん）*に囲まれている。

周辺の気候は温暖で、頻繁に霧がかかり、短時間ながらも激しい降雨もある。植物にとっては好環境であるため、クレーターの地面のほぼ全域が植物で覆われている。クレーターの底には沼地、アカシアの森、サバンナが広がり、外輪山の急な斜面には灌木類が茂るほか、一部には霧の立ちこめる森林が形成されている。こうしたンゴロンゴロ自然保護区の変化に富む自然環境が、多種多様な動物の生息を可能にしている。

この地域では、乾季になっても沼に水が絶えることがないため、オオフラミンゴな

外輪山：カルデラ（火山でできたくぼ地）の縁にあたる尾根の部分。

ど約400種の鳥類が生息する。草原地帯には草を求めて移動を続けるヌーが生息し、その頭数は保護区内で約7,000頭が確認されている。また、各地で密猟の被害に遭い絶滅が危惧されているクロサイも、わずかではあるが確認されている。他にも、ヒョウやアフリカゾウ、マウンテンリードバック、フラミンゴ、水牛などが生息している。ンゴロンゴロ地区に生息する動物たちの特徴の1つとして、その多くが人間を恐れる様子を見せないことが挙げられる。そのため、保護区は動物の生態の研究・調査に適した場所となっている。

ンゴロンゴロ地区は人類の起源を研究する上でも重要な地域であり、保護区の西端に位置する**オルドゥヴァイ渓谷**では、**アウストラロピテクス**をはじめとする先史人類の骨や足跡の化石、そして石器が多数発見されている。これらは、1959年から、主にイギリス人考古学者ルイス・リーキー博士とマリー夫人によって発掘された。また、2010年の世界遺産委員会において、オルドゥヴァイ渓谷で発見された化石や、ライトリの360万年前の人類の生痕化石により、人類の進化を物語るとして登録基準(iv)が認められ、複合遺産となった。

ンゴロンゴロの一帯は、古くから**マサイ族**が住む地域であった。彼らは、「動物たちはすべて神からの贈り物」という考えを持っており、放牧生活を営みながら動物と共存してきた。

しかし1951年、タンザニアを統治していた英国政府は、ンゴロンゴロ地区と隣接するセレンゲティ平原*を1つの国立公園に指定。マサイ族が伝統的な狩猟・放牧生活を行えなくなるこの政策に対し、マサイ族は放牧権を奪われたと抗議の声を上げた。その結果、ンゴロンゴロ地区は自然保護区として国立公園から分離されることとなった。1975年にクレーターを放牧目的で使用することは禁止されたが、マサイ族はクレーターの外で放牧を行う一方で密猟者の監視を行い、動物との共存を続けている。

伝統的な衣装を身にまとったマサイ族

セレンゲティ平原：別の世界遺産『セレンゲティ国立公園』として登録されている。上巻p.412参照。

アルジェリア民主人民共和国

MAP P011 B-②

複合遺産

タッシリ・ナジェール

Tassili n'Ajjer

スペイン
イタリア
地中海
モロッコ
アルジェリア
リビア
マリ

登録年 1982年　登録基準 (i)(iii)(vii)(viii)

▶ サハラの草原を描いた岩壁芸術

サハラ砂漠最深部のこの地には、紀元前6000年から後1世紀頃に描かれた15,000点以上の岩絵が残る。「タッシリ・ナジェール」とは、現地のタマシェク語で「**川が流れる台地**」という意味。サハラ砂漠にある山岳台地で、深い谷や干上がった川、浸食作用によってできた「岩の森」と呼ばれる景観が続く。4つの時代で区分される岩絵は、動物に加え、狩りや戦闘の様子、放牧民の姿などが描かれる。この一帯は先史時代には現在と気候や景観が異なり、**定期的に雨の降る恵まれた土地で、豊かな動物相が見られたことが岩絵からわかる**。

セファールの白い巨人

文化的景観　チャド共和国

MAP P011 C-②

複合遺産

エネディ山塊：自然的・文化的景観

Ennedi Massif: Natural and Cultural Landscape

アルジェリア
マリ
ニジェール
チャド
ナイジェリア
中央アフリカ

登録年 2016年　登録基準 (iii)(vii)(ix)

▶ サハラ砂漠最大の壁画群

チャドの北東に位置するエネディ山塊は、長い時間をかけて水や風に浸食され台地となった砂岩の山塊である。峡谷には断崖や天然のアーチ、尖塔などの絶景が広がる。**最も大きな峡谷は常に水を湛えており、山塊に生息する動植物の生態系を維持する上で重要な役割を果たしている**。洞窟や峡谷の表面の岩には、何千もの絵が描かれたり彫られたりしている。紀元前5000年代の岩絵もあり、**サハラ砂漠最大の壁画群の1つ**となっている。エネディ山塊は自然美や文明の存在を示す文化的価値が認められ、複合遺産として登録された。

エネディ山塊の岩絵

南アフリカ共和国及びレソト王国

MAP P011 D-6

マロティ-ドラーケンスベルグ公園

Maloti - Drakensberg Park

複合遺産

登録年 2000年／2013年範囲拡大　登録基準 (i)(iii)(vii)(x)

▶ 雄大な自然と4,000年前の岩壁画が残る景勝地

南アフリカ東部に位置する3,000m級の峰が連なる山岳地帯で、サハラ以南では際立って多い数の岩絵が見つかっている。地形の変化に富んだ総面積240km²以上を誇るドラーケンスベルグ公園は風光明媚な景勝地で、絶滅が危惧されるヒゲハゲタカなどの野鳥をはじめ、貴重な動植物が生息し、**ラムサール条約**の登録湿地にもなっている。

一帯の洞窟には、**サン族**が4,000年以上にわたって描いたとされる3万5,000点以上もの岩絵が残る。動物の血で色づけされたものもあり、儀式の場であったと考えられる。

サイの岩絵

マリ共和国

MAP P011 B-3

バンディアガラの断崖

Cliff of Bandiagara (Land of the Dogons)

複合遺産

登録年 1989年　登録基準 (v)(vii)

▶ ドゴン族の独特な家屋が並ぶ断崖

マリ中央部のニジェール川流域にある、15世紀にやってきた**ドゴン族**の集落が残る地域。3世紀頃から人の定住が始まり、15世紀初頭、大航海時代に西アフリカで行われた奴隷狩りやイスラム化、戦禍から逃れるためにドゴン族が移り住んだ。今も約25万人のドゴン族が700もの集落を形成し暮らしている。集落は**アンマ**という神を信仰するドゴン族の神話に由来しており、集会所のトグナはドゴンの始祖を表す8本の柱*で支えられている。

断崖につくられたドゴン族の穀物倉庫

始祖を表す8本の柱：大地と神の交流によって生まれた8人の男女がドゴン族の始祖とされている。

自然の景観美

キリマンジャロのふもとで暮らす動物たち

タンザニア連合共和国

MAP P011 D-4

キリマンジャロ国立公園

Kilimanjaro National Park

自然遺産

登録年 1987年　登録基準 (vii)

コンゴ民主共和国　ケニア　タンザニア　ボツワナ　マダガスカル

▶ 数多くの表情を持つアフリカ大陸最高峰

タンザニア北東部の『キリマンジャロ国立公園』は、サバンナにそびえる標高5,895mのアフリカ最高峰キリマンジャロを中心に広がる、自然豊かな公園である。

キリマンジャロは、約75万年前の火山活動で誕生した山である。噴火を繰り返し、巨大な火口から流れ出た溶岩が幾層にも重なって、美しくなだらかな円錐の姿が形成された。山の中央には、西から**シラー峰**、**キボ峰**、マウェンジ峰が並ぶ。シラー峰はマサイ族から「神の家」と呼ばれており、最も標高が高い中央のキボ峰は現在も活動を続ける活火山である。キリマンジャロは赤道の南300kmに位置し、ふもとは熱帯サバンナでありながらも峰は万年雪に覆われているため、アフリカでは神秘的な山とみなされており、現地の言葉で「輝く山」を意味するとされる。キボ峰の山頂には、最大のレープマン氷河のほか、アロー氷河やクレデナー氷河などが残るが、地球規模の気候変動などの理由もあり、大きさが縮小してきているという。

地上のサバンナから山頂までの標高差は約5,000m。キリマンジャロの植物相は、標高によって変化を見せるため、植物学者にとっては垂直分布相の指標となっている。また動物の生態も標高によって異なり、キリマンジャロには、赤道から極点に至るまでの、地球上の様々な気候帯を凝縮したような世界が広がる。

周囲のサバンナ地帯は土壌が豊かで、農地として利用されている。標高1,500 mあたりからは熱帯雨林のジャングルが始まる。大量の雨が降り注ぎ、しばしば濃い霧に包まれる森は、ランやシダ、ツル植物、40 mを超える高木で埋め尽くされ、足を踏み入れるすき間のないほど。豊かな森には多種多様な動物が生息しており、ヒョウやライオン、ブルーモンキーやオオガラゴなどのサル類などが見られる。標高3,000 mからは**ヒース***と草原が広がり、一部が湿地帯。野生の草花の宝庫で、小動物が住む。標高4,000 mを超えると日中は40度、日暮れには氷点下まで気温が下がる。この過酷な環境で生息できる植物は、わずか50種ほどとされている。やがて標高4,500 mに至ると氷河が見えはじめ、山頂付近は万年雪に覆われた不毛地帯となる。動物の足跡が見られることもあるが、定住することはない。

1848年、キリマンジャロを見たドイツ人宣教師ヨハン・レープマンが、アフリカにも雪を頂く山があることをロンドンの王立地理学会で報告した。しかし、当時のヨーロッパ人にとってアフリカに雪があるなど信じられないことだった。後に、地理学者**ハンス・マイヤー**が登山家ルートヴィヒ・プルトミュラーの協力を得て山頂付近に到達し、雪があることを確認。1936年、ヘミングウェイが小説『キリマンジャロの雪』を発表し、キリマンジャロは世界に広く知られることになった。

キリマンジャロはケニアとの国境に位置するが、山体の全てがタンザニア領になっている。これは、19世紀にヨーロッパ列強によるアフリカ分割が進んでいく中、キリマンジャロがアフリカ最高峰であることを知った、現在のタンザニア周辺を支配していたドイツ帝国皇帝ヴィルヘルム1世が、現在のケニア周辺を植民地にしていた英国に国境線の変更を要求し認められたためである。

キリマンジャロと周囲の森林には多くの動物が暮らしていたため、かつては狩猟区として人気があったが、20世紀初頭から保護対象となり、タンザニア独立後の1973年に国立公園に指定された。

キリマンジャロ山頂の氷河

ヒース：ツツジ科やマメ科の低木の総称。また、それらに覆われた荒れ地のこと。

アイールとテネレの自然保護区群

Air and Ténéré Natural Reserves

自然遺産

登録年 1991年／1992年危機遺産登録　登録基準 (vii)(ix)(x)

▶ 拡大する砂漠地帯に残された自然

ニジェールのほぼ中央、アイール山地の一部とテネレ砂漠からなる総面積約7万7,000㎢の『アイールとテネレの自然保護区群』には、厳しい乾燥地帯であるにもかかわらず多種の動植物が生息している。サハラ砂漠の南にそびえる標高約2,000mのアイール山地から、砂地に岩が点在する中間地帯を経て、保護区の5分の3を占めるテネレ砂漠に続く。気候環境は極めて厳しく、11月から2月は零度を下回るほどに冷え込み、逆に3月から6月にかけては最高気温が50度にも達する。また、7月から10月にかけては大雨が降り、涸れ川が一瞬にして危険な濁流に変化する。

この一帯で確認された植物類は350種以上に上り、多くはアイール山中に集中している。動物は、40種を超える哺乳類、165種の鳥類、18種の爬虫類が確認されている。アヌビスヒヒや、パタスモンキーといった、地域特有の亜種も見ることができる。また保護区の中央部には、調査研究と絶滅危惧種の保護を目的に特別保護区が設けられており、砂漠に生息する希少種である牛科の**アダックス**や**ダマガゼル**にとっては、この保護区がいわば最後の避難所となっている。

現在、一帯はほとんど不毛の地といえる状態だが、かつては「緑のサハラ」と呼ばれた熱帯雨林に包まれた豊かな土地であった。アイール山中では、紀元前5500年～前2000年頃に描かれたと思われる岩絵が発見され、ゾウやキリンといった現在この地域では見られない動物や、ヒツジの祖先であるムフロンなどが描かれている。また、保護区内からは居住跡や砥石、土器の欠片といった新石器時代文明の跡も発見された。現在でもトゥアレグ族が暮らしており、**特別保護区内での狩猟や伐採の禁止は彼らの生活手段を奪ったため**内戦に発展した。そのため、1992年より危機遺産リストに記載されている。

アイールとテネレの自然保護区に広がる砂漠

MAP P011 E-5

自然遺産

ツィンギー・ド・ベマラハ厳正自然保護区

Tsingy de Bemaraha Strict Nature Reserve

登録年 1990年　登録基準 (vii)(x)

▶ 奇岩が連なるキツネザルの避難所

マダガスカル島西部マジュンガ州に位置する『ツィンギー・ド・ベマラハ厳正自然保護区』は、自然保護、景観保護を目的に指定された、約1,520㎢の保護区である。ツィンギーとは「先の尖った」という意味で、保護区一帯には、ナイフのように尖った高さ100mにも及ぶ岩がそそり立っている。この奇岩群は、石灰岩のカルスト台地が、雨によっておよそ1億6,000万年もの長きにわたって溶け、尖塔状になったと考えられている。保護区の石灰岩台地には、岩がまっぷたつに割れたような巨大な亀裂が無数に存在するが、これも溶食作用がもたらしたもの。かつてカルスト全体を土が覆っていた時代に、溶けやすい部分が垂直に溶け出した跡である。

奇岩地帯では、雨が降っても岩と岩との隙間に吸収されてしまうため、この地を原産とするアロエなどの乾燥に強い植物が多く見られ、保護区内には原生林やマングローブの沼地も広がっている。これらの樹木は岩肌に根を張り、石灰岩台地の地下にまで根を伸ばして水を汲み上げるが、こうして茂った樹木が、動物たちが暮らせる環境をつくり出す。森や沼地には世界でも珍しい動物が生息しており、多くの種類のカメレオンや鳥などが見られるが、なかでも**レムール***と呼ばれるキツネザルの仲間たちが有名。島民に「悪魔の使い」として恐れられている**アイアイ**は、現在、島全体で数百匹しかいないとされ、最も絶滅が危惧されるキツネザルの一種である。また、「シファカ跳び」と名づけられたユニークな歩き方で道を渡る姿で知られる**ベローシファカ**、世界で最も小さな霊長類の一種であるネズミキツネザルも生息する。

これらのキツネザルの仲間は、かつてマダガスカル島の各地にあった原生林で見られた。しかし、およそ2,000年前に人間がマダガスカル島に住み始めると、農地開拓のために多くの原生林が焼き払われた。すみかを奪われたキツネザルたちはツィンギー・ド・ベマラハに逃げ込んだ。

雨などに削られて尖ったカルスト台地

レムール：マダガスカル島及びコモロ諸島周辺のいくつかの島に生息するキツネザルの総称。「精霊」を意味する、ラテン語の「レムレス」に由来。

ケニア共和国

MAP P011 D-④

大地溝帯にあるケニアの湖沼群

Kenya Lake System in the Great Rift Valley

自然遺産

登録年 2011年　登録基準 (vii)(ix)(x)

▶ 13種類もの絶滅危惧種が生息する鳥類の楽園

リフトバレー州に位置するケニアの湖沼群は、ボゴリア湖、ナクル湖、エレメンタイタ湖などの**比較的浅い湖が地下でつながり**広がっている。

この地域は**コフラミンゴ**にとって重要なエサ場で、モモイロペリカンの営巣や繁殖の拠点でもある。鳥類の多様性は世界有数で、この湖沼群だけでも絶滅が危惧されている13種が生息。哺乳類も、クロサイやロスチャイルドキリン、グレータークーズー、ライオン、チーター、リカオンなどが相当数生息しており、野生動物の生態学的プロセスを研究する上で貴重である。

コフラミンゴの群れ

チャド共和国

MAP P011 C-②

ウニアンガ湖群

Lakes of Ounianga

自然遺産

登録年 2012年　登録基準 (vii)

▶ 砂漠と湖が織りなす美しい景観

『ウニアンガ湖群』のあるチャド共和国北部は、年間降水量が2mm以下の、サハラ砂漠でも最も暑く乾燥した地域である。

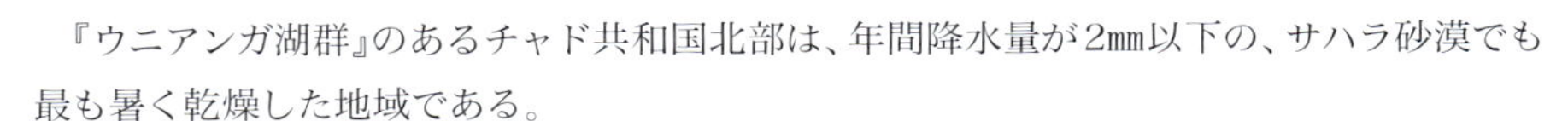

『ウニアンガ湖群』は、628k㎡の広さを持ち、互いにつながりあう18の湖から構成されている。様々な色合いを見せる湖の色彩と、それぞれ異なる深さや形状が、美しい自然景観をなしているとして、登録基準(vii)のみで登録されている。

地下水を水源とする、塩湖と超塩湖、淡水湖からなり、少なくとも1万年前には1つの湖であったが、現在は大きく2つのグループに分かれている。一方の**ウニアンガ・ケビル**には4つの湖があり、最大の塩湖ヨアン湖は塩分が強く、藻類とわずかな微生物しか生息していない。他方の**ウニアンガ・スリ**には14の湖があり、非常に澄んだ淡水湖であるため、魚類などの水生生物の生息地となっている。

セネガル共和国

MAP P011 A-2

ジュジ国立鳥類保護区

Djoudj National Bird Sanctuary

自然遺産

登録年 1981年　登録基準 (vii)(x)

▶ セネガル川河口に広がる渡り鳥のオアシス

セネガル川の河口付近に広がる一帯は、地中海とサハラ砂漠から150万羽以上の渡り鳥が飛来する場所で、ラムサール条約にも登録されている。河口のデルタ地帯には、5,000羽ほど生息する**モモイロペリカン**をはじめ、300種ほどの鳥類が確認されている。多くの鳥たちが巣を作り、休息地や繁殖地になっている。また、絶滅の危機に瀕しているアフリカマナティも生息。水位と水質の低下が環境に悪影響をもたらし、危機遺産に登録されたが、2006年に脱した。

南アフリカ共和国

MAP P011 D-5

イシマンガリソ湿地公園

iSimangaliso Wetland Park

自然遺産

登録年 1999年　登録基準 (vii)(ix)(x)

南アフリカの北東部の海岸部に位置するイシマンガリソ湿地公園は、セント・ルシア湖とムクゼ湿原を中心に、サンゴ礁、砂浜など多様な自然環境を持つ。公園内では53種のサンゴが見られるが、この地が**アフリカでサンゴが見られる南端**である。他に734種の植物、希少種のシロサイなど129種の哺乳類も確認されている。また、521種にも及ぶ鳥類の繁殖地としても有名。沖ではイルカやクジラ、サメが姿を見せることもある。

マラウイ共和国

MAP P011 D-5

マラウイ湖国立公園

Lake Malawi National Park

自然遺産

登録年 1984年　登録基準 (vii)(ix)(x)

マラウイ共和国の国土の4分の1を占めるマラウイ湖南端の『マラウイ湖国立公園』は、湖に浮かぶ12の島々を含めて構成されている。マラウイ湖の水深は約700mで、透明度が高く、温度が1年を通じて一定のため、この湖の魚には産卵期がない。500～1,000種の魚類が生息するといわれているが、中でも**シクリッド科の魚**は、ガラパゴス諸島のフィンチに匹敵する、生命の進化を解明する上での重要な研究材料とされている。

セーシェル共和国

MAP P011 E-4

アルダブラ環礁

Aldabra Atoll

自然遺産

登録年 1982年　登録基準 (vii)(ix)(x)

ケニア
セーシェル
タンザニア
モザンビーク
マダガスカル

▶ 4つのサンゴ島からなる絶海の孤島

セーシェル諸島の最も西に位置する、環状に浮かんだ大小4つのサンゴ島。海底に形成されたサンゴ礁が、海面上に持ち上げられたものである。アフリカ大陸から640kmも離れた絶海の孤島であるため人の手が入らず、独自の植物相を保っている。インド洋のほかの島々では姿の見られなくなった、体重300kgに達する世界最大のリクガメの一種**アルダブラゾウガメ**が約15万頭生息していることは貴重。絶滅が危ぶまれているタイマイとアオウミガメも、産卵場所を求めて姿を見せる。珍しい植物も多く、**ダーウィン**が当時の政府に保護を進言したほどである。

アルダブラゾウガメ

エチオピア連邦民主共和国

MAP P011 D-3

シミエン国立公園

Simien National Park

自然遺産

登録年 1978年　登録基準 (vii)(x)

サウジアラビア
スーダン
エチオピア
ケニア

▶ 希少動物がひしめく山岳地帯

標高4,620mのアフリカ第4の山、ラスダシャン山がそびえる山岳地帯の公園。氷河がつくり出した渓谷や岩山が広がり、「アフリカの天井」といわれるシミエン山地は、一日の寒暖差が激しく、限られた動植物しか生息できない。かつてアフリカ大陸がヨーロッパ大陸と地続きだったことの証明となる**ワリアアイベックス**や、ここでしか見られない**ゲラダヒヒ***などが観察できる。密猟や新道路の建設計画などにより1996年から危機遺産リストに記載されていたが、政府が代替の道を作るなどの対策を採ったため、2017年に危機遺産リストから脱した。

ワリアアイベックス

ゲラダヒヒ：ライオンのようなたてがみが特徴の霊長類。現地ではキリストの使いとして珍重されている。

ジンバブエ共和国

MAP P011 D-5

自然遺産

マナ・プールズ国立公園、サピとチュウォールの自然保護区

Mana Pools National Park, Sapi and Chewore Safari Areas

登録年 1984年　登録基準 (vii)(ix)(x)

▶ 南アフリカ屈指の草食動物の楽園

ジンバブエ北部にあるマナ・プールズ国立公園と、隣接するサピとチュウォールという2つの自然保護区は、草食動物たちの楽園となっている地域。ザンベジ川の中流域、アフリカ大地溝帯の断層が横切る谷間に広がり、英国の植民地時代から厳しい規制と監視で保護されてきた。雨季には完全に浸水するため人間や肉食動物はあまり見られず、乾季でも緑が生い茂るため、ゾウやサバンナシマウマ、アフリカスイギュウなど草食動物に適した環境となっている。また、クロサイや**ナイルワニ**など、希少な生物も生息する。

ケニア共和国

MAP P011 D-4

自然遺産

ケニア山国立公園と自然林

Mount Kenya National Park / Natural Forest

登録年 1997年／2013年範囲拡大　登録基準 (vii)(ix)

ケニア中部に位置する『ケニア山国立公園と自然林』は、標高5,199mのアフリカ第2の高峰ケニア山を中心とする一帯の2,023㎢が世界遺産に登録。標高約3,800m以上の高山帯には、寒冷に耐えるべく大型になったキキョウ科の**ジャイアントロベリア**などアフリカ固有の高山植物が群生。自然林ではアフリカゾウやクロサイ、ヒョウなどの野生動物が見られる。赤道直下にありながら、12の氷河を頂くケニア山は神が住む山とされていた。

ウガンダ共和国

MAP P011 D-4

自然遺産

ルウェンゾリ山地国立公園

Rwenzori Mountains National Park

登録年 1994年　登録基準 (vii)(x)

ウガンダ西部にある、アフリカで3番目に高い標高5,109mの**マルゲリータ峰（スタンリー山）**を含む、996㎢の山岳地帯。古来、ナイルの水源をなすルウェンゾリ山地は聖なる山とされ、2世紀頃に書かれたプトレマイオス*の世界地図には「月の山」と記された。赤道直下だが山頂は万年雪と氷河に覆われ、標高が上がるにつれ変化する様々な植生が見られる。山麓にはゾウやゴリラをはじめ、珍しい動物も生息している。

プトレマイオス：クラウディオス・プトレマイオス。1世紀頃にエジプトのアレクサンドリアで活躍した天文学、数学、地理学の学者。出自は不詳である。

美しい砂漠景観が広がるナミブ砂漠

ナミビア共和国

MAP P011 C-5

自然遺産

ナミブ砂漠

Namib Sand Sea

登録年 2013年　登録基準 (vii)(viii)(ix)(x)

▶ 世界でも珍しい海岸砂漠

ナミビアの大西洋側に位置するナミブ砂漠は、**霧の影響を受けた広大な砂丘**を含む、世界でも珍しい海岸砂漠である。「ナミブ」とは、現地の主要民族であるサン族の言葉で「何もない」という意味。

世界遺産に登録されている3万km²以上のプロパティと約9,000km²のバッファー・ゾーンを含むエリアでは、**半固定化した層とその上に広がる若く流動的な層の2つの砂丘システム**が見られる。砂漠砂丘は、川や海流、風によってアフリカ南部の内陸部から数千kmの距離を運ばれてきた砂塵によって形成されている。内陸部から川を流れてきた砂が海からの風によって押し返され、砂漠砂丘を作り上げている。その際、砂に鉄分が付着し酸化するため、**酸化鉄の色**によって砂漠は赤く見える。

ナミブ砂漠を特徴づける砂利の平地や浅瀬、岩丘、島状丘、沿岸の環礁、流れが一定でない儚い川などによって、類まれなる美しさを誇る景観となっている。ナミブ砂漠における主要な水源は海から流れ込む霧である。そうした独特な環境で、固有種の無脊椎動物や爬虫類、哺乳動物などが、変化し続ける様々な微生息場所や生態的に適した場所に合わせて生息している。

エジプト・アラブ共和国

MAP P011 D-②

ワディ・アル・ヒタン(鯨の谷)

Wadi Al-Hitan (Whale Valley)

自然遺産

登録年 2005年　登録基準 (viii)

▶ クジラの祖先の化石が出土する砂漠地帯

エジプトのカイロの西150㎞にある『ワディ・アル・ヒタン(鯨の谷)』は、およそ4,000万年前の**クジラの祖先**にあたる海洋動物の化石が多数発見されている砂漠地帯。かつてこの一帯は浅い海が広がり、**バシロサウルス**と呼ばれる後ろ足のあるクジラ類が生息していた。陸の哺乳類が、海生哺乳類へと進化していく過程を解明する上で、ここから出土される多くの化石は重要である。また、サメの歯やマングローブの根の化石なども発見されている。

ワディ・アル・ヒタン

セーシェル共和国

MAP P011 E-④

メ渓谷自然保護区

Vallée de Mai Nature Reserve

自然遺産

登録年 1983年　登録基準 (vii)(viii)(ix)(x)

▶ 原始植生の名残とされるフタゴヤシの生育地

セーシェル諸島北東部のプラスリン島の原生林にある、**わずか0.195㎢の小さな自然保護区**。最初の所有者が5月(フランス語で「メ」)に土地の権利を得たため、「5月の谷」と名付けられた。原始植生の名残とされる**フタゴヤシ**は、約25年もの歳月をかけて最初の花をつけ、そこからまた長い年月を経て直径約50㎝、重さ20kgにもなる世界最大の実をつける。イギリスで媚薬として珍重されたこともあり大量採取されたため、1996年に保護区に指定された。しかし、現在でもフタゴヤシの不法伐採などが問題となっている。

巨大なフタゴヤシの実

南アフリカ共和国

MAP P011 D-5

自然遺産

バーバートン・マコンジュワ山脈

Barberton Makhonjwa Mountains

登録年 2018年　登録基準 (viii)

アンゴラ
ナミビア
ボツワナ
南アフリカ

▶ 隕石の大衝突の跡を残す

南アフリカの北東に位置するバーバートン・マコンジュワ山脈は、世界最古の地質構造の1つである**バーバートン・グリーンストーン・ベルト**の4割を占め、1,131㎢が登録された。巨大隕石の地球衝突が相次いだ時代のすぐ後、地球に初めて大陸が形成され始めた36億～32億5千万年前にできた火山岩と堆積岩が、この地には非常に良い状態で残されている。それらは、地球最古の地質学的な記録であり、地殻がどのように形成されてきたのかを伝えている。また2019年には33億年前の火山岩の中から**地球外有機物が発見**された。

最古の地質を見せる山脈

南アフリカ共和国

MAP P011 D-5

自然遺産

フレーデフォート・ドーム

Vredefort Dome

登録年 2005年　登録基準 (viii)

アンゴラ
ナミビア
ボツワナ
南アフリカ

▶ 世界最古で最大、最深の隕石痕

南アフリカ中央、ヨハネスブルクの南西約120kmに位置するフレーデフォート・ドームは、世界最古にして最大、最深の**隕石痕**（いんせきこん）である。

世界遺産に登録されたのは、隕石痕の周りも含め約300㎢の範囲。隕石が衝突したのは20億2,300万年以上前とされ、最大半径は約190km。また、西と南東にも小さな隕石痕が3つある。

この**隕石の衝突によって地殻変動が引き起こされ**、生物の進化にまで影響を与えるエネルギーを放出したと考えられている。隕石の衝撃は、地下25kmまで達したとされる。こうした隕石痕は重要な資料であるが、地殻変動などの影響を受けて姿を消してしまうことがほとんどであるため、フレーデフォート・ドームが現在にまでその姿を残し、十分な地質調査の材料を提供している点で貴重である。

危機遺産 ケニア共和国

MAP P011 D-③

トゥルカナ湖国立公園群

Lake Turkana National Parks

自然遺産

登録年 1997年／2001年範囲拡大、2018年危機遺産登録　登録基準 (viii)(x)

▶ ナイルワニやカバの一大生息地

『トゥルカナ湖国立公園群』は、ケニア北部トゥルカナ湖の東岸に位置する**シビロイ国立公園**、湖に浮かぶ火山島のセントラル・アイランド国立公園、及び火山島のサウス・アイランド国立公園の3つの国立公園を合わせた総面積約1,600㎢の公園群である。現地の住民に「黒い水」と呼ばれ、渡り鳥やフラミンゴを含む350種以上の鳥類が見られるトゥルカナ湖は、動植物の貴重な研究地区となっている。また、一帯はナイルワニやカバの一大生息地でもある。**隣国エチオピアでのダム開発による生態系への影響が懸念される**ことから、2018年の世界遺産委員会で危機遺産リストに記載された。

トゥルカナ湖

ザンビア共和国及びジンバブエ共和国

MAP P011 D-⑤

ヴィクトリアの滝（モシ・オ・トゥニャ）

Mosi-oa-Tunya / Victoria Falls

自然遺産

登録年 1989年　登録基準 (vii)(viii)

▶ イグアス、ナイアガラと並ぶ世界三大瀑布の1つ

ジンバブエとザンビアの国境地帯にあり、雨季が終わる3月下旬頃には、幅1,700m以上、落差110～150mのこの滝を、毎分5億ℓもの水が落下する。約20km離れた地点からでも確認できるという**水煙**が立ち昇る。この水煙が周囲を潤し、近辺にはサバンナ地帯にもかかわらず多種多様な動植物が生息している。250万年前、ザンベジ川が下流域の隆起によって流れを変え、玄武岩台地に水の重みで亀裂を入れ流れ落ちたのが始まりとされる。現在でも浸食は続き、**滝の位置が上流へと変化**している。

水煙をあげる滝

セレンゲティ国立公園内では、群れをなす草食動物が見られる

タンザニア連合共和国

MAP P011 D-4

セレンゲティ国立公園

Serengeti National Park

自然遺産

登録年 1981年　登録基準 (vii)(x)

コンゴ民主共和国　ケニア　タンザニア　ボツワナ　マダガスカル

▶ 多くの哺乳類が暮らす「果てしない草原」

タンザニア北部のアルーシャ州、シニャンガ州、マラ州にまたがる『セレンゲティ国立公園』は、地球上で最も多くの哺乳類が暮らす場所として知られるタンザニア最大の国立公園である。セレンゲティとはスワヒリ語で「果てしない草原」を意味し、その広さは1万4,763㎢、生息する動物は約300万頭に上る。1979年に世界遺産登録された『ンゴロンゴロ自然保護区*』は、1959年にセレンゲティ国立公園から分離されたものである。

公園はアフリカ大陸に広がるサバンナ地帯の中心に位置し、北側はなだらかな草原地帯で、南側には森林が多い。雨季の平原は植物に覆われるが、乾季を迎えると水は干上がり、砂ぼこりの舞う灼熱の砂漠と化す。この雨季と乾季の移り変わりに合わせ、水と食糧を求めて移動を繰り返す動物たちを見ることができる。

雨季が終わる6月に近づくと、ここで暮らす哺乳類の約3割を占めるヌーをはじめ、シマウマやトムソンガゼルなど多くの草食動物は「**大移動**」を始める。動物たちは全長10kmにも及ぶ群れをなし、乾季でも比較的湿潤であるセレンゲティ平原北西部や**マサイマラ国立保護区***を目指す。ときには、東京から沖縄までの距離にあたる約1,500kmを移動することもあるという。10月、雨季が始まる頃になると群れは

ンゴロンゴロ自然保護区：上巻p.396参照。　**マサイマラ国立保護区**：ケニア南西部、タンザニアとの国境沿いに位置する国立保護区。

来た道をたどり、セレンゲティ平原中央部へと戻る。

このように、決まったルートで移動を繰り返す草食動物を狙うのが肉食動物たちである。公園内に約3,000頭生息するライオンの多くは、コピーと呼ばれる丸い花こう岩の小山に、群れをつくって暮らしている。そのほか、ヒョウやチーター、**アフリカゾウ**、クロサイ、キリン、カバなどの大型哺乳類、ショウガラゴやサル、ヒヒ、ツチブタ、ノウサギ、マングース、ヤマネコ、カワイノシシなどの小型哺乳類、ナイルワニ、ナイルオオトカゲ、コブラなどの爬虫類、ハゲワシや水鳥など500種を超える鳥類なども見ることができる。

このセレンゲティの豊かな生態系を世に知らしめ、その保護に尽力したのがドイツ人獣医**ベルンハルト・グジメック**とその息子ミヒャエルである。著書『セレンゲティは滅びず』、記録映画『死ぬな、セレンゲティ』などで、野生動物をとりまく危機的な状況を世界に訴えた。野生動物保護区の範囲を広げ、セレンゲティに充実した研究所が設置されるきっかけをつくったのも彼らである。現在ではセレンゲティを守るため、世界各地から寄付金が寄せられ、動物の生息数の管理や病気の調査などが行われている。

近年、セレンゲティではアフリカゾウの増加が確認された。これは、もともとゾウの生息地であったところが農地に転用されたり、象牙を狙う密猟者などから追われ、公園内に逃げ込んだりしたためである。乾季になりエサが不足すると、ゾウは木を食べてしまうことなどもあり、公園外の状況は、公園内の生態系にも影響を与える。現在、野生動物の避難所といった趣もあるセレンゲティ公園ではあるが、常に変化と危機にさらされている。

近年、経済発展の目的で、セレンゲティ国立公園内の北側を通る道路の建設計画がタンザニア政府によって提案されたが、動物の移動を妨げ生態系を崩すとして建設中止が求められている。

狩った肉を食べるライオン

コンゴ民主共和国

MAP P011 C-④

サロンガ国立公園

Salonga National Park

自然遺産

登録年 1984年　登録基準 (vii)(ix)

▶ ボノボの住む熱帯多雨林保護区

コンゴ民主共和国の中央に広がる、広大な熱帯多雨林保護区。公園にはコンゴ川の支流が複雑に流れ込み、周辺から隔絶された密林は野生動物の楽園になっている。**約400種を超える哺乳類**が暮らしており、約2万頭が生息すると推定される**ボノボ**(ピグミーチンパンジー)の研究地としても有名。その他、オカピやミズジャコウネコなど、絶滅を危惧されている動物の生息も確認されている。近年、密猟増加や森林伐採の深刻化などによって生態系の維持が危ぶまれ、1999年に危機遺産リストに記載された。

ボノボ

危機遺産　コンゴ民主共和国

MAP P011 D-③

ガランバ国立公園

Garamba National Park

自然遺産

登録年 1980年／1996年危機遺産登録　登録基準 (vii)(x)

▶ 絶滅の危機にあるキタシロサイの生息地

南スーダンとの国境にある典型的なサバンナ気候の国立公園で、大型哺乳動物の生息に適した環境。森林地帯では数種のサルも見られる。**キタシロサイ**の角は漢方薬として高額で取引されるため密猟が後を絶たず、かつては約1,000頭を数えたが、15頭にまで激減し、1984年に危機遺産に登録された。密猟者の排除に成功し1992年に危機遺産から脱したが、1996年に2頭が殺されて再び危機遺産となると、2000年代には世界遺産リストからの抹消も検討された。2006年以降、野生のキタシロサイは確認されておらず、**野生種絶滅***の危機に直面している。

キタシロサイ

野生種絶滅：2020年3月現在、キタシロサイはケニアのオル・ペジェタ自然保護区で保護されている雌2頭しか生存していないとされる。

ケープ植物区保護地域群

Cape Floral Region Protected Areas

自然遺産

登録年 2004年／2015年範囲拡大　登録基準 (ix)(x)

▶ 山火事に適応した植物が見られる地域

南アフリカ南部のケープ植物区保護地域群は、ケープ地方にある**13の保護区***からなり、多くの固有植物が自生する保護地域群である。約1万1,000㎢という面積はアフリカ大陸の0.5％以下だが、アフリカ大陸の植物の約20％に及ぶ約9,000種が見られ、うち69％が固有種という植物のホットスポット*である。

この保護地域内に見られる灌木植生地域は**フィンボス**と呼ばれる。地中海性気候のこの地域では、乾燥した夏季に山火事が発生しやすいが、フィンボスの中の「**プロテア**」という植物は山火事に適応し、高温のもとで初めて発芽したり、種子の散布を行うという極めてまれな特性を持っている。

この地は、アフリカ大陸の南端に位置し、1497年にヴァスコ・ダ・ガマが喜望峰を経由してインド航路を開拓したことで知られている。強風が吹き荒れるため、15世紀初頭の航海者バルトロメウ・ディアスが「嵐の岬」と命名したケープ半島は、ポルトガル国王ジョアン2世によって「喜望峰」と改名された。

海を望む保護地域

13の保護区：2004年に登録された際は8つの保護区で広さが約5,600㎢であったが、2015年の登録範囲拡大で、保護区が増え面積が倍増した。　**ホットスポット**：多様な生物種が生息しながら、その存続が危ぶまれている地域のこと。

カメルーン共和国及び中央アフリカ共和国及びコンゴ共和国

MAP P011 C-3

マリ
ニジェール
チャド
ナイジェリア
中央アフリカ
カメルーン
コンゴ共和国

サンガ川流域-三カ国を流れる大河

Sangha Trinational

自然遺産

登録年 2012年　登録基準 (ix)(x)

▶ 人跡未踏の湿潤多雨林が育む生物多様性

コンゴ盆地の北西部、カメルーン共和国と中央アフリカ共和国、コンゴ共和国の3国が国境を接する地域に位置し、隣接する3つの自然公園を中心とする約7,500㎢がコアエリアとなる。人跡未踏の湿潤多雨林で、**ナイルワニ**や**ムベンガ***などを含む多様な生態系が大きな特徴。バッファー・ゾーンは広大な森林を形成しており、そこには先住民も暮らしている。先住民による適度な森林開拓が草本の生育を助けている。

アフリカ・シンリンゾウ

危機遺産　マダガスカル共和国

MAP P011 

アツィナナナの熱帯雨林

Rainforests of the Atsinanana

自然遺産

登録年 2007年／2010年危機遺産登録　登録基準 (ix)(x)

▶ 絶滅危惧種の生息地

『アツィナナナの熱帯雨林』は、6つの国立公園にまたがる。世界で4番目に大きい島である**マダガスカル島**は、6,000万～8,000万年前に大陸から切り離されたため、動植物が独自の進化を遂げた。1万2,000種の植物の固有種が確認されているほか、動物の固有種も多く、「生物の標本室」とも呼ばれる。マダガスカルで見られる120種以上の哺乳類のうち、78種がアツィナナナの熱帯雨林に生息し、うち72種が絶滅危惧種である。2010年に**森林の不法伐採と密猟**により、危機遺産リストに記載された。

アツィナナナの熱帯雨林に生息するキツネザル

ムベンガ：コンゴ水系に生息する大型肉食魚。

ニジェール共和国及びベナン共和国及びブルキナファソ

MAP P011 B-3

W-アルリ-ペンジャーリ国立公園群

W-Arly-Pendjari Complex

自然遺産

登録年 1996年／2017年範囲拡大　登録基準 (ix)(x)

▶ アフリカで最も暑い自然保護区

サバンナ草原地帯と森林地帯の境界域に位置するこの一帯は、アフリカでも最も暑い地帯の1つとされ、サバンナ、灌木地帯、熱帯雨林と多彩な環境を持つ。ニジェールのW国立公園は、ニジェール川がW形に湾曲していることから名付けられた。国立公園群はニジェール、ブルキナファソ、ベナンの3国がフランス領だった1954年に成立した。1996年の世界遺産登録当初はW国立公園のみであったが、その後、3ヵ国にまで拡大された。**セーブルアンテロープ**などの野生生物の貴重な生息域として知られ、**西アフリカ最大のゾウの生息域**でもある。

セーブルアンテロープ

危機遺産　ギニア共和国及びコートジボワール共和国

MAP P011 A-3

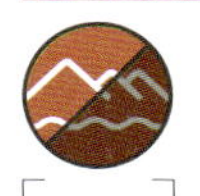

ニンバ山厳正自然保護区

Mount Nimba Strict Nature Reserve

自然遺産

登録年 1981年／1982年範囲拡大、1992年危機遺産登録　登録基準 (ix)(x)

▶ 熱帯雨林が茂る動植物の聖地

ギニア南東部、コートジボワール西部の国境にある『ニンバ山厳正自然保護区』は、極めて多種の植物が群生する地域である。

標高1,752mのニンバ山を中心とした、面積およそ350㎢の保護区一帯は、サハラから吹く熱風や**ハルマッタン**と呼ばれる砂嵐、大西洋からの湿った季節風の影響で、1年を通して高温多湿である。ふもとの熱帯雨林には2,000種以上の植物が茂る。また、動物は500種以上が生息し、うち固有種は200種に上る。中でも、胎内で卵を孵化(ふか)させる**ニシコモチヒキガエル**や、一般的なカバの半分の大きさのコビトカバが有名。他にも、石を道具として使うチンパンジーやジャコウネコ科の動物アフリカンシベットなど200種を超える固有種が生息している。

1992年、鉱山石の採掘や難民流入、森林伐採による環境破壊が進んだため、危機遺産リストに記載された。

MAP P011 C-5

オカバンゴ・デルタ

Okavango Delta

自然遺産

登録年 2014年　登録基準 (vii)(ix)(x)

▶ アフリカ最大規模の内陸デルタ地帯

ボツワナの北西部にある『オカバンゴ・デルタ』は、2014年に世界遺産の登録数が**1,000件に達した際の記念すべき遺産**となっている。

一年を通して存在する湿地帯と、季節ごとに現れる浸水域で構成される。**海につながらない内陸のデルタ地帯**として貴重であり、**アフリカ最大規模**を誇る。この一帯が乾季の時、オカバンゴ川の源流一帯は雨季であり、その雨がオカバンゴ川の氾濫を引き起こすことで湿地帯から浸水域へと水が溢れ出し、それが砂漠の中へと消えてゆく。オカバンゴ・デルタ一帯への浸水は、半年近くかけて少しずつ広がってゆく。そうした年間を通しての水環境の変化により、野生の動植物の生態が変化し、野生動物と気候、水量、地形などの相互関係を示すよい例となっている。

また、周辺の水環境が変化するため、人が定住しづらいこともあり、野生動物の楽園としての環境が保たれている。アフリカゾウやチーター、シロサイ、クロサイ、リカオン、ライオンなどの大型哺乳類やレイヨウなどの小型哺乳類、鳥類、水生生物などが多く生息している。1996年にはラムサール条約にも登録されている。

近年では、オカバンゴ川上流での農地開拓や水力発電用ダムの建設などが、湿地環境の変化をもたらすと懸念されている。

レイヨウの群れ

危機遺産 コンゴ民主共和国

MAP P011 D-④

カフジ・ビエガ国立公園

Kahuzi-Biega National Park

自然遺産

登録年 1980年／1997年危機遺産登録　登録基準 (x)

▶ ヒガシローランドゴリラの保護公園

コンゴ民主共和国東部、キヴ湖の西岸に位置する、1970年に**ヒガシローランドゴリラ**を保護する目的で指定された国立公園。地名の由来にもなっているカフジ山とビエガ山という2つの活火山ではない火山を有し、多様な自然環境に恵まれている。

公園内で、約250頭が確認されているヒガシローランドゴリラなどゴリラのオスは、体毛の色から「**シルバーバック**」とも呼ばれ、人気が高い。1980年代、多くの観光客が訪れたが、人間から感染した病気で多くのゴリラが命を落とした。その後は内乱によって観光客に減少、近年では周辺の環境悪化が懸念され、危機遺産に登録された。

ヒガシローランドゴリラ

危機遺産 コンゴ民主共和国

MAP P011 D-③

オカピ野生動物保護区

Okapi Wildlife Reserve

自然遺産

登録年 1996年／1997年危機遺産登録　登録基準 (x)

▶ 世界三大珍獣の1つ「オカピ」の住む密林

コンゴ民主共和国北東部一帯に広がる、世界三大珍獣に数えられる**オカピ**が生息する保護区。オカピは20世紀初頭、イギリス人探検家**ヘンリー・ジョンストン**が発見するまでその存在を知られていなかった。四肢の縞模様から、発見当初はシマウマの仲間だと考えられていたが、実際はキリン科。キリンの祖先パレオトラグスに似ているため「生きた化石」とも呼ばれる。保護区内にはアフリカに生息するオカピの約6分の1にあたる、5,000頭が生息するとされている。他にも霊長類17種が見られ、またアフリカ最古の先住民であるピグミー族が居住している。

オカピ

危機遺産 セネガル共和国 MAP P011 A-③

ニョコロ・コバ国立公園

Niokolo-Koba National Park

自然遺産

登録年 1981年／2007年危機遺産登録 登録基準 (x)

▶ 2つの環境を持つ自然豊かな公園

セネガル南東部、『ニョコロ・コバ国立公園』は、ニョコロ・コバ川とクルントゥ川に挟まれた総面積9,130㎢の西アフリカ最大の自然公園である。

乾燥地帯であるスーダン・サバンナと湿地帯であるギニア森林の移行地帯にあって2つの植生を持ち、1,500種の植物が生育する。また、この公園には哺乳類80種のほか、鳥類330種、爬虫類36種、両生類20種、魚類60種と多彩な生物が生息する。1970年代に狩猟と農業が禁止されたが、アフリカゾウやキリンなどの密猟が後を絶たず、2007年には危機遺産リストに記載された。

雄のインパラ

危機遺産 中央アフリカ共和国 MAP P011 C-③

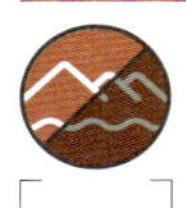

マノヴォ–グンダ・サン・フローリス国立公園

Manovo-Gounda St Floris National Park

自然遺産

登録年 1988年／1997年危機遺産登録 登録基準 (ix)(x)

▶ 多様な環境が見られる自然公園

中央アフリカの北部、チャドとの国境付近に広がる『マノヴォ-グンダ・サン・フローリス国立公園』は、北部の広大な氾濫原（はんらんげん）、南部のボンゴ山地、その中間のサバンナで構成されており、総面積は1万7,400㎢にも達する。サバンナも環境によって5つに分類されるほど多彩な顔を持つ。

バラエティに富んだ自然環境にあるため、そこに生息する動植物の種類も豊かで、50種以上の哺乳類、約320種の鳥類などが確認されている。しかし、密猟によって貴重な動物たちが激減。漢方薬の原料として角が狙われる**クロサイ**は、10頭にまで減ってしまった。アフリカゾウに至っては、密猟のみならず、スーダンとチャドとの紛争にも巻き込まれ、8万頭から3,000頭まで数を減らした。このような状況を受け、1997年に危機遺産リストに記載されている。

チュニジア共和国

MAP P011 C-①

イシュケル国立公園

Ichkeul National Park

自然遺産

登録年 1980年　登録基準 (x)

▶ 太古から残る鳥たちの楽園

北アフリカ、チュニジアの北部に位置し、大湿原に山や湖が点在する自然公園。その総面積は126㎢で、チュニジアの**フサイン王朝***の王家にゆかりがある。イシュケル湖を中心とした一帯は、1705年から約250年間、王家の狩猟地として保護されていたため、湿地帯に代表される自然環境や太古からの生態系が残された。渡り鳥の種類が豊富で、秋になると200種に及ぶ鳥たちが飛来する。湖南岸の**イシュケル山**からは、1,800万年前の動物の化石や石器時代の石器類などが発見された。

イシュケル湖

カメルーン共和国

MAP P011 C-③

ジャー動物保護区

Dja Faunal Reserve

自然遺産

登録年 1987年　登録基準 (ix)(x)

▶ 自然が自然を守る動物たちの楽園

カメルーン南部に位置する、アフリカ有数の熱帯雨林保護区。ジャー川に三方を囲まれており、人間社会と隔絶されているため、全体の9割を占める熱帯雨林がそのまま保たれてきた。保護区一帯には、ランやシダなどの原始的な植物が生育。絶滅危惧種の**ニシローランドゴリラ**や、世界最小のサルの一種であるコビトグエノン、チンパンジーなどの霊長類のほか107種の哺乳類が生息する。保護区内では、**バカ(ピグミー)族**が共同体を形成している。

ニシローランドゴリラ

フサイン王朝：18世紀から19世紀にかけてチュニジアを統治した王朝。

危機遺産 ＞ コンゴ民主共和国　MAP P011 D-④

ヴィルンガ国立公園

Virunga National Park

自然遺産

登録年 1979年／1994年危機遺産登録　登録基準 (vii)(viii)(x)

▶ マウンテンゴリラやカバの貴重な生息地

コンゴ民主共和国の北東、ほぼ赤道直下の山岳地帯に位置する、**マウンテンゴリラ**の保護を目的に設立された同国最古の国立公園。

この地域には全世界のマウンテンゴリラの半数近くが生息しているとされ、公園内にあるゴリラの聖地ジョンバ・サンクチュアリは観光客にも公開されている。また、国立公園の中央に位置するエドワード湖にはカバが生息する。近年、隣国ルワンダの内戦や密猟の影響で、ゴリラやカバの個体数は減少しており、1994年に危機遺産に登録された。

コートジボワール共和国　MAP P011 

コモエ国立公園

Comoé National Park

自然遺産

登録年 1983年　登録基準 (ix)(x)

約11,500㎢の広さを持つ**西アフリカ最大の国立公園**。230㎞以上のコモエ川の流れによって多様な動植物が生息する。植民地時代から一帯には象牙を狙う密猟者が多く、かつては1,500頭も見られたアフリカゾウが200頭程にまで減少した。2003年に危機遺産に登録されたが政府による密猟対策が功を奏し、ゾウやチンパンジーなどの動物種の個体数が回復しつつある。2017年には、動物の生息環境は非常に良好であるとして危機遺産リストから脱した。

スーダン共和国　MAP P011 

サンガネブ海洋国立公園とドゥンゴナブ湾-ムッカワル島海洋国立公園

Sanganeb Marine National Park and Dungonab Bay – Mukkawar Island Marine National Park

自然遺産

登録年 2016年　登録基準 (vii)(ix)(x)

サンガネブ海洋国立公園はスーダンの陸地から25㎞、紅海にある唯一の環礁である。ドゥンゴナブ湾-ムッカワル島海洋国立公園は、ポートスーダンの北125㎞に位置し、サンゴ礁やマングローブ林、海草藻場、砂浜と島々など極めて豊かな自然環境を保持している。この一帯には、海鳥や海獣、魚やサメ、ウミガメやマンタが多く、とりわけドゥンゴナブ湾は**世界的に見ても多くのジュゴンが生息する地域**として名高い。

コートジボワール共和国

MAP P011 A-3

タイ国立公園

Taï National Park

自然遺産

登録年 1982年　登録基準 (vii)(x)

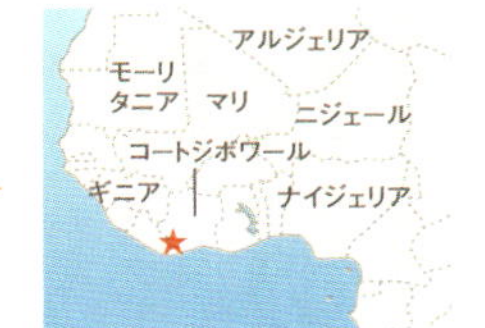

▶ チンパンジーが群れをなす熱帯雨林地帯

『タイ国立公園』は西部アフリカに残された最後の熱帯雨林の1つ。かつては原生林に覆われていたが、1960年のフランスからの独立を機に、大規模な森林伐採と開墾が行われ広大な密林は8分の1まで減少。1970年代初頭、伐採を免れた原生林のおよそ1割、3,300㎢がタイ国立公園に指定された。密林では、高温多湿の気候のなか、50mほどもある巨木がひしめく。1,300種以上の植物の約半分が、西アフリカのジャングルでしか見られない貴重なもの。また、公園内には西アフリカに生息する1,300種のうち半分にあたる動物が生息している。約140種に上る哺乳類には、この公園内をはじめとするわずかな地域でしか見られない**コビトカバ**も含まれる。霊長類にとっても恵まれた環境で、絶滅の危機にある野生の**チンパンジー**が有名である。世界自然保護基金(WWF)による保護運動が功を奏して、チンパンジーの数は3,000頭まで増加した。

危機遺産　タンザニア連合共和国

MAP P011 D-4

セルー動物保護区

Selous Game Reserve

自然遺産

登録年 1982年/2012年範囲拡大、2014年危機遺産登録　登録基準 (ix)(x)

▶ 密猟と戦うアフリカ最大の動物保護区

タンザニア南東部、ルフィジ川の両岸に広がる**アフリカ最大級の動物保護区**。約5万㎢にも及ぶ手付かずの自然が残る。ドイツ植民地時代の1905年、ドイツ皇帝ヴィルヘルム2世が狩猟を好む妻にこの地を贈ったことに始まる。保護区の大部分を西部の森林が占め、東部にはサバンナが広がる。2,000種以上の植物が自生し、雨季にはクロサイやチーター、カバなど75万頭以上の動物が集まる。世界遺産登録時には**世界最大規模のアフリカゾウの生息地であった**が、象牙目的の密猟が横行しているため危機遺産に登録された。

アフリカゾウの生息数は約9割減った

ウガンダ共和国

MAP P011 D-4

ブウィンディ原生国立公園

Bwindi Impenetrable National Park

自然遺産

登録年 1994年　登録基準 (vii)(x)

サウジアラビア
スーダン
エチオピア
ウガンダ
タンザニア

▶ 世界有数のマウンテンゴリラの生息地

ウガンダ南西部の『ブウィンディ原生国立公園』は、世界有数の**マウンテンゴリラ**の生息地である。この地のマウンテンゴリラは、内戦や密猟で一時は約100頭まで減ったが、1986年に保護区に指定されて以降、全世界の半数にあたる約300頭にまで回復した。

そのほか、アフリカゾウ、チンパンジー、オナガザルなど、絶滅の危機に瀕しているものを含む**120種の哺乳類が生息**し、200種のチョウ、300種以上の鳥なども見られる。また、原生林が生い茂る公園内は植物の種類も豊富で、200種の樹木、104種のシダ種が生育している。

マウンテンゴリラの親子

モーリタニア・イスラム共和国

MAP P000 A-2

バン・ダルガン国立公園

Banc d'Arguin National Park

自然遺産

登録年 1989年　登録基準 (ix)(x)

アルジェリア
モーリタニア
ニジェール
マリ
ナイジェリア

▶ アフリカ最大級の湿地帯を有する岩礁公園

モーリタニア北西部に位置する、大西洋沿岸に広がる岩礁地帯の公園。総面積は1万4,000㎢だが、その半分は海洋となっている。一帯の海域は、海岸から60km離れても水深はわずか5m(干潮時)という**遠浅の海**。暖流と寒流が交わる場所でもあるため、魚類が豊富で、絶滅危惧種の**チチュウカイモンクアザラシ**などのアザラシ類やウスイロイルカ、ハナゴンドウなどのイルカ類を含む多くの海生哺乳類が見られる。ヨーロッパから飛来する渡り鳥の越冬地で、一帯はラムサール条約にも登録されている。

バン・ダルガンの砂丘

Oceania

[オセアニアの世界遺産]

タスマニア原生地帯、トンガリロ国立公園、グレート・バリア・リーフなど、水陸を問わず多様な動植物が根づいた自然遺産が多いオセアニア。オーストラリア連邦、ニュージーランドをはじめ、パプアニューギニア独立国、ソロモン諸島、バヌアツ共和国、キリバス共和国など、広域にわたって世界遺産が点在する。31件の世界遺産（2020年3月現在）のうち、実に16件が自然遺産。複合遺産も6件あり、大自然の中に独自の文化が溶け込んでいる。

夕日を受けて赤く染まるウルル

文化的景観　オーストラリア連邦

MAP P007 A-②

ウルル、カタ・ジュタ国立公園

Uluṟu-Kata Tjuṯa National Park

複合遺産

登録年 1987年／1994年範囲拡大　登録基準 (v)(vi)(vii)(viii)

▶「偉大な祖先」が眠るアボリジニの聖地

オーストラリア大陸中央に位置するウルル*とカタ・ジュタからなる国立公園。

ウルルは、周辺がまだ海底だったおよそ6億年前、造山運動と地殻変動によって海底の堆積層が地表へと隆起したもので、浸食と風化に耐えた強固な部分が残り、現在の形となった。含有鉄分が酸化して赤く見える岩肌には裂け目が走り、洞窟やくぼみも無数に見られる。周囲約9km、高さ348m、全長3,400mの砂岩で、**一枚岩**としてはオーストラリア西部のマウント・オーガスタスに次いで世界で2番目の大きさを誇る。一方、「たくさんの頭」の意味を持つカタ・ジュタも、ウルルと同様の過程で地表に現れた。比較的もろい礫岩のため浸食と風化によって36の巨岩からなる現在の姿となった。最も高い岩の高さは546mほどである。

これらウルルとカタ・ジュタは、4～5万年前からこの土地で生活する**アボリジニ**の**アナング族**によって聖地としてあがめられてきた。アボリジニとはオーストラリアの先住民のことで、古くから狩猟採集生活を送ってきたが、イギリスによる植民地化で人数が激減した。彼らに伝わる神話によると、これらの岩山には、「夢の時代（ドリームタイム）」に世界を創造した「偉大な祖先」の魂が眠っているという。彼らは文字を持たない民族であったことから岩壁に絵を刻み、神話や伝承、狩猟方法などを後

ウルル：サウスオーストラリア植民地総督であったヘンリー・エアーズにちなんで、「エアーズ・ロック」とも呼ばれる。

世に残した。こうした岩壁画はアボリジニにとって神聖な場所に描かれており、最古のものの起源は、およそ1万年前にまで遡る。聖地であることから、2019年10月末よりウルル登山が禁止された。

カタ・ジュタ

この一帯は、1958年にオーストラリア政府に収用され国立公園となったが、1976年から9年にも及ぶ裁判の結果、土地はアナングに返還され、2084年までオーストラリア政府がアナングから**土地を借り受ける**ことになった。公園の運営・管理は、オーストラリア政府とアナングとの協議のもとで行われている。

文化的景観 バヌアツ共和国 MAP P007 C-⑦

文化遺産

首長ロイ・マタの旧所領
Chief Roi Mata's Domain

登録年 2008年 登録基準 (iii)(v)(vi)

バヌアツは83の島で構成される南太平洋の島国。島々に点在する首長ロイ・マタの旧所領は、数々の口承伝説を持つ17世紀初頭の首長ロイ・マタゆかりの遺跡群である。ロイ・マタの住居があったエフェテ島沿岸の**マンガース**や、彼が絶命したレレス島のフェルス洞窟などがバヌアツ初の世界遺産となった。ロイ・マタを崇敬するタプ族により400年以上にわたり土地の利用が禁じられてきたため景観が残された。

危機遺産 ミクロネシア連邦 MAP P007 B-⑥

文化遺産

ナン・マトール：ミクロネシア東部の儀礼的中心地
Nan Madol: Ceremonial Centre of Eastern Micronesia

登録年 2016年／2016年危機遺産登録 登録基準 (i)(iii)(iv)(vi)

ミクロネシア連邦のポンペイ島南東岸には、**古代につくられた100以上の人工島**があり、これらをナン・マトールと呼ぶ。島には紀元後1200年〜1500年頃に築かれた石造りの宮殿や寺院、墓地、住居跡が残されている。これらは太平洋諸島文化が栄華を誇ったシャウテレウル朝の儀礼の中心地として役割を果たした。水路に堆積した泥やマングローブの繁茂による遺跡倒壊などが懸念され、世界遺産登録と同時に危機遺産リストにも記載された。

トンガリロ国立公園

文化的景観 ＞ ニュージーランド

MAP P007 C - 8

トンガリロ国立公園

Tongariro National Park

複合遺産

登録年 1990年／1993年範囲拡大　登録基準 (vi)(vii)(viii)

▶ 先住民の祈りが届いた聖なる火山帯

ニュージーランド北島の中央に位置するトンガリロ国立公園は、インド・オーストラリアプレートの下に太平洋プレートが潜り込んでできたタウポ火山帯にある国立公園である。公園内には標高1,968mのトンガリロ山、標高2,291mのナウルホエ山、標高2,797mのルアペフ山の3つの活火山がそびえる。また、エメラルド色のカルデラ湖や溶岩に覆われた荒野や氷河など、火山地帯特有の地形が広がる。この地域はニュージーランドの**先住民マオリ＊の聖地**とされ、彼らとの文化的つながりも強い。

18世紀にイギリス人の探検家ジェームズ・クックがニュージーランドの調査を行って以来、イギリスからの入植者が増え、1840年にニュージーランドが英国の植民地になると、入植者の数はさらに増大した。そして神聖なこの地は、入植者の手によって放牧地に変えられていった。1887年、マオリの首長**テ・ヘウヘウ・ツキノ４世**は、このままでは神聖な土地を将来にわたって守り抜くことは困難であると判断し、この土地を英国女王に寄進する代わりに、国家の保護下に置くことを提言。これが受け入れられ、1894年にニュージーランドで初の国立公園として保護されることとなった。

当初、世界遺産に登録されたのは3つの火山の周辺だけの自然遺産であった。一方で、この地が国立公園に指定されるきっかけを作ったマオリの文化は、この3つの

マオリ：主にニュージーランド北島に居住。ポリネシア語系のマオリ語を用いる。

火山を信仰の対象とするだけではなく、地熱を料理や食料の保存、医療などにも使っており、自然と文化を分けて考えることが困難であった。そのため、1992年に文化的景観の概念が世界遺産委員会で採択されると、翌年には**世界で初めて文化的景観の価値が認められ**、複合遺産として拡大登録された。登録範囲は、約796㎢まで拡大されている。

トンガリロ国立公園には多彩な動植物が原生している。各火山の西斜面は降雨量が多く、古代のマキ科やイチイの一種、リムノキなどの針葉樹林が群生する。また、降雨量が少ない東側でも、温暖な南風の影響でキンポウゲなどの高山植物が見られる。動物ではニュージーランドの国鳥**キウイ**をはじめ、オウムの一種カカなどの珍しい固有種を含めた鳥類が約60種確認されており、天敵が少ないために、公園内はさながら鳥の楽園となっている。また、ニュージーランドの原生生物のなかでは唯一の哺乳動物、ショート・テールド・バット(短尾こうもり)やロング・テールド・バット(長尾こうもり)も生息している。

文化的景観　パプアニューギニア独立国

MAP P007 B-⑥

文化遺産

ククの古代農耕遺跡

Kuk Early Agricultural Site

登録年 2008年　登録基準 (iii)(iv)

ククの古代農耕遺跡は、少なくとも7,000年前から耕作が行われてきたパプアニューギニアで**最も古い農業跡地**である。耕作が開始された時期は、1万年前までさかのぼることができるという説もあり、農具を使ったバナナの栽培も、4,000年前から行われてきたと確認されている。遺跡には人の手を介して作物が育てられた形跡があり、農耕の始まり及びその発展過程を知る上で、重要な遺構となっている。

文化的景観　オーストラリア連邦

MAP P007 B-⑧

文化遺産

バジ・ビムの文化的景観

Budj Bim Cultural Landscape

登録年 2019年　登録基準 (iii)(v)

先住民グンディッジマラ族が開発した約100㎢の広範囲に及ぶ**世界最古の水産養殖地**を含む3つのエリアで構成される。考古学的には少なくとも32,000年前に形成されたこの地では、ヒレの短いウナギ(オーストラリアウナギ)を罠で捕らえ、蓄えるための水産養殖システムが、6,600年以上にわたって構築されてきた。水路や堰からなる複雑なこの水産養殖地は高い生産性を誇り、グンディッジマラ族の経済的・社会的な基盤であった。

近代建築と植民都市

シドニーのオペラハウス

オーストラリア連邦

MAP P007 B-⑧

シドニーのオペラハウス

Sydney Opera House

文化遺産

登録年 2007年　登録基準 (i)

▶ 20世紀後半に建設されたオーストラリアのシンボル

シドニー湾に飛び出すような岬ベネロング・ポイントの先端にたつ、オーストラリアを代表するコンサートホール。デンマーク人の**ヨーン・ウッツォン**が、1957年に行われたベネロング・ポイントの要塞跡地利用の国際的な設計のコンペティションに勝ち、革新的な建築が造られた。1959年の着工から14年後の1973年に完成したオペラハウスは、設計概念の独創性と、建築技術や構造設計の革新が融合した、20世紀を代表するような建築物といえる。

3つのコンクリート・シェルをつなぎ合わせた屋根のデザインのため、シェルの重みや海風の圧力に耐えられないなどの問題が起こり、工事は難航した。建設を管轄するオーストラリア政府とウッツォンとの意見対立から、ウッツォンはオペラハウスの建築から手を引き、二度とオーストラリアを訪れることはなかった。オペラハウスには、**世界最大級のパイプオルガン**を持つコンサートホールのほか、ジョーン・サザーランド劇場やリハーサル室、レストランなどがある。

世界遺産登録時には、ウッツォンは健在で、建築家が存命中に世界遺産登録された*珍しい例になっている。また、風景との調和がとれた美しさや都市彫刻としての完成度の高さから、人類の傑作として**登録基準(i)のみで世界遺産登録**された。

建築家が存命中に世界遺産登録された：ブラジル連邦共和国の『ブラジリア』も、建築家オスカー・ニーマイヤーの存命中に世界遺産登録された。詳しくは、下巻p.400参照。

オーストラリア連邦

MAP P007 B-8

王立展示館とカールトン庭園

Royal Exhibition Building and Carlton Gardens

文化遺産

登録年 2004年／2010年範囲変更　登録基準 (ii)

▶ 多様な様式と建材が融合する万国博覧会の会場

メルボルンの『王立展示館とカールトン庭園』は、1880年と1888年*にメルボルンで開催された**万国博覧会の展示会場**である。多様な建材を使い、ビザンツ、ロマネスク、ルネサンスなど、**様々な様式を融合した構成**が特徴。

王立展示館

当時の万博会場の典型例で、19～20世紀初頭にかけて世界各地で開催された万国博覧会の歴史を今に伝える貴重な建造物として、敷地のカールトン庭園とともに世界遺産に登録されている。

フィジー共和国

MAP P007 C-7

レブカ歴史的港湾都市

Levuka Historical Port Town

文化遺産

登録年 2013年　登録基準 (ii)(iv)

▶ フィジー植民地の最初の首都となった街

オバラウ島の港街レブカに残る港湾都市の歴史地区。海岸沿いのココナッツやマンゴーの木々に囲まれた一帯に、オセアニアとヨーロッパの文化交流を伝える**コロニアル様式の低層の建造物**が立ち並ぶ。

この地域には、19世紀半ばからヨーロッパ人の入植者が増え、キリスト教関連の建造物が建てられた。1874年にイギリスに譲渡されると、**フィジー植民地の最初の首都**となった。オバラウ火山のなだらかな傾斜に広がる森林を背景に街が広がっているが、街の拡大が難しかったこともあり1882年にスバに遷都された。10年にも満たないうちに遷都したため、それ以降発展することがなく、当時の面影を今に伝える建造物や街並が残る。

南太平洋におけるアメリカとヨーロッパの商業活動の中心として発展し、倉庫や港湾施設、貿易保険会社、住宅、宗教施設や教育施設などが次々と建てられた。

1888年：1888年の万博は「オーストラリア植民地百周年記念国際博覧会」と呼ばれるもの。

ポート・アーサーの刑務所

負の遺産 ＞ オーストラリア連邦

MAP P007  

オーストラリアの囚人収容所遺跡群

Australian Convict Sites

文化遺産

登録年 2010年　登録基準 (iv)(vi)

▶ 囚人流刑と植民地開拓の歴史を伝える

この遺産は18～19世紀、大英帝国によりオーストラリアにつくられた1,000以上の刑務所のうち、ポート・アーサーの刑務所、**カスケーズ女子工場**、ダーリントン保護観察所、フリーマントル刑務所など11の施設で構成されている。当時、オーストラリア大陸内での、刑場を含む植民地の拡大が、アボリジニとの間で大きな衝突を生んだ。

収容所は植民地への流刑がいい渡された、女性や子どもを含む数万人を収容。懲罰としての収監と、**植民地開拓**のための労働を通しての更生という2つの観点から、各施設には固有の役割があった。1787年から1868年までの約80年間に、17万人近くもの成人男女や子どもが囚人としてオーストラリアに送られた。また囚人収容所の建設や植民によって、多くのアボリジニが移住を強制されるなどの被害もでた。

タスマニア州にある女性刑務所と付属の工場であるカスケーズ女子工場は、当時の姿を伝える唯一のもの。ほかにもパラマッタ公園内にある旧総督官邸や、**ソルトウォーター・リヴァーの炭坑跡**などが登録されており、西欧諸国による大規模な囚人流刑と、その労働力を使った植民地拡大政策を今に伝える最大の例証といえる。

ビキニ環礁-核実験場となった海

Bikini Atoll Nuclear Test Site

文化遺産

登録年 2010年　登録基準 (iv)(vi)

▶「核の時代」の幕開けを象徴する海

ビキニ環礁はマーシャル諸島初の世界遺産である。第二次世界大戦直後、アメリカは1946～58年にかけて、人口密度が低いなどの理由から、当時アメリカ合衆国の信託統治領であったマーシャル諸島全体で67回の核実験を行い、その内の23回はビキニ環礁で行われた。ここには1946年の核実験で沈没した船が環礁の底に横たわり、環礁の島々には実験や観測のための施設跡が残るだけではなく、1954年の水爆「ブラボー」によってできた直径約2kmの**ブラボー・クレーター**が残る。ブラボー・クレーターの場所には実験が行われた島があったが、水爆により島自体が消滅してしまった。また住民を移住させていたロンゲラップ環礁にも水爆による灰が降り、2万人以上が被曝したとされる。このときに日本のマグロ漁船の第五福竜丸も被曝した。

美しい海に浮かぶ島々という楽園のイメージとは異なり、残存する放射能のために、住民は帰島することができず、**いまも無人島のまま**になっている。核の時代が始まったという象徴的な意味合いから、**科学技術の進歩を示す登録基準の(iv)**も認められた。

累積すると広島に投下された原爆の約7,000倍に及ぶ威力となった核実験は、ビキニ環礁の地質、自然環境、生態系、そして被曝した人々の健康に多大な被害をもたらした。28種のサンゴが核実験により絶滅している。

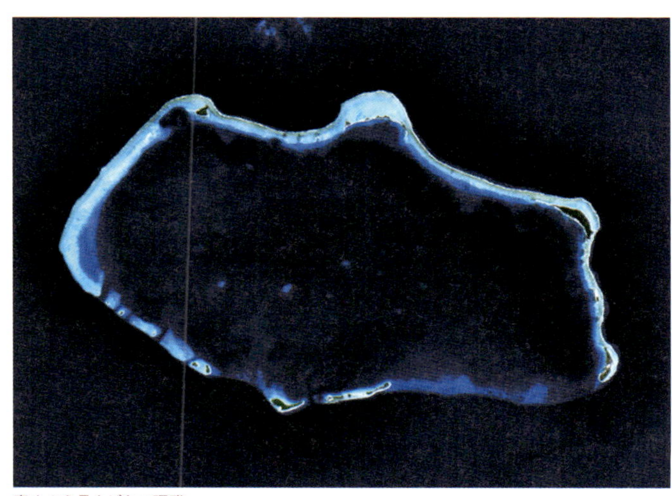

真上から見たビキニ環礁

温帯植物で構成されたタスマニアの原生林

オーストラリア連邦

MAP P007 B-⑧

複合遺産

タスマニア原生地帯

Tasmanian Wilderness

登録年 1982年／2010年、2012年、2013年範囲変更、1989年範囲拡大
登録基準 (iii)(iv)(vi)(vii)(viii)(ix)(x)

▶ 太古の自然を残す未開の島

オーストラリア大陸の南に浮かぶタスマニア島では、太古の姿を保った植物や独自の進化を遂げた動物が見られる。中でも5つの国立公園が連なる、島南西部の総面積1万5,842㎢のエリアが、『タスマニア原生地帯』として世界遺産に登録された。氷河期には、氷河の流動によって大地が浸食され、平坦な山頂や荒々しい斜面、多数の湖が誕生した。氷河地形と呼ばれるこれらの形状は、**クレイドル・マウンテン-セント・クレア・レイク国立公園**一帯に多く見られ、中でもセント・クレア・レイクの水深167mは、オーストラリア最深の湖とされる。

タスマニア島は、かつて**ゴンドワナ大陸***の一部で、オーストラリアと陸続きだったと考えられている。19世紀まで先住民の**タスマニア・アボリジニ**が暮らし、石器時代と同様の狩猟採集生活を営んでいたが、英国人が入植し始めると、追い出しや駆り立てなどによって枯れた土地に移動せざるをえなくなった。先住民の中には、島の北側のフリンダーズ島に造られた収容施設に送られる者も多数いたが、劣悪な食糧事情や、白人が持ち込んだ伝染病に感染するなどして死者が続出した。その結果、かつては4,500人ほどもいた純血のタスマニア・アボリジニは激減し、1876年5月8日にトゥルガニニという名の老人が死去したことで、ついに絶えてしまった。

ゴンドワナ大陸：かつて存在したといわれる巨大大陸。この大陸が分裂し、現在の南アメリカ・アフリカ・オーストラリア・南極・インドなどの大陸が誕生したとされる。

島内には、1万年以上前にタスマニア・アボリジニによって描かれた岩絵が色鮮やかな状態で残っている。これは、**ステンシル***と呼ばれる技法で制作されたもの。テーマのほとんどは宗教的な場面であり、洞窟や岩壁の目立ったところに描かれている。また、カンガルーの骨を削ったのこぎり、ナイフ、矢じりなどの道具も多数見つかっている。

2万1,000年前頃になると、この地はオーストラリア本土と海峡で隔てられた島となる。競合する哺乳類がいなくなったことから、原始的な形質を持つ単孔類（たんこう）が独自の進化を遂げた。単孔類とは肛門と排尿管生殖口が分かれていない哺乳類を指し、カモノハシに代表される。また、有袋類のタスマニアデビルなど、他の大陸では絶滅していった動物がこの地では見られる。

20世紀末のダム計画により自然破壊の危機に直面したが、世界遺産登録がきっかけとなってダム計画は中止された。近年では、タスマニアデビルが「デビル顔面腫瘍疾患」と呼ばれる伝染病などにより数が激減し、絶滅危惧種に指定された。1996年の公式報告以来、急激に数を減らしており、早急な対策が求められている。

オーストラリア連邦

MAP P007 B-⑧

ウィランドラ湖地域

Willandra Lakes Region

複合遺産

登録年 1981年　登録基準 (iii)(viii)

▶ 更新世の歴史を刻んだ乾燥湖

オーストラリア大陸の南部、現在カンガルーやエミューが生息しているウィランドラ湖*一帯では、**ホモ・サピエンス・サピエンス**（新人）の骨が発見されている。

1968年に、およそ2万6,000年前に**火葬された女性の骨**が発見され、その後も百数十体の人骨が発見された。最も古いのは4万～3万5,000年前に生存した人類のもの。また、この一帯に点在する大小の湖は、新生代更新世の氷期にも凍らなかった。その湖岸では4～5万年前からアボリジニが暮らしていたと考えられており、その証拠として岩面画の跡も見つかっている。

ウィランドラの乾燥湖

ステンシル：版画の一種で、紙や金属板などを切り抜いて作った図柄などの型の上から、絵の具を塗り込んで刷り出す技法。
ウィランドラ湖：湖であったのは1万5,000年前までで、そこから乾燥が始まり、現在は砂漠地帯になっている。

MAP P007 A-⑦

カカドゥ国立公園

Kakadu National Park

複合遺産

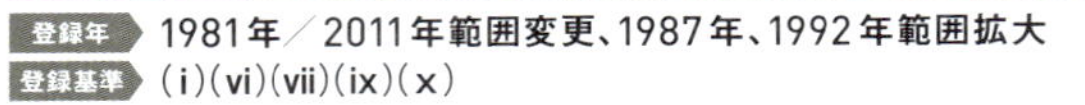

登録年 1981年／2011年範囲変更、1987年、1992年範囲拡大
登録基準 (i)(vi)(vii)(ix)(x)

▶先史時代の岩絵が残る豊かな自然公園

オーストラリアの北部に位置する『カカドゥ国立公園』は、多くの野生動植物が見られる**オーストラリア最大の国立公園**である。公園内にはマングローブが群生する干潟や雨季には沼地と化す氾濫原、熱帯雨林、サバンナなど、様々な自然環境が広がる。植物は1,600種を超え、動物は人食いワニとして有名なイリエワニをはじめ123種類の爬虫類、ワラビーなど60種以上の哺乳類、「ジャビル」と呼ばれるコウノトリ科のセイタカコウなど270種類以上の鳥類のほか、5,000種にも及ぶ昆虫が生息している。特に野鳥の数が多く、オーストラリア全土で見ることができる鳥類の約34％がこの公園内に生息することから、バードウォッチングの名所にもなっている。

この一帯にはアボリジニが居住しており、公園の土地も彼らのものとして正式に認められ、ウルル、カタ・ジュタ国立公園と同様に、**オーストラリア政府が所有権を借りて運営する**という形がとられている。公園がある土地に代々アボリジニが暮らしてきたことは、人類最古の石器といわれる4万年前の斧や、1,000ヵ所以上で発見された岩面画によって証明されている。アボリジニの生活や宗教、伝説などが描かれた岩面画は、彼らの文化を伝える貴重な史料とされている。動物や人間の絵に骨格と内臓を描き込んだ「**X線画法**」と

X線画法で描かれた岩面画

いうこの地のアボリジニ独特のものである。岩面画は公園内の至るところで見られるが、公園東部の**ウビル**やノーランジー・ロックにあるものは保存状態が良い。中でもウビルでは、2万年前から20世紀に至るまでの幅広い時代のものを見ることができる。

オビリ・ロックは、公園北東部に位置する岩場で、アボリジニの岩面画が残る。岩の頂からは大湿原を望むこともできる。マムカラは、公園北部の湿原で、乾季の終わりには数千羽のカササギやガンが集まる。ジムジム・フォールズは、公園南東部に位置する滝。絶壁を豪快に流れ落ちる景観により、公園内で最も有名な滝である。

イリエワニなど多様な生態系が見られる

パラオ共和国

MAP P007 E-④

ロック・アイランドの南部ラグーン

Rock Islands Southern Lagoon

複合遺産

登録年 2012年　登録基準 (iii)(v)(vii)(ix)(x)

▶ 海洋生物の宝庫である島々と人々の住居跡

ミクロネシアに位置する、約1,000㎢の美しい海に広がる地域。**火山活動**によってつくられた445もの無人の島々やサンゴ礁などで、植物や鳥類、海洋生物の生態系や生物多様性が評価された。湖も特徴で、淡水湖と海水湖、汽水湖などからなる52の湖は、多様な水生生物の宝庫となっている。そのうちの1つ「**ジェリーフィッシュ・レイク**」は「クラゲの湖」の名の通り、毒性の低いタコクラゲの生息地になっている。紀元前から2,500年以上島々には人が住んでいたが、17～18世紀頃に無人島になった。集落の跡や壁画などが残されている。

島々が連なる美しい景観

グレート・バリア・リーフ

オーストラリア連邦

MAP P007 B-⑦

自然遺産

グレート・バリア・リーフ

Great Barrier Reef

登録年 1981年　登録基準 (vii)(viii)(ix)(x)

▶海洋生物に富む世界最大のサンゴ礁

オーストラリア北東の海岸に沿うように、全長約2,300kmにわたって広がる『グレート・バリア・リーフ』は、**世界最大のサンゴ礁**である。ここでサンゴ礁が形成され始めたのは、約1,800万年前だと推測される。その後氷河期を経て、現在目にできるサンゴ礁が誕生したのは約8,000～6,000年前といわれており、グレート・バリア・リーフは地球の歴史を知る上でも重要なものとされている。

一帯はアボリジニなどの漁場となっていたが、1770年に「キャプテン・クック」の名で有名なジェームズ・クックがオーストラリア近海を航海中、この地で座礁したことがきっかけで、その存在が世界中に知られることとなった。グレート・バリア・リーフの名は、1802年に英国の探検家マシュー・フリンダーズがこのサンゴ礁の脇を航海した際に名づけたという。このときの航海で得たデータをもとに製作された海図は、近年まで用いられていた。

グレート・バリア・リーフの本格的調査が開始されたのは、20世紀に入ってからであった。1950年には、オーストラリアの地理学協会により、同地の調査委員会が設立され、南回帰線上に位置するサンゴ島のヘロン島に研究所が常設された。調査開始後、この地には多くの海洋生物が生息していることがわかった。魚の数だけでも1,500種を数えるこの海域には、ほかにも約4,000種の軟体動物や海綿動物、甲殻類、海生の虫類など多様な生態系が確認されている。これは、サンゴ礁が外敵から守る役割を果たすことから、多くの海洋生物の安住の地となっていることを示している。また、それらを餌にする生物が多く現れるのも、グレート・バリア・リーフの特徴。危急種のジュゴンを筆頭に、7～9月には40t級のザトウクジラが、10～3月にはウミガメ類が毎年この地にやってくる。

このように、様々な動物の住処となっているサンゴ礁だが、そもそもサンゴ自体が生物である。サンゴ礁とは、0.5～10㎜の**ポリプ***という構造をもった**造礁(ぞうしょう)サンゴ***の集合体である。このサンゴは、イソギンチャクなどと同じ**刺胞(しほう)動物**(腔腸(こうちょう)動物)に属している。一説には、400種を超えるというサンゴがグレート・バリア・リーフ一帯に生息し、2,500以上も連なっているという。サンゴは有性生殖のため、毎年春頃になると放精を行う。そのため一帯の海が白く染まるという現象が起こる。その光景は、かつてその様子を見たアボリジニが、超自然現象が発生したと考えたほどである。白く染まる理由が判明したのは、近年に入ってからのことであった。

サンゴは死に絶えると石灰質の体のため海に沈殿する。それが岩の周辺などに固まり、海面を越えるほどに達すると鳥の休息所となる。その後、鳥のふんにまみれて植物が芽を出すと地面が安定し、小島が形成される。こうした行程を踏んで生まれた、大小様々なサンゴ島がグレート・バリア・リーフの海域には約600ほどあるという。また、その島々をねぐらにする鳥たちは175種類も観察されており、サンゴ礁が自然界に及ぼす影響を如実に物語っている。

グレート・バリア・リーフは、地球規模の気候変動による海水温の上昇、サイクロンの影響、沿岸の港湾工事や工事による土砂の流入などの理由でサンゴが約半数にまで減少してしまった。世界遺産委員会で、2012年より危機遺産リスト入りが示唆されていたが、オーストラリア政府の環境保全計画「リーフ2050年長期持続可能性計画」が評価され、2015年の世界遺産委員会では危機遺産リスト入りが見送られた。

サンゴ礁は豊かな生態系を育む

ポリプ：刺胞動物の体の構造の一種で、基盤の上に固着した状態で生活するのに適した形のこと。
造礁サンゴ：石灰質の骨格を作るサンゴのうちで、サンゴ礁を形成するもので、分類上の名称ではない。

テ・ワヒポウナム

Te Wahipounamu - South West New Zealand

自然遺産

登録年 1990年　登録基準 (vii)(viii)(ix)(x)

▶ 氷河作用と地殻変動が生んだ豊かな景観

ニュージーランド南島の南西部に位置する『テ・ワヒポウナム』は、氷河作用と地殻変動によって生まれた、多彩な姿を見せる景観を特徴とする地域である。世界遺産に登録されている総面積約2万6,000㎢に及ぶ地域には、ニュージーランド南島のフィヨルドランド、**アオラキ/マウント・クック**、ウェストランド、マウント・アスパイアリングという4つの国立公園と周辺の地域が含まれる。

一帯は、インド・オーストラリアプレートと太平洋プレートの衝突によって形成されたサザン・アルプス山脈沿いにあり、今でも隆起と崩落が繰り返されている。標高3,724mのマウント・クックや、標高3,036mのマウント・アスパイアリングなどの高山が連なっており、風化や浸食で削られることがなければ、1万8,000m以上の山脈になっていたといわれている。また、タスマン海に面した**ミルフォード・サウンド**などのフィヨルドは、サザン・アルプスから流れ出た氷河が谷を削り、そこに海水が入って入り江となったもの。

また、この地域に生息する哺乳類は2種類のコウモリのみで、鳥類の外敵が少ない。そのため鳥類が繁栄し、クイナ科の飛べない鳥**タカヘ**や、国鳥とされているキウイやカカポ(フクロウオウム)などの絶滅危惧種の固有種が生息している。

ミルフォード・サウンド

オーストラリア連邦

MAP P007 

パーヌルル国立公園

Purnululu National Park

自然遺産

登録年 2003年　登録基準 (vii)(viii)

▶ デボン紀の石英砂岩が浸食された奇岩群

オーストラリア北西部にある奇岩の宝庫。公園中央にある**バングル・バングル**は、もとは約3億5,000万年前に川底に堆積した砂岩が約2,000万年以上の時を経て、浸食と風化によって、ミツバチの巣状や円錐形の奇岩となったもの。バングル・バングルとは、アボリジニの言葉で「砂岩」という意味を持つ。オーストラリアにはこのような奇岩が多く点在するが、パーヌルル国立公園ほどの規模は例がなく、地質学者などから大きな注目を集めている。

オーストラリア連邦

MAP P007 Ⓒ-⑧

ロード・ハウ群島

Lord Howe Island Group

自然遺産

登録年 1982年　登録基準 (vii)(x)

大小28の島からなる『ロード・ハウ群島』は、海底火山が隆起して約700万年前に誕生した。島々で一番大きなロード・ハウ島には、南部にガウア山とリッジバード山がそびえ、南西部の沿岸部には世界最南端とされるサンゴ礁が広がる。この地にはコウモリ以外の哺乳類は生息せず、飛べない鳥の**ロードハウクイナ**など、ここでしか見られない動植物が多い。ロードハウクイナは、一時25羽まで激減したが、保護活動により数を回復しつつある。

キリバス共和国

MAP P007 Ⓓ-⑥

フェニックス諸島保護地域

Phoenix Islands Protected Area

自然遺産

登録年 2010年　登録基準 (vii)(ix)

キリバス初の世界遺産『フェニックス諸島保護地域』は、**海洋保護地域としては世界最大の規模**を誇っている。キリバスに属する3つの諸島の1つ、サンゴに囲まれたフェニックス諸島の海底には、活火山ではない14の海山があり、多くの深海生物が見られる。陸地から遠く離れたこの海域には、200種近いサンゴ類をはじめ、約500種の魚類、18種の海生哺乳類、44種の鳥類を含む、およそ800種の動物相を見ることができる。

地球生成の歴史

フレーザー島の海岸

オーストラリア連邦

MAP P007 B-⑦

自然遺産

フレーザー島

Fraser Island

登録年 1992年　登録基準 (vii)(viii)(ix)

オーストラリア

▶ 鳥のふんと豊富な雨量によって形成された砂丘島

オーストラリアの東海岸、南北約120kmに広がる、世界最大の砂の島。約80万年前からオーストラリア大陸の東部にある**グレート・ディヴァイディング山脈**で風化によって削られた砂が、堆積していったことで誕生した。砂丘が鳥たちの安息所となると、鳥のふんから種子が芽を出し、安定した大地が形成されていった。

約1万9,000年前に、オーストラリアの先住民**バジャラ**がこの地に定住した。ヨーロッパ人がこの島の存在を知ることとなったのは、1836年に**エリザ・フレーザー**という女性が、この島での体験を話したのがきっかけ。エリザの乗る船が暴風の影響でこの島に座礁。その後、船長であるエリザの夫と船員たちはバジャラに捕まり、ひとり逃れたエリザは人々に救済を求めた。

1842年、冒険家アンドルー・ピートリがフレーザー島を探検し、この島がマングローブやユーカリ、ナンヨウスギなど木材の資源が生い茂る自然豊かな島であることを発表。これにより樹木伐採を目的とする集団が大挙して押しかけた。

20世紀に入ると製材所や鉄道などが建設され、フレーザー島は荒廃していくが、1972年に環境保護団体が島の北部3分の1を保護下に置くと、伐採をやめるように企業と交渉し、環境が守られた。

オーストラリア連邦 | MAP P007 B-⑧

オーストラリアのゴンドワナ雨林

Gondwana Rainforests of Australia

自然遺産

登録年 1986年／1994年範囲拡大　登録基準 (viii)(ix)(x)

▶ ナンキョクブナなど太古の森林が残る多雨林

オーストラリア中東部のクイーンズランド州とニューサウスウェールズ州の一部に広がり、多くの保護区からなる多雨林地帯が点在する。総面積約3,700㎢にも及ぶ多雨林には、コアラやカンガルー、パルマヤブワラビーなどの希少動物が生息し、**ナンキョクブナ***などの太古の森林を残す。以前は入植者による森林伐採が行われており、保護のため世界遺産に登録された頃には、森林面積の約4分の3が失われていた。1994年には登録範囲が拡大された。

オーストラリア連邦 | MAP P007 B-

オーストラリアの哺乳類の化石保存地区

Australian Fossil Mammal Sites (Riversleigh / Naracoorte)

自然遺産

登録年 1994年　登録基準 (viii)(ix)

オーストラリア南部のナラクーアトと北部のリヴァーズレーでは、多数の哺乳類の化石が見つかっている。1969年8月に、洞窟学者のグラント・ガートレルらにより、ナラクーアト付近の洞窟で完全な骨格を残した**ティラコレオ***(フクロライオン)の化石が発見された。有袋類のステヌルス・オクシデンタリスの完全な骨格も発見されている。リヴァーズレーでは、ゴンドワナ大陸に生息していたとされる、100種類以上の動物の化石が見つかった。

オーストラリア連邦 | MAP P007 

マックォーリー島

Macquarie Island

自然遺産

登録年 1997年　登録基準 (vii)(viii)

オーストラリア大陸と南極大陸のほぼ中間点にあるこの島は、プレートテクトニクス理論*を証明している。長さ約34km、幅約5kmの本島は、インド・オーストラリアプレートと太平洋プレートの衝突で隆起して誕生した。また、地球内部の地殻と核との間の層である**マントル**が噴出した玄武岩が海面から露出している部分がある。無人の島にはオットセイなどの海生哺乳類や4種類のペンギン、固有種のロイヤルペンギンなどが生息する。

ナンキョクブナ：ゴンドワナ大陸の被子植物を代表するもの。温帯から熱帯に生息する。　**ティラコレオ**：肉食有袋類。400万〜4万年前まで生息していたとされる。　**プレートテクトニクス理論**：地球表面の大きな変動はプレートの境界で起こるという学説。

特異な姿を持つ岩山スリー・シスターズ

オーストラリア連邦

MAP P007 B - 8

ブルー・マウンテンズ地域

Greater Blue Mountains Area

自然遺産

登録年 2000年　登録基準 (ix)(x)

▶ ユーカリが繁茂する砂岩の連峰

オーストラリアの南東部にある『ブルー・マウンテンズ地域』は、標高1,300m級の砂岩の峰々が連なる山岳地帯。この地域には森林地帯が広がり、全世界の約13%に相当する90種以上の**ユーカリ**が生育する。小型ユーカリのマリーの原野が広がるほか、12種のユーカリはシドニー砂岩地域にのみ生育しているとされる。ユーカリが発するガスに光が反射することによってこの一帯が青く見えたため、ブルー・マウンテンズと名づけられたという説もある。

ブルー・マウンテンズ、ウォレミ、イェンゴ、ナッタイ、カナングラ・ボード、ガーデンズ・オブ・ストーン、サールメア・レイクスの7つの国立公園と、ジェノラン・ケーヴズ・カルスト保護区で構成されている。ブルー・マウンテンズ国立公園にある3つの奇岩スリー・シスターズの名前は、魔法により3姉妹が岩に変えられたとのアボリジニの伝説に由来する。

1994年に、1億年以上前の植物とされる**ウォレミマツ**が発見された。ウォレミマツは、ゴンドワナ大陸に由来する植物で、絶滅したと考えられていた。これは、地球の最後の地殻変動の際、この地には気候変動の影響が及ばなかったため、多様な植物や動物が生き延びてきたと考えられている。

MAP P007 C-⑦

東レンネル
East Rennell

自然遺産

登録年 1998年／2013年危機遺産登録　登録基準 (ix)

▶ テガノ湖のある環状サンゴ礁が隆起してできた島

ソロモン諸島の最南端、レンネル島東部の『東レンネル』は、固有種の生物が多数生息する地域である。**環状のサンゴ礁が隆起**して生まれたレンネル島は、この種の島としては世界最大の全長約86km、幅約15km。総面積370k㎡が世界遺産に登録されている。サンゴ礁が断層を起こして隆起した地形は、海水で浸食されたカルスト地形の典型とされる。

東部にある東レンネルには、島の総面積の約5分の1を占める**テガノ湖**があり、淡水と海水が混ざり合った汽水湖特有の生態系を持つ。テガノ湖はかつて環礁の潟であった。太平洋の島々にある湖の中でも面積が最大である。

例年、多くのサイクロンが東レンネルを通り過ぎ、年間降雨量は約3,000mm以上にものぼる。島のほとんどが高さ20mほどの密林に覆われているなどの特殊な環境が、鳥類の**レンネルオウギビタキ**など多種多様な固有種を生んでいる。

2013年の世界遺産委員会では、森林伐採などが環境や生態系に悪影響を与え、海岸線の浸食なども引き起こしているとして、危機遺産リストに記載された。またテガノ湖の湖面が、海水の流入などで上昇していることも懸念されている。

東レンネルの海岸

オーストラリア連邦

MAP P007 A-7

シャーク湾

Shark Bay, Western Australia

自然遺産

登録年 1991年　登録基準 (vii)(viii)(ix)(x)

▶ ストロマトライトの群生するジュゴンの生息地

『シャーク湾』は、地質学的な重要性とともに、世界最大の海草藻場や絶滅危惧種の**ジュゴンの最大の生息地**として知られる。ハメリン・プールに群生する**ストロマトライト＊**は、30億年前に光合成を開始し、現在の地球の大気をつくり出した原核生物の子孫と考えられており、今現在も成長しながら群生する。シャーク湾の海草藻場は4,800㎢と世界最大であり、海草を常食とする1万頭以上のジュゴンの生息地となっている他、ミサゴやアジサシなど、230種の鳥類、マンタをはじめとする323種の魚類が生息している。

シャーク湾

オーストラリア連邦

MAP P007 A-7

ニンガルー・コースト

Ningaloo Coast

自然遺産

登録年 2011年　登録基準 (vii)(x)

オーストラリア

▶ 陸と海の生物多様性を支える海浜公園

『ニンガルー・コースト』はオーストラリアの北西部に位置する海岸や海浜公園の総称で、海洋部分と陸地部分を合わせて7,050㎢の広大な面積を誇る。東インド洋に面したこの地域には、世界最長の近海岩礁の1つが存在する。陸地部分には広大なカルスト地形が広がり、地下洞窟や地下水系など自然がつくり出した複雑な地形が多い。近海には多くの海生哺乳類や爬虫類、魚類が生息しており、**ウミガメ**の生息地、ジンベエザメの回遊域として有名。陸地部分の**ケープレンジ半島**もまた、鳥類や爬虫類など貴重な動植物が多い。

ジンベエザメ

ストロマトライト：藍藻類など微生物の集合体で、日中に光合成、夜間に海中の砂などを取り込んで固定することを繰り返しドーム型に成長したもの。

オーストラリア連邦

MAP P007 a

ハード島とマクドナルド諸島

Heard and McDonald Islands

自然遺産

登録年 1997年　登録基準 (viii)(ix)

▶原始のままの生態系が残る島々

南極大陸から約1,700kmの海洋に浮かぶハード島は、亜南極圏唯一の活火山島。マクドナルド諸島やその海域を合わせた658k㎡のエリアが世界遺産に登録された。ハード島には標高2,745mの**マウソン山**がそびえ、島全体が氷河に閉ざされているため、生育する植物は数種の草やコケ類に限られる。ハード島とマクドナルド諸島には原始のままの生態系が残されており、過酷な自然環境の中で、アザラシなどの海生哺乳類、ペンギンやアホウドリなどの海鳥が繁殖を続けている。

オーストラリア連邦

MAP P007 B-⑦

クイーンズランドの湿潤熱帯地域

Wet Tropics of Queensland

自然遺産

登録年 1988年　登録基準 (vii)(viii)(ix)(x)

オーストラリアの北東部、グレート・ディヴァイディング山脈に沿って広がるクイーンズランドの湿潤熱帯地域は、貿易風の影響によって年間雨量1,200～9,000㎜に上る多量の雨が降り注ぐ熱帯雨林。この湿潤熱帯地域には800種以上の樹木が生育し、1億2,000万年前のシダ植物から裸子植物、被子植物へと進化した過程が見られる。また、最も原始的な有袋類といわれる**ニオイネズミカンガルー**をはじめ、様々な動物が生息する。

ニュージーランド

MAP P007 b

ニュージーランドの亜南極諸島

New Zealand Sub-Antarctic Islands

自然遺産

登録年 1998年　登録基準 (ix)(x)

ニュージーランドの南東部にある亜南極諸島は、スネアズ諸島、バウンティ諸島、アンティポデス諸島、オークランド諸島、キャンベル島からなる。島々の近海は寒流と暖流の合流点で、プランクトンが大量に発生するため多くの魚類が集まり、これを狙う鳥類の繁殖地ともなっている。120種の鳥類が確認され、海鳥だけで約40種、固有の鳥類も4種存在する。また、絶滅危惧種の**ニュージーランドアシカ**の95%が亜南極諸島に生息している。

Column

大航海時代

大航海時代とは、15～17世紀にかけて、ヨーロッパ諸国が航海や探検を通じてアフリカや南北アメリカ、アジアなどに進出した時代である。この時代、多くのヨーロッパ人がキリスト教の布教や中東を経由しない貿易路開拓、アジアの香辛料やアフリカの金などの交易品開拓などを目的に航海に乗り出した。大航海時代の口火を切ったのは、ヨーロッパ西端のイベリア半島に位置するスペインとポルトガルである。

ポルトガル王室は、アフリカで産出される金を求めて、西アフリカ沿岸部の探検を推進した。中でもポルトガル王ジョアン1世の息子エンリケ王子は、熱心に探検事業を援助した。アフリカを海岸沿いに南下したポルトガルは、武力制圧したインドのゴアやマレー半島のマラッカを拠点にしてアジアと交易を行い、インドや東南アジア産の香辛料取引によって莫大な富を得た。

一方でスペインは、西まわりのルートでアジア航路の開拓を目指した。スペイン王家の援助を受けたコロンブスが大西洋を横断してカリブ海の西インド諸島に達すると、メキシコやペルーなど中南米各地に植民地を拡大した。ポルトガルの勢力圏を迂回して貿易をするため、太平洋経由で南米からフィリピンに至るルートを開拓。マニラを建設しアジア交易の拠点とした。

これらの航海によって、アメリカ大陸とアジア、ヨーロッパにまたがる貿易圏が形成され、世界的な規模で民族や文化が交流する時代が始まった。当時のヨーロッパで栄えていたバロック様式などの建築や文化がアジアやアメリカ大陸に広まった。やがて、イギリスやオランダの台頭によってスペインとポルトガルは制海権争いから脱落するが、両国の足跡はアメリカ大陸やアジアの植民都市、植民地からの富で築かれた本国の大聖堂などに見ることができる。

大航海時代と関係する世界遺産としては、ポルトガル共和国の『リスボンのジェロニモス修道院とベレンの塔』やスペインの『セビーリャの大聖堂、アルカサル、インディアス古文書館』、フィリピンの『ビガンの歴史地区』、インドの『ゴアの聖堂と修道院』、モザンビーク共和国の『モザンビーク島』、ドミニカ共和国の『植民都市サント・ドミンゴ』、アメリカ合衆国の『プエルト・リコの要塞とサン・フアン国立歴史地区』、キューバ共和国の『ハバナの旧市街と要塞群』などがある。

Column
世界の三大宗教

キリスト教

キリスト教は、1世紀にイエスの教えに基づいてローマ帝国支配下のパレスチナにて誕生した。イエスはユダヤ社会の宗教的伝統に対する改革者として出現し、神への愛と隣人愛を説いた。しかし、その革新性からローマに対する反逆者として、エルサレムの城壁外のゴルゴタの丘にて十字架にかけられ処刑された。その後、イエスをキリスト(救世主)とする信仰が成立し、イエスの弟子である十二使徒らの宣教活動によって、ローマ帝国内外へと広がっていった。今日では、世界で最も信者が多いとされている宗教である。

イスラム教

イスラム教の開祖は、6世紀末にアラビアのメッカで商人をしていたムハンマド。唯一神であるアッラーから啓示を受け、預言者として偶像崇拝を否定。公正の実現や弱者救済を厳格に主張した。しかし、布教活動はメッカの大商人から迫害を受け、ムハンマドは信者とともにメディナに移住。これはヒジュラ(聖遷)と呼ばれ、イスラム的宗教国家形成の原点とされる。やがてメッカを奪回し、そこで死去した。現在の勢力圏は中央アジアからアフリカ北部、さらには東南アジアに及び、民族を超えた宗教となっている。

仏教

仏教の誕生は、前6～前5世紀頃と古い。釈迦族の小国の王子ガウタマ・シッダールタが、ブッダガヤの菩提樹で瞑想し、悟りを開いたことが起源。シッダールタは真理に目覚めたブッダ(仏陀)となり、人々が悩みや迷いなどとして現れる苦から脱却し、自らが悟りを開くことを説いた。弟子やその後継者たちによって教えは体系化された。仏教はインドでは衰退したが、主に東南アジアに伝わった上座部仏教と、中国から日本に伝わった大乗仏教を中心に、アジア各地には多様な仏教の宗派が存在している。

Column

世界の宗教建築

キリスト教聖堂建築

313年に出されたミラノ勅令によりローマ帝国においてキリスト教が公認されると、キリスト教徒たちは集まって宗教活動を行うための施設を公式に持てるようになった。これ以後、数々のキリスト教の聖堂が生み出されることとなるが、それらはプラン（平面図）から見た形式としてバシリカ式、ラテン十字形、集中式、ギリシャ十字形の４種類に大きく分類されている。

バシリカ式、ラテン十字形、集中式、ギリシャ十字形の概要

バシリカ式聖堂の内部は、入口から内陣までの３つの細長い空間で構成されており、真ん中にある廊下を身廊、列柱で区切られたその両脇にある廊下を側廊と呼ぶ。身廊の天井は側廊の天井より高く、側壁に高窓があることが多い。側廊がなく、身廊しか持たない聖堂を「単身廊式」、列柱が左右各１列のものを「三廊式」、各２列のものを「五廊式」と呼ぶ。

そのバシリカ式が発展した形式がラテン十字形だ。長軸と短軸がクロスする十字形で、短軸の両端には翼廊、アプシスにある祭壇の後ろには周歩廊と呼ばれる通路が設けられている。

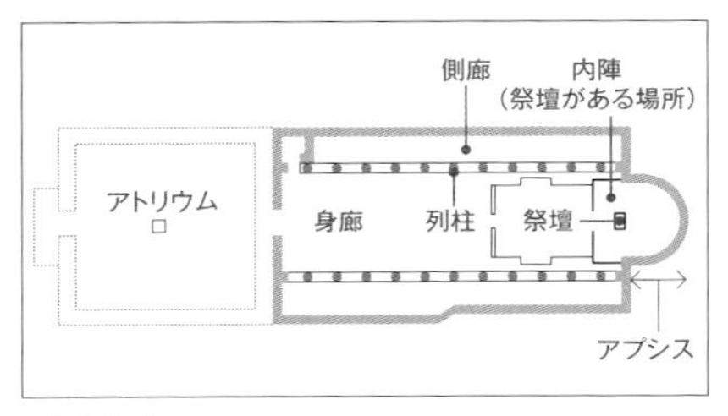

バシリカ式

一方、集中式は各要素が中心へと集中していく構成を持つ。中心部分が身廊で、その外側に設けられているのが周歩廊。平面は円形や多角形で、屋根は通常、石造の場合はドーム形、木造の場合は円錐形とされる。集中式は聖人の遺骸や遺品を中央に安置する記念堂や、中央に洗礼盤を置く洗礼堂に用いられることが多い。

ギリシャ十字形は、集中式が発展した形式。縦軸と横軸の長さがほぼ等しい正十字形をしている。中心部に身廊が設けられており、屋根に複数のドームがあるのも特徴とされる。この形式は、東方正教会の主流形式である。

また、東方正教会の一派であるロシア正教会によって、葱坊主形ドームという形式も生み出されている。

イスラム寺院建築

イスラム教の礼拝堂であるモスク（「平伏を行う場所（マスジド）」の意）の起源は、ムハンマドが神の啓示を信者に伝えた自宅の中庭にある。厳しい偶像崇拝禁止により、モスクには祭壇や像が一切置かれていないが、柱や壁面、燭台（しょくだい）などにはアラベスクや幾何学文様などが施されている。内部にはメッカの方向を示すミフラーブ（壁龕（へきがん））があり、信者が多く集まるモスクにはミンバル（説教壇）がある。外郭には、モスクへの礼拝の呼び掛けを行うミナレットと呼ばれる尖塔やドームがある。

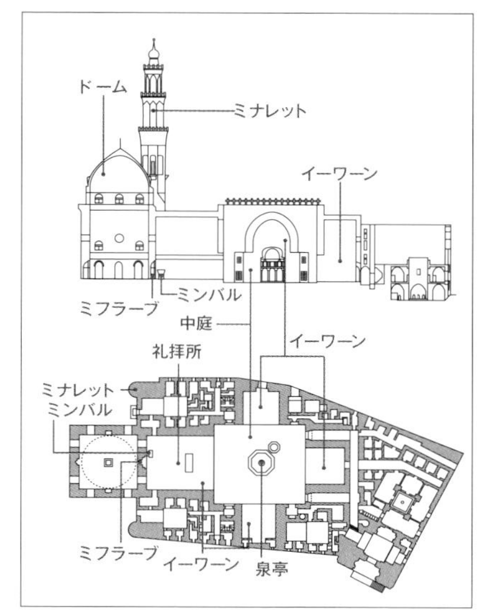

モスクの基本的な構造

多柱式、前方開放式、中央会堂式の概要

多柱式はムハンマドが住んでいた、メディナの住宅に倣（なら）ったといわれる形式。木柱、石柱またはレンガでつくられた、断面の大きい柱を等間隔に並べることを基本とする。シリアにあるウマイヤ・モスクの礼拝堂に代表される形式である。

前方開放式は、中庭を囲む四辺に、三方が壁面で囲まれ中庭を向いた4つのイーワーンと呼ばれる空間を配した形式。中庭の四方にイーワーンが設置されていることから、「4イーワーン形式」ともいわれる。イスファハーンの金曜のモスクは、その代表的な例とされる。

中央会堂式はビザンツ建築の影響を受け、大小複数のドーム屋根を持つ形式。14世紀以降に見られるようになり、16～17世紀に最盛期を迎えた。1616年に建造されたトルコのブルー・モスクは、その代表とされる。

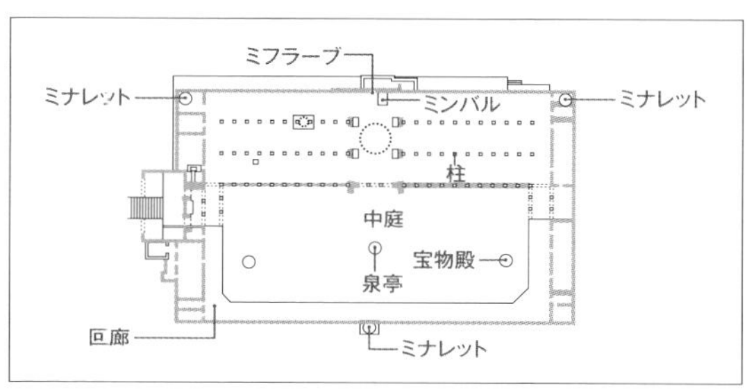

多柱式プラン

仏教寺院建築

仏教寺院建築は、仏教の開祖であるブッダ（仏陀）の遺骨を納めたストゥーパ（仏塔）を中心に各地で発展をとげた。ストゥーパは、基壇の上に鉢を伏せたようなドーム状のものが載っている建物で、現存する最古のものは、インドのサーンチーにある「第1ストゥーパ」である。ストゥーパが礼拝の対象とされ、各地に建造されていくと、ストゥーパをまつる祠堂と修行僧が住む僧院が結びつき、この2つが仏教寺院を構成する基本的要素となった。

仏教がインドから各国に伝播するとともに、仏教建築も各国で独自の様式を形成していく。東南アジアには、ジャワ島にあるボロブドゥールの仏教寺院群など、基壇の上に小ストゥーパや祠堂が積み重なった、巨大ストゥーパが数多く建てられている。その周囲には回廊などが設けられており、建物全体が曼陀羅のような構造をしているものも多く見られる。

シルクロードを経由して中国に伝来したストゥーパは、中国古来の楼閣建築と融合して層塔となり、三重、五重、七重などの塔が生まれた。これが朝鮮を経て日本に伝わり、法隆寺五重塔などの塔建築が建てられていった。

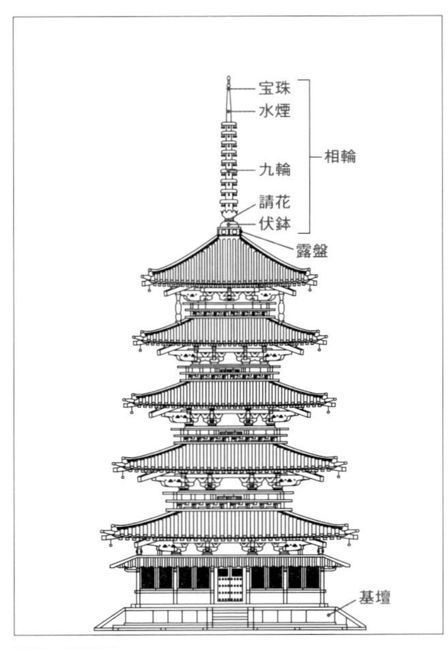

法隆寺五重塔

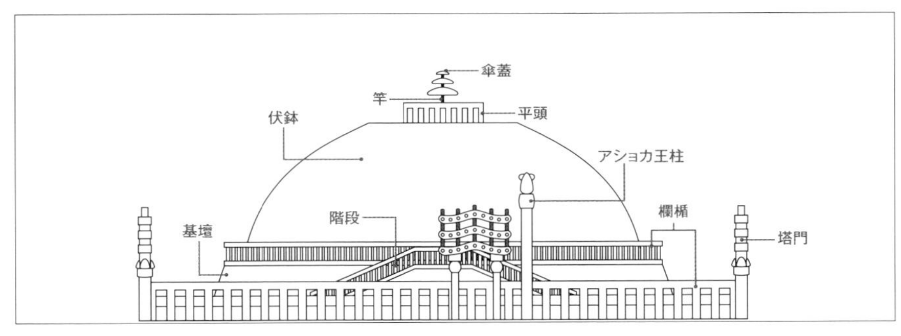

サーンチーの「第1ストゥーパ」

ヒンドゥー教寺院建築

ヒンドゥー教では、寺院は「神の家」とされ、その内部は多くの神像で飾られている。建物の中枢となるのが、神が宿るという像を安置するための、ガルバグリハ（子宮）と称される聖室。ガルバグリハがある建物はヴィマーナ（神を乗せる車）と呼ばれ、本堂の役割を持つ。そして通常、ヴィマーナの前面にはマンダパ（拝堂）が建てられる。ヴィマーナとマンダパの組み合わせがヒンドゥー教寺院の基本形であり、これは石窟寺院の場合も同様である。

ヒンドゥー教が伝播した東南アジアのジャワ島では、古くから先祖崇拝が行われていたため、「神の家」としての寺院が祖先を祀る廟の役割も併せもった。ジャワ島には、マンダパを持たない塔状のヒンドゥー教寺院も多く見られる。

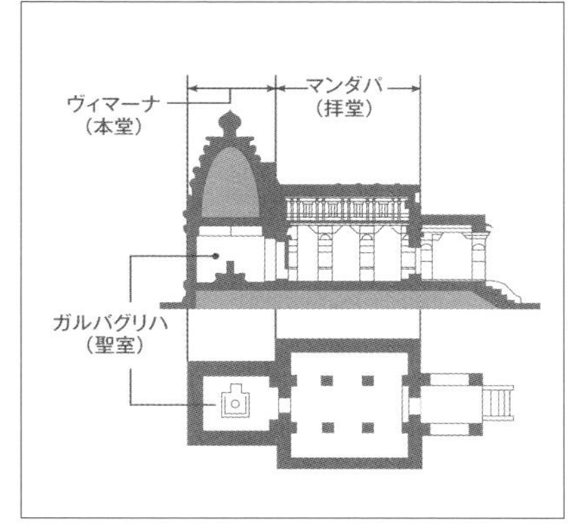

ヒンドゥー教寺院の基本的な構造

北方型と南方型

ヒンドゥー教寺院建築は、中世に北方型と南方型に分化して発展していった。両者の違いは、ヴィマーナの上に配された塔状部によく表れている。

北方型では、ヴィマーナの上部が砲弾形の尖塔となっており、その尖塔全体を指してシカラ（頂）と呼ぶ。これに対し南方型は、ヴィマーナの上部に小さな祠堂や彫刻群が横に並べられ、その層が階段状に積み重なってピラミッド形の塔状部が形成されている。頂部には小型の屋根が配されているが、南方型ではこの屋根のみを指してシカラと呼んでいる。

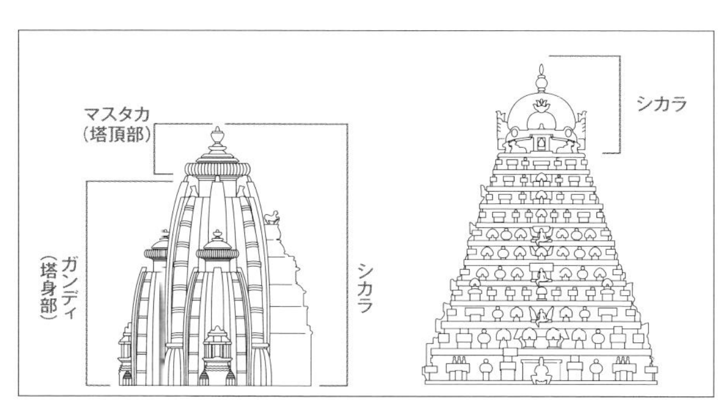

北方型（左）と南方型（右）のヴィマーナ上部

INDEX

あ

い

う

え

お

か

き

く

け

こ

さ

し

す

せ

そ

た

ち

つ

て

と

な

に

ぬ

ね

の

は

ひ

ふ

へ

ほ

ま

み

監修協力

新井由紀夫（お茶の水女子大学教授）、池上英洋（東京造形大学教授）、石本東生（静岡文化芸術大学教授）、岩下哲典（東洋大学教授）、宇佐見森吉（北海道大学教授）、大森一輝（北海学園大学教授）、小笠原弘幸（九州大学准教授）、小澤実（立教大学教授）、加藤玄（日本女子大学教授）、後藤明（南山大学教授）、薩摩秀登（明治大学教授）、杓谷茂樹（公立小松大学教授）、陣内秀信（法政大学特任教授）、千葉敏之（東京外国語大学教授）、寺尾寿芳（上智大学教授）、西村正雄（早稲田大学教授）、松下憲一（愛知学院大学教授）、村上司樹（摂南大学・滋賀県立大学非常勤講師）

写真協力 （各50音順）

安藤登、石本東生、イラン・イスラム共和国大使館、エジプト大使館エジプト学・観光局、大木卓也、大阪府立近つ飛鳥博物館、大澤暁、狩野朋子、「神宿る島」宗像・沖ノ島と関連遺産群保存活用協議会、韓国観光公社、貴州省日本観光センター、小泉澄夫、国立西洋美術館、塩沢輝幸、島根県教育庁、知床斜里町観光協会、スカンジナビア政府観光局、谷内弘明、富井義夫、トルコ共和国大使館文化広報参事官室、新潟県教育庁、ハワイ州観光局、本田陽子、毎日新聞社、三澤和子、南アフリカ大使館、宮澤光、宮森庸輔、目黒正武、百舌鳥・古市古墳群世界遺産保存活用会議事務局、山口由美、吉田正人、ルーマニア政府観光局、Adobe Stock（Beate、korkorkusung、nyiragongo、R_Hakka）、Fotolia（(j)、Aleksandar Todorovic、Aneta Ribarska、Arraial、Byelikova Oksana、Christelle、christopher waters、corbis_infinite、Dario Bajurin、David_Steele、diak、Dmitry Chulov、EcoView、Eléonore H、Enver Sengul、erhardpix、fannyes、feathercollector、Galyna Andrushko、Gary、Gianfranco Bella、gringos、Grodza、javarman、Javier Gil、jdavenport85、JeremyRichards、Jgz、jipen、J_Lindsay、johannes86、Jörg Hackemann、JPAaron、Julian W.、kaetana、Klaus Gilg、koko、lindacaldwell、lkunl、Marc LE FAUCHEUR、Marcel Schauer、Marina Ignatova、masar1920、MasterLu、Matyas Rehak、mharba、mikasek、mushtaqjams、Natasha Owen、Naturegraphica Stock、nikitamaykov、nimon_t、nyiragongo、obroni、Oleksandr Dibrova、onigiri1、Patrick G.、paul prescott、paulz、Perseomedusa、philipus、piccaya、Pierre-Yves Babelon、Ponchy、popphiphat、Rafael Ben-Ari、rajidrc、RCH、redseashop、robepco、robnaw、saiko3p、Sam D'Cruz、Sander Meertins、Sapsiwai、siempreverde22、Silke Stenger、studio hobowise、suronin、sylvain5398、tae208、tobago77、Tomasz Cytrowski、UryadnikovS、Vladimir Liverts、Volker Haak、wiw、Wolszczak、Zhiqiang Hu、ziggy）、iStockphoto（adisa、ajlber、alantobey、AlbertoLoyo、areeya_ann、awesomeaki、BackyardProduction、benjamint444、BremecR、Bruno_il_segretario、commoner28th、CraigRJD、crisod、Crobard、CUHRIG、czardases、Danielrao、dannymark、datanaso、david5962、demidoffaleks、derejeb、designbase、dinosmichail、efesenko、f9photos、Fabian Plock、feathercollector、Flycom321、fototrav、fotoVoyager、FrankvandenBergh、fulyaatalay、Gim42、GlobalP、graemes、guenterguni、gumboot、GWMB、hanhanpeggy、Hanis、heinzelmannfrank、holgs、HomoCosmicos、htomas、HuntedDuck、jackmalipan、jacus、JanRoode、Jennifer Watson、Jjacob、joakimbkk、Joel Carillet、John Finch、JudyDillon、JuhaHuiskonen、Julien Viry、Kalulu、keiichihiki、kszymek、KuntalSaha、leospek、leospek、Lukas Bischoff、Mark Zhu、MarkusSevcik、master2、Matthew Starling、Maxlevoyou、mcmorabad、Mehmet Masum Suer、Meinzahn、Michal Krakowiak、mtcurado、mustafacan、natenn、npoizot、Ornitolog82、oversnap、paraphernale、pascalou95、PetrBonek、Photodynamic、pixeldepth、primipil、PushishDonhongsa、Radiokukka、rapier、René Lorenz、rickwang、robas、RobertoDavid、RudolfT、Rufous52、sandsun、sara_winter、Sean Pavone、Shawnlio、silverfox999、swisshippo、tangshihong、tenzinsherab、TerryJLawrence、thinkomatic、TokioMarineLife、totony、trabantos、travellinglight、tunart、uchar、urf、urf、VilliersSteyn、WitR、WitR、WLDavies、yai112、yarn、yenwen、YinYang、yuliang11、zazen-photography）、photolibrary（kaji）、PIXTA（reinenice、Toshi）、Switzerland Tourism、Visit Brasil、World Heritage Centre、平井源（図表）

すべてがわかる
世界遺産大事典〈上〉
第2版
世界遺産検定1級公式テキスト

2020年3月22日　2版第1刷発行
2021年9月5日　2版第6刷発行

監修
NPO法人 世界遺産アカデミー

著作者
世界遺産検定事務局

編集
大澤 暁
宮澤 光

編集協力
寺田永治（株式会社シェルパ）
安藤登
本田陽子

執筆協力
宮澤 光
津川 勲
大澤 暁

発行者
愛知和男（NPO法人 世界遺産アカデミー会長）

発行所
NPO法人 世界遺産アカデミー／世界遺産検定事務局
〒100-0003
東京都千代田区一ツ橋1-1-1　パレスサイドビル
TEL：03-6267-4158（業務・編集）
電子メール：sekaken@wha.or.jp

発売元
株式会社 マイナビ出版
〒101-0003
東京都千代田区一ツ橋2-6-3　一ツ橋ビル2F
TEL：0480-38-6872（注文専用ダイヤル）
TEL：03-3556-2731（販売）
URL：https://book.mynavi.jp

アートディレクション
原 大輔（SLOW,inc）

装丁・デザイン
李 生美（SLOW,inc）

DTP
富 宗治（株式会社シェルパ）

印刷・製本
図書印刷株式会社

ISBN 978-4-8399-7179-3